U0722709

梦的解析

（奥）西格蒙德·弗洛伊德　著

叶凡　编译

北京联合出版公司

Beijing United Publishing Co.,Ltd.

图书在版编目（CIP）数据

梦的解析 /（奥）弗洛伊德著；叶凡编译 . — 北京：北京联合出版公司，2015.1
（2022.4 重印）

ISBN 978-7-5502-4596-9

Ⅰ . ①梦… Ⅱ . ①弗… ②叶… Ⅲ . ①梦—精神分析 Ⅳ . ① B845.1

中国版本图书馆 CIP 数据核字（2015）第 012020 号

梦的解析

作　　者：（奥）西格蒙德·弗洛伊德

编　　译：叶　凡

责任编辑：崔保华

封面设计：韩　立

内文排版：潘　松

北京联合出版公司出版
（北京市西城区德外大街 83 号楼 9 层　100088）
北京市松源印刷有限公司印刷　新华书店经销
字数 610 千字　　720 毫米 × 1020 毫米　1/16　26.5 印张
2015 年 1 月第 1 版　2022 年 4 月第 2 次印刷
ISBN 978-7-5502-4596-9
定价：78.00 元

版权所有，侵权必究

未经许可，不得以任何方式复制或抄袭本书部分或全部内容
本书若有质量问题，请与本公司图书销售中心联系调换。电话：（010）58815874

　　本书尝试描述"梦的解析"；梦并没有超越神经病理学的范围。在心理学中梦是病态心理现象的第一种，如恐惧症、强迫症、妄想症等，并被医生们所看重。虽然梦在后遗症方面并没有实际意义，但它具有作为范例的重要理论价值。如果不能解释梦中影像的来源，就不可能在病人治疗上有好的办法和效果。

　　我在这本书里常常有许多失落的线索，以致我的论述常常不得不中断，就像梦的形成和病态心理问题之间所存在的许多相关点，这也是我对本著作无法完全负责的原因之一。如果能得到足够的资料，以后我会陆续地加以探讨。

　　当然，我觉得发表本书存在的另一困难是"梦的解析"材料的特殊性。读者一般会认为只有本人或接受过我心理治疗的患者的梦才有资格被选用，而我却选用了时下一些刊载于文献上的稀奇古怪的梦或者来源不明的梦。我之所以放弃病人的梦不用，是因为其梦形成的程序由于现存的神

经质特征而有不必要的混杂。而在发表自己的梦时，我不情愿又不可避免地要将许多私人的精神生活呈现在众人面前，任何科学家发表其论述时所要牵涉到的私人事情是很痛苦的，但却是必要的；但如果能为心理学研究提供证据，我宁可选择后者。但很自然的，我无法避免会出现以省略或用替代品来取代我的一些草率行为。然而这么一来，它的价值就减低了不少。我只希望读者多多包涵；另外，如果有谁发现我的梦涉及他时，请允许我在梦中生活有这种自由思想的权利。

弗洛伊德（1900年）

目 录

编者注：为了便于读者阅读和理解，本书为原著的精编精译插图版。

第一章

一九〇〇年以前
有关梦的科学研究

梦是一种奇异的现象，也是一个令人困惑难解的问题，数千年来人们一直没有找到合理的解释。从以往资料来看，很少有人从科学的角度研究梦的现象。另外，关于梦的相关说法，人们也很难用一个人的观点概括所有的现象。读者也许对梦有过切身的体验或了解到相关的材料，但不一定了解梦的本质和对其根本的解释。

以下我们将用心理技巧来对梦进行解析，让大家认识到所有的梦都充满了特别的意义，它与梦的主人白天的精神活动有所联系。我需要对梦所隐藏的迹象进行一番演绎，以期探寻出梦的形成过程中的冲突或吻合之处。为了使梦的问题变得更容易了解，我首先对有关梦的各方说法做一通盘整理。

这里我先对早期以及当代有关梦的理论先做一简要介绍。虽然早已在几千年前梦就令人困惑不解，但对梦的科学了解其实仍是非常有限的。任何有关这方面的论述，从来就没有人能引用一家说法涵盖一切现象。每个人也许都有过不少奇异的经验或有关梦的丰富材料，但能从本质上了解梦或其根本的解释方法，相信也仍暂付阙如，那些非梦分析专家对这方面的认识就更不用说了。

对于原始人类来说，梦深深地影响他们对宇宙和灵魂的看法，有兴趣的朋友可以读读拉巴克、斯宾塞、泰勒及其他作者的名作。在梦的本质没有被解析以前，他们对梦的推测与思考所做的重要贡献是我们永远都无法真正理解的。

这种对梦的原始评价，一直影响至今。梦的看法的守旧者仍深信梦来自他们所信仰的鬼神所发的启示，认为梦能预卜未来，是一种超自然现象。也因此，梦者对多姿多彩的梦境会留下特殊印象，但是很难总结出一套系统的观念，只能对梦以其个别的价值与可靠性做各种不同的分化与聚合。所以，古代哲学家们对梦的评价也就完全取决于其个人对一般人文看法的差异。

　　古人曾试图将梦分成两类，一种是真正有价值的梦，它能带给梦者警告或预卜；而另一种无价值、空洞的梦只是带来困惑或引入歧途。自古以来这两种不同的说法就一直无法妥协，但在亚里士多德以前，坚信梦是神谕的观点一直是那个时代的主流思想。

　　亚里士多德的作品有两部内容曾涉及梦，他把梦归结为心理问题。他认为梦并非来自神灵，而是一种由于精力过剩而来的产物。他在这里所说的"精力过剩"，是指梦并不是超自然现象的再现，而是受制于人的精神控制的。梦是与梦者本人的睡眠深度有很大关系，因睡眠的深度不同而产生的不同精神活动。为观察梦与睡眠的关联，亚里士多德对梦进行观察实验，他观察到梦能将轻微的睡中知觉道出强烈的感官刺激（"一个人在睡觉中感到身体上某部分较寒冷时，他可能梦见自己走在冰天雪地中"），因此他推论梦可能是某些身体疾病的先兆（在希波克拉底的作品中也曾提过梦与疾病的联系）。

梦的分类

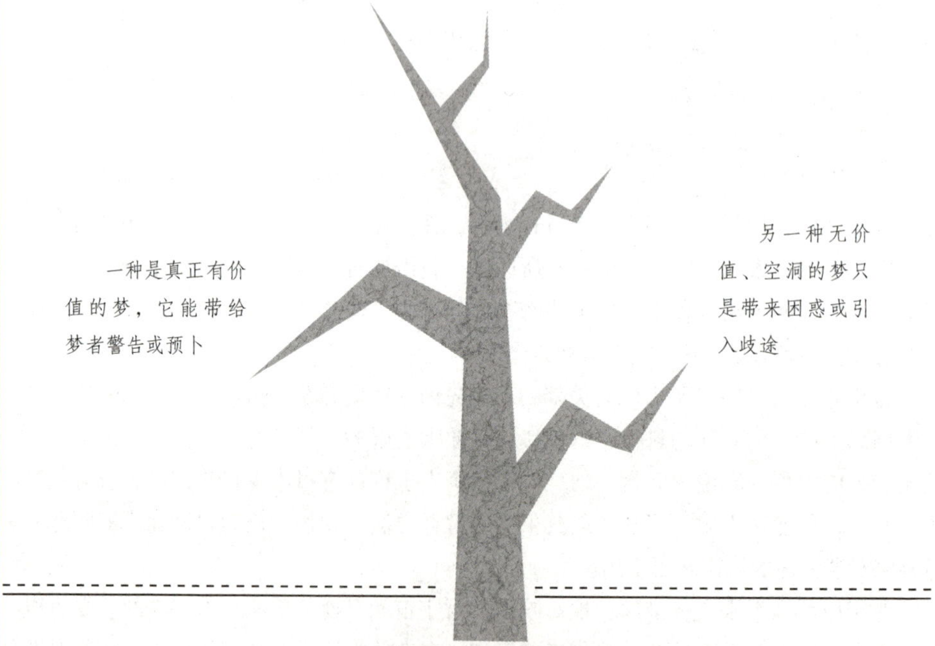

一种是真正有价
值的梦，它能带给
梦者警告或预卜

另一种无价
值、空洞的梦只
是带来困惑或引
入歧途

古人曾将梦分成两类

　　弗洛伊德认为梦是思想和愿望的化身，他释梦的目的是为了深入了解人类的心灵深处——潜意识。他说，本我是追求快乐的，自我是讲现实原则的，想要让自己的愿望实现，就要思考如何才能满足自己的愿望。

以下是布利尔对第一章所做的节译：

古人对宇宙整体的观念惯于将其精神生活依附于假想的外在现实之中，他们将梦境的一些残留记忆与醒来以后的现实相联系，而这方面的记忆较之其他精神内容就变得陌生，这些不寻常的梦境仿佛来自另外一个世界，这也是科学问世以前人们对梦的观念。而且这种视梦为超自然力的理论今日仍然存在。事实上，现在也不只是信奉鬼神及写小说者，就是一些成功人士及社会中的佼佼者，他们一方面在学术研究、商海创业等有着超乎常人的智慧，但他们的宗教信仰却使他们在内心深处深信科学界无法解释的梦的现象是神灵之力，梦的预卜力量在一些思想家头脑里依然存在，某些哲学派，如谢林仍然深信神力对梦的影响。就是科学家们也清楚地知道神对梦的影响是一种迷信而不可信，但争论一刻也没有停止过，这主要是心理学方面的研究和解释不足以解决积存盈库的梦之材料。要想对梦的科学研究进行系统整理和归纳确实是一大难事，因为有些研究在某个时段、某一时期确实有价值，但至今却不能在一特定的方向有真正的进展，每位学者

所罗门之梦　焦尔达诺　西班牙　1693年　布面油画　马德里普拉多美术馆

这是一幅巴洛克风格的绘画，躺在床上的是主人公所罗门，他恍惚间看到了上帝出现在空中的云层涡流和众天使之间。上帝赐予他智慧之光，这也是他名字的来由。在他的右侧，坐着知识女神密涅瓦，她怀里的书是知识的象征，那只小羊是忍耐的象征。其后面的建筑物是所罗门在位期间的耶路撒冷神殿。人们对梦的观念，起初就是来自另外一个世界。

弗洛伊德

西格蒙德·弗洛伊德于1856年出生在奥地利摩拉维亚的弗莱堡市的一个犹太家庭，《梦的解析》一书的出版主要源自他的自我分析。他认为心理障碍是由于性紧张的累积而引起的，此书现在被许多人推崇为弗洛伊德最伟大的著作。可是，这本书在刚出版时却遭到了大量的批评，出版后的8年间只售出600册。但他却在余生里一直坚持自我分析，每天工作的最后半小时被用于自我分析。

对同一问题进行研究都要从头开始重新整理，最终却无法破解这个解不开的结。这里如果我们按照研究的学者、按年列出各家的说法，很难给读者一个清晰而中肯的交代，因此我这里按其学说的内容进行分别讨论，不是按照作者来分类，我将手头上所整理到的资料，按照梦的不同情况来介绍各种不同的解析。我尽量努力避免漏掉任何基本的事实或观点，但是由于资料来源于不同的人群和文献，比较分散，请读者阅读时不要做太多的挑剔，我尽力让读者对梦的研究有一个全面的了解。

弗洛伊德在后来的德文增版中有以下的增补：

在第一版时，我对以往的文献做整理，可谓耗尽心血、开宗明义，在这第二版问世时，我决心不对其有所增补，我觉得这次如果再有所增补，将不见得能有多大助益，因为在这两版相隔的9年中，对梦的研究及文学论著没有任何新颖的卓见。我的第一版《梦的解析》问世无人问津，那些思想保守的所谓"梦的研究学者"表现出"食古不化"与"故步自封"，更完全忽略了我的见解，难以接受新观念。正如法国讽世小说家A.法郎士（1844～1924）的《没有好奇心的学者》。如果在科学研讨上也有报复的权利的话，那么这回也该轮到我，可以名正言顺地忽略掉他们在我这书出版以后所发表的心得。对于一些杂志上出现的少数研究者对我缺乏了解的错误看法，我建议他们最好再重读我的书，或者应该说他们才是应该好好读我的书的人。

在1914年德文第四版问世时，也就是我（布利尔自称）的英文译本第一版问世一年之后，弗氏又加了如下数语：

最近，我这部《梦的解析》所做的贡献已受到研究者的重视。但这本书也出现了一些新事端与问题，虽以各种不同的方式解释说明过，却难以架构出整套理论来反驳，使我更难做整理和添加任何新的补注。不过，如果将来有任何卓越的文献出现的话，我一定会在以后的版本内附加上去的。

第 二 章

梦的解析方法

　　弗洛伊德通过结合梦例的方式更加详细地解析了梦的前因后果，并初步提出了梦的分析方法、步骤和注意要点。把整个梦作为一个集中注意的对象是很难办到的，我们只有将每个小部分逐一解释。同样的一个梦对不同的人、不同的关联将有不同的意义。弗洛伊德认为，梦不外乎是一大堆心理元素的堆砌物。

一个梦的分析

　　首先说明的是我在梦的观念上是受传统看法影响的。我主要是希望传递"梦是可以解释的"的思想，而前面所说的对梦的解释所做的贡献，只是我工作的附加物而已。在"梦是可以解释的"这一前提下，我发现梦的科学理论帮不了梦的解释的忙，因为要"解释梦"，即给予梦一个"意义"，用某些具有确实性的、有价值的内容来作为"梦"的解释。但从这些理论看，它否认了梦是一种心理活动，他们认为梦只是透过符号呈现于感官的一种肉体的运作。而另外一类外行人员一直是持相反的意见。他们强调梦的动作是不可理解的、不合逻辑的、荒谬的，却不敢大胆地否认梦是有任何意义的。因此我推断说梦一定有某种意义，哪怕是一种晦涩的"隐意"用以取代某种思想的过程，只要我们能找出这个"取代物"，就可以准确地找出其"隐意"。

　　非科学界对梦的解释方法有两种。第一种方法是利用"相似"的原则，即"符号性的释梦"。它将整个梦作为一个整体，并尝试着寻找另一内容来取代，如果没遇到极不合理、极端荒谬的梦时，有时这种方法相当高明。比如《圣经》上有个例子，是约瑟夫对法老的梦所提出的解释，"先出现了七只膘肥健壮的牛，后来又出现七只瘦弱多病的牛，后面的七只瘦弱多病的牛把前七个膘肥健壮的牛吃掉了"，被他解释为此梦暗示着"埃及将有七个饥荒年，并且预言这七年会将以前丰收的七年的盈余一律耗光"。这种用我们一般人在梦里所发现的那份"相似"来把他们的想法表现出来的"符号性的释梦"，也是大多数有想象力的文学作家们编造梦的手法。

达丝夫人的肖像 萨尔瓦多·达利 西班牙

这幅画是西班牙超现实主义画家达利在二战结束的时候所创的画作，名为《达丝夫人的肖像》，其实也是达利夫人加拉的写照，画中的人物与自然风景相互呼应，完全符合弗洛伊德释梦方法中的"符号性的释梦"，这种方法利用的是"相似"原则，将梦作为一个整体，找到另一个内容来替代。

释梦一直被认为只是属于那些与生俱来、天生有特殊禀赋者的专利。主张"梦是预言未来观念"的人，通常是利用"符号释梦法"来解释梦的种种现象，其正确与否完全是一种直觉反应和主观推测，要想整理出一个详细介绍"符号释梦法"的方法，当然是不太可能的。

第二种释梦方法是"密码法"，与"符号性的释梦"观念完全不同。这种方法将梦中的每一个符号编制成一个密码，每个密码对应一个具有意义的内容，就像一本密码册，然后将梦中的情形用对应的密码一个个予以解释。例如，我梦到一封"信"和一个"丧礼"等等，于是我对照密码小册子或者说"释梦天书"，发现"信"是"懊悔"的代号，而"丧礼"是"订婚"，然后，我开始寻求这些毫不相干的事件或事物之间的联系，编织出对将来所做的预示。在达底斯的亚特米多罗斯的释梦作品里，就有利用这种"密码法"的释梦方法，但他在释梦时，除了梦的内容，他还对做梦者的人格、婚姻家庭、社会地位进行综合考虑，所以说，即使做同样的梦，对不同身份、地位、职业的人来说，则有着完全不同的意义。比如说一个富人与穷人、已婚的男人或独身者、演说家与贩夫走卒意义是完全不同的。这种方法先将梦看作一个个片段的组合，再对每一个片段进行个别处理。那些矛盾重重、杂乱无章、怪诞离奇的梦，用此法来解释再合适不过了。

以上所介绍的两种常用的释梦方法的不可靠性当然是明显的。那么要从科学的观点来看，"符号法"存在应用上的局限性，不能广泛适用于所有的梦。而"密码法"的可靠性，完全取决于编制的每一件事物或事件对应的编码代码，以及对应的解释的可靠性，而事实上编制的密码根本没有任何科学性的保证。所以，人们斥责释梦是一种幻想，大多同意哲学家和精神科医生的看法。

然而，我对梦的解释一直持有另一种看法。我坚持认为梦的确具有某种意义，而且采用科学的方法释梦是有可能的。我曾经不止一次地被迫承认："的确，古代冥顽执拗的通俗看法竟比目前科学见解更能接近真理"，我的研究方法和主要途径是：

一直以来，我尝试着对歇斯底里性恐惧症、强迫意念等几种精神病态进行根本治疗。我能够克服重重困难，走上布劳尔所创的这条对精神病治疗的道路，并在这条绝径上拓展出一番新天地，完全是关于约瑟夫、布劳尔"如果把这种病态观念看作是一种症

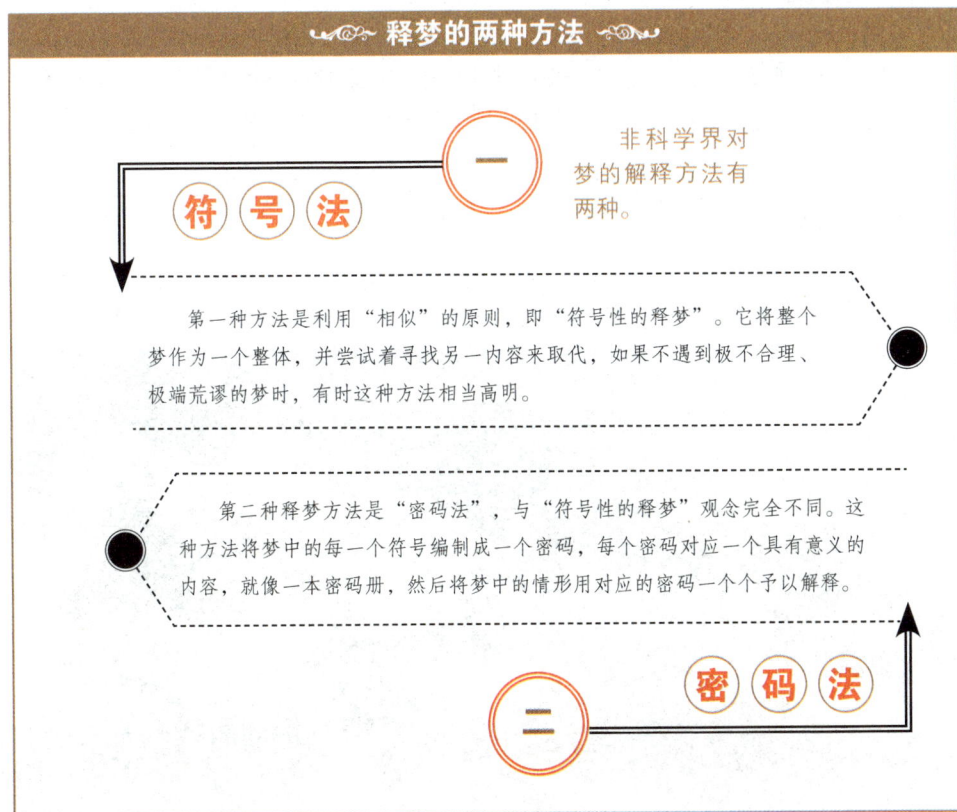

释梦的两种方法

非科学界对梦的解释方法有两种。

符号法

第一种方法是利用"相似"的原则，即"符号性的释梦"。它将整个梦作为一个整体，并尝试着寻找另一内容来取代，如果不遇到极不合理、极端荒谬的梦时，有时这种方法相当高明。

第二种释梦方法是"密码法"，与"符号性的释梦"观念完全不同。这种方法将梦中的每一个符号编制成一个密码，每个密码对应一个具有意义的内容，就像一本密码册，然后将梦中的情形用对应的密码一个个予以解释。

密码法

状，能够想方设法在病人的以往精神生活中找出其根源，那么这种症状就可以消失，病人也就可以康复"这段意味深长的报道，再加上以往我们其他各种疗法的失败，以及精神病态患者在日常行为上及人们心目中所显示的神秘性。我的这套方法技巧、形式及其成果，将来我将在其他地方再另行详细补述。而就在对精神分析的探讨中，我不断地接触到释梦的问题。在我对病人进行治疗前的一些了解、询问过程中，了解到许多其他有关某种主题所曾发生过的意念、想法都牵涉到他们的梦。因此，我想我们可以利用梦来作为寻找某种病态意念追寻到往日记忆之间的桥梁。第二步我就将梦当作一种症状，并利用梦的解释来追溯梦的病源，进而加以治疗。

为此，在治疗之前，我再三地叮咛病人做好各方面的心理准备，要求病人注意自己心理上的感受，并要求其尽量减少过去心理上习惯地对这些感受曾经引起的批判，使其知晓精神分析之成功与否，完全取决于他自己能否将所有涌上心头的感受全盘托出，而不是有选择性地将那些自认为不重要、不相干，甚至愚蠢的感受藏在心中。为了配合治疗，最终达到这一目的，要布置好安静、轻松的环境，使病人完全放松地躺在床上，微闭双眼，病人心中要对自己的各种意念保持绝对公平，不掺杂任何杂念。因为一旦他的梦、强迫意念或其他病状无法理想地被解决时，那就是因为他们内心仍容许本身的批判阻滞了它的道白。

我在精神分析工作中注意到，一个人在"反省"时，往往愁眉深锁、神色凝重，而当他做"自我观察"时，却往往仍保持那份悠闲飘逸。这两种情形，均需个人集中注意，由此可见，一个人在反省时的心理状态与自我观察时的心理运作过程是截然不同

"歇斯底里症"患者

"歇斯底里症"患者在病发时会将自己的肢体扭曲成各种奇形怪状的姿态，看到的人总是心生畏惧。弗洛伊德认为只有在病人的精神生活中才能找到其真正的病源，这样这种症状才会消失，病人才能够康复。

的。"反省"中的精神活动较大，通常是比较专心地做"自我观察"，并且要利用自我批判的能力，来拒绝、排斥某些浮现到意识境界那些曾经使自己感到不祥、不安或不希望出现的意念，以达到阻止、清除它继续在其心理中进行，至于其他有些观念，甚至在未达到意识境界，在其本身还没有察觉前就已经杜绝了。而"自我观察"只有抑制本身的批判力这一项任务，如果能很好地做到这点，那么无数的意念想法就会丝毫不漏地浮现到意识里。凭借这些自我观察者所没有觉察的资料，就可以帮助我们对精神病态的意念做出解释，由此可见，梦的形成同样也可以依此做出合理的解释。

在这种情况下所产生的精神状态，就精神能量（也就是流动注意力）的分布而言，与人们入睡前的状态很相似。处于催眠状态的个体，在入睡前，因为心理上对某种批判能力的放松，一些不虞的意念就会涌上心头，进而影响了意念的变化，往往变化为视觉或听觉上的幻象，我们习惯地称之为"疲乏"。这些变化为幻象的活动在进行梦或病态意念分析时都被剥离、废弃，而精神能量被保留了下来，用来帮助我们专注地追寻浮现到意识里的不希望的意念究竟来自何种意念。

但是研究中我们发现，要对"自由浮现的意念"做到"批判"的扬弃，实在是一件比较难的事情，不合希望的意念，往往很自然地会引起强大的阻力，这些意念无法浮现到意识层。我们可以从伟大诗人席勒的作品中看出，文学的基本创作也正需此种类似的功夫。席勒在与科纳的通信中，对一位抱怨自己缺乏创作力的朋友的回答是："在我看来，你之所以会有这种抱怨，完全归咎于你的理智对你的想象力所产生的限制，这里我举一比

裸体的自画像 埃贡·席勒 奥地利 1910年

席勒是奥地利表现主义画派的代表人物，不幸的是，他28岁便离开了人间。他的这幅裸体画像，为我们表现了一个很生动的主题，画家的表情惹人哀怜，同时又有力地揭示了席勒本人的脆弱。这幅画具有极强的个人色彩，但是席勒却用一种近乎歇斯底里的方式为我们呈现了那个时代人们的恐惧和焦虑。

1932年的弗洛伊德 摄影

这张照片是弗洛伊德在工作时的姿态。他总是习惯在工作之余进行自我分析，他认为，人在反省时的心理状态与自我观察时的心理状态是不同的，反省的精神活动较大，自我观察则相对要小一些。

喻做一说明。如果理智对已经浮现的意念要做太严格的检查，那便扼杀了心灵创作的一面。也许就单个意念而言，它是毫无意义的，甚至是极端荒唐的，但随后而来的几个意念就可能是很有价值的，几个看似荒谬的意念合在一起，就成了一个有意义的联系。理智并不能将涌现心头的所有意念都保留下来，再分门别类地统筹做一比较批判，所以说理智是无法批判所有意念的，就我个人来说，为了保持一个充满创作力的心灵，我撤掉了理智大门的警卫哨，让所有意念毫无限制、自由地涌入，然后再进行全面检查。我们内心的批判力会因为对创造者心灵的那股短暂的纷乱无法容忍，进而扼杀不断涌现的创作灵感。思想的艺术家与一般梦者的区别就在于这份容忍功夫的深浅。因此，你觉得自己毫无创作的灵感，其实都是因为你太早、太严格地对自己的意念进行毫不容忍的批判。"（1788年12月1日的信）

这里，席勒所述将大门口的警卫哨撤回来就是非批判的自我观察，也并不是十分困难的。

我接触到的大多数病人，在接受我的第一次指导之后，可以很轻易地、完全地做到，我把这些闪过心头的所有意念一一记下。这种自我观察的能量与日俱增，而批判活动所消耗的精神能量则与日俱减，同时人与物之间所耗费的注意力的多少对这种情形起着决定性的作用。

应用此法的第一步告诉我们，一个人不可能把整个梦作为集中注意的对象，他们只能够对其中的某一部分或者片段进行解释。如果我询问一个病人，这个梦与其有何关联，答案肯定是没有什么眉目的。所以，我首先要替病者做一套梦的剖析资料，然后使他将隐藏在每一片段中的意念逐一地告诉我。在这里，我采用的释梦方法与前述的第二种方法"密码法"较为相近，而与流传的"符号释梦法"不太一样。不过我也只是将梦视为一大堆心理元素的堆砌物，对其用片段而非整体来进行研讨。

我在对"心理症"进行精神分析的作品中，曾提出很多梦的解释，但在此我并不想利用这些材料来介绍释梦的理论和技巧。因为对这些病态的梦所做的解释并不适于推广到正常人的梦。而另外还有一个原因是，每个梦都要加上注释说明，说明其心理症的性质及病源的研究报告，以及其的不寻常，因为这些梦的主题的根源往往脱离不了其心理病态的病根，而与梦的本质将有很大的差异。我一直希望能找出一条借着梦的解释来帮助解决"心理症"病人心理上的问题。但是我的资料库里所收集的梦，多半是这种"心理症"病人的梦，如果我不用这些材料的话，那我手头上就只剩下我在"梦生活"的演讲中所举过的例子或者在同一些健康人闲谈中得知的梦而已。可是我无法对这些梦做出真正的分析来寻求它的真实意义，因为我的方法比普通的"密码法"更复杂，密码法只是将内容对照已确立的"密码代号簿"即可。而我认为，同样的一个梦对不同的人、不同的关联有着不同的意义。所以，最后我只有用自己——一种接近正常的人所做的梦，既方便又可寻出与日常生活相接近的关系，而且其内容的解析比较丰富。当然，这种分析的不确定性是不可否认的，我对自我分析的真实性、可靠性问题一直在求证。但是我发现，观察自己总是比观察别人真切，并且可顺便看出自我分析究竟对"释梦"有多大的帮助。当然，对我个人来说，要暴露出自己精神生活中的细节，需要克服自身内在的很多困难，一是每个人总是有相当的不情愿，二是担心旁人对它的误解所产生的影响。但是研究要求我必须能克服顾虑。德尔贝夫曾说过："每一个心理学家必须有勇气承认自己的弱点，如果那样做他认为会对困难的问题有所助益的话。"相信读者会因为对心理问题解析所带来的兴趣，也会原谅我的轻率。

　　因此在这里我想以我自己的一个梦为例，来说明我的释梦方法。首先希望读者能把我的兴趣当作自己的兴趣，将精神集中在我的

农神吞食子女　　戈雅（Goya）　西班牙

这幅画表达了弗洛伊德思想中最怪异、最令人不安的神话——图腾飨宴。

身上，甚至包括我生活上的一些烦琐细节，这正是研究梦的隐意所必须具有的兴趣。这正如著书均需有一套"前言"一样。

前言

那是一八九五年的夏天，我接收了一位倍感棘手的女病人，并对其"精神分析"治疗，因为她与我家素有交情，两家的友谊一直干扰我对她的治疗，总怕万一失败将会影响我与她家人的友谊。但越是担心越是不顺利，我只能使她不再有"歇斯底里焦虑"，而她生理上的种种症状并未能好转。当时我认为应该有更好的办法治疗，所以就提出了一个更大胆、更彻底的治疗方案，结果在患者的不同意下我们中断了治疗，

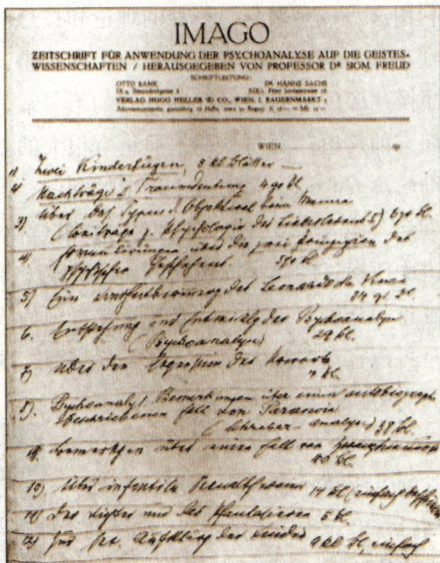

弗洛伊德的笔记手稿

《梦的解析》自1900年问世以来，先后译为英、俄、西班牙、法、日等多种文字出版。

那时我还没有准确地把握"歇斯底里症"治疗的标准。这个患者就是乡下居住的伊玛，有一天我的同事奥图医生拜访了她。奥图医生回来后我问起她的近况，奥图医生说："好一些，但没有多大起色。"他用了一种指责的语气。当时我并不十分介意，我想可能是伊玛的周围一开始就有许多不赞成她找我治疗的人，向奥图说了我的一些坏话。这种不如意的事也就不足挂在心上，我再也未向人提起。当晚我把伊玛的整个医疗经过完整地抄了一遍，寄给我的一位同事、当时的权威——M医生，想让他看看，究竟我的治疗是否真有使人非议的地方，而就在当晚（或者是隔天清晨）我就做了一个梦，当我一醒来就及时记了下来。

左起：爱因斯坦、弗洛伊德、斯坦纳赫。这幅漫画足以说明弗洛伊德的知名度，当年媒体都称他为"爱情专家"。1932年，他与爱因斯坦应国际联盟之请写了《为什么要战争？》一文。

1895年7月23日至24日的梦

在一个宾客云集的大厅里，我看见伊玛也在这熙熙攘攘的人群中，我走过去，第一句话就是责问她为什么到现在还没有接受我的治疗方案。我说："如果你仍感痛苦的话，那可不能再怪我，那是你自己的错！"她却回答道："你可知道我最近喉咙、肚子、胃都痛得要命！"我惊异地看着她，这时我才发现她变得那般苍白、浮肿，我不禁开始怀疑自己以前可能疏忽了某些问题，进而担心起来。我赶忙把她带到窗口的灯光下，帮她检查喉咙。因为戴着假牙，她有点不情愿地张开嘴巴，我以为这种检查其实她是不需要的……结果在她右边的喉头有一块大白斑，而其他地方分布着许多排成卷花般的带状的小白斑，有点像"鼻甲骨"。我赶紧叫M医生来再为她做一次检查，以证明我的诊断……M医生今天脸上的胡子刮得一干二净，有些苍白、微跛，看来不同于往常……而我的朋友奥图也站在伊玛旁边，还有另一个医生里奥波德正在她衣服未解开的情况下听诊她的胸部，并说道："在左下方胸部有浊音。"虽隔着衣服仍然发现在她左肩皮肤有渗透性病灶，我也可以确切地摸出这伤口。而M医生也说："这是细菌感染所致，没

治疗

一位裸体女郎正在和一位抽着烟斗的人下棋，这也是属于弗洛伊德精神分析治疗的范畴。裸体治疗，也是人类释放痛苦的一种方法，通过下棋这种方式，可以让人暂时忘记裸体的困惑。我们可以直接把它看成是一种心理治疗的方式。

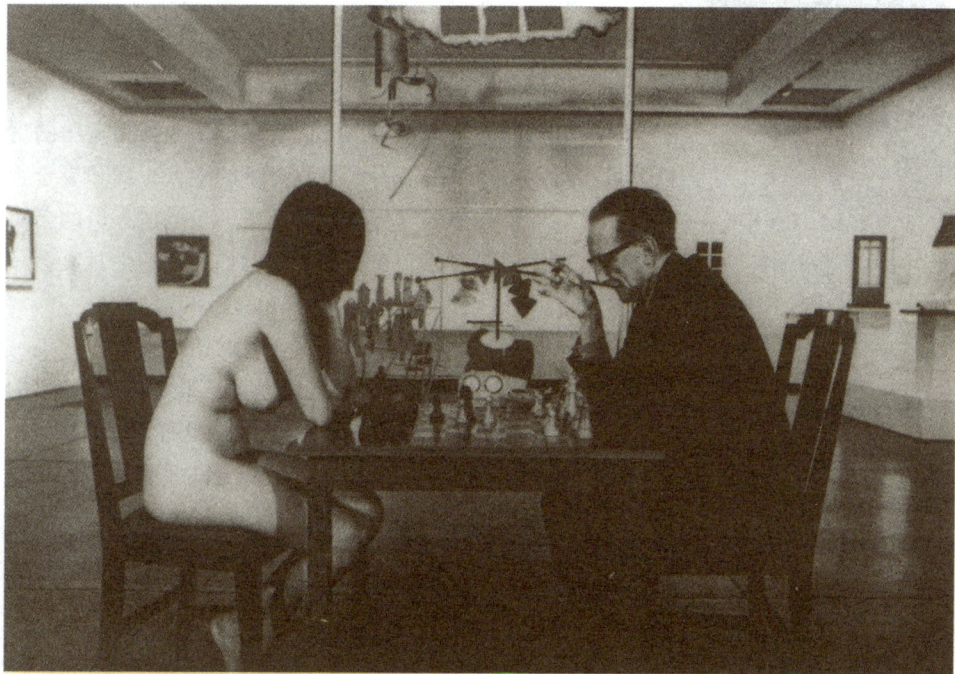

什么问题，只要拉拉肚子，就可以把毒排出来。"……
而我们都十分清楚这些诊断结果是怎么得出来的，不久
以前伊玛当时身体不舒服，奥图给她打了一针Propyl……
Propyls……Propionic acid……Trimethylamin（那结构式清楚
地呈现在我的眼前）……其实，这种药人们是很少如此轻
率地使用的，而且当时针管的消毒也是不过关的……

　　这个梦很明显与当天所发生的事紧密相关，似乎有许
多地方占尽人家的便宜，读者大概可以从我的"前言"找
到根据，从听到奥图讲伊玛的消息，到写治疗过程寄给M
医生，这些事一直到睡觉时都在心中纠缠着我，所以在睡
觉时就做了这么一个怪梦。其实梦里的内容连我本人也不
完全明白。Propionic acid的注射，M医生的安慰之词，以
及伊玛的奇怪的症状诊断，一切都顺理成章地一下子就掠
过去，进展得那么快，叫我无从捉摸，尤其后来的一切，
都叫我丈二和尚摸不着头脑，我实在想不通。以下我打算
分作几段，逐段分析。

分析

　　一、"在大厅里——有很多宾客，正受着我们的
招待"：那年的夏天，我们正住在贝利福——是卡伦堡
附近山中的避暑别墅里，所以梦里都是些高大宽敞的房
间。而我做这梦的前一天是我妻子的生日，我和妻子曾
就生日当天宴会的安排进行了商讨，被邀请人员的名单
中也有伊玛。所以，在我的梦中就如当天的生日宴会一
幕幕重现。

　　二、我责怪伊玛为何未接受我的治疗方案，我说：
"如果你仍感痛苦，那可不能再怪我，那完全是你自己的
错！"就是在清醒的时候我也可能说出这种话，而事实上
我是不是已经说过这种话也不一定。当时我觉得我的工作
只要能够揭示患者的症状背后隐藏的真正病根就行了，而
他们能否接受决定成功与否的解决办法是我无法控制得了
的（后来我已证明那是错误的）。所以，我在梦中告诉伊玛的那些话，无非是对她日后
久病不愈，推脱自己的责任而已……而这一小段很可能就是这个梦的主要目的。

安娜

　　歇斯底里症又被称为癔病或
癔症，是一种较常见的精神疾
病。主要表现为在一定精神状况
或存在外部诱因的情况下，病人
由于恐惧而无法控制自己的行
为。这位是患者安娜，1895年，
弗洛伊德和布洛伊尔合著了《歇
斯底里研究》。安娜是他们治愈
的病人。

舞会　皮埃尔·奥古斯特·雷诺阿　法国　1876年　布面油画　私人收藏

　　弗洛伊德在梦中的第一个场景就是许多宾客聚集在一起玩乐，因为在他做梦的前一天，是他妻子的生日，他们安排了宴会，宴会上受邀请的人就有梦的主人公伊玛，所以梦到这样的场景也是正常现象。这幅画描绘的是舞会的场景。画中的男女装扮时尚，在巴黎一家著名的舞厅里饮酒、闲谈、跳舞。

　　三、伊玛抱怨说："胃痛、喉咙痛、腹痛都痛得要命。"其中胃痛是她开始找我治疗时就有并不太严重的症状，也就是胃不舒服想吐而已；至于喉咙痛、腹痛这些从没听说过的症状，为什么会出现在梦中，我不明白为什么我会在梦中为她编造出这些症状。

　　四、"她看来苍白、浮肿"：而在现实中伊玛实际上是一个脸色红润的人，所以我怀疑伊玛在我的梦中大概被另外一个人"取代"了。

　　五、"我开始为自己以前可能疏忽了的某些问题而担心"：作为一个精神医生往往有一种非常警惕的职业习惯，常常会把其他医生们诊断为器官性毛病的症状，当作"歇斯底里症"来治疗。我的这个担心可能就是这种警惕心而产生的。还有另一种可能，如

015

果伊玛的症状果真是由器官性病灶引起的话，当然就不是我用心理治疗所能治好的，我也就不必再把它当作失败而耿耿于怀了。所以，可能在我的潜意识里，反而希望我以前"歇斯底里症"的诊断是个错误的心理成分。

六、"我带她到窗口检查，以便看清她的喉咙，最初她稍稍'抗拒'，有如戴着假牙的女人怕开口，其实我觉得她是不需要这种检查的"：实际上我从来没有为伊玛检查过口腔。梦中的情景，使我联想起以前有个外表显得年轻漂亮的富婆来找我看病，但我一要她张开嘴，她总是极力去掩饰她的假牙……"其实她不需要这种检查"，这句话乍一看像是对伊玛的恭维，而我对这句话有另一种解释……伊玛站在窗口的一幕，使我想起另一件事：有一天我去拜访伊玛时，她的一位好朋友就像我梦中的伊玛一样站在窗口，让M医生（就是梦中的那位）为她做检查。结果在喉头发现有白喉的伪膜……M医生、白喉般的膜、窗口如此巧合地一一呈现在梦中。现在回想起来，这几个月来，我一直怀疑她有"歇斯底里症"，其实我之所以有这种的想法，只不过因为她像梦中的

临床授课 布鲁叶 1885年 油画

这幅画描绘的是夏尔科在学生面前诊断病患的情形，夏尔科是弗洛伊德最为尊敬的老师，弗洛伊德提出强烈的感情的正面"转移"到底是怎么一回事？是夏尔科对他所产生的影响，也使他终生难忘。这幅画，弗洛伊德不管在哪里，都会将它挂在自己的办公室里。

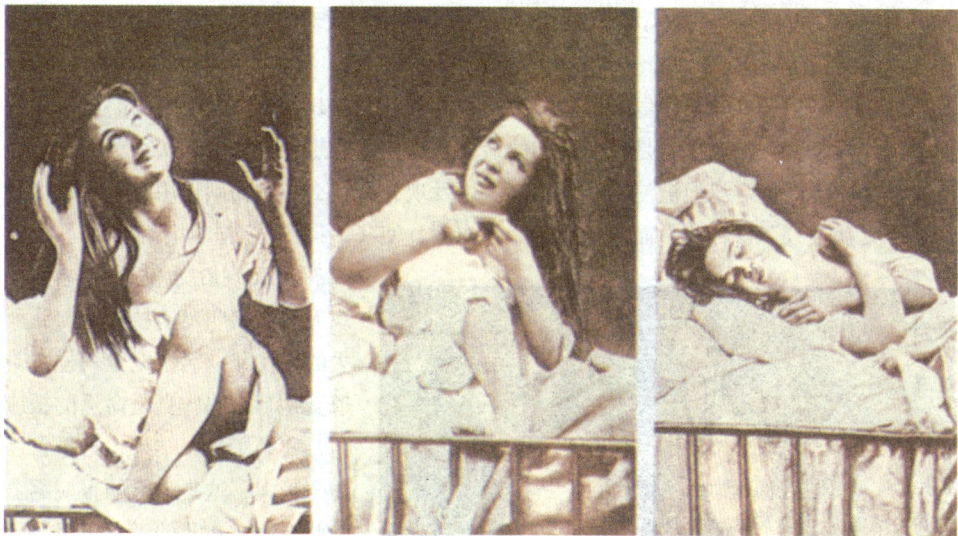

激情姿态

图中的女子是典型的"歇斯底里症"患者，最左边她开始神志恍惚了，中间她开始嘲弄他人或自己，右边便是她开始发作的姿态。弗洛伊德在这里所讲的梦，也是他潜意识心理的反映。

伊玛一样经常会有"歇斯底里症"，而我在梦中把她俩做了置换。如今我才感觉到我内心一直期待着伊玛这位朋友，希望她尽早找我来为她治疗。但我深深地知道，对于她那种保守的女人，这是绝不可能的；可能梦中特别提出的"拒绝"的意义便在此。我另外对"她不需要……"的解释，可能就是指的这位朋友，因为她至今一直好好地活着，并不需要外来的帮助。最后就剩下苍白、浮肿，假牙无法在伊玛和她的这位朋友身上找到了。假牙应该是来自那位富婆；这里我又想到另一个人物——X夫人。这个女人一点儿也不柔顺，常常与我过不去，她不是我的病人，而且我也真不敢去领教她。她脸色苍白，而且有一次身体不好，全身浮肿……说到这里，我同时将几个女人的特征集中到了伊玛身上，而她们与伊玛的确也存在共同点，就是她们都同样地拒绝了我的治疗。通过分析，我之所以在梦中用她们取代伊玛，可能是我比较关心伊玛这位朋友，或者是我觉得伊玛未能接受我的治疗办法，嫌弃是她太笨，而其他的女人可能比较聪明、比较能接受。

七、"我在她喉头发现有一块大白斑，而其他地方分布着许多排成卷花般的带状的小白斑，有点像'鼻甲骨'"：白斑使我联想到伊玛那位得白喉的朋友；同时也使我回想起我的大女儿两年前所遭遇的不幸及我那段时期的诸多不顺。"鼻甲骨"应该源于当时我自己的身体健康问题，那段时间我鼻部肿痛，正在服用"古柯碱"来治疗，就在那几天我又听说一个病人因用了"古柯碱"致使鼻黏膜出现了大块的"坏死"。而我1885

年极力推荐"古柯碱"的医疗价值时①，曾遭到一连串的反对，并且有个好朋友因大量滥用"古柯碱"而加速了死亡。

八、"我赶紧叫来M医生来再做一次检查"：这只是反映出M医生同我们这几人的关系，但"赶紧"却意味着是一个特别的检查，这使我联想到自己的一次很糟的行医经验：当磺胺类药仍广泛地被使用，人们都没用发现它有什么特别的副作用时，有一次我为一个女病人开了这种药，而产生严重的副作用，使我不得不马上求助于前辈们。我的天啊！我现在才发现，这位女病人的名字叫玛迪拉，她与我死去的大女儿的名字完全一样，难道真是巧合吗？真是命运的报应啊，我害了她，结果也害了自己的亲骨肉，这是上天的报应啊。由此看来，在我的潜意识里，一直以自己缺乏行医道德而深深地自责着。

九、"M医生脸色苍白、微跛，并且胡子刮得一干二净"：M医生本来就是一个脸色苍白而令人常常担心的家伙；"刮胡子、微跛"又使我想到了那位远在国外的兄长，他是个很讲究、经常将胡子刮得最干净的人，家里日前接到他的来信说，最近因大腿骨的关节炎而行动不便。为什么会在梦中把这两人合成一人呢？思来想去，原来他们之间存在一个共同点，就是都对我的意见提出过异议，而使我与他们的关系比较紧张。

十、"奥图站在伊玛旁边，而里奥波德为她做叩诊，且注意到她的左下胸部有浊音"：里奥波德是奥图的亲戚，也是一名

两姐妹 泰奥多尔·夏斯里奥 法国 1843年 布面油画
巴黎卢浮宫

弗洛伊德在梦中将两个人合成一个人的主要原因是他们之间存在着共同点。画面中的两姐妹沉稳、端庄，她们用黑色的大眼睛安静地看着我们，她们衣着朴实，但是画家用猩红色的披巾将画面强烈的张力凸显了出来。姐妹俩是如此相似，以至于我们都不能分辨出她们的年龄。

① 这是所有德文版本的错印，其实弗氏首次发表"古柯碱"的论文为1884年。

内科医生，两人是同行，同行是冤家，两人一直是互不相让，我们三个曾一起工作，当时我是负责儿童精神科主持神经科门诊，他俩都在我手下帮过忙，奥图敏捷、快速和里奥波德沉稳、仔细而彻底的不同性格都给我留下了很深的印象。在这个梦里，有我个人情感上的好恶，我比较赞赏里奥波德的细心。这种比较就有如上述的伊玛的那位朋友一般。至此，我才看出在梦中我思路的运行路线图：由我对她有所歉疚的玛迪拉→我的大女儿→儿科医学→里奥波德与奥图的对照。梦中的"浊音"使我联想到有一回我与奥图在门诊接诊过一个病人后，正查不出原因时，里奥波德对其做了一次检查，发现了一个重要线索——"浊音"。我还天真地想：那病人要是伊玛多好啊，因为那病人后来已确诊为"结核病"，而不是像伊玛一样的疑难杂症。

十一、"在左肩皮肤上有渗透性的病灶"：使我一下子就联想到自己的风湿痛的部位正是左肩，这毛病发作经常令我夜半醒来。梦里说"虽隔着衣服，我仍可摸出这伤口"可能就是当时疼痛时我自己正在摸着自己的身体，还有"渗透性病灶"，在医学上

被麻醉的女病人 德国 版画

歇斯底里症患者的精神世界是不想为人所知的，医生采取了麻醉的方式，让女病人暂时先忘却自己的病症。女病人的周围是一群临床的外科医生，右上角最边上的一位医生还在冷漠地抽着香烟，而女病人对他们而言，只是一个实验品而已。

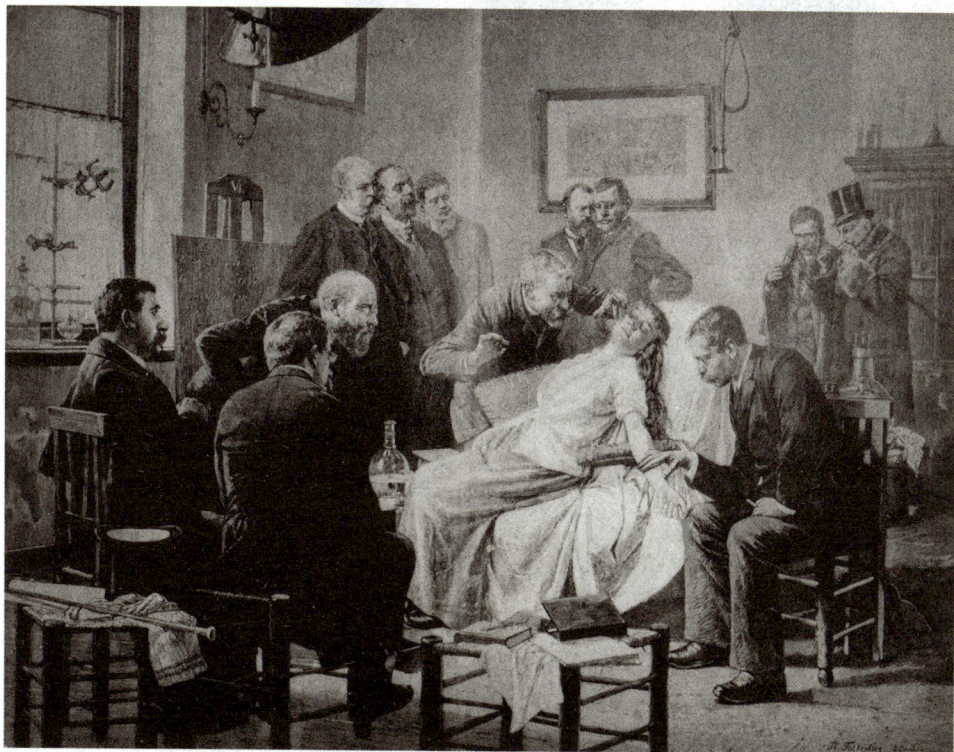

心理治疗 雷尼·马格利特 比利时

马格利特是20世纪比利时最杰出的超现实主义画家，其创作风格受弗洛伊德有关梦的理论的影响。画中他将人脸转化成了鸟笼的模样，而将五官拿在了手中。同弗洛伊德的梦境很相似，都是将自己内心真实的想法掩饰了起来。

这句话多半都是用来指肺部，而很少用来指皮肤上的毛病，比如说左上后部有一"渗透性病灶"等说法，这再一次证明我内心是多么希望伊玛患的是那种极易诊断的"结核病"。

十二、"虽说穿着衣服"：这只是一个插句，因为过去我们在儿童诊所里，除了女性之外，一向是要求他们脱光衣服进行检查的。记得有一个比较有名的医生专门不叫病人脱衣，并且能够诊断出她们的病，所以最受女病人的欢迎……这应该是个插句，没有什么讲究。

十三、"M医生说：'这是细菌感染所致，这没什么问题，只要拉拉肚子，就可以把毒排出来。'"这些看似荒谬可笑，但要仔细想想却大有文章。我在梦中发现病人有白喉，而白喉多半是由局部感染而引发全身，里奥波德曾查出伊玛胸部有一"浊音"，会不会是"转移性病灶"呢？其实白喉也不是只在肺部有"浊音"的，我又担心是不是"脓血症"，"这是细菌感染所致"，应该是一种器官上的毛病，这可能又是我要减轻我的责任的托词了——毕竟是因为她患的是器官性毛病，所以我的心理治疗才会屡次失败，如果她真是"歇斯底里症"，我的治疗才不会失败。接下来的"这没什么问题……"则完全是一种自我安慰了。梦发展到这里，在我的意识里应该已经开始自责了："只为了自己开脱责任，就不择手段地让伊玛感染上严重的'结核病'，我深深地认为自己是多么残酷不仁！"所以梦又开始改变方向，朝着乐观的方向发展，在梦里就出现了"这没什么问题"的说法，不知道为什么这种安慰之词却用这般荒谬可笑的说法出现。

过去的一些庸医认为白喉的毒素可以由肠道自己排出，而在这个梦中，我就笑M医生是这种糊涂大夫。说到这里我又想起一件事：几个月前，有一个消化不良的病人来找我，我一眼就看出这是"歇斯底里症"，却被别的医生诊断为"贫血、营养不良"。当时我不想在他身上试用"心理疗法"，就劝他出外游玩好好放松一下心情，释放一下那些长久郁积的不安。可不久他从埃及来信说，他在那儿病情又一次发作，而被当地的医生诊断为"痢疾"。我实在是不解，这明明是"歇斯底里症"，怎么会是"痢疾"，应该是当地医生的误诊吧！同时我也深深地自责："我怎么能让一个有病的人去一个会感染上'痢疾'的地方去游玩呢？另外'白喉'与'痢疾'这两个词念起来似乎也十分相近。"而这种替代的例子在梦中举不胜举。

更具戏剧性的是我在梦中可能有意在开M医生的玩笑，让这些话由他的口中说出是有原因的，M医生曾告诉我一件类似的事：说有一个同事请他去会诊一个病危的女人。他在病人的尿中检出大量的蛋白质，M医生对其病情表示不太乐观，但那个同事却不当一回事地说："这没什么问题……"所以在梦中，我可能就有意识笑这位看不出"歇斯底里症"的医生。我经常在想："M医生可曾想过伊玛的那位朋友，不是'结核病'而是'歇斯底里症'？会不会是他看不出而误诊成'结核病'呢？"

但是我为什么会在梦中这般刻薄地讥讽M医生呢？寻找我这样做的目的和动机只有一个——报复。前面已经提到过，M医生与伊玛都反对过我，所以在梦里，我把一种最荒谬、最可笑的话由M医生口中道出，并对伊玛说"如果你仍感痛苦的话，那可不能再怪我，那是你自己的错"。

十四、"我十分清楚这些诊断结果是怎么得出来的"：在里奥波德发现"浊音""渗透"以前，我根本没想到这会是细菌感染，由此来看这句话似乎很不合理。

十五、"不久以前，当她不舒服时，奥图曾给她打了一针"："打针"的联想应该是，有一次奥图到乡间去拜访伊玛并不是专程而去的，是因为乡间旅舍有急症，请他去打针而顺道找伊玛的。"打针"又使我想起那位因为过量注射"古柯碱"而中毒身亡的好友，当

弗洛伊德和弗里斯 1890年

弗洛伊德和弗里斯（右）因为共同的爱好走在了一起，弗里斯与弗洛伊德曾经谈起过自己对"性"的研究，他认为化学成分中Trimethylamin是一种性激素代谢的中间产物，弗洛伊德在梦中用Trimethylamin代替了"性"，在他的理论中，"性"也正是精神病学上的一个大问题。

时我建议他在戒掉吗啡后再使用"古柯碱"。可我没有想到,他竟一下子就打了那么多剂量而送了命,这件事让我内心一直感到愧疚和自责。

十六、"打的药是Propyl……Propyls……Propionic acid……":这到底是什么药啊,我自己也从没见过。这应该是在做梦的前一天,奥图医生曾送我一瓶酒,上面标着Ananas(这个音和伊玛的姓很近),当时,因为它有强烈的机油味使我感到作呕,我就想把它扔了。我的妻子却要把它送给佣人们喝,我很生气地骂她说:"佣人也是人,我可不准你用这毒死他们!"也许"Amyl(戊基)"与"Propyl(丙基)"音很近吧!

十七、"Trimethylamin":我在梦中还清晰地看到构造式用粗体字标出来,有什么特殊的意义呢?记得我曾在一次与一位要好的老朋友一起闲谈的时候,他曾经对我提到过自己对"性"的研究,并提到他发现化学成分中Trimethylamin是一种性激素代谢的中间产物,由此来看,可能我在梦中用Trimethylamin代替了"性",而在我的观念中,"性"也正是精神病学上的一个大问题。再来看我的病人伊玛,她是一个寡妇,如果我在这里把她的毛病归结为由"性"的不能满足而产生的便能自圆其说。这样的分析似乎也颇能与梦里情节相吻合,但这种说法必不会被那些追求她的人们所接受。

"Trimethylamin"为什么那么清楚地出现在我的梦中,我还是不得其解;它应该是一个比喻或替代,而不是"性"的代称,但我再想不出什么更好的解释了。一提到性的问题,使我想起了一位前辈,他一生专攻鼻炎或鼻窦炎,他曾发表过一篇《鼻甲骨与女性生殖器官的关系》的论文,他对我在医学方面的造诣影响很大,碰巧在我的这个梦中曾提到"鼻甲骨",所以说很可能在我的潜意识里一直认为伊玛的病与性是有些关系的。

1932年的弗洛伊德

弗洛伊德对于梦的解析,在精神分析学界具有风向标的意义,他努力地将梦的真正意义呈现在我们面前,而尽量避免去接受那种由"梦内容"及其背后所隐藏的"梦的想法"进行比较所暗示出的各种意念。他指出"梦即是愿望的达成"。

十八、"其实,这种药人们是很少如此轻率地使用的":这完全是在指责奥图的不对。记得当天奥图回来告诉我有关伊玛的事时,我还暗暗地骂他不明是非而轻率地听信伊玛家人一面之词,同时"轻率"的打针,又使我联想到两个人,一个是因过量使用"古柯碱"而死亡的朋友,另一个应该是可怜的玛迪拉了。很明显,我是借着这梦在推卸我的责任和为始终摆脱不开的良心的自责来寻找慰藉，而对不利于我的人进行一一的报复。

十九、"很可能连针筒也不干净"：这又是指责奥图的，但这个材料的来源又另有其人，两年来我一直接诊的一位82岁的老人，每天要靠我给她打两针吗啡来维持。就在前不久她迁到乡间去住了，最近传来一个使我感到非常得意的消息，因为住在乡下，她找了别的大夫替她打针，结果发生了静脉炎。我给她打了两年针却从没出过问题，说明我行医的良心与谨慎，也使我很欣喜。"这一定是针筒不干净"，又使我想起了我的妻子在怀孕快生玛迪拉时，曾因打针而发生过"血栓症"。由此看来，我在梦中把伊玛和我已死去的爱女玛迪拉又进行了合成。

至此，我已完成了对我的这个梦的分析。在整个分析的过程中，我曾努力把梦的真正意义呈现出来，而尽量避免去接受那种由"梦内容"及其背后所隐藏的"梦的想法"进行比较时所暗示出的各种意念。我将我所做的梦的动机作为贯穿整个梦的意向，在这个梦里完成了我的几个愿望，而这些又都是由奥图前一个晚上告诉我的话和我在临床中想记录下的病历所引起。而整个梦的结果，就在于伊玛至今仍处于病痛折磨之中，这又不是我的错，而我就用这个梦来嫁祸于奥图。因为是奥图告诉我伊玛并未痊愈而令我烦恼。这个梦使我自己解除了对伊玛的歉疚，呈现了一些我内心深处所希望存在的状态。所以我可以这么说："梦的动机在于某种愿望，其内容就在于愿望的达成。"

这个梦初一看整个情景似乎并没有什么特别的，但如果从梦的愿望达成的观点来进行仔细推敲的话，那么它的每一个细节都是有意义的。就像我在梦中不断地报复奥图，并不只是由于他用责备的语气告诉我伊玛的病未痊愈，可能还把他曾送我的有机油臭味的酒的事在梦中进行了合成，这就有了"Propyl的注射"。而我仍不罢休，要继续我的报复工作，我又拿他与优秀的同事做比较，甚至很想当面羞辱他。其实也不仅仅只有奥图是我愤怒的唯一对象。还有我那不听话的病人，被我用一个更聪明、更柔顺的人物给取代了。还有M医生，我用"会发生痢疾……的鬼话"这种很荒唐的胡扯，来表达出我对他是个大蠢材的看法，我似乎很想用他转换为一个更好相处的朋友（那个告诉我Trimethylamin的朋友），就像我将奥图转换成里奥波德，将伊玛转换成她的朋友一样。从整个梦来看，我一直想让自己选三个人来取代那三个可厌的家伙，这样我才可逃避那些内心的谴责。这些不合情理的谴责都在梦中经过复杂的变化后呈现出来。比如伊玛的病痛，过不在我，因为她不接受我的治疗，假如那些病痛是由器官性毛病所引起的，当然就不能指望我的心理治疗奏效了。所以，伊玛受的苦完全是由于她的守寡而引起的，我也就爱莫能助了，伊玛的病则归咎于奥图轻率地使用一种我所未曾用过的不适当的针药打针引起的，伊玛的抱怨就要归咎于不洁的针管所引起，就像我从来没有注意那个老妇人的静脉炎一样。我当然很清楚，这些为我自己进行无罪开脱的所有解释有些互相矛盾，甚至前后不一致，这种意图仅是这个梦而已，除此之外，毫无他图。这里我又想起一个寓言故事——一个人把借用邻居家的茶壶弄坏了，最后被人控诉的故事。首先，他的理由是他还的时候是完好的，又觉得这行不通；他的第二个借口是，他说最初借的时

夜晚的沉寂 弗迪南德·霍德勒 瑞士 1904年 布面油画 温特图尔市立美术馆

　　弗洛伊德说梦的动机是出于人的某种愿望，而梦的内容则是在于愿望的达成。画中这个高大强壮的女人漫步在满是鲜花的山路上，她高昂的头望向山的另一边，一副心事重重的样子，不知这是否她梦中的情境？

候茶壶就有个洞，觉得这也行不通；最后实在没办法，他干脆说他根本就没有借过。一种很复杂的防卫机制就这样进行着。只要这三条路有一个行得通，他就无罪了。

在梦中还有其他的一些小的细节，似乎与我要证明自己对伊玛的事不存在任何责任，扯不上什么关系。比如说我女儿的病、对我的太太和哥哥以及M医生的健康的关怀、自己的健康问题、"占柯喊"的害处、那个到埃及旅行的病人之病情、与我女儿同名的女病人的病、我已故的那位患有化脓性鼻炎的朋友……，要从这些纷乱的片段中，整理出它们共同的意义，那无非是我职业上的良心和我对他人健康的关怀了。那天晚上奥图告诉我伊玛的情形时，我内心那种说不

弗洛伊德的书房

出的不愉快情形，我现在还依稀记得，并且我终于在我的梦中把这种感觉宣泄出来。其实，我那时的感受就如奥图对我说："你没有良心，你没有医德，你没有实践你从医的承诺。"所以，在我的梦中就出现我竭力地证明，我是多么有良心，我是多么关心我的病人，还有我的亲戚和朋友。然而人也很奇怪，这些存在于梦里的痛苦回忆，反而更证实了奥图的谴责，却不赞成我的自我告白。由此来看这些内容是比较公正的，但在梦这个广袤自由的天地，与那个狭隘的主题"证明我对伊玛的病是无辜"之间的联系，却是显而易见的。

我不敢说我把这个梦解释得毫无瑕疵，我也不敢奢望把我这个梦的意义完全解析出来。我还可以再多花些时间来讨论它，并且可以找出更多的解释来探讨各种可能性。我甚至能更深入地剖析心路历程应该如何如何。然而，每个人自己的梦都会遇到一些不愿意再分析下去的地方，那些怪我未能分析得淋漓尽致的人，可以自己做做实验，做得更直爽、更坦白些。就目前而言，我对刚刚分析所得的发现相当满意。如果按照以上这种对梦的分析方法，我们会发现梦绝不是一般作者所解释的："梦只是脑细胞不完整的活

动结果。"实际上梦是有意义的，一旦释梦的工作能真正实现，我们就会发现梦是代表着一种愿望的达成。

梦的本质是愿望的达成

弗洛伊德认为梦的本质就是愿望的达成，是一种受抑制的愿望经过改装达成的，其自由联想技术运用较多。

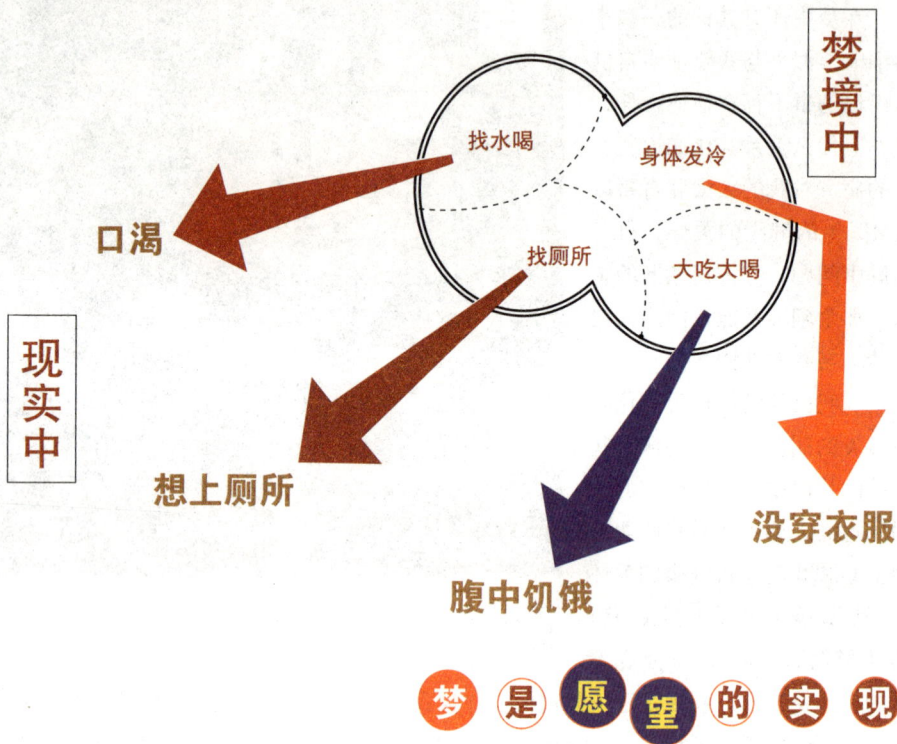

梦境中

找水喝　身体发冷
找厕所　大吃大喝

现实中

口渴

想上厕所

腹中饥饿

没穿衣服

梦 是 愿 望 的 实 现

第三章

梦是愿望的达成

　　弗洛伊德认为，梦在一定程度使得人的本能欲望得到满足，从这个意义上讲，梦是愿望的达成。也可以说，梦是主观心灵的动作，因此，所有的梦都是以自我为中心并都与自我有关。每一小梦中，都可以找到梦者所爱的自我，并且都表现着自我的愿望。例如，囚犯总会梦到自己逃脱监狱。

　　当一个人跋山涉水，披荆斩棘，历经千难万险终于到达一个视野辽阔的空旷地，而接下来是一路平坦时，他应该做的是停下来细细斟酌：下一步该如何走才好？同样地，我们正在学习"释梦"的途中，那乍现的曙光就在我们眼前，此刻我们也该停下深思。梦，它不是空穴来风、不是无中生有、不是荒谬无稽的，也不是部分意识的昏睡，而只有少部分意识似睡实醒的产物。它完全是充满意义的精神现象，它应该是一种清醒状态精神活动的延续，它是一种愿望的达成，它来源于高度纷繁复杂的智慧活动。然而，正当我们为这些发现而暗自得意时，一大堆的疑问又呈现在眼前。如果梦果真是理论上所谓的愿望的达成，那么这种达成为何以如此特殊而不同寻常的方式出现呢？在形成我们清醒后所能忆起的梦像前，我们的梦意识又会经过怎样的变形呢？这些变形又是如何发生的呢？梦的材料又是从何而来呢？还有梦境本身的诸多特点，比如其中的内容为什么会互相矛盾呢？梦能指导我们的内在精神活动吗？能对我们白天所持的观念给予指正吗？……我以为，这一大堆问题最好暂且搁置一旁，而应该只专注一条途径。既然我们已发现梦是愿望的达成，那么下一步就应该探讨：这是否只是一个我们分析过的梦的特殊内容（有关伊玛打针的梦），抑或是所有梦普遍具有的共同特征呢？尽管我们已经得出"所有的梦均有其意义与精神价值"的结论，我们仍需考虑"每一个梦并非都具有相同的意义"的可能性。我们所分析过的第一个梦是愿望的达成，但并不能排除第二个梦很可能是一种隐忧的发觉，而第三个梦却是一种自我反省，而第四个梦境只是回忆的唤醒。除了愿望的达成以外，是否还有别种梦呢？还是只有这一种梦呢？

　　有些梦，我经常可以用实验手法，随心所欲地把它引出来。譬如，如果当天晚上吃了咸菜或其他很咸的食物，那么晚上往往会有关于喝水的梦，我正喝着大碗的水，那滋味犹如

梦 巴勃罗·毕加索 西班牙 1932年 布面油画 纽约冈兹收藏馆

　　梦会伴随人的一生，每个人都会做梦。毕加索的这幅画描绘了一个沉睡中的女子，他将女子的脸部切成两半，一半浅绿色，一半粉红色，两种颜色给人的视觉冲击力都非常强烈，如同她做的梦一样，这样更显出了女子的美貌和端庄。

干裂的喉头，饮入了清凉彻骨的冰水一般地痛快。然后我惊醒了，而发觉我确实想喝水。这个梦的原因就是我醒来后所感到的渴。由这种渴的感觉引起喝水的愿望，而梦将使这愿望达成，因而梦确有其功能，而其本质我在后面即会提到。由此可以看出，梦所代表的"愿望达成"往往是毫无掩饰、极为明显的，以致反而使人觉得奇怪，为什么直到最近梦才开始为人了解。然而，很不幸地，我对M医生、奥图等报复的渴望，却无法像饮水止渴的需求一般用梦就能满足，但其动机是相同的。不久前，我另有一个与这稍有差别的梦，这次我在睡觉前的清醒状态下，就已感觉口渴，我喝完床头旁小几上的开水，才去睡觉。但到了深夜，我又感到口渴而不舒服，如果想再喝水，我必须得从床上爬起来，不胜麻烦地走到我太太那边的小几旁拿茶杯喝水。因此，我就梦见我太太从一个坛子内取水给我喝。这坛子是我以前从意大利西部古邦安达卢西亚

睡觉 菲利普·格斯顿 美国 布面油画 私人收藏

画中的人物盖着红色的被子，只露出一只闭着的硕大的眼睛，和一只耳朵，还有就是那双像砖头一样的鞋。画家以红、紫、黑和白等有限的色彩挥洒出粗犷有力的笔触。这也是画家绘画生涯中最后阶段的作品，他的作品多采用抽象的手法来表达人们内心的渴望。

买回来收藏的骨灰坛。然而，那水喝起来非但不解渴，反而是非常咸，（可能是内含骨灰吧）使我不得不惊醒过来。梦就是如此地善解人意。因为愿望的达成是梦唯一的目标，所以梦的内容很可能是完全自私的。实际上，贪图舒适是很容易与体贴别人产生冲突的。梦见骨灰坛很可能又是一个愿望的达成，就像我现在拿不到放在我太太床侧的茶杯一样，很遗憾我未能再次拥有那个坛子。而且，这坛子能促使我惊醒是因为它很适合我梦中的咸味。

这种"方便的梦"在我年轻时经常发生。当时，我经常工作到深夜，因此早上起床这件极为平常的事对我而言却变得痛苦而极不情愿。因此清晨时，梦到我已经起床并梳洗完毕，而不再以未能起床而犯愁是常有之事，也因此我能继续醉睡。一个与我一样贪睡的医院同事也有过同样有趣的梦，而且他的梦显得更荒谬可笑。他在离医院不远的地方租了一间房，每天清晨女房东会在固定的时刻叫他起床。有天早上，这家伙睡得正香时，那房东又来敲门了，"裴皮先生，快起床吧！该去医院了。"于是，他做了如下这样一个梦：他正躺在医院某个病房的床上，挂在他床头的病历表上写着"裴皮·M，医科学生，22岁"，就这样一翻身他又安心地睡着了。显而易见，这个梦的动机无非是贪睡

罢了！

还有一个例子：我的一个女病人曾经历过一次不成功的下颚手术，按照医生的要求，她每天必须在病痛的脸颊做冷敷，而她一旦睡着了，那块冷敷的布料经常会被她全部撕掉。有一天，因为敷布又被她在睡梦中拿掉了，我因此而说了她几句，没想到，她竟辩解说那完全是由夜间所做的梦引起的：这次我实在是毫无办法。梦中我正在歌剧院的包厢内全神贯注地演唱，突然想到梅耶先生正躺在疗养院里受着下颚疼痛的折磨。我暗自思忖："既然我自己并无痛感，也就不再需要这些冷敷，因此我揭掉了它。"这可怜的病人所做的梦，就好比当我们置身于不愉快的处境时，经常会自我安慰说："好吧！就让我想些更愉快的事吧！"而这种更"愉快的事"也正是这梦。至于这病人所提到的颚痛的梅耶先生，不过是她偶然想起的一位朋友而已。

类似以上这些"愿望的达成"的梦在一些健康人的身上也很容易收集到。一位深悉我的释梦理论的朋友，曾把这些理论解释给他的太太听。有一天他告诉我，他太太昨晚梦见她的月经又快来了。当然，我很清楚当一位年轻太太梦见她月经快来时，其实是月

白日梦 安德鲁·怀斯 美国

梦的情境里，总是会有愉快或不愉快的事情发生。画中的少女优雅、安逸地躺在一张从天而降的蚊帐里，从她微微翘起的嘴角，我们可以分辨出，她在梦中一定是愉快的。窗外透射的阳光似乎想要打破这种宁静，但少女却并没有因此而苏醒，观者也一定更愿意分享她那不为人知的甜蜜和欣喜。

经已经停了。我们可以想象，她一定是害怕面对生下子女后的沉重负荷，还很想再能自由一段日子，因而才会有这样的梦。另一位朋友写信告诉我，他太太最近曾梦见乳汁沾满了她的上衣，可以肯定这其实正是她怀孕的前兆。这次怀孕并非他们的头一胎，而这年轻的妈妈，内心多么盼望这即将诞生的第二胎会比第一胎有更多的乳汁吃。

有一位年轻女人，因需要照顾她那患传染病的孩子，终年待在隔离病房内而很久未能参加社交活动，她曾做了这样一个梦：梦见她儿子已康复出院，一大堆作家包括都德、鲍格特、普鲁斯特以及其他一些作家与她在一起，而且这些人对她都十分友善而亲切。在梦里，这些人的面貌与她所收藏的画像完全一样。其实普鲁斯特的容貌她并不熟悉，但看上去就像第一个从外界来到这病房进行消毒工作的人。很明显，这个梦可以解释为："以后枯燥的看护工作将不再枯燥，快乐的时光即将来临了！"

上面所有这些材料已足以显示出，无论是何等复杂的梦，大部分均可以解释为愿望的达成，而且其隐含的内容稍加分析便会浮出水面。与那些需要释梦者煞费苦心进行研究的复杂的梦形成了鲜明的对比，这些梦很多时候是简短的梦，然而，只要你愿意对这些最简短的梦做一番探讨，你会发现那实在是非常值得的。本来以为，小孩子因为心灵活动较成人单纯，所做的梦也应该单纯一些。因此我们应该可以从探讨儿童心理学入手，进而了解成人的心理。就像我们常常通过研究低等动物的构造发育，以期了解高等动物的构造一样。然而，遗憾的是，迄今为止能利用小儿心理的研究达到这一目的的有识之士却是少之又少。

因为小孩子的梦往往是比较简单的愿望达成，所以和成人的梦比起来略显枯燥。尽管小孩子的梦不会产生什么大的问题，但却为我们提供了无价的证明——梦的本质是愿望的达成。我曾经从我自己的儿女那里收集了不少这样的梦。

1896年夏季，我们举家到荷尔斯塔特远足，当时我们住在靠近奥斯湖的小山上，只要天气晴朗，我们便可以看到达赫山，如果再加上望远镜，甚至能清晰地看到远处山上的西蒙尼小屋。小孩们天天就喜欢看这望远镜。在远足出发前，我曾向孩子们解释说，我们的目的地荷尔斯塔特就在达赫山的山脚下，他们为此而显得分外兴奋。当我们由荷尔斯塔特再入耶斯千山谷时，小孩们更为那变幻的景色而欢悦。但5岁零3个月的儿子渐渐地开始显得不耐烦了，只要看到了一座山便会问道："那就是达赫山吗？"而我的回答总是："不，那还是达赫山下的小丘。"就这样连续问了几次，他不再问了，也不愿意跟我们爬到石阶上去参观瀑布了。当时，我想他也许是累了。没想到第二天早上，他神采飞扬地跑过来给我讲道："昨晚我梦见我们走到了西蒙尼小屋啦。"我现在才明白，当初我说要去达赫山时，他就满心欢喜地期待着最终会由荷尔斯塔特翻山越岭地走到他天天用望远镜所憧憬的西蒙尼小屋去。而一旦获知他只能以山脚下的瀑布为终点时，他太失望了、太不满了。而梦却使他的愿望得到了实现。当我试图再问及梦中的细节时，他却只有一句："你只要接着爬石阶上去6个小时就可以到的。"而其他内容却是无可奉告的贫乏。

　　我那八岁半的女儿，在这次远足里也有一些可爱的愿望是靠着梦来满足的。我们这次去远足时，带上了邻居家12岁的小男孩爱弥儿同行，这小孩子文质彬彬，颇有一个小绅士的派头，自然相当赢得小女的欢心。次日清晨，她告诉了我她昨晚的梦："爸爸！我梦见爱弥儿也称呼你们'爸爸''妈妈'，成为我们家庭的一员，而且与我们家的男孩子一起睡在大卧铺内。不久，妈妈走进来，手捧一把用蓝色、绿色纸包的巧克力棒棒糖，然后丢到我们床底下。"我那从未听我讲过释梦理论的小儿子，就像我曾提过的一般时下的作家一样，斥责他姐姐的梦是多么地荒谬无稽。而女儿却为了她梦中的某一部分奋力抗辩。她说："说爱弥儿成为我们家的一员，确实有些荒谬，但关于巧克力棒棒糖却是有道理

哈尔森贝克的孩子们　菲利皮·奥托·伦格　德国　1805~1806年　布面油画　汉堡市立美术馆

　　了解人的心理活动有多种方式，儿童的内心较为纯洁，我们可以由此推及成人的心理活动。这三个小孩被一道篱笆所环绕，男孩手里挥舞着鞭子，表现出他想要进行肉体惩罚的欲望，画家将他的神情刻画的严峻且坚定，这幅画具有双重含义——一方面表现了孩子的年幼无知，一方面又能对此加以控制。使得这幅作品给人的印象更加深刻。

家庭 保拉·瑞戈 1988年 英国伦敦萨奇收藏所

　　家庭是一个充满爱和温馨的地方，这个家庭似乎被一种冲动的暗流所包围着，妹妹正主动帮母亲脱掉正在狂怒中的哥哥的衣服，母亲则较为平和地看着他们兄妹俩，窗口边的小女儿双手握拳，似乎也想过来帮哥哥脱衣服。画面交错纠缠、暧昧不清，暗含了一种情欲的基调。

　　的。"而这后段当时着实令我不解，还是后来妻子做了一番合理的解释才使我明白。原来在由车站回家的途中，孩子们曾停在自动售货机前，吵嚷着要买巧克力棒棒糖，就像女儿所梦见的那种用金属光泽纸包装的棒棒糖。但妻子认为，不妨把这愿望留待他们到梦中去满足吧，因为这一天已经够让他们玩得开心遂愿了！这一段我未注意到的有关棒棒糖的小插曲，经由妻子一讲述，我就不难理解女儿梦中的一切了。那天，我自己曾听到走在前面的那位小绅士在招呼着小女："走慢点，等'爸爸''妈妈'上来再一起赶路。"而小女在梦中就把这暂时的关系变成永久的锁定。而事实上小女的感情，也绝没有像她弟弟所谴责的那样，永远要与那小男孩做朋友的意思，只是梦中的亲近而已，但为什么妈妈要把巧克力棒棒糖丢在床下，若不再去问小孩子是无法了解其暗含的意义的。

我的朋友曾向我讲述过一个8岁女孩所做的梦，这个梦很像我儿子的梦。她爸爸带了几个小孩一起徒步旅行到隆巴赫，打算由此再到洛雷尔小屋，但是因为时间太晚，半途折回，而许诺孩子们下次再来。在归途中，他们看到了通往哈密欧的路标，孩子们又吵着要去哈密欧，当然她爸爸也只答应他们改天再带他们去。第二天早晨，这个小女孩却兴冲冲地告诉她爸爸："爸爸，我昨晚梦见你带我去了洛雷尔小屋，还到了哈密欧。"由此看来，小女孩缺乏耐心的等待促成了她父亲的承诺在梦中得以提早实现。

还有，我女儿3岁零3个月时，因为对奥斯湖迷人风光的向往，也做过同样妙不可言的梦。我们第一次带她游湖时，可能是不知不觉中逛得太快就登了岸，小家伙觉得不过瘾，哭闹着不愿上岸。第二天早上，她兴奋地告诉我："昨晚我梦见我们在湖上徜徉呢。"但愿那梦中的游湖会使她更满足吧！

我的长子在8岁时，就已经做过实现奇妙幻想的梦。在他津津有味地看完他姐姐送给他的希腊神话的当晚，就梦见自己与阿基利斯一起坐在达欧密地斯所驾的战车上驰骋疆场。

如果小儿的梦呓也可以归到梦的领域的话，下面这段就是我最早收集到的有关梦的材料。当我最小的女儿，只有19个月大时，有天早上因为吐得很厉害，以致整天都不能给她喂食。就在当晚，我曾惊异地听到她口齿不清的梦呓："安娜·弗（洛）伊德，草莓……，野（草）梅、（火）腿煎（蛋）卷、面包粥……"。这些食物均为她的最爱，可是因为这些食物对她目前的健康状况不利，护士再三叮咛过不准吃这些

梦　夏凡纳　法国　1883年　布面油画　奥塞博物馆

在这幅画中，一个流浪的女人饿了好久，正处于昏迷中，她做起了梦，她的梦中得到了最多的收获和最大的安慰。画面是梦境与现实的结合，梦境中的三位仙女正在向人间播撒鲜花与希望，正在祝福躺着的流浪女。这一切全是虚无，全都是自慰式的幻想。

食物，她就在梦中发泄了她的不满。她竟然把她所要的东西这样子用她自己的名字逐一引出。

我们不可否认，小孩也有极多的不快和失望，尽管我们认为小孩因为没有性欲所以比成人有更多的快乐。他们的梦的刺激是由其他的生命冲动所引起的。这儿有另一个例证。我的侄儿，当他22个月大时，在我生日那天，大家叫他送给我一小篮子的樱桃（当时樱桃产量极低，极为稀罕）并向我祝福生日快乐，他似乎不太情愿，一直不愿将小篮子脱手而且口中一直重复着说："这里头放着樱桃。"然而，奇妙的是，他仍懂得如何使自己不吃亏，他的方法是这样的：他本来每天早上都习惯地告诉妈妈，他会梦见那个在街上遇到的一直让他羡慕不已的身穿白色军袍的军官又来找他了。但就在他极不情愿地给了我那篮樱桃以后的第二天，他醒来后高兴地宣称："那个军官把所有的樱桃都吃光了。"

我无从知道动物们究竟做了些什么梦。但我却清楚地记得一个谚语："鹅梦见什么？"回答是："玉米。"这两句话几乎概括了梦是愿望的达成的整套理论。

现在不需要深奥复杂的阐述，我们就已可以清晰地看出梦里所隐藏的真意。诚然，正如科学家们"梦有如气泡一般"的说法，格言智笺中不乏对梦的讽刺轻蔑之语，但就口语来说，梦实在是非常美妙的"愿望的达成"。当我们一旦发现事实出乎意料而兴奋不已时，我们经常会情不自禁地慨叹："就算在我最荒唐的梦中，难道也不敢有如此奢望吗？"

动物会做梦吗

人做梦时一般会出现这样的症状：呼吸急促，心跳加快，血压上升，脑血量倍增，脸部及四肢有些抽动。这时，经过相关仪器测试，人的眼球在快速转动，而脑电图上也出现快波。因此，一般说来，做梦的标志可认为是"快速动眼"加上"脑电图快波"。

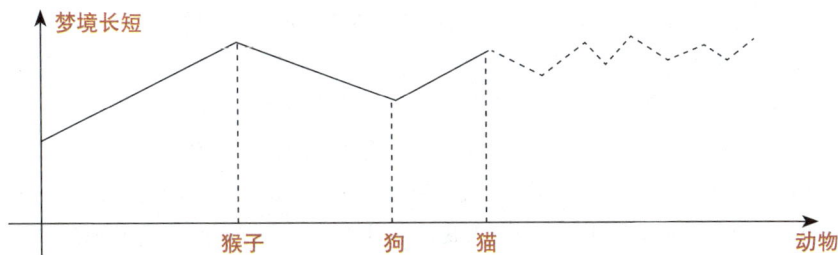

科学家利用这个方法对动物进行测定，结果发现：绝大多数爬行动物不做梦；鸟类都会做梦，只是一般的鸟做梦都很短暂；各种哺乳动物，如猫、狗、马等家畜，还有大象、老鼠、刺猬、松鼠、犰狳、蝙蝠等都会做梦，有的做梦较频繁，有的则少些；鱼类、两栖动物和无脊椎动物都不会做梦。

第四章

梦的改装

人在睡眠时，潜意识中的本能冲动便以伪装的形式表现出来，这就是梦境的形成。不论是什么样的梦，都不外乎是愿望满足的一种"变相的改装"。弗洛伊德认为，即便是那些与梦者愿望相悖的梦，依然可以纳入"愿望的满足"这个范畴。一个愿望得不到满足，其实象征着另一愿望的满足。因为做梦的人对此愿望有所顾忌，从而使这一愿望只能以另一种改装的形式来表达。

如果我现在就下结论，称梦均为"愿望达成的产物"，必将招致最强烈的辩驳。其实在这以前，拉德斯托克、弗尔克特、普金吉、格利新格尔等均已提出梦为愿望达成的说法，此说并非我的创举。但实际上，梦里充满不愉快内容的情形，可以说是屡见不鲜。所以如果说除了愿望达成的梦以外，没有别种内容的梦，那就未免以偏概全，而且是轻而易举即可推翻的谬论。悲观哲学家哈特曼最反对这种"梦是愿望达成"的论调。在他的关于《潜意识的哲学》第二部里（德文版第334页），他说："……白天活动中，除了较惬意的理性上、艺术上的享受以外，剩下的所有烦恼，被一并带入睡境便形成了梦。"其实，其他一些非悲观论调的观察者，也都认为梦里痛苦不快的内容，要远比愿望达成的情形多见。韦德与哈拉姆两位女士曾统计她们自己的梦，结果显示出失望沮丧内容的梦比愿望达成的梦多。她们发现只有28.6%的梦才是愉快的内容，而58%的梦是不如意的。不仅那些痛苦的感情会带入我们的梦境中，尚有一些令人无法忍受，以致惊醒的"焦虑的梦"。所以我们常发现，小孩睡觉时吓得大哭大叫地惊醒［参照德巴克的《梦魇》（Pavor nocturnus）］。然而最明显的愿望达成的梦，也是要在小孩的梦里才找得到。

由此看来，梦并非千篇一律的愿望达成。那些"焦躁不安的梦"，似乎足以推翻以前所提种种的梦，甚至因此而指斥愿望达成的说法为无稽之谈也不为过。

然而，对以上这种似乎振振有词的反调我们能否予以辩驳呢？只要我们注意到，我们对梦所做的解释主要是以梦里所隐藏的思想内容为依据，并非就梦的表面内容做解释，那么要对以上反调进行反驳就并非难事。现在，让我们来仔细比较梦的显意与隐意吧！梦的显意，往往确实是痛苦不堪的。如果没有下功夫去找寻那隐藏在梦里头的更深一层的意义，那所持的反对论调，自然就站不住脚了！有谁敢说那些痛苦恐怖的梦，若经过精心分析的话，它不可能蕴含着愿望达成的意义在其中呢？

如同你把两个胡桃凑在一起敲碎，要比一个个分别敲容易一样。在科学研究中，如果一个难题解不开时，不妨再加上另一道难题，一并考虑，反而有时能找到意外的解决办法。因此，我们现在就拿两个问题一并解决，一个是："痛苦恐怖的梦，如何解释为愿望的达成？"另一个是我们以前所提出的问题："为什么那些乍看风马牛不相及的梦，需要经过层层抽丝剥茧才能看出也是愿望达成的意义呢？"就拿伊玛打针的梦这件事来说，一经过解析，可以充分看出，这绝不是一个痛苦的梦，而是愿望的达成。但为什么不能直接看出它的意义，而一定得经过这段解释过程呢？事实上，伊玛打针的梦未经分析以前，相信读者们甚至做梦者的我，也不能看出竟是梦者愿望的达成。如果我们把"梦是需要解释的"看作是一种梦的特征，而称之为"梦的改装现象"，那么又一个

卡尔·约翰大街的傍晚　蒙克　挪威

蒙克在弗洛伊德的哲学和当时流行的美术思潮的影响下努力挖掘人类心中的各种状态，表现疾病、绝望、死亡、性爱等主题。因此，人们用"心灵的现实主义"来称呼他。他生活的时代使他的艺术含有悲观和消极的因素。他的作品揭示了同代人隐蔽的心灵，把他们心底里的美和丑、欢乐和痛苦揭示出来。他充分发挥绘画语言的表现力，对西方绘画朝象征主义发展起了促进作用。

问题便出来了："梦的改装之来源是什么？"

关于梦，将有许多可能的疑问被一一提出，譬如有人说梦的分析可能找出另一种解释。或说，睡觉时一个人是无法真切地表达自己梦中的想法的。因此，我准备在此提出我自己的第二个梦。虽然会因此把自己的一些私事鲁莽地呈现出来，但只要有利于对梦做清楚的解释工作，我确信这是值得的。

前言

在一八九七年春天，当我获知有两位我们大学的知名教授，准备推荐我升为Professor extraor dinarius[①]时，我非常惊喜，甚至对两位杰出人物的垂青感到难以置信。但我马上竭力让自己冷静下来，不要太期待奇迹的出现。因为近几年学校方面已经好几次拒绝过这种推荐，而且很多比我资深的或同年的同事，也都已等了几年，毫无着落，而我自认并不见得比他们高明多少。我深知自己并非有野心之辈，而且就算没有那种教授头衔，我仍可过得十分惬意。于是，我决定宁可听任自己失望，也绝不乱存奢望。也许是那葡萄

内战前兆 萨尔瓦多·达利 西班牙 1936年 布面油画 美国费城艺术博物馆

梦中看似一些风马牛不相及的事情，但是只有通过层层剥离，我们才能看见它的真面目。画中的巨人，表情痛苦不堪，被分解和挤压的手腕、腹部、性器官、骨骼，没有一点儿活力。这个场景象征了西班牙内战爆发的残酷情形。这显然不是现实的世界，而是噩梦中所呈现的离奇而又恐怖的情景。

① 约等于副教授。以下暂译为副教授。

吊得太高了，使我难免有酸葡萄之讥吧！

有一天晚上，一位朋友R先生来找我。我一直视他的境遇为他山之石而引以为戒，他很早就已被推荐为教授头衔（对病人而言，有了这头衔的人如神仙一般神气），但他不像我那么死心，经常追问上司何日可能晋升。这次他告诉我，他忍无可忍之下，坦白地逼问上司是否因为他本身的宗教派别所以才迟迟未能晋升。结果上司的回答是，因为碍于众议，他目前确实无法晋升。他说："至少目前我已清楚地知道我自己的处境。"我这位朋友所告诉我的这些，更加深了我的自知之明，因为我与他是同样的教派。

隔天早晨醒来时，我记下了当晚所做的梦。它包括两种想法与两个人物，而一个想法紧跟着一个人物，在梦中分两部分出现。但在此处，因为下一半与我这里所要阐述的无多大关系，所以我只拟提出这梦的头一半。

一、"我的朋友R先生"是"我对他有很深感情的叔叔"。二、"我很近地看着他的脸，有些变了形，似乎脸拉长了，腮边长满黄色胡子，看来极具特色"。

接着有两个其他部分的梦，一个人物对应一个想法，但我就此从略。

这个怪梦的解释过程如下：

当天早上我回想这梦时，我不觉一笑置之，"嘿！多无聊的梦！"这想法多像我在对病人做梦的解析时，他们

1906年的弗洛伊德 摄影

这张照片是弗洛伊德的儿子为其拍摄的，当时弗洛伊德的学说还不被社会所接受，他当时被晋升为副教授时，做了这个梦。因为当时在维也纳有反犹太人的风气。弗洛伊德拍这张照片时曾说："这是我第一次受到官方的尊崇，但愿在尊崇之余还有一定的报酬。"

会告诉我他的梦太荒唐、太无聊、不值一提。然而，每当病人这样说时我一定会怀疑其中必有隐情，而非得探个水落石出不可。同样地，以其人之道还治其人之身。我之所以认为不值得一提，正代表着自己内心有股害怕被分析出来的阻力。"嘿！可千万别让自己跑掉！"

于是我就开始动工了。

"R先生是我叔叔"：隐含着什么意思呢？我仅有一个叔叔，名叫约瑟夫。关于这位叔叔，说来也可怜，大约30多年前，为了多赚点钱，竟以身试法，终被判刑。我父亲为了这件不幸，在几日之间，头发都变白了。他常常说约瑟夫叔叔只不过是一个被人利用的"大呆子"而并非一个坏人。那么，如果我梦见的R先生也是个大呆子，显然毫无道理。但我在梦中确实看到那副相貌——长脸黄胡子，而我叔叔碰巧是长脸加上两腮长有迷人黄胡子的。至于R先生现实中是黑头发黑胡子的家伙，但当青春不再时，那黑发也会变灰，而黑胡子也一根根地由黑色而红棕而黄棕的，最后变成了灰色。R先生梦中的须色，也正

是连我看了也伤心的这副苍老颜色。在梦中，我见到R先生的脸，就仿佛见到叔叔的脸一样，然后采用了嘉尔顿的复合照相术——嘉尔顿擅长把几张酷似的面孔同时感光于同一底片上。由此看来，显而易见地我心中以为R先生就像我那叔叔一般，是个大呆子。

亚威农少女 毕加索　西班牙

　　这是毕加索的第一幅立体派绘画杰作，创作于1907年。画中少女变形的脸是画家探索伊比利亚人和非洲黑人雕塑的结果。画面中间的两个少女仍然是普通的形象，而左边的少女的脸带有悲剧性的美感，但是她的躯体坚硬冰冷，如同画面边缘用来切开瓜果的刀子一般邪恶、可怕。画面右侧的少女深刻地反映了毕加索对非洲和伊比利亚雕塑艺术中的变形和扭曲手法的迷恋，形象极端丑陋。这种将现实人物加以扭曲变形，从而反映出画家内心情感的艺术手法简直是摄人心魄。尽管这幅画的构思有其局限性，但它仍然对20世纪的绘画史起了决定性的作用。

至此，我仍不能从自己的这份解释中看出什么苗头。但我坚持认为其中一定还有某种动机，使我想毫不保留地揭发R先生。可是事实上我叔叔是个犯人，但R先生可不是什么犯人。喔！对了！他有一次因为骑自行车撞伤了一个学徒而被罚款。可是如果我把这事也记在心头未免太荒谬了吧！这时，我又想起几天前，我与另一位同事N先生的对话。其实，谈话内容亦不脱离升迁的事。N先生也是被提名晋升教职，而且他耳闻我最近被推荐为副教授的消息。他当场恭喜我，但我却婉言谢绝了。我说："你可不能再这样笑话我了，其实你知道我只是受人提名而已。"于是，他稍带勉强地回答："你可不要这么说，我是自己确有问题，才升不上去的。你难道不知道那女人控告我的事吗？我实话告诉你，那宗案子其实完全是一种卑鄙的勒索，很可能这件事给部长留下了不良的印象。而你呢？可完全是清白的呀！"就这样，由梦的解释与趋向中我又引出了一个罪犯人物。我的叔叔约瑟夫就象征了这两位均被提名晋升教职的同事——一个是"大呆子"，一个是"罪犯"。现在，我也才明白了这梦确有需要解释的地方。如果教派的分歧确实是我朋友未能晋升的症结所在，那么，我的晋升也是无望了。但如果我没有与这两位同事相同的缺点，那么我的晋升希望将不受影响。这就是我做梦的动机。梦使R先生成了大呆子，N先生成了罪犯，而我却既非呆子，又非罪犯，于是我的晋升就大有希望，而不必再担心R先生告诉我的那个坏消息。

分析至此，总觉意犹未尽，对这份解释的内容，也仍不甚满意。幸好我深知由梦中所分析出的内容，并不是真正的事实，否则想到自己为了晋升高职，竟在梦中如此委曲这两位我素来敬仰的同事，必定内疚不已。事实上，我绝对不相信有人敢说R先生是个大呆子，我也决不相信N先生曾被牵涉在勒索事件内。当然，我也不可能相信伊玛真的因为奥图给她打的那丙基针而病情转劣。总之，如前所述，梦所表现的总是一厢情愿的实现，从愿望达成的角度看来，这第二个梦，似乎比第一个梦来得较离谱。但事实上，也可找出些蛛丝马迹，勉强解释这些可能是事实的毁谤，同时也表明这梦并不是空穴来风。因为，当时我的朋友R先生正遭受着他同系里的某教授的反对，而另一位朋友N先生，也曾私下坦白告诉过我，他的一些不可告人之事。然而，我仍想重申我的看法，这个梦仍需再更深入地解析下去。

刚才解梦时，还有一些部分未能注意到。当我在梦中发现R先生就是我叔叔时，我心中对他有种深厚的感情。事实上我对约瑟夫叔叔，从无如此深厚的感情，而R先生虽是我多年深交的好友，如果说出来我对他确实具有梦中那份深厚的感情，无疑让人深感肉麻。但到底这份感情，事实上是对谁呢？当然，果真我的这份感情是对R先生的话，那应该是糅合了他的才能、人格再掺杂进我对叔叔所产生的一种矛盾的感情的夸大，而这份夸大却是朝着相反方向走的。现在，我终于发现，这份难以解释的感情，在梦的分析过程中，巧妙地逃过了我的注意力，然而很可能这就是它的主要功能，它并不属于梦的隐意，恰恰相反它却是梦的内容的反义。而我仍记得，当初我要做这梦的分析前，我一直地拖延时间，一味地嗤之以鼻，极不情愿着手分析。由我自己多年精神分析的经验中可

行走的人 阿尔贝托·吉亚柯梅蒂 瑞士 1960年 青铜雕塑 私人收藏

这件青铜雕塑故意将人体处理得粗糙不平，无形中能感觉到一种难以言喻的力量。艺术家通过将人物不自然的拉长，有意为我们呈现出于其他人不一样的特色，同时也强调了人类存在的脆弱与无常。同梦境一样，我们需要透过表象看实质。

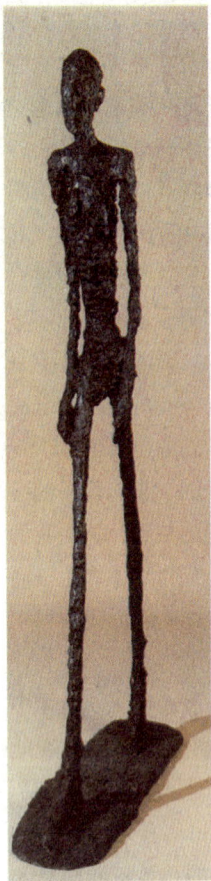

知，我深知这种"拖延""嗤之以鼻"更表明其中必有文章。事实上，这份感情只是代表了我内心对这梦内容所产生的实在感受，它对梦的内容而言，并无任何关联。好比如果小女不喜欢吃那苹果，她会说那苹果苦得要死，连尝一口都不愿意。如果我的病人采取如此行动，我也马上可以懔忖到他内心必有所潜抑。同理，正是因为我对此梦某些内容具有反感，所以迟迟不愿去解释这梦。而今，经过如此抽丝剥茧地探讨，我才知道我所反对的是把挚友R先生当作大呆子，而我在梦中对R先生那段不寻常的感情，只是代表我内心对这释梦工作不情愿的强烈程度，其实并不是梦的内容中真正的感情。如果当初，我的梦首先便被这份感情所困惑，而获悉与现在相反的解释时，那么我梦中的那份感情便实现了它的目的。也就是说，我梦中的这份感情是有目的的，目的是希望对梦有所改装。我梦中对R先生的恶意中伤，为的是使一种的确存在的温厚友谊即相反的一面不会浮现到梦的意识里来。

我们把以上阐述的道理推广到各方面均可以成立。就像第三章所提出的梦，有些明显是愿望达成的，而愿望一旦达成之后，若梦者本身对此愿望有所顾忌，他必然会对梦有所"伪装"以致"难以认出"，使这愿望以另一种改装过的形式表达出来。一些与此内心活动相类似的实例，我们在实际的社交生活中不难找出。在现实的社交生活里我们有很多虚伪的客套。比如，两个人在一起工作，如果其中一个具有某种特权，那么另一位必定对他这份特权心存顾虑，于是他必须对自己的内心有所改装。换句话说，他必须戴上一副假面具。其实，我们每天待人接物的礼节，说穿了也属于这种虚伪。如果我要对我的梦做忠实的解释的话，那我势必要陷入这种自己撕破假面具的尴尬场面，但为了读者们，我毫无怨言。"对你所能知道最好的事，你都不可坦白告诉小孩们。"就连诗人们也抱怨过这种虚伪的必要性。同样地，政论作家如果敢坦率地道出一些不愉快的事实，政府无疑地必会予以制裁——口头上已发表的，事后必被整肃警告，而出版于书面的，也必被禁印封锁。因此，由于对那些执政者有所顾忌，政论作家们也常把许多事实予以掩盖。因此作者们常常不得不对其论调做些伪装，不是完全只字不提地明哲保身，便是旁敲侧击地将那些曾被反对的论调予以狡猾的改装。譬如，为了暗讽其国内有问题的官员，他会引用两个中国清朝贪官污吏的劣迹。道高一尺魔高一丈，检查标准越是严格，作家们就越有聪明的方法来暗示读者真正的内涵。

　　作家为了应付检查制度所做的改装，就完全与我们梦里所做的改装相类似。我们先要假设每个人在其内心，均有两种心理步骤，或谓倾向、系统，第一个是在梦中表现出愿望的内容，而第二个是扮演促成梦的"改装"的检查者的角色。但是这第二个心理步骤在做它的检查工作时究竟是靠着哪些特点来体现它的权威性呢？由于醒来后就已意识到的仅是梦的显意，而梦的隐意均是经过分析才能为我们所意识到，由此我们可以推出一个合理的假设："只有经过第二个心理步骤所认可的才能为我们所意识到；那么第一个心理步骤的材料，一旦无法通过第二关，则无从为意识所接受，而必须任由第二关加以各种变形直到它满意为止，才得以进入意识的境界。"至此，所谓意识的基本性质就显而易见了——意识是一种特殊的心理行为，它是由感官将其他来源的材料，经过一番加工而成的产品。而对心理病态而言，"意识"这一重要问题我们绝不能对予以忽略，因此我拟在以后再另行做更详细的探讨。

　　我对R先生虽具有深厚感情，而在梦中却加以如许轻蔑的现象，完全可以用以上所述两种心理步骤与"意识"的关系来说明。在政界官场里，一些类似的现象也不难找出。就一个国家的统治者而言，由于他那种不断膨胀的个人权力

戴红面具的女人　鲁菲诺·塔马约　墨西哥　1940年　布面油画　私人收藏

　　当一个人想要将自己内心的真实想法表达出来的话，如果是普通人的话，他也许会直言不讳；如果是特殊身份人的话，他则会有所顾忌，这个时候人就会自然地为自己戴上一个"面具"，画家用强烈的红色，凸显坐在椅子上戴着红色面具的女人，她的手里还拿着一把曼陀林。画家用明亮而又炫目的色彩将人物周围神秘的气息刻画得更加深不可测。

塞内乔 保罗·克利 瑞士
1922年 布面油画 瑞士巴塞尔
美术馆

克利可以说是20世纪的现代艺术史上绝不可或缺的人物，他的这幅作品将人脸用各种颜色分成几个长方形，巧妙地将人物的内心活动糅合在一张脸上，我们也可以将其看作是艺术、幻影与戏剧世界之间变动关系的象征。如果想要对梦境做出真实可靠的解释的话，还是要揭开这层伪善的面纱的。

的欲望与人民的意见相左，因此他会用一种令人难以理解的做法，比如为了发泄出他对人民意见的蔑视，他会故意对人民极不喜欢的官员给予一些不应该得到的特权加以器重。同样地，对意识境界有控制作用的第二心理步骤，也因为第一个心理步骤的愿望即曾对R先生有很深厚的感情，而利用那隐藏着的冲动"把他贬斥为一个大呆子"就此发泄掉。

借着梦的分析，或许哲学所一直无法解决的人类心理机制可以被我们打开。但是，我们的主要问题是梦中不愉快的内容，究竟如何解释成愿望的达成。所以我们还是先回过头来把"梦的改装"先阐释清楚，而不应循此途径去发展。我们现在已看出，梦所呈现的不愉快内容其实就是愿望达成的一种变相的改装。或者说，就是因为其中某些内容，为第二心理步骤所不许，而同时这部分正是第一心理步骤所希冀的愿望，所以梦需要改装为不愉快内容，其实出自第一心理步骤的每一个梦，均为愿望之达成，而第二心理步骤只是加以破坏减裁，却毫无增润。如果我们只考虑到第二心理步骤对梦的关系而已，那么我们将永远对梦无法做一确实的认识，而本书作者发现的一些梦的问题，也将无法解决。

要想证明每一个梦其中所隐藏的意义最终在于愿望的达成，的确是需要一番努力的。因此，为了对它做一番分析，我需要选些痛苦内容的梦。其中有些是"歇斯底里症"的患者所做的梦，因此也就需附带一些长篇的"前言"，而另有些部分，也需牵涉到患者心理过程的分析。不可避免地，这些将会令读者更加困惑。

在我治疗心理症的病人时，往往他的梦就成了我们讨论的主要内容。为了了解他的病情，我必须随时借着他本身的帮忙，对他所做的梦中的各种细节加以一番解释。几乎所有病人均不赞成我这"梦的愿望达成"的说法。我常常遭遇到他们激烈的反驳，甚至比我同事们的批评更苛刻。以下就引出来一些驳斥我的论调的梦的内容。

一位相当聪慧的女病人曾辩驳我："你总说梦是愿望的达成，但我现在却可以提出一个完全相反的梦，梦中我的愿望根本无法达成，这倒看你如何自圆其说？那梦是这样的，'我想准备晚餐，但手头上只有熏鲑。我想出去采购，又偏巧是礼拜天下午，一切商店均关门休业。再想打电话给餐馆，偏偏电话又断了线。因此我最后只好死了这个做晚餐的心。'"

我告诉她，梦的真正意义总是需要经过分析才能明了，绝不是表面意义所能代表

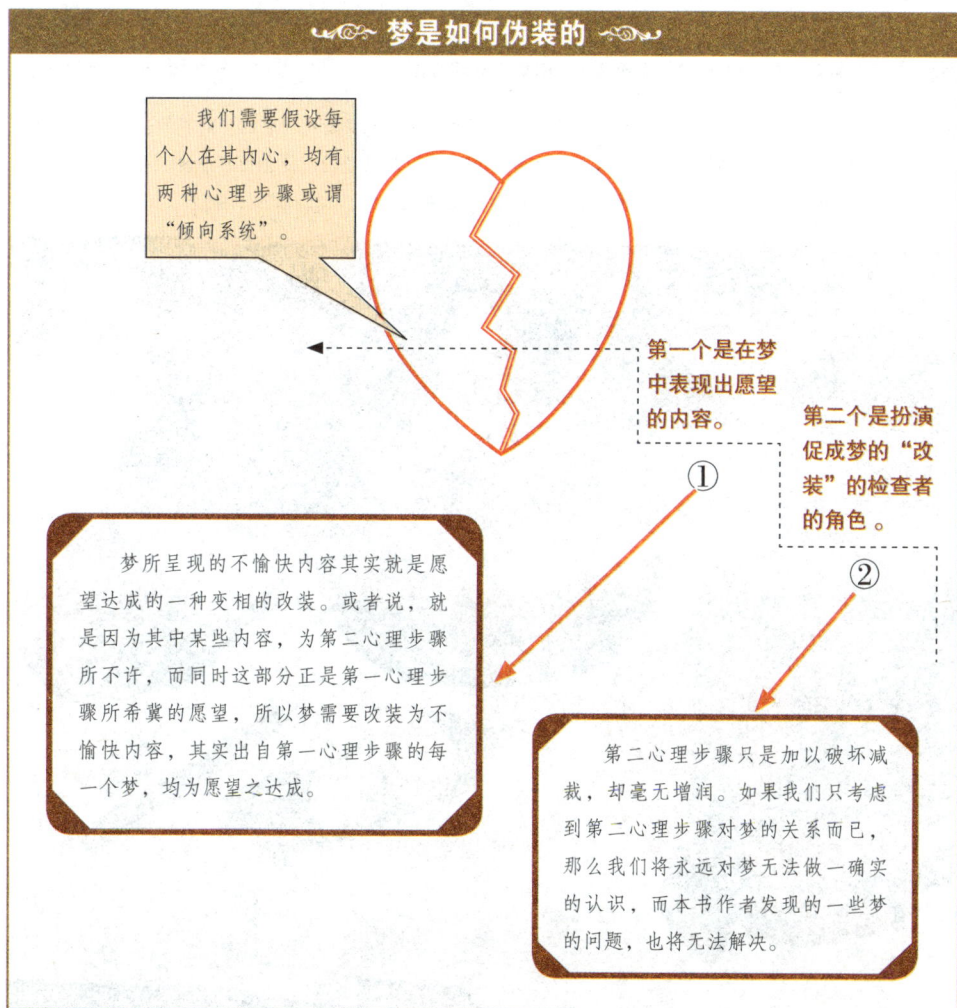

梦是如何伪装的

我们需要假设每个人在其内心，均有两种心理步骤或谓"倾向系统"。

第一个是在梦中表现出愿望的内容。①

第二个是扮演促成梦的"改装"的检查者的角色。②

梦所呈现的不愉快内容其实就是愿望达成的一种变相的改装。或者说，就是因为其中某些内容，为第二心理步骤所不许，而同时这部分正是第一心理步骤所希冀的愿望，所以梦需要改装为不愉快内容，其实出自第一心理步骤的每一个梦，均为愿望之达成。

第二心理步骤只是加以破坏减裁，却毫无增润。如果我们只考虑到第二心理步骤对梦的关系而已，那么我们将永远对梦无法做一确实的认识，而本书作者发现的一些梦的问题，也将无法解决。

的，你这梦只能说从表面看来似乎是愿望的不能达成，与我的理论完全相反。于是我问她："你也知道日有所思，才会夜有所梦，到底为什么事，让你做这个梦呢？"

分析

这病人的丈夫是一个忠厚能干的肉贩子，在前一天曾告诉她，自己实在胖得太快了，有必要去接受减肥治疗。今后他不仅早起、运动、节食，而且决定再也不参加任何晚宴的邀请。她就取笑他，有一次在他们常去的饭馆里，她丈夫认识了一位画家。那画家说，他一生从没有看过像他这般生动的面孔，执意要求为他画张像，但被她丈夫当场坦率地拒绝了，他认为与其画他的脸，不如去找个漂亮的女孩子的背影，更合这位画家

饭　保罗·高更　法国　1891年　布面油画　巴黎奥塞博物馆

梦的真意只有通过仔细的研究分析才能明了，并不是表面的意义所能代表的。高更的这幅画远不像我们所看到的那样简单，这幅画是他抛弃了他的家庭之后画的，从孩子们等待食物的眼神中我们可以看出，这是高更对孩子们的印象以及不能为他们做一顿晚餐的遗憾。

的口味。她深爱她的丈夫，也因此痛快地取笑了他一番。她曾要求他以后再也不要给她"鱼子酱"。这句话是什么意思呢？

他的高贵又焉能存在呢？

事实上，她一直憧憬着三明治加鱼子酱能成为她每天的早餐，但俭朴的习性使她不愿这样做。同时她也深知，只要她开口要求，深爱的丈夫就一定会马上买给她吃的，然而，她却反过来要求他，不要给她鱼子酱，以便她还可以再拿这事来揶揄他。

（就我看来，这段解释仍十分牵强。不够满意的解释往往背后仍隐藏着一段未坦诚的告白。我想起伯恩海姆用催眠的方法治疗一位病人，在他对病人做"催眠后的指示"时，他问及他们的动机时，出乎意外地，他们均会编造出一个明显有毛病的理由来，而并非如我们所想象的回答"我并不知道我为什么这样做"。这与我所提的女病人的鱼子酱故事是有点类似的。很明显我的女病人也是在清醒状态下，不自主地编造了一个不能达成的愿望。她的梦也同样地显示了愿望的不能达成。但，她为什么需要不能达成的愿望呢？）

催眠情景 伯格 1851年 油画 斯德哥尔摩国立博物馆

希波莱特·伯恩海姆，法国心理治疗家，他是南锡学派代表人物。研究癔症、催眠和心理治疗。画中伯恩海姆正在和其他人使用催眠术来治疗失语症病人，在当时这种方法是最为常用的。

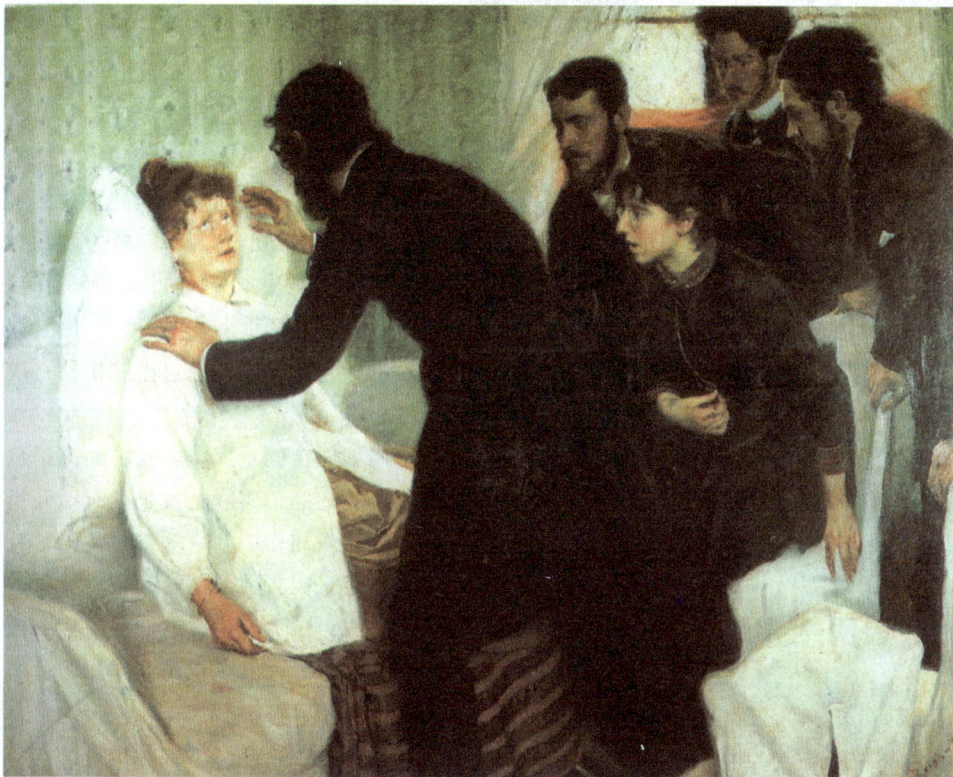

于是我再逼问她。经过一段沉默后，终于冲破了阻力。她说，前一天曾去拜访一位女友，一位经常得到她先生赞美的女友。还好，她发觉那女友又变得更瘦长了，而她丈夫却是最喜欢丰满身段的女人。再追问下去，她又说道，那女友曾告诉她，她好想能再长胖些，并且问她："你做的菜永远是那么香，能几时再邀我吃饭呢？"

至此，对这个梦做一番合理的解释总算不愁了！我告诉病人：其实在你那女友要你请客时，你就已心里有数："哼！我才不会请你去我家吃好菜，我宁可晚餐都不煮，否则果真使你长胖了，再使我先生动非分之想！"而你所做的梦，正好是你没法做晚餐，因而你那不让女友长丰满的目的能得以满足。你丈夫所提出的减肥妙方不是说关键是不参加人家的晚宴吗？于是在你的心中，就有了"到人家家里吃饭才会长胖"这么一个念头。现在，似乎一切都解释通了吧！且慢！还有个"熏鲑"这东西，"你在梦中，为什么会想到熏鲑这道菜呢？""熏鲑是我那女友最喜欢的一道菜。"刚巧，我也认识她这位女友，我深知这妇人因节俭而舍不得吃熏鲑的程度就有如我这病人爱吃鱼子酱又不忍花钱吃的情形完全一样。

我觉得有必要对这个梦再做另一种更适当的解释。通过这两种并不冲突的解释方法，更能由此得窥梦意之全貌，并且可以由此看出一般心理病态形成的过程所具有的暧昧性。要是在这女病人的梦中她那曾表示过希望变胖的女友永远长不胖的话，我们丝毫不会觉得奇怪。然而，事实上她只是梦到她自己吃鱼子酱的愿望无法达成。因此，我们不妨把这梦做一新的解释——梦中她的不能遂愿，其实并非指她自己，而是在梦中以自己代替了那朋友的角色。用句心理学的话，就是说她把自己"仿同"成了她那朋友。

她如此仿同了那位朋友，而成了自己的不能遂愿，实际上就是"歇斯底里症"的"仿同作用"。这种"仿同"究竟有何意义呢？要说明这问题可要再进一步地探讨了。产生"歇斯底里症"极重要的一个原因就是"仿同作用"，病人借此作用，有时就像真能扮演人生百态的各种角色一样，不仅能把自己本身

邪恶的欲念

梦中的自己或是善良，抑或是邪恶，都是一个人真实意愿的表达。画家在一张古画上做了新的处理——加了一面镜子，镜子中出来一个像恶魔的脸面，也许这是梦者真实的面目，画家以旧创新，用全新的角度诠释了"仿同"的含义。

的经验用某种症状表现出来，甚至也可以把别人的一大堆经验以各种奇奇怪怪乍看无法解释的症状表现出来。也许有人以为这不过是所谓的"歇斯底里的模仿"——"歇斯底里的病人有能力可以模仿一些使他们印象十分深刻的却发生在别人身上的症状，而且经由这种模仿可以得到所需的同情。"然而，这只不过说明了歇斯底里模仿的心理过程而已，而途径本身与循此途径所需的"精神行动"却是两回事。"行动"本身其实就相当于潜意识的最后产物，它比我们一般所想象的歇斯底里模仿实在复杂得多。这里举个实例吧！如果医生与一群精神病人同住一段时间，那么他会发现某个病人有一天会突然发生类似另一女病人所发作过的肌肉抽搐。这时，这位医生必定见怪不怪，因为他知道，这些人看过这女病人的发作状态而模仿了她。这就是所谓的"心理感染"。通常，病人们彼此间的了解要比医生对他们的个别了解更多，一旦医生巡视了某位病人以后，他们便会对他问东问西，予以更大的关注。如果今天有一位病人发作了，他们马上就知道那是由于刚接到的一封信，触发了他的相思病或其他心病，于是马上激起了他们的同情心。他们心中会形成一个结论："如果这种原因会导致这种症状，那么同样有这种问题的我，可能也会有这种症状发生吧！"如果这个结论进入了意识界，那么他们只是会天天担心那相同症状的降临，但一旦它只是深藏于潜意识里，那就会在不知不觉中导致他们所害怕的症状产生。所以"仿同作用"是一种基于同病相怜的同化作用，再加上某些

什么是"仿同作用"？

"仿同作用"是一种基于同病相怜的同化作用，再加上某些滞留于潜意识里的相同状况发作时所产生的结果，而并非单纯的模仿。

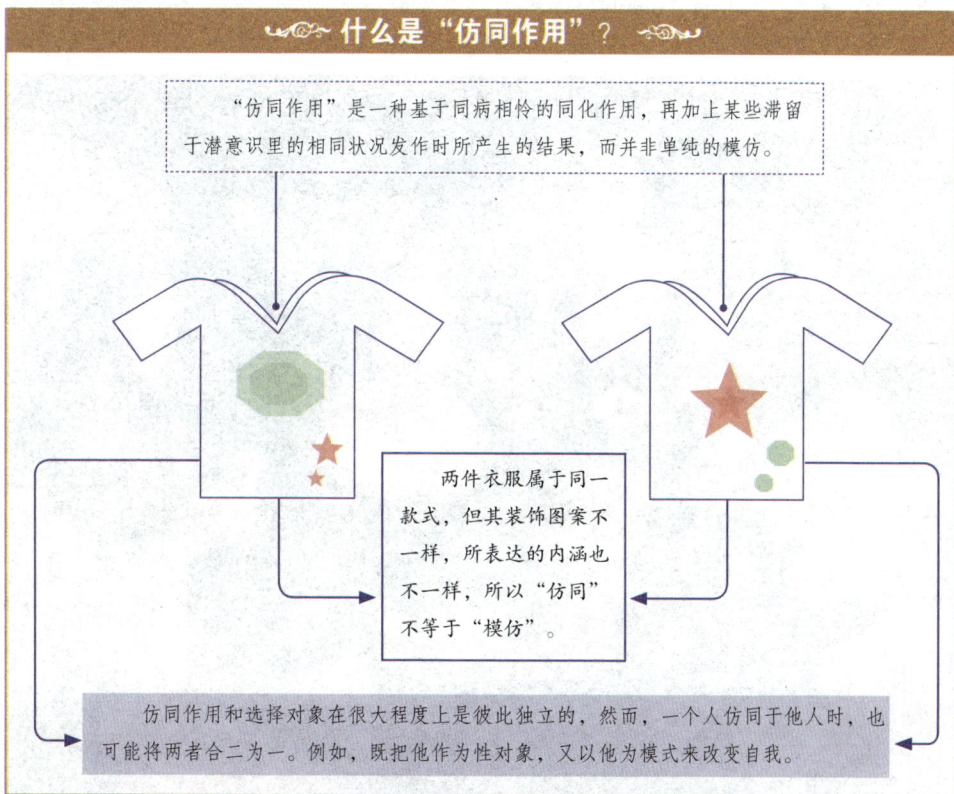

两件衣服属于同一款式，但其装饰图案不一样，所表达的内涵也不一样，所以"仿同"不等于"模仿"。

仿同作用和选择对象在很大程度上是彼此独立的，然而，一个人仿同于他人时，也可能将两者合二为一。例如，既把他作为性对象，又以他为模式来改变自我。

滞留于潜意识里的相同状况发作时所产生的结果，而并非单纯的模仿。

"仿同作用"在"歇斯底里症"里常用于有关性的方面。患此种病的女患者往往将自己仿同成与自己有过性关系的男人，或者仿同那些曾与她的丈夫或情夫有过暧昧关系的女人。"永结同心""形影不离"这些我们描绘爱情的词语也正说明了这种仿同的倾向。在歇斯底里的幻想或梦境里，一个人只要想到性关系，而并不一定事实上发生，就可以很自然地产生仿同作用。我们所提到的这个女病人，也是循着其歇斯底里的思路，由于对她朋友的嫉妒（她一直拒绝承认这个解释）便让自己在梦中取代了她朋友的身份，而仿同她来编造出一个症状（愿望的否定）。换句话说，由于她那朋友抢走了她丈夫的欢心，而她自己内心非常企盼能争回她丈夫对她的珍重，所以她在梦中取代了那位朋友。

我的另一位女病人，一位非常聪明伶俐的妇人，也做了一个与我的理论完全冲突的梦。但按照"一个愿望的未能达成，其实象征着另一愿望的达成"的原则，我很简单地解决了她的不服。事情是这样的，在我告诉这位病人梦是愿望的达成的隔天，她就告诉

方块A的骗局　乔治·德·拉图尔　法国　1647年　布面油画　法国巴黎卢浮宫博物馆

梦境通过做梦人的口述，多少带有一定的欺骗性，做梦人的刻意隐瞒，足以说明他所讲的只不过是一个骗局而已。桌面上玩扑克牌的人都在转动着眼珠，显然这中间没有一个诚实的人，画家用灼热的色调造成这种阴沉冷峻的效果。

我，她梦见她与她婆婆一道去避暑。而事实上，她非常不喜欢与她婆婆住在一起打发这夏天。而且，我还听说，她已经在离她婆婆要去避暑的地方相当远的地方租到了房子并为此而高兴。这个梦，看来又与我的理论正好相反。难道这个梦可以推翻我的理论吗？由这个梦的推论所得的解释看来，我是完全错了。其实她最大的愿望，就是希望我的一切都是错的，而这个梦也就正满足了她这种希望。她为什么希望我有错误呢？看完以下分析你就明白了。在她接受我的心理分析治疗期间，我曾由她所提供的资料中分析出她生命的某段时间内，曾有某些事情的发生，与她目前的病情大有关系，她却因完全记不起来而否认这一点。但不久以后，经过一番追问，我们终于证明我的断言确实是对的，也因此她心里就不自觉地希望有一天能证明我的话是错的。于是她就将此愿望，转变成她梦中与婆婆一道下乡避暑这一根本不可能发生的荒诞怪事。

我再随便举个小例子，也可看出一点释梦的端倪。在一次小聚会里，一位与我同窗八年的律师朋友，曾听我对他们介绍关于梦是愿望达成的理论。回家后，他竟做了一个怪梦："他的所有讼案，全部败诉。"于是他就跟我抱怨了一番。当时，我只好推说："风水轮流转，一个人毕竟不可能永远胜诉吧！"但我私底下却在想："八年同学期间，我一直名列前茅，而这家伙成绩始终平平，因此会不会他内心总有个想法，希望有一天我也会表现得只不过如此呢？"

另有一个女病人在反驳我的理论时，告诉过我一个更悲惨的梦。这病人是个年轻少女，以下便是她的独白："你总记得我姐姐现在只有一个男孩查理吧，在我尚与他们同住在一起时，她那长子奥图夭折了。奥图几乎是由我带大的，我当时最疼爱他。当然，我也很喜欢查理，不过总觉得他不及奥图那么惹人喜爱。昨晚，我竟做了一个怪梦：我梦见查理僵硬地躺在小棺木内，两手交叉平放着，周围插满了蜡烛，那样子就像当年奥图死时的情景。现在，请你告诉我，究竟这梦是什么意思呢？你了解我的，我不可能如此狠心地希望我姐姐连那最后的一个宝贝儿子都死去，或者说这梦只是表明我宁可查理代替我那宝贝的奥图去死吗？"

我敢肯定她所做的第二个解释是绝对不成立的。经过深入地分析后，我终于能够给她一个满意的解释。这主要还是因为我对她过去的一切都有很深的了解。

这女病人自幼就是孤儿，由比她年长很多的大姐抚养成人。在那些常来她家拜访的亲友中，她邂逅了一位使她一见倾心的男子。他们的感情发展迅速，几乎到了谈婚论嫁的程度。然而，这段美好的恋情却因她大姐无理的反对而告吹。经过这段感情的破裂，那位男子就尽量避免到她家来，而她自己在奥图（即她曾把那破碎的爱情转移到他身上的小孩子）不幸夭折后，也伤心地离家出走。她内心却始终无法忘怀这使她一度倾心的男友。但自尊心又使她不愿主动去找他，而她又始终无法将这份初恋的感情转移给其他向她求婚的人。她那个心爱的人是一个文学教授，不管他在哪儿有学术演讲，她必定在场，而且她从不放过任何一个可以偷偷看他一眼的机会。我记得她在做这个梦的前一天，她曾告诉我，明天这位文学教授有一个发表会，她一定要赶去给他捧场。也就在这

集体发明物 马格利特 1934年 布面油画 私人收藏

《集体发明物》的诞生得益于画家从《变形记》中所获得的启示。作品通过对事物的错位扭曲、组合或者赋予一种新的意义而形成荒诞、幽默的效果，让人在惊愕和神秘感中，领略到一种打破常规、别具一格的风趣和睿智，如同进入了一个怪异的梦幻天地一样。

发表会的前一个晚上，她做了这个梦，她告诉我梦见的时间正是发表会的这一天。因此我能很清楚地看出这个梦的真正含义了。于是我追问她，究竟在奥图死后发生了什么特别的事件？她毫不迟疑地回答道："当然有，我清楚地记得奥图去世时，教授也在阔别多年后突然赶回吊丧，我和他终于在奥图的小棺木旁再度重逢。"其实她所说的这些我早就有所预料。所以我有了如下的解释："如果现在另一个男孩子又死了，那种同样的情形必会重演。你将回去与你姐姐厮守终日，而教授也一定会来吊丧，这样你就能够再度与他重逢。这个梦就是表示了你十分想再见他一面的愿望——一个让你一直在内心挣扎、不得安宁的愿望，我知道你已买了教授今天演讲的门票，你的梦是一种焦躁、迫不及待的梦，是对那差几小时就可达到的愿望都等不及的表现。"

为了对自己的愿望进行更周全的伪装，她在梦中还故意选用了最悲哀的气氛——丧事，来掩饰内心那种与它完全相反的狂热恋情。事实上，在她最疼爱的奥图死亡的时刻，她仍无法抑制自己对初恋情郎久别后所具有的寸断柔肠。

　　另外，我还分析过一个与前面的梦的内容大致相似的梦，但解析出来的结果却是与上一个病人完全相反的意义。梦者是一个天性乐观而机智的中年妇女，在她作"自由联想"时，她联想之丰富与迅捷也确实令人佩服。她在梦中仿佛看到自己15岁的女儿僵死地躺在"箱中"。虽然她自己也考虑到梦中出现的"箱子"可能隐含有某种意思在内，她仍态度坚决地以此梦来驳斥我提出的"梦是愿望的达成"的论述。经过对她的梦进行分析后，她想起了在做这个梦的前一个晚上，她曾与许多朋友一起提到过英文"Box"，这个词可以翻译成一大堆德文的不同意义的词，譬如箱子、包厢、橱柜等等。由梦中的其他内容来看，很可能在她心里曾把英文"Box"与德文的盒子（Büchse）拉上了关系。而且她也深知在德国的猥亵谑语中，Büchse往往是指女性生殖器的。这里我们也许可以大胆地用解剖学的眼光来看，她的"小孩死在箱子里"实际意味着"小孩死在子宫里"。现在她不再否认，这样一说倒是合了愿望的达成。她像一般年轻女子一样，不愿太早就有身孕而为子女劳累。她也承认当初怀孕时，就希望胎儿会死于腹中。甚至在一次与丈夫发生激烈的争吵后，她曾用力痛击自己的肚子，希望造成流产。所以说"孩子的死"确实算得上是一种愿望，只是经过了这么多年，孩子已经15岁了，时过境迁，也难怪她一时想不出这道理来。

　　以上所举的两个例子均可列于"典型的梦"之内（其内容均为亲友的死亡）。下面我再举一个新例子，以重申我"不管梦的内容乍看是何等不幸，其结果均为愿望的达成"的主张。这个梦并不是一个病人所提供的梦，而是来自我的一位法学界的朋友，本来也是他用来反驳我的理论的。他告诉我："我梦见自己挽着一个妇人的手，在我家门口附近散步。这时有一辆关着门的马车停在街旁，突然闪出一个人，走到我面前，他是一位刑警，要我同他一起去警局。当时，我只是请求他留点时间让我处理一些事务再跟他走……"。这位法学家问我："难道你会说我心里盼望着被警员拘捕吗？"我肯定地说："这当然不可能，那你弄清楚没有他们是以什么罪名来拘捕你的吗？"——"我记得是杀婴罪。"——"杀婴罪？但我们都知道，只有做母亲才能对刚生下来的小孩下手的啊？"——他很尴尬地回答道："但事实就是如此。"于是我又问他："你在什么状况下做这个梦的呢？在前一晚发生了什么？"——"我实在不太愿意再说下去了，我不想让外人知道。"——"如果你不说，我想这个梦是永远解不开的！"——"好

高尔顿

　　自由联想，是精神分析学家们常用的一种诊断技术和治疗方法，是由F.高尔顿于1897年所开创，形式分为不连续的自由联想和连续的自由联想。可以测定人的能力和情绪等。自由联想法主要用于各类神经症，也可用于部分早期或好转的精神分裂症患者，但不适用发病期的精神分裂症、躁郁症与偏执性精神病等病人。

吧！我就告诉你吧！那天晚上我没在家睡觉。我与一个深爱的女人睡在一起。并且在早上醒来时，我们又发生了一次关系，然后我又睡着了。也就在那时，才做了前述的那个梦。"——"这女人结婚了吗？"——"是的！"——"你并不希望她怀孕吧？"——"当然！这样会使我们双方都身败名裂的！"——"那么你们从不曾做正常的性交吧？"——"我每次都注意在射精前就出来。"——"那么我是不是可以这样推想，那天晚上你俩都在很小心翼翼地做那些事。但清晨再做的那次你就没有十分把握能做到避孕吧？"——"嗯！应该是这样的！"——"所以，我仍然可以说这个梦也是愿望的达成。你在梦中可以告诉自己，你并未生下孩子或者你已经把它杀死了。我很容易可以指出其中有关联的地方。记得几天前我们一起讨论过结婚的烦恼，并发现最大的矛盾就是

亨利·福特医院 弗丽达·卡洛 墨西哥 1932年 墨西哥城多罗里斯·奥梅多·帕提诺基金会

　　一旦卵子受精成了胎儿以后，再去采取任何补救办法，却都构成犯罪。卡洛的这幅画并不是人工堕胎，而是自然流产的结果。在美术史上，卡洛是唯一一个敢于解剖自己的人，这幅作品描述的是她自己无法生育的情景，也是女人最为悲惨的一面。

性交时采取任何避孕的办法都可以，而一旦卵子受精成了胎儿以后，再去采取任何补救办法，却都构成犯罪。那时我们讨论认为，都是源于中古世纪那种"胎儿已具有灵魂的观念，才导致今日这种谋杀罪名"的成立。当然，你也知道雷诺曾有一首诗，"就把杀婴与避孕嘲讽为同一罪行吧，"——"咦！很奇怪，当天早上我还想到过雷诺的这首诗呢！"——"好！现在，我再告诉你梦中另一个附带愿望的达成。你不是说你梦见自己挽着一位女人的手走在你家门口吗？其实你心里非常希望能正大光明地带她到你家去，而不必像现实中偷鸡摸狗地在她家偷情。其实'愿望的达成'就是这个梦的本质，虽然用这种不愉快的形式来伪装，但我们仍可以再找出很多的解释，我曾在对焦虑心理症的病因所做的报道中，提到'中断性交'是一种构成神经质恐惧的因素之一。而你多次进行这种方式的性交，心中已充满了不愉快的阴影，就构成了你所做的梦，甚至还利用不愉快的心境来掩饰你愿望的达成。下面我们再来探讨你所提到的'杀婴罪'。这种只有女人才犯的罪行，为什么会发生在你身上呢？"——"我可以坦白地告诉你，几年前我曾发生过类似的问题，我与一个少女发生关系而使她怀孕。她为了名誉而悄悄地自己去堕胎，其实，堕胎前我真的是完全不知情的。但事后很长一段时间我却一直在担心，万一东窗事发怎么办？"——"我能了解你的心境的，你的回忆也说明了另一个原因，使你会在一次'中断性交'中做得不好，而引起如此大的恐惧和不安。"

有一位年轻的医生，颇为赞成我对以上那个梦的分析，他也以这种分析手法对自己昨晚的梦做了一番解释。他说，他在做梦的前一天填写了自己的收入数目。而当时他收入甚微，所以他就据实地填报。但却梦见朋友告诉他，税务委员们怀疑他的收入申报数字，以为他以多报少来逃税，因此将罚以重金。其实这个梦只是伪装了他的一大愿望——希望成为收入丰盈的名医。这又使我想起某个故事中一位陷入爱河而不能自拔的小姐，当人家劝她一定不要嫁给脾气坏的男人，不然婚后会挨揍的。她竟然回答："我希望他肯揍我！"她对婚姻的愿望强烈到使自己在婚前就考虑到这些不幸，甚至还把它当成愿望呢！

如果我将"愿望的否认"或"隐忧的浮现"为内容的这一类乍看与我的理论完全相反的梦统称"反愿望之梦"的话，那么在这些梦中我可以归纳出两个原则。其一就是在我们清醒或梦境中经常发生的，我们暂且留待以后再提。我们现在先说第一个原则，那就是他们的梦均具有希望"我是错了"的愿望。每个病人在治疗期间发生"阻抗"时，都有这种梦的内容。其实我深有体会，每次只要我向病人说"梦不外是愿望的达成"，就会引发他们这类"反愿望之梦"。事实上，我相信正在读我这本书的读者们，也可能会有这种与我的理论不符的梦。最后，我想再举一个例子，以重申这一原则的真谛。我治疗的病人中有一个年轻女子，虽然她的亲戚和他们所请的专家们，都不赞成她继续接受我的治疗，她却执意要来我的诊所就医。她做了这样的一个梦："她家人不准她再来我这儿看病，于是她告诉我说，你曾答应我在情形需要的情况下，你要免费为我治疗的。而我当时的回答是：我决不在乎钱的问题。"以这个梦来证明"愿望的达成"并不是一件容易的事，但这一类的梦，我们往往可借助其中另一方面次要问题的解决，来发

恋人 巴勃罗·毕加索 西班牙

"初期感染"这个名词非常近似拉丁文的"初恋的爱人"。画中的恋人，看似典雅平和，不可否认毕加索创作的这幅作品和他曾经热恋的妻子——颇有修养的俄罗斯芭蕾舞演员奥尔加·柯霍洛娃有关。所以说，梦即是愿望的达成。

掘主要问题的症结。她为什么会在梦中使我说出那种话？我当然从没有说过那种话，而是她的一个哥哥曾对我做过这种批评，所以对她影响很大。由此来看，这个梦的目的就是要证明她哥哥的话是对的，而她并不只想在梦中证实她哥哥的话，她甚至把它当作生命之目的，也成了她生病的动机。

还有一位斯塔克医生的梦以及他自己所做的解释，猛一看用我的理论解释似乎行不通。他梦见"我发现我左手食指有初期梅毒感染"。

有人也许会以为这个梦除了不符合"愿望达成"的原则以外，看来十分合理并不需要再做任何解释。但如果你肯花费一点心血深入探讨的话，你会发觉"初期感染"这个名词非常近似拉丁文的"初恋的爱人"，而以斯塔克自己的话来说："这勾起了我对自己过去情场失意的忧伤回忆，而这个梦的根源是带着强烈感情愿望的达成。"

现在让我们再来讨论另一个"反愿望之梦"的原则。其实这个动机也是很明显的。许多人的性体质中，多多少少会有由"性侵犯""性虐待"而转变成性质相反的"被虐待"的成分。如果他们能以肉体之外的痛苦来满足其快感，并能以谦逊、慈爱的牺牲态度来表现的话，我们即可称之为"理想的被虐待症"。很显然这一类人可能做的梦都是"反愿望之梦"。而这对他们而言却是一种发自内心的期盼，因为唯有这样他们被虐待的心理愿望才能满足。这儿还有个梦的素材：一个年轻男人，早年时他和他哥哥之间一直有种几近同性恋的喜好，他残酷地折磨着哥哥。随着年龄的增长，他突然醒悟并完全改变了他的态度后，他就做了这样的梦。其中包括三部分：一是他被他哥哥所欺负；二是两个男人像恋人般地互相爱抚；三是他的哥哥在未经他的同意的情况下，将他名下所拥有的产业变卖掉。由于最后一个梦，他很痛苦地醒过来。其实这是一个典型的被虐待者愿望满足的梦。这可以做如下解释：如果我哥哥果真那样对我不好，不顾我的利益而变卖我的财物，那就可以减轻自己内心过去对哥哥所犯过错的种种罪恶感。

希望通过以上的例证，足以证明——在没有任何更新、更有力的反对理由提出前，一个内容痛苦不堪的梦，是仍然可以解析为"愿望的达成"（我并不认为我们已完全解决了这个问题，以后的篇幅里我将会再讨论到）。我们也不要以为总是在解析时"刚好"遇见的都是一些令人平时不愿想或不愿做的事。其实这些不愉快的感觉，就像我们对平时生活中不愿干或不愿意提起的事所产生的反感一样，是在我们想解开梦之谜底时所必须克服的阻力。虽然我们提到梦中的反感，这并不意味着梦里就不存在愿望。其实每个人都有一些不愿讲出来的愿望，甚至有些愿望自己都想否认，但是我觉得，我们大可以合理地将所有梦的不愉快性质与梦的组合一起进行考虑，而获得这样的结论：这些梦都是被改装过的，因为梦中的愿望在平时受到严重的压抑，所以愿望的实现被改装到让人一眼无法看出的地步。因此，我们可以说，梦的改装其实就是一种审查制度（Censorship）的重现。由所有梦中不愉快的内容分析结果，我拟出以下这个公式："梦是一种（受抑制的）愿望（经过改装）的达成。"最后我需要提出的是，与这种以痛苦为内容的梦比较近似的"焦虑之梦"。如果把这类梦也算在愿望达成之列，相信没有受过释梦训练的人更不容易理解。

但在这里我可以简单谈谈"焦虑之梦"。事实上这种梦并不是对梦的另一对象的解析，它只不过是以梦的形式来表示出一般焦虑的内容而已。我们梦中所感受的焦虑就是梦中那些明明白白表示的念头而已。如果我们要对这种梦再进行分析解释，就会发觉梦所表示的焦虑就像恐惧症所生的焦虑一样，它只是由某种念头的存在而引起的焦虑。就像从窗口掉下去存在可能性，所以一个人走近窗口时要当心。但我们所不懂的是这类恐惧症的病人，为什么靠近窗口带给他们的焦虑之大远超过事实上所需要的小心，对这种恐惧症的解释也同样适用于焦虑之梦。这两者的焦虑都是附着于来自另一来源的某种意念上。

由于梦中的焦虑与心理症的焦虑有着密切联系，这里既然提到了前者，我这里对后者有必要做一番讨论。我在1895年曾写过一篇有关焦虑心理症的文章，提出"心理症焦虑"均起源于性生活的论点，认为多数原始欲望由于正常的对象转移而无所发泄。这个论点的正确性，通过几年来的例证都能证实。所以我们可以得出这一结论："焦虑之梦"的内容多与性有关，也就是这种内容中所附的"性欲"转化而产生了"焦虑"。以后我将再找机会对更多心理症病人的梦做分析，来印证这个结论。最后在我要完成梦之理论时，我将会重新对焦虑之梦做一番探讨，以证明它们也完全符合愿望达成的理论。

第 五 章

梦的材料和来源

梦的产生与潜意识紧密相连，而据此梦又可分为"显梦"和"隐梦"两个层次。根据梦者的联想以及释梦者对"象征"的解释，可以追溯到梦者童年的本能欲望。梦总是由两部分组成，即"梦的外显内容"和"梦的内隐思想"。释梦就意味着寻求一种隐匿的意义，也就是揭示"梦的内隐思想"。

前言

由于分析了伊玛打针的梦以来，我们了解到梦是一种愿望的达成；而紧接着我们就一直把兴趣集中于这一论点的讨论与证明上，希望找出梦的一般通性；所以我们在梦的解析过程中，多少忽略了其他一些特殊问题。现在，既然我们已在这条路上找到了终点，就让我们回过头来再另寻一条新路，对梦做更深一层的探究。可能此后我们会很少提到"愿望的达成"，但将来我还会再综合起来做一结论的。

我们现在已经探明，循着解析的手法，我们可以由梦之"显意"看出它更具意义的梦之"隐意"。但在"显意"中所显示的哑谜、矛盾常常不能满足我们释梦的需要，所以对于每个梦做更详尽的个案探究，确实非常有必要。

过去的学者对"梦"与"醒"的状态关系，以及梦的材料与材料来源所发表过的意见，这里就不再详细叙述。但在这里我们要特别提出，从未清楚阐释过，而又常被提到的三个主张：

一、梦总是以最近几天印象较深的事为内容。（罗伯特、施特吕姆贝尔、希尔德布兰特、韦德、哈拉姆均主张此说。）

二、梦选择材料的原则完全不同于清醒状态的原则，而专门找一些不重要的、次要的或被轻视的小事。

三、梦完全受儿时最初印象所左右，往往把那段日子的细节，那些在清醒时绝对记不起来的小事重翻旧账地搬出来。

"梦"与"醒"的状态关系

　　不管在梦中出现了什么，都是取材于现实中的，都是来源于对现实沉思默想的理智生活，不管梦境是何等怪诞不经，实际上，总离不开现实世界。那么，梦境与清醒的生活状态之间有什么关系呢？

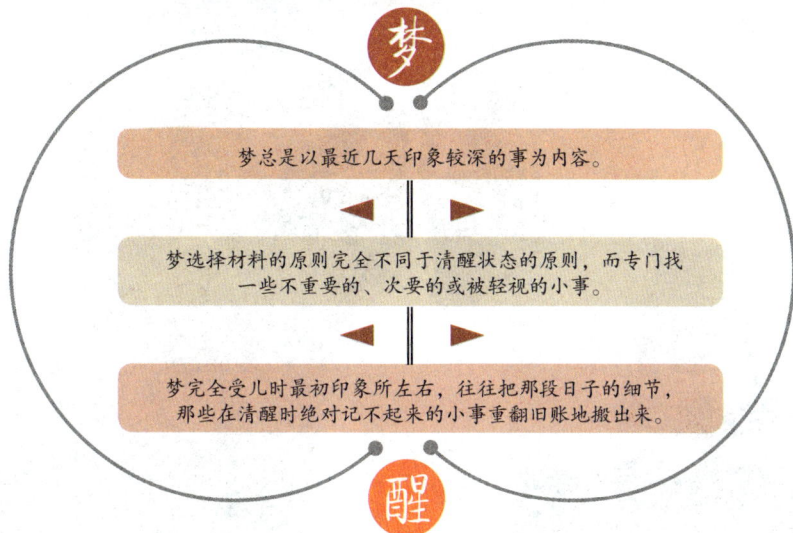

梦

梦总是以最近几天印象较深的事为内容。

梦选择材料的原则完全不同于清醒状态的原则，而专门找一些不重要的、次要的或被轻视的小事。

梦完全受儿时最初印象所左右，往往把那段日子的细节，那些在清醒时绝对记不起来的小事重翻旧账地搬出来。

醒

　　当然，他们对这些有关梦的材料的选择，所做的种种看法都是以梦之"显意"为准的。

一、梦中的最近印象以及无甚关系的印象

　　就我个人的经验而言，要问梦的内容的来源到底是什么？我会毫不犹豫地回答"几乎在每一个我自己的梦中均能发现其来源就在做梦的前一天的经验"。事实上，大部分的人和我有同感。鉴于此，我往往在解析梦时，要先问清做梦者前一天内发生过什么事，而尝试在这里找出一些端倪。就大部分个案而言，这的确是一条捷径，就上章我曾分析过的两个梦（伊玛的打针与长着黄胡子的叔叔）来看，的确一问起前一天的事，整个梦中的疑惑就迎刃而解了。但为了更进一步证明它是有效实用的方法，我将把自己的"梦记录本"抄几段以飨读者。

　　以下我拟提出一些与梦的内容之来源问题有关的几个梦：

　　一、我去拜访一家很不愿接待我的朋友……，但同时却使一个女人苦等着我。

　　来源：当晚有位女亲戚曾与我谈道，她宁可等到她所需要的汇款到手，直到……

心脏或记忆 弗丽达·卡洛 墨西哥 1937年

弗洛伊德说梦的内容来源于做梦的前一天或几天中所经历的事情。卡洛的这幅画绘于她发现丈夫和她的妹妹发生性关系之后，他们的关系持续了一年之久，在这期间卡洛一直离家在外居住，事后虽然原谅了他们，但从画中我们仍旧可以看出这段不可磨灭的令她痛苦不堪的记忆。

二、我写了一本有关某种植物的学术专论。

来源：当天早上我在书商那儿，看到一本有关樱草属植物的学术专论。

三、我看到一对母女在街上走，那个女儿是一个病人。

来源：在当天晚上有位在接受我治疗的女病人，曾对我诉苦，说她妈妈反对她继续来我这儿接受治疗。

四、在S&R书局，我订购了一份每月索价二十佛罗林（一种英国银币，值二先令）的期刊。

来源：当天我太太提醒我，每周该给她的二十佛罗林还没给她。

五、我收到社会民主委员会的信，并且称呼我为会员。

来源：我同时收到筹划选举的自由委员会和博爱社主席的来函，而事实上，我的确是后者的一个会员。

大碗岛星期天的下午　乔治·修拉　法国　1884～1886年　布面油画　芝加哥美术学院

　　在《大碗岛星期天的下午》一画中，修拉运用点彩手法，描绘了初夏的一个星期天下午，人们在公园里愉快游乐的情景。修拉那富有特色的画风在这幅画中充分表现出来，画面光彩夺目，充满宁静的气氛，就像梦中的风景一样，没有生命运动的感觉。修拉刻意运用弧线，以打破垂直和水平线的枯燥感，并使人物充满了情趣，而且画中人物是有古典线条的纪念碑式形象。在这里，巴黎人的闲情逸致被描绘得有些古怪和不真实，具有一种冰封般的效果。然而正是这种稳定感和庄严感，使这幅作品在20世纪艺术史中占据一席之地。

六、一个像伯克林一样的男人，由海里沿峭壁如履平地地走上来。

来源：妖岛上的德雷弗斯以及其他一些在美国的亲戚所传述的消息等等。

现在，紧接着我们就有一个问题，梦到底是不是只是当天的刺激所引起的呢？还是在最近一段时间所得的印象均可影响梦的产生呢？这当然不是最重要的问题，但在这里，我要先探讨一下当天所发生的事情，对梦所造成影响的重要程度。每次只要我发觉我的梦的来源是两三天前的印象，我就要细心地去研究它，就会发现这虽然是两三天前发生的事，但我在做梦的前一天曾想到过这件事。也就是说，那"印象的重现"曾出现在"发生事情的时刻"与"做梦的时刻"之间，并且我还能找出很多最近所发生的事，因为勾起了我往日的回忆，所以会在梦中重现。而另一方面，我又无法接受史瓦伯拉所谓的"生物意义上的规则时差"。他认为，在引起产生梦印象的白天的经验与梦中的重现，其时间差不会超过18个小时。

目前，我只能说，我深信每个梦的刺激来源均来自"他入睡以前的经验"。

记忆的永恒 萨尔瓦多·达利 西班牙 1931年 纽约现代美术馆

这幅作品应该是达利所有作品中最为典型也最为有名的一幅，达利无疑是超现实主义画派的天才级人物，由此他也是20世纪绘画史中最为人们所熟悉的画家之一。画中那软塌塌的钟表、沙滩上像海马一样的活物，无疑是超现实主义的经典之作。

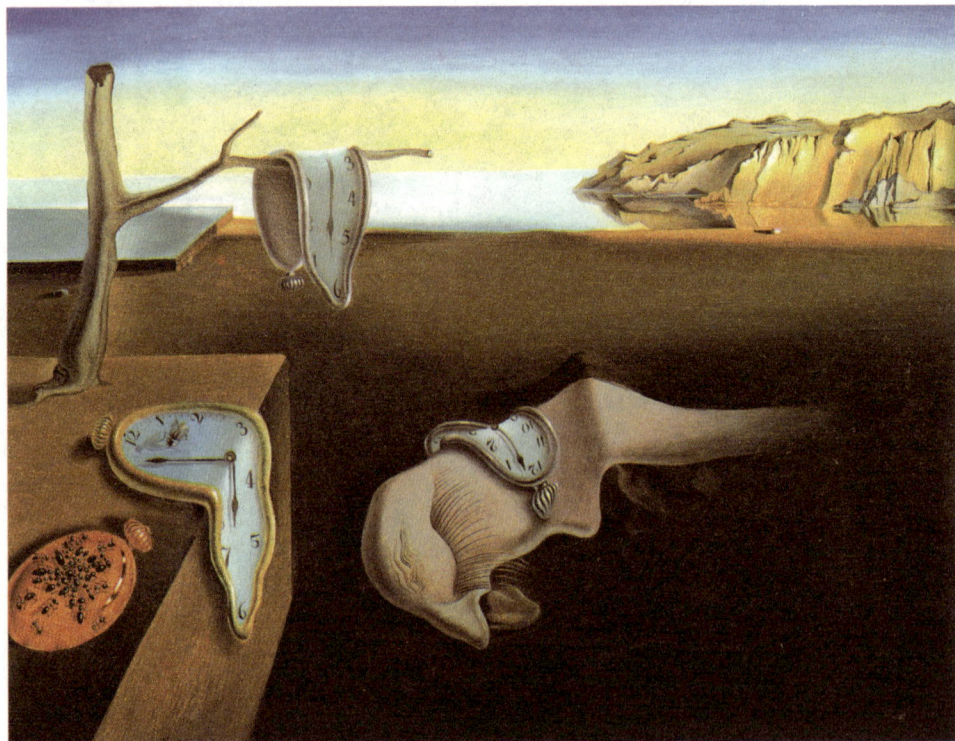

艾里斯对这个问题也很感兴趣，而且曾费尽心血地试图找出经验刺激与梦中重现之间的时差，但仍然无法得到结论。他曾讲过自己的一个梦：他梦见自己在西班牙，想去一个叫达拉斯或瓦拉斯，或扎拉斯的地方。但醒来后，他发觉自己根本想不起有过这种地名，同时也无法联想出什么来。但几个月后，他发现在乘火车由圣塞巴斯提安到毕尔巴鄂的途中，的确有一个站叫作扎拉斯，而这个旅行距他做这个梦已经8个月了。

所以说，最近发生的印象（做梦当天则为特例）与很久很久以前所发生过的印象，事实上对梦的内容所产生的影响是一样的。

只要是那些早期的印象与做梦当天的某种刺激（最近的印象）能产生某一连带关系的话，那么梦的内容是可以涵盖一生中各时间段所发生过的印象。

但梦究竟为什么会那般器重最近的印象呢？如果我们再拿以上曾举过的一个梦，来做更详尽的分析，也许可以获得某种假设。

关于植物学专论的梦

"我写了一本关于某种植物的专论，这本书就放在我面前。我翻阅到书中一页折皱的彩色图片，有一片已脱水的植物标本，就像植物标本收藏簿里的一样，附夹在这一册里头。"

分析

当天早上曾看到一本标题为《樱草属》的书，是在某书商的玻璃橱窗内，很显然这是一本有关这类植物的专论。

我太太最喜爱的花就是樱草花，她最喜欢我回家时顺路买几朵给她。遗憾的是，我很少记得带这花回来给她。由送花的事，让我联想到另一件最近才对朋友们提起的故事。我曾以此来证明我的理论——"我们经常由于潜意识的要求，而遗忘掉某些事情；其实，我们可以从这些遗忘的事实，追溯出此人内心不自觉的意图。"故事是这样的：有位年轻的太太，在每年生日时，她的先生总会送给她一束鲜花，可有一年，先生竟把她的生日忘了。结果那天她一看到先生空着手回家，竟伤心地哭了起来。这位先生当时如丈二和尚摸不着头脑，等到太太说"今天是我的生日"时，他才恍然大悟，拍打着脑袋大叫："天啊！对不起！对不起！我竟完全忘记了！"他赶紧出去买花。但她已伤心不已，并且坚称丈夫对她生日的遗忘，证明他已不再像往日那般爱她。而这位L女士几年以前曾接受过我的治疗。两天前她曾来我家找过我太太，并且要她转告我，她现在身体已完全康复。

还有一些事实可做补充说明：我确实曾经写过一篇植物学方面的专论，是关于古柯植物的研究报告，这篇报告引起了喀勒的兴趣，直至后来发现了其中所含古柯碱的麻醉作用。当时，我曾预示古柯所含的碱类将来可以用在麻醉上，只可惜自己未能继续研究

生日 夏加尔 法国 1915年
布面油画 纽约现代美术馆

夏加尔说过一句话："我的内心世界，一切都是现实的，恐怕比我目睹的还要现实。"他以其独有的写实手法表达出了自己内心的现实，而这样的现实在画面上形成了一种永恒的爱和向往，成为幸福的一种标志。

下去。而做梦醒来的那天早上太忙，我未能抽出时间对这个梦做解析，直到晚上才开始分析，我是在一种所谓白日梦的状态下想到古柯碱的问题，并且梦见我因为患了青光眼而到柏林的一位朋友（已记不起名字）家中，请一位外科医生来给我开刀。这位外科医生不知道我的身份，而一直在吹嘘自从古柯碱问世以来，开刀变得如何如何方便，由于考虑到如果一个医生要向他的同行索要诊疗费是多么尴尬的事，所以我也不愿说出，关于这个药物的发现自己曾是一名功臣。如果他不认识我，我就可以付账给这位柏林的眼科专家而不必欠他什么人情。但等我清醒过来回味这白日梦时，我发觉这里面的确隐含着某种回忆。在喀勒发现"古柯碱"不久，我父亲因为青光眼而接受我的一位眼科专家朋友柯尼斯坦的手术。当时由喀勒亲自来负责古柯碱麻醉，在手术室里他说："嘿！今天可把咱们这三位与发现古柯碱工作有关的家伙都聚在一起啦！"

现在我的思绪又跳到最近一次使我想起古柯碱的场合。就在几天前，我收到一份由一些学生们凑资印发的刊物——《纪念刊》，这是学生为感谢他们的老师以及实验室的指导先生的教导而印发的。刊物中列出了每位教授的重大著作及发现，我一眼就注意到他们将古柯碱的发现归功于喀勒的名下。现在我才恍然大悟，这个梦是与前一个晚上的经验有关。那天晚上，我送柯尼斯坦医生回家，归途中我俩谈到某一很投机的话题（每当提起这个话题，我就感到无比兴奋）。结果到了门廊，我们仍站在那儿讨论不休。刚巧格尔特聂教授夫妇正要盛装外出，我礼貌地对他太太的花容月貌予以称赞，我现在才想起来，这位教授就是我刚提到的那份刊物的编者之一，很可能就是因这次邂逅而引起我的那些联想。另外还有我所提过的L夫人生日那天的失望，以及我与柯尼斯坦的谈话内容可能也多少有关。

我现在想再对梦中另一成分做一解释。"一片已脱水的植物标本"夹在那本学术专

白日梦　丹特·迦布瑞尔·罗塞蒂　英国　1880年　布面油画　伦敦维多利亚·阿尔伯特博物馆

这幅《白日梦》是画家以与其死去妻子长像极为相似的莫里斯小姐为模特创作的画作，其中充斥着画家对亡妻的无尽思念。画面的构图和背景极为讲究，把人物委身于一个树丛中，只能穿过树木枝丫间的空隙隐约看到云雾缥缈的远方，从而使人物与外界相对隔绝开来，而缥缈的云雾也与白日梦的氛围相结合，从而为"白日梦"的主题营造了十分巧妙的背景。

论的书里，并且看来就像是一本"标本收藏簿"一样（Herbarium），而Herbarium这个单词，又使我联想到Gymnasium（德国高等学校）。记得有一次我们高等学校的校长召集高年级学生，要求大家一起编一本高校的植物标本采集簿，以免只是死读书而不知实物与书本相结合。校长所指派给我的只有很少的几页有关十字花科的而已，这使我感到他似乎认为我是一个帮不了什么忙的家伙。其实我一向就不太喜欢植物学，记得在入学考试时，他曾考我有关标本的名字，而我就是栽在这种十字花科的题目上。要不是靠着笔试拉回点分数，我可能真的考不上呢！十字花科其实就是指菊科，事实上我最喜欢的花——向日葵便是属于菊科。我太太可比我更体贴，她到市场买菜时，经常替我买些这种我最喜欢的花回来。

"那本专论就摆在我的面前"，这段又引起了我的另一联想。昨天我在柏林的一位朋友来信说："我一直憧憬着你写的有关'梦的分析'的书能早日问世，仿佛间你已大功告成，而那本大作正摆在我面前，让我逐页翻阅着。"哦！其实我又是多么希望这本书真的写完了，并且呈现在我面前呢！

"那折皱的彩色图片"。在我还是一位医科学生时，我一心只想多读一些学术专论。虽说当时经济并不宽裕，但我仍订阅了大量的医学期刊，而里面所含的彩色图片，给了我很深的印象，同时我也一直以这种治学精神而自豪。而当我开始自己写书并必须为书的内容作插图时，我记得有一张画画得很糟糕，以致受到一位同事善意的戏弄。由这我不知怎么又联想到我童年的一段经历。有一次，我父亲送给我和妹妹一本叙述波斯旅游且含有彩色图片的书，他看着我们把它一页页地撕毁。从教育的观点来看，这实在是大有问题，而当时我只有五岁，妹妹比我小两岁，但我们两个小孩子无知地把书一页页地撕毁（就像向日葵片片地凋落）的印象，却历久弥新地印在我的脑海里。后来我上学以后，开始对收藏书本产生了狂热的兴趣（这点有些类似我因为喜欢阅读学术专论的嗜好，而导致梦里那种有关十字花科与向日葵之类的内容一般）。其疯狂程度真可用"书呆子"一词来形容。从那以后，我意识到我之所以如此疯狂可能与我童年的这段印象有关。换句话说，我认为是这段儿时的印象导致我日后收藏书籍的嗜好。当然，我也深深意识到我们早年的热情往往是自找麻烦。因为在我十七岁时就欠了书商一笔几乎付不起的书款（而当时父亲又不太赞成），父亲只因为多看书是一种好习惯，也就纵容我这般挥霍。提到这段年轻时的经历，又使我联想到这正是我做梦的当天晚上与柯尼斯坦相谈甚欢时，他所提到的我的大缺点——我这个人常常过分地沉醉于自己的嗜好里头。

我们的讨论先暂告一段落，因为有些与这梦的解析没什么关系，所以我们不必再细谈。我只想在此指出我们演绎的过程是怎样由"山穷水尽"到"柳暗花明"的。其实，我与柯尼斯坦的谈话在此我只提出某一部分而已，而再对这些话细细地品味，使我对这梦的意义的理解豁然开朗。我的所有思路正是沿着如下路径进行的：由我个人的爱好、到我妻子的喜好、古柯碱、接受医学界同行的治疗引起的尴尬、我对学术专论的喜好以及我对某些问题的忽视，就如植物学而言——所有这些再接上我当晚与柯尼斯坦的一些对话。所以我们又再度证明，梦是如此积极地为自我本身的理想与利益想尽办法（就像前面分析过的伊玛打针一样）。如果我们再就梦的论题继续推演下去，并且对这两个梦之间做一比较，我们可以发现还有一个问题需待讨论。一个看似与梦者本身似乎风马牛不相及的故事，往往一变就产生了确切的意义。现在这个梦显示了这样的意义："我的确曾经发表过很多有关古柯碱的有价值的研究报告"，就像以前我曾表示的"自诩"："我毕竟是一个工作勤奋、做事彻底的好学生"，而这两句话不外乎表示一个意思——"我确实值得如此自诩"。我之所以提出这个梦，主要是想探讨梦如何由前一天的活动所引起的关系，所以下面就不再对这个梦做进一步的解析了。本来我以为梦的

弗洛伊德与夫人玛莎

摄影　1911年

这是弗洛伊德和夫人玛莎在结婚25周年的婚庆留影，他们在年轻的时候，彼此爱恋，也彼此奉献。年老的时候，他们相濡以沫，玛莎说他们53年的夫妻生活里唯一"争执"的问题就是煮洋菇时，要不要去掉茎？

显意只与白天的印象有明显的关系，但在我完成了以上的解析后才发现，从同一天的另一个经验也可以很明显地看出，是这个梦的第二个来源。而梦中所出现的第一个印象，往往因没什么关系，反而退居为较次要的位置。"我在书店看到一本书"，这开头确实曾使我愣了一阵，而内容丝毫引不起我的任何兴趣。而第二个经验却具有重大的心理价值，"我与一位挚友（眼科医生）激烈地讨论了个把钟头，而这个话题使我俩都很有感触，尤其勾起了我一些久藏心中的回忆。而对话又因某位朋友的介入而中断。"现在就让我们仔细比较，这两天白天所发生的事有什么关联，以及它们与当晚做的这个梦的关系又是什么呢？

在梦的"显意"里，我发现它只不过提及较无关系的白天的印象。所以我可以这样重申：梦的内容大多是用那些无关大局的经历，相反，一经过梦的解析后，我们就会发现其实焦点所集中的是最重要、最合理的核心经验。如果我的释梦确实是以梦的隐意，按照正确的方法做出判断，那么我可以说，我无意间又获得了一大发现。我现在确定那些认为"梦只是白天生活的琐碎经验的重现"的谬论是站不住脚的，而我也坚决驳斥那些认为"白天清醒时期的精神生活并不延续于梦中"的学说。还有认为"梦是我们精神能量对芝麻小事的浪费"的邪说也是不堪一击的。正好相反，其实在白天最能引起我们注意的事，往往完全掌握住了我们当晚的梦思。而我们在梦中对这些事的用心，完全是在供应我们白日思考的资料。

至于为什么我梦见的都是一些无关紧要的印象而对那些真正触动我的"日有所思，夜有所梦"的印象，却反倒隐藏不见了。我想最好的解释方法，就是利用心理力量中的"审查制度"来做一番阐释，我在"梦的改装"现象中已提过。对那本有关樱草属学术专论的记忆使我联想到，我与朋友的谈话就像我那位病人的朋友，在梦中无法吃到晚餐而代表着熏鲑的暗示一样。现在唯一的问题是："这本学术专论"与"眼科医生朋友的对话"，在这两种乍看毫无关系的两个经验印象之间，究竟是用什么关系牵连在一起的？如果就"吃不成晚餐"的梦而言，两者印象之间的关系倒还看得出来。我那位病人的朋友最喜欢的熏鲑，或多或少可以从她朋友的人格在她心中所产生的反应找到蛛丝马迹。而在我们这个新例子里面，却完全是两个毫不相干的印象。第一印象除了说"都是同一天发生的经验"以外，实在找不出丝毫共同点。那本专论我是在早上看到的，而与朋友的对话是在当天晚上。而由分析所得的答案是："这两个印象之间的关系是在于两者所含的'意念内容'，而不是在印象的表面叙述中。"我在分析的过程中，曾经特别

庞贝城 保罗·德尔沃 比利时

消失的庞贝古城和肉体林立，乍一看这两者之间没什么关系，但画家却将此画命名为"庞贝城"，因为在古罗马时期，庞贝城被恺撒大帝所征服，那是一个英雄辈出和美云如云的时代，德尔沃画中的女性，本身就是这座古城的真实写照。两个印象之间的关系是在于两者所含的"意念内容"，而不是在印象的表面叙述中。

强调地挑出那些连接的关键——某些其他外加的影响，借着L夫人的花被遗忘，才使有关十字花科的学术专论与我太太最喜爱菊花一事拉上关系。但我不相信，仅仅这些鸡毛蒜皮的小事就能够引发一个梦。就像莎士比亚的《哈姆雷特》中所说的："主啊！要告诉我们这些，并不一定要那些鬼魂由坟墓内跳出来！"让我们继续看下去吧！再仔细分析，我发现那个打断我与柯尼斯坦谈话的，是一位名叫格尔特聂（Gärther）的教授，而Gärther在德文中是"园丁"。还有我当时曾称赞他的太太"花容月貌"。我现在又想起那天在我们的对话中，曾以一位叫弗罗拉（古罗马神话中的花神）的女病人为主要话题，很明显这是由这些关键的将讳而不谈的植物学与同一天另外发生的、真正比较有意义的兴奋印象连接起来，其他还有一些要提到的有关联的成立，如古柯碱的一段，就很确切地把柯尼斯坦医生与我的植物学方面的学术论著结合在一起，也因此而使这两个"意念的内容"融为一体。所以，我们可以说第一个经验其实是用来引导出第二个经验的。

如果有人批评我的这种解释，是凭一己之意的武断臆测或根本是人为编造出来的话，我是早就有心理准备的。如果"格尔特聂"教授与"花容月貌"的太太不出现的话，或者我们所讨论的那个女病人叫安娜，而不是弗罗拉的话……但答案仍是不难找到的。如果这些念头的关系并不存在的话，那么其他方面应该还是可以有所发现的。其实这类关系并不难找，就像我们平时常用来自娱的诙谐问话或双关语一样。毕竟人类的智慧是不可限量的。再退一步说：如果在同一天内的两个印象中，无法找出一个很有说服力的关系时，那么这个梦很可能是沿着另一途径而形成的。也许在白天另一些同样无关紧要的印象涌上心头，而当时被遗忘了，但其中之一却在梦中代替了"学术专论"的印象，从这个取代物才找出与朋友对话之间的关联。由于在这个梦中我们选不出比"学术专论"这个印象更适合来作为分析的关键，所以很可能它是最合适的目的了。当然，我们不必像德国大文学家拉辛笔下的"狡猾的小汉斯"一般地惊叹："原来世界上只有富人才是有很多钱的！"

然而，一般人毕竟会难以接受：那些无足轻重的经验如何能在梦中取代对心理上更具重要性的经验呢？因此我会在以后各章找机会再进行更多的探讨，使这一理论更趋合理。但就我个人而言，根据对无数梦的解析所得的经验，使我对这种分析方法所得的结果确有其价值深信不疑。在这种一环套着一环的解析过程中，我们不难发现梦的形成的确是产生了"置换"现象——用心理学的话来说，就是一个具有较弱潜能的意念必须从那个最初具有较强潜能的意念里，逐步吸取能量，当达到某一强度后才能脱颖而出，浮现到意识界来。其实在我们日常的动作行为中这种转移现象是屡见不鲜的。譬如一个孤独的老处女会几近疯狂地喜爱某种动物，一个单身汉会变成一个狂热的收集狂，陷于爱情中的男女因为握手稍久一点而感到无比兴奋，一个老兵会为一小块彩色的布条——他的旗帜而洒热血。莎士比亚笔下的奥赛罗只因掉了手帕而大发雷霆……这些实例足以使我们确信心理转移现象的存在。我们的意念在意识界浮现或抑压果真由我们用这种基

拥抱 埃贡·席勒 奥地利 1917年 布面油画 奥地利艺术博物馆

画家从来就不是一个安分的人，从他的这幅画中可见一斑：画面中的男女尽是骨节突出的骨头、肉瘤和筋腱，给人一种很紧张的感觉。这对情人缘何拥抱在了一起？我们不得而解，就像陷于爱情中的男女会因为握手稍久一点，而感到无比兴奋。画中所散发出的那种令人颤抖的温柔，让我们深刻体会到了爱与被爱所带给人的那种愉悦。

本原则来决定的话——也就是说，所有我们想到的事，无非都得经过这种不自觉的过程而产生的话，我们多少总会有种"果真如此，未免我们人的思考过程太不可思议、太不正常了"的想法，而且如果这种心理过程被我们在醒觉状态下意识到，我们一定会认为这是错误的想法。但经过我们慢慢地讨论后，我们就会发觉这一心理运作过程——梦中所做的转移现象，其实只是比一般较原始的正常性质稍有不同而已，根本不会是不正常的程序。

因此，我们可以看出"梦的改装"的现象经过"转移作用"，致使梦的内容经常表现为一些芝麻小事。而且，梦之所以被改装是由两种前述的心理步骤之间的检查制度所造成的。因此可以预料到，经过梦的解析，像梦的真正具有意义的来源究竟来自白天的哪些经验、根据此种经验的记忆再如何将重点转移到某些看来没有关系的记忆上这类问题将迎刃而解。然而，这种观念与罗勃特的理论刚好完全相反，而我深信，他的理论其实对我们来说毫无价值可言。罗勃特所要解释的事实根本就不存在。他的假设完全是因为无法由梦的"显意"中看出梦的内容的真正意义所引起的误解。对罗勃特的辩驳，我

睡眠 萨尔瓦多·达利　西班牙　1937年　布面油画　私人收藏

　　画中睡眠的男子似乎沉浸在自己的美梦之中，但令人担忧的是，其中的一根支架倒了，他的美梦也就结束了。"梦的主要目的在于利用特别的精神活动，将白天记忆中的残渣，在梦中——予以'驱除掉'"。达利作为超现实主义运动的一员，他的作品是梦境的最好解释。从而提升了他的无意识在其艺术里的重要地位。

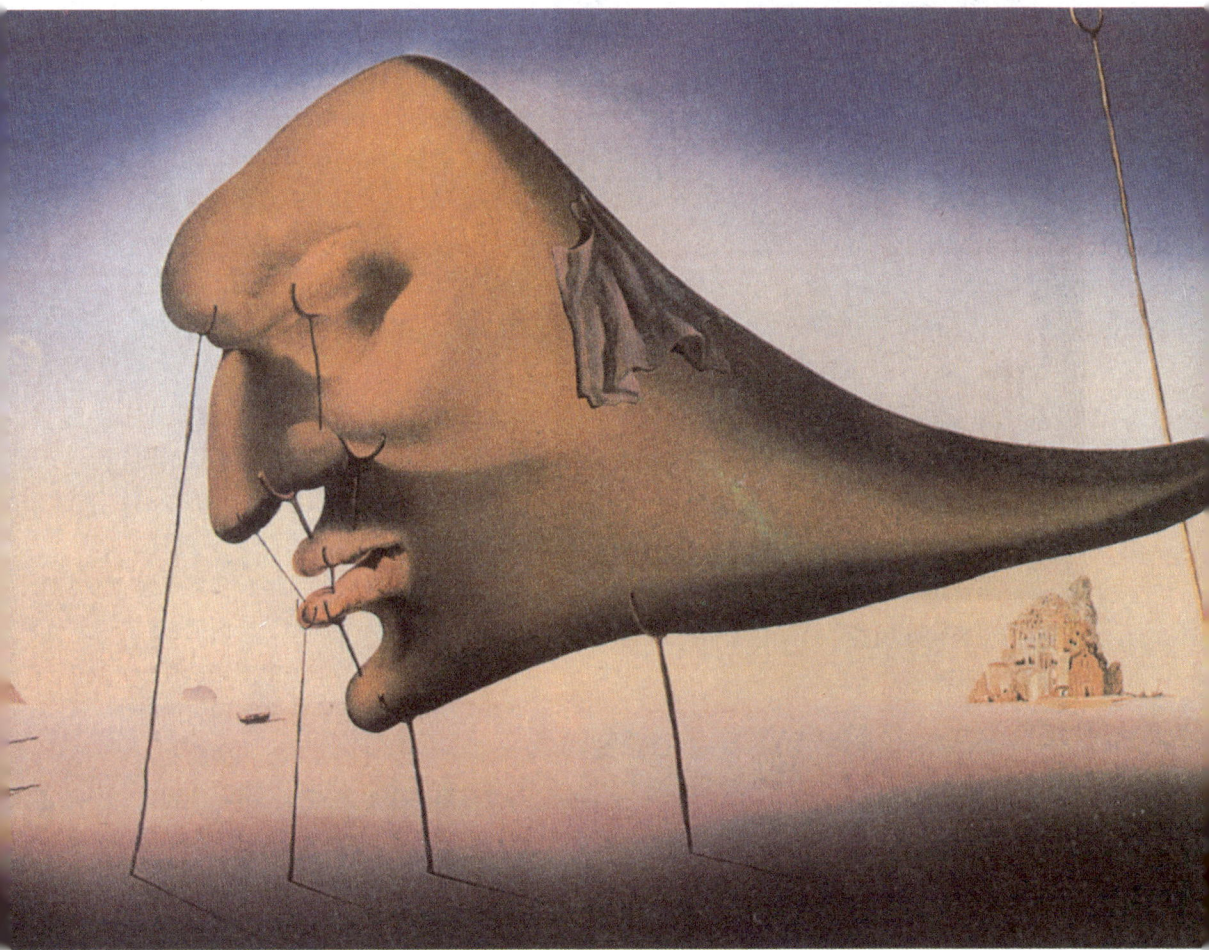

尚有以下几句话：果真如他所言，"梦的主要目的在于利用特别的精神活动，将白天记忆中的残渣，在梦中——予以'驱除掉'"，那么我们的睡眠将不可避免地成了一件繁重的工作，一件甚至比我们清醒时的思考更加令人心烦的工作。我们白天十几个小时的活动必然会留给我们太多琐碎的感受，毋庸置疑，就算你整个晚上都花在"驱除"它们也不够用。而且更不可能的是，他竟以为要忘掉那么多残渣式的印象，竟能丝毫不消耗我们的精神能量。

另外，在我们要贬斥罗勃特的理论时，我们仍有些地方不得不再探讨。我们迄今仍未解释过，为什么梦的内容竟会由当天的甚至前一天的无甚关系的感受所构成。我们并未能从一开始就找出这种感受与在潜意识里的梦的真正来源的关系来。根据以上我们所做的探讨，我们可以看得出梦是一步一步地朝着有意的转移方向在蜕变。所以必须有待某种关键的发现，才能揭示这种"最近但无甚关系的感受"与其"真正来源"的联系，换句话说，这所谓无甚关系的感受仍必须具有某种适合的特点。否则，就真的像梦思中那般漂浮不定，难以捉摸了。

用以下的经验也许可以给我们一点解释：如果一天里发生了两件或两件以上值得引发我们梦的内容的经验时，梦就会把两件或两件以上的经验有机地合成一个完整的经验：它永远遵循着这种"强制规则"，而把它们综合为一个整体。举一个实例：有一个夏天的下午，我在火车车厢内同时邂逅了两位彼此间并不认识的朋友。一位是德高望重的同事，另一位则是我常常去给他们看病的名门子女。尽管我给双方做了介绍，但在旅途中，他们却始终无法打成一片，而只是个

乔塞特·葛利斯肖像 乔塞特·葛利斯 1916年 马德里普拉多美术馆

如果一天里发生了两件或两件以上值得引发我们梦内容的经验时，梦就会把两件或两件以上的经验有机合成一个完整经验：它永远遵循着这种"强制规则"，而把它们综合为一个整体。画中最出色的地方就是将原本处于不同位置的事物，以优美的格调色彩统一整合到了一起，使得画面极富动感，人物和其后面的事物都清晰可见。

别与我攀谈。因此我只好与这一位说这个，与另一位谈那个，十分吃力。记得当时，我曾与我那位同事提及请他多加推荐某位新进人物，而那位同事回答说，他虽然深信这年轻人的能力，但是，这位新人的那副长相实在很难得人器重。而我曾附和他说："我之所以会认为他需要你的推荐，也就是因为这点。"过了不久，我又与另一位聊了起来，我问到他叔母（我的一位病人的母亲）的健康近况，据说当时她正极端虚弱而病危。就在这次旅程的当晚，我做了如下的一个梦：我梦见那位我希望能获得青睐的年轻人，正跻身于一间时髦的客厅内，与一大堆有头有脸的大人物们高谈阔论。而后，我才知道我那另一位旅途伙伴的叔母的追悼仪式正在那时举行（这位老妇人在我的梦中已死去，而我承认，我一直就与这位老妇人关系搞不好）。这样一来，白天的两个经历感受被我在梦中综合而构成了一个单纯的状况。

综上所述，我们可以合理地得出一个结论，梦的内容是将所有足以引起梦的刺激来源综合成一个单一的整体（在我以前，德拉格、德尔伯夫等也都提及过，梦常常有种把所有感兴趣的印象浓缩成一个事件的倾向），这就是梦的强制规则。在下一章我们将讨论到这种综合为一的强制规则，其实就是"原本精神步骤的凝缩作用"的一部分。

现在我们需要考虑另一个问题。这些引起梦的刺激来源，是否一定都是最近且非常有意义的事件；或者只是非常有意义而可以不拘时限的一连串思潮，只要曾想到这事，便足以构成梦的形成？根据无数次的解析经验，我所得的结论是：梦的刺激来源，完全是种主观心灵的运作，借着当天的精神活动将往昔的刺激变成像是最近发生的一样新鲜。

内心对梦的来源进行运作的各种不同状况，我们有必要做一下系统化整理。

梦的来源包括：

甲　一种直接表现于梦中的，最近发生而且在精神上具有重大意义的事件。如有关伊玛打针的梦，以及把我的朋友当作我的叔叔的梦。

乙　于梦中凝合成一个整体的，几个最近发生而且具有意义的事实。如把那位年轻医生与老妇人的丧事追悼会合在一起的梦。

丙　在梦中以一个同时发生的无足轻重的印象来表现的，一个或数个最近发生而具有意义的事情，如有关植物专论的梦。

丁　一些对做梦者本身极具意义的经历（通过回忆想起的一连串思潮），而经常在梦中整合成另一最近发生但无甚关系的印象作为梦的内容。（在所有我分析过的病人里，以这一类的梦最多。）

经解析可以得知，最近某种印象的重复出现往往构成梦中的某一成分。而这种成分与真正引起梦的刺激（一种重要的，或并不太重要的）很可能是属于同一个意念范畴。当然也可能是来自与一无甚关系的印象较近的意念，而通过或多或少的联想，可以找出该意念与真正引起梦的刺激之间的关系。因为存在这种情形的选择——"到底要不要经过置换过程"，所以梦的内容变幻万千。既然有这种"选择性"的存在，梦本身当然就

梦的来源

梦的刺激来源，完全是种主观心灵的运作，借着当天的精神活动将往昔的刺激变成像是最近发生的一般新鲜。

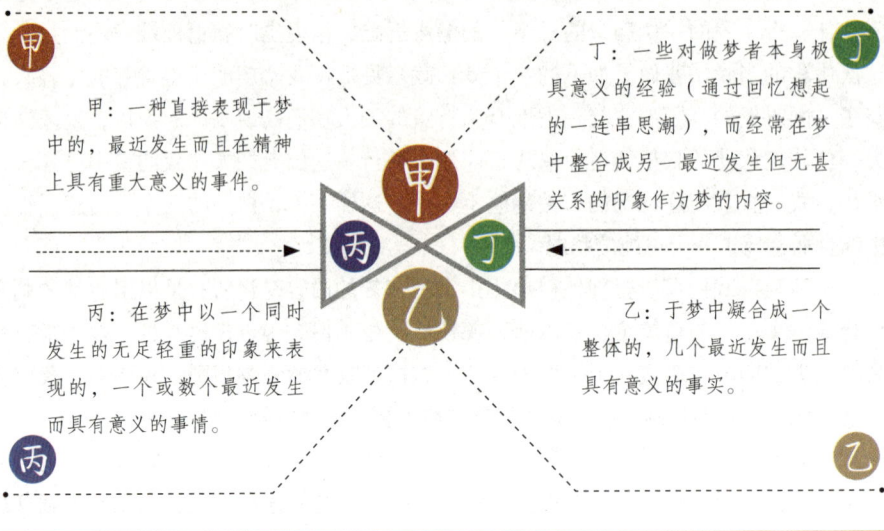

甲：一种直接表现于梦中的，最近发生而且在精神上具有重大意义的事件。

丁：一些对做梦者本身极具意义的经验（通过回忆想起的一连串思潮），而经常在梦中整合成另一最近发生但无甚关系的印象作为梦的内容。

丙：在梦中以一个同时发生的无足轻重的印象来表现的，一个或数个最近发生而具有意义的事情。

乙：于梦中凝合成一个整体的，几个最近发生而且具有意义的事实。

会有各种不同程度的内容，就如医学上解释各种意识状态的变化幅度时，以为这是脑细胞的部分清醒至全部清醒的演变过程。

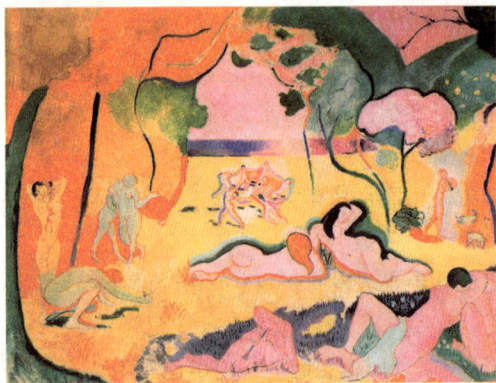

因此，当我们再对梦的来源做一探讨时，我们会发现，有时在梦的形成中，一种最近发生而在心理上无关痛痒的芝麻小事，会取代另一种不是最近发生（只是一连串的回忆）但在心理上具有重大意义的印象，当然芝麻小事必须符合以下两种条件：①梦的内容仍保持着其与最近经历的关系。②引起梦的刺激本身仍在心理上具有重大意义。而在上述的四种梦的来源中，唯有（甲）类能以同样一个印象来满足这两个条件。由此可以看出，只要是最近发生的、相似的印象，尽管是无甚重要的，大可用来作为梦的材料，而一旦这个印象拖过一天（或甚至几天），它们就不能用来作为梦的内容，这就是表明，在梦的

人生之乐 马蒂斯

在艺术的形成过程中，印象主义对于马蒂斯影响很大，他热衷于观察自然和表现自然界瞬息变化的美，他的色彩也明亮鲜艳。此外，对东方艺术和非洲艺术，马蒂斯也怀有浓厚的兴趣，他追求那种"原始性的艺术"，并从中得益匪浅。这幅画集中体现了马蒂斯的艺术风格。

形成中印象的"新鲜性"与否占有与该记忆所附的感情分量几乎相等的地位。其实，这"最近与否"的重要性，还是有待更多的探讨的。（详见第七章）

顺便说一下，有种可能性我们尚需考虑到——在晚上，我们是否曾不自觉地将我们的意念与记忆的资料予以重大的改变呢。果真如此，那么俗话所说"在你作重大决定前，还是先睡个大觉再说吧"真是太有道理了。但讨论至此，我们似乎已由"梦的心理研讨，转移到常会因此而提及的睡眠的心理研讨"了。

现在仍有一个难题对我们的结论构成挑战——如果一些无甚重要性的印象均需至少要与"最近"发生一点关系才能进入梦中的话，那么，梦中有时出现的一些印象，是关于我们早期生活的，如果是对心理上毫无特别意义的，在该印象发生不久时（即仍未失去其"新鲜性"时）为什么不会被遗忘掉呢，就像史特林姆贝尔所说，既不新鲜又不是心理上非常有意义的事？

关于这种责难，由对"心理症"病人的精神分析所得的结果，我们不难做一满意的答复。解释是这样的：在早期发生的对心理有重大意义的印象，在当时不久即通过转移、重新排列的手法，用一些无甚关系（对梦境或思考而言）的印象来取代，并且以此固定于记忆中。因此，那些梦中出现的看来无关紧要的早期印象，其实在心理上均具有重大意义的。否则果真它是毫无关系的早期经验，它绝不可能于梦中重现的。

根据以上这些说明，"所有梦均不会是空穴来风的"的说法，读者们都会与我一致地同意，因此，所谓的"单纯坦率的梦"是不存在的。关于这点，除了小孩的梦以及某

梦的形成所要符合的条件

梦，只是人睡眠时的一种心理活动，人在清醒时的心理活动与梦里的心理活动都是客观事物在人脑中的反映。梦中奇怪的情景是因为人在睡眠中大脑意识不清时对各种客观事物的刺激产生的错觉引起的。

梦的内容仍保持着其与最近经验的关系。

引起梦的刺激本身必仍在心理上具有重大意义。

条件①

条件②

些因夜间感官受刺激而引起的简单的梦以外，我对这一结论的真实性确信无疑。除了刚刚我所举的这些例子外，不管是一眼即可看得出具有重大心理意义的梦，还是需要经过整套的解析以除去那些改装的成分，才探出其中真义的梦，最后都是合乎这个结论的。梦绝不会是毫无意义的，我们也绝不会容许那些琐碎小事来打扰我们的睡眠的。一个看似单纯而坦率的梦，只要你肯花时间和精力去分析它，结果绝对是不单纯的。如果用句较直白的话来说：梦均表示出"兽性的一面"。为了避免这种说法招致责难，我打算再用以下几个我所收集的所谓单纯无辜的梦来做分析，以期对梦的形成中所具的改装作更详细的说明。

1

一位聪慧高雅的少妇，在日常生活中表现得十分保守，是那种"秀外慧中型"的标准主妇，曾做了如下一个梦："我梦见自己因为到市场时太晚了，肉卖光了，菜也买不到"，当然，这是一个很单纯无邪的梦。但我相信梦的真正意义并不在于此，于是我要她详述梦中的细节：她和厨师一起去市场，厨师拿着菜篮子，当她向肉贩说要买的某种东西时，肉贩回答说："那种东西现在买不到了。"而拿另一种东西向她推销说："这也很不错的！"但她拒绝了，于是再走到一个女菜贩那儿，那个女人劝她买一种特别的、成束绑着的黑色蔬菜，但这位少妇回答说："我不知道那是什么东西，还是不买为好！"

显然，这个梦与白天的经历确有关系。她当天到达市场的确是太迟，以致买不到任何东西。"肉铺早已关门"，这个经历深入其印象中，因而构成梦中的这番叙述。但是，且慢！在叙述中，肉贩的衣着丝毫不曾被提到是否有点不近常理呢？做梦者一直就未提过他的服装色样，这也许是她故意避免的吧！且让我们仔细地推敲这个梦到底蕴含着什么意义。

在梦中，往往有些内容是以言谈的方式来表现的——比如梦见某人说什么，或是听到什么，而并不一定只是想到什么，而且这种说、听的内容的清晰程度有时甚至可以找出与日常清醒状态下所发生的哪一种情形有关。然而，这些内容在解析时，只可用作一种尚待整理，或经过变化，而与原来真正内容略有出入的资料而已。下面我们就用这

背对观众的女孩　萨尔瓦多·达利　西班牙　1925年　布面油画　西班牙国立艺术馆

达利的怪诞、滑稽，使其成为超现实主义运动最重要的画家。他曾经将自己的作品称为"手工绘制的梦的相片"。画中的女人沉静而充满诱惑，但其背影又无形中拉远了和我们的距离，她坐在一张椅子上，远处的城市景色与椅子融为一体。但画家却让我们看到了一个真实的人坐在那里，而远处的景色也许只是她想象中的情景。同样地，一个看似单纯而坦率的梦，只要你肯花时间和精力去分析它，结果绝对是不单纯的。

猎物货摊 弗兰斯·斯尼德斯 1620年 布面油画 英国约克市立画廊

　　这幅场景，一定是许多家庭主妇到菜市场都想看到的。她们会想象自己是一个猎人，这里所有的猎物都是属于她们的。画面的左侧是一个穿着讲究的男孩抱着一只早已死去的孔雀，他的身边有两条饥饿不已的狗。画家对动物色彩的运用，以及肌理和情绪的处理，都可以看出其高超的笔法和缜密的心思。

　　种言谈的内容做出发点吧！那个肉贩子的话"现在那种东西'再也买不到了'"到底来自何处呢？那可是我曾说过的话呀！在几天前，我曾劝她说："那些儿时太早的记忆，你可能'再也想不起来了'。但事实上它会'转移'到梦里的。"因此，梦中的肉贩子其实是象征着我，而她拒绝购买另一种代用品，也不过是她内心无法接受我的"以前的想法会转移至目前的情形"的说法。"我不知道那是什么东西，我还是不买的好！"这句话又是从何而来呢？为了解析的方便，我们不妨将这句话拆成两半："我不知道那是什么东西"，她当天与厨师为某件事发生争执时曾说了这句气话，并且她当时还说了一句："你做事可要做得像样点！"因此我们可以看出又一个"置换作用"的发生，在那两句对厨师所说的话中，真正有意义的一句话被她压抑下来，取而代之的是另一句较无意义的话。"你做事可要做得像样点"——这句压抑下去的话才与梦中的一些内容真正合得上。对某些人不合理的要求，我们往往会有一句俗话：他怎能忘了关他的肉铺子。至此，我们差不多已经看出这解析后的端倪来了，然后我们再用那个卖菜女人的对话来印证一下。一种绑成一束一束的蔬菜（后来她又补充说明是长形的），又是黑色的，这种又像芦笋又像黑萝卜的梦中怪菜到底是什么东西呢？无须赘述，想想漫画中的"小黑，救救你自己吧！"你就会明白它代表着什么。但就我而言，由这"肉铺子"早已关门的梦所解析出来的故事，似乎与我们最初所猜测的与性有关的主题息息相关。我们并不打算探讨这个梦的整个意义，所以还是就此打住。但有一点可以肯定，这个梦绝不是那般坦率无邪的，尚有很多意义留待我们去探讨。

2

下面是上例病人所做的另一个梦，从某个方面来看，是可以与上一个梦配成一对的梦。她丈夫问她："我们是否该请人来给钢琴调音了？"她回答说："那琴锤本身迟早也快不灵了，调音也许大可不必了。"同样，这又是当天白天所发生的一件事情的重现。那天，她丈夫的确问过她这样的话，而她也的确如此回答过。但这个梦的意义是什么呢？她曾说那架钢琴是在结婚前她丈夫就"拥有"的东西，她认为钢琴是一个"令人作呕的"老木"盒子"，专门产生一些最难听的音调来……但真正的关键句子，则在于："那大可不必如此"，这句话来自她的一位女性朋友昨天来访时的对话，她这个朋友进门时，曾被要求脱下大衣，但她拒绝了，她说："谢谢，大可不必如此，因为我马上就要走了。"这又使我联想到昨天她在接受我的精神分析时，因为注意到自己有一个纽扣没扣好，她突然间抓紧她的大衣。那意思好像是说："请你不要由此窥看！那大可

浴后 德加　法国　1880年

画家所绘的浴女大都是背对着观画者，或者是以手挡面，没有目光向着画外或者是直面相迎的。他笔下的浴女形象呈现出一种在不知不觉的情况下被人偷拍时的状态。他的浴女画总是给观画者一个独特的视角，总是将观画者放到一个偷窥者的角度上。

夏日 左杰贝·阿奇姆博多
意大利　1573年　布面油画
法国巴黎卢浮宫博物馆

近距离观看这幅画，你会觉得这是一个菜贩子的梦境；远距离观看，你恍惚看到了一个人头。画中组成人头的这些水果全部都是夏日常见的水果和蔬菜：樱桃、桃、黄瓜、蒜头等。所以，欣赏一幅画的时候，不单单要看它的表面。

不必的。""盒子"象征着胸部，而对这个梦的解析使我发现，她从开始发育的年龄以来就一直对自己的身材十分不满。而如果我们再把"令人作呕的"与"难听的音调"也考虑在一起，我们便会发现到在梦里女性所常注意到的两件小事——身材、声调，其实无非是某种更主要的问题的替代品和对照。

3

在这里我将暂时中断前述那位少妇的梦，而穿插另一个年轻男人的梦。"他梦见自己又把他的冬季大衣穿上，那实在是一件恐怖的事"。从表面上看来，这种梦是一种很明显的天气骤然变冷的反应，但再仔细观察一下，你就会发觉梦中的前后两段，并不能找出合理的因果关系，为什么在寒冷的季节穿大衣会是一件恐怖的事呢？在接受精神分析时，他自己第一个就联想到，昨天有一个妇人，毫不隐讳地告诉他，是由于当时她先生所戴的避孕套于性交时裂开她才有了那最后一个小孩。现在，他自己再由这件不可磨灭的印象，演绎出以下的推论：薄的避孕套可能有危险（裂开而使对方受孕），但厚的又不好。而避孕套是一种"套上去的东西"，而按字面上的直译，英文的Pullover即德文中的"轻便的大衣"——UEberzieher。对一个未婚的男人而言，由女人亲口露骨地讲出这些男女性交的事，也未曾不是"一件恐怖的事"，很不幸，看来这个梦又不是那般无邪的吧？

现在让我们再回到那位少妇的另一个无邪的梦吧！

4

"她将一根蜡烛置于烛台上，蜡烛由于断了而无法撑直。一个女孩子骂她动作笨拙，但她辩解说，这并不是她的错。"

这同样是发生过的一件真事，前一天她真的把一根蜡烛置于烛台上，但却没有像梦中所说那样断掉。这个梦使用了一个明显的象征。蜡烛是一个能使女性性兴奋的物品，它断了而不能撑直，就相当于男人的"性无能"。（"这并不是她的错"）但这位有着良好教养，对那些猥亵的事完全陌生的高雅少妇，怎能知道蜡烛有这方面的用法呢？但她终于说出来她曾偶然听来的事情，以前有一首猥亵的歌："瑞典的皇后，躲在那'紧闭的窗帘'内，拿着阿波罗的蜡烛……"

她当时并没听明白最后那句话的真正意义，因此她曾要她丈夫解释那是什么意思。于是这些内容便遁入梦中，而且用另一种无邪的回忆所掩饰，当她以前在宿舍时，曾因"关窗帘"关不好而被人笑她动作笨拙。而手淫的意义与性无能的关联又是经常为人所提及的。于是再一次，梦的无邪内容一经解析，再也不能称其为无邪了！

5

如果现在对梦的真实境遇做一结论未免太早，所以下面我们再来分析同一个病人的另一个表面上看来更无邪的梦："我梦见我把一个衣箱装满了书本，以致衣箱无法关上。这个梦完全与事实一致，我白天的确做过这件事。"梦者再三强调梦与真实之间的吻合。所有这一类梦者本身对梦的评判，虽说是属于醒觉后的想法，其实也是属于梦的隐意之内，经过以后的推证，我们可以看出这一点。梦的确是叙述了白天所发生的事，但如用英文来解析这梦的话，可是要绕一个大弯而仍不易得到结论的。我们只能够说这个梦的重点在于小箱子（参照第四章，梦见小棺木内躺一死去的小孩）装得太满，而再也装不下别的东西。

还好，这个梦中并未蕴含任何邪恶的成分。

在以上这一大堆"无邪的"梦中，性因素被作为检查制度的焦点是十分明显的。但这是一个非常重要的题目，我们以后会再详细讨论。

二、孩提时期的经历形成梦的来源

通过事实的引证，以及其他一些关于这方面的报告（除了罗勃特以外），我们可以发掘出梦的第三个特点——那些在醒觉状态下所不复记忆的儿时经历可以重现于梦境

捉迷藏 让·奥诺雷·弗拉戈纳尔 法国 1765年

这一幅格调轻松、色彩明快、充满浪漫情调的画，画面里一对青年男女正快乐地玩着儿童的游戏，旁边有两个活泼可爱的孩子。或许，在可爱的孩子面前，这对成年人追忆自己孩提时代，想重现自己童年的时光，因此才玩起了捉迷藏。

中。由于从梦中醒来后，并无法记清梦的每一个部分，所以，要想断定关于儿时经历的梦发生的频率究竟如何，实在不可能。而我们所要证明的儿时经历，必须能以客观的方法着手，因此事实上要找出这类实例也不容易。毛利所举的实例，大概是最鲜明的一个了，他记载道，有一个人决定要回他那已阔别20年的家乡，就在出发的当晚，他梦见自己身处一个完全陌生的地点，正与一个陌生人交谈着。等到他回到家乡时，才发现梦中那些奇奇怪怪的景色，正是老家附近的景色，而梦中的陌生人正是他父亲生前的一位好友，目前仍卜居于当地。这个例子明显地证实了梦是自己儿时曾见过家乡人物的重现。同时，这个梦更可以解释出他是如何归心似箭，正如那个买了演讲会门票的少女，以

我与村庄　夏加尔　法国　1911年　美国纽约现代艺术博物馆

《我与村庄》是夏加尔初到巴黎的成名作。画面的背景是典型的俄国农舍和教堂的塔顶，里面有"我"、牝牛、开花的树等。这既是艺术家记忆中的故乡风景，也是他心灵中的故乡。画面采用了立体主义的分割法，所有的物象都被分割成了不同的形状组合在一起。一个人与乳牛的侧面脸庞构成了画面的主要组合部分，他们好像正在亲切对话，充满了温馨和默契的神态。

及那个父亲已承诺带他去哈密欧旅行的小孩所做的梦一样。当然，是什么动机促成这些儿时印象重现于梦境，不经过分析是无从发掘的。

在听过我的这些论断后，我的一位同事曾向我夸称，他的梦很少有经过"改装"的。他告诉我，他曾梦见过他家的女佣，那位曾在他家做事做到他11岁的女佣，与他以前的家教同床睡觉，甚至连地点都清晰地呈现于梦境中。由于他很感兴趣，于是他把这个梦告诉了他哥哥，想不到他哥哥笑着对他说，确有其事，当时他哥哥6岁，很清楚地记得这对男女确有苟且关系。那时每当家里大人不在时，他俩便把他哥哥用啤酒灌醉，使他迷迷糊糊，而他这个小家伙，虽说就睡在这个女佣的房里，但他们认为年仅3岁，绝不懂事，于是就肆无忌惮地在这个房里缠绵了起来。

　　还有些梦不经过解析也能确定它的来源，即一种所谓"经年复现的梦"——孩提时曾做过的梦，在成年期仍一再地重现于梦境中。虽然我本身并没有做过这一类的梦，但我却可以举一些实例。一个30多岁的医生告诉我，他从小到现在就常梦到一只黄色的狮子，他甚至可以清楚地描绘出狮子的形象来。但后来有一天他终于发现到了"实物"——一个已被他遗忘的瓷器做的狮子，母亲告诉他，这是他儿时最喜欢的玩具，但自己却一点也想不起来这个东西的存在。

　　现在让我们将注意力由梦的"显意"转移到梦的"隐意"上来，我们会惊奇地发现，有些就其内容本来看不出什么苗头的梦，一经解析，居然会发现其来源也是由儿时记忆所引起的。我再引用一个那位曾梦见"黄狮子"的同事所做的另一个梦。有一次在他读完南森有关北极探险的报告后，他梦见自己在浮冰上用电疗法为这位患有"坐骨神经痛"的探险家治病！经过解析后，他才记起有件儿时的经历，那大约是他三四岁的时候，倾听家人一起畅谈探险的逸事，由于当时他仍然无法分清reisen（德文，意为"旅行、游历"），与reissen（德文，意为腹痛、撕裂般的痛）的区别，以致他曾问他父亲，

沙伯特利耶的电疗场景 版画　巴黎国立图书馆

　　电疗法主要用于"神经"疾病上，其主要毛病是病人的神经通道不够畅通。电疗法按照电流使用的不同，一般可以分为三项功能：一是强化组织，二是促进组织细胞的养分供应，三是镇静作用。

探险是否为一种疾病呢？结果招来兄姐的嘲弄，也可能因此而促成他"遗忘掉"这件令他觉得羞辱的经历。如果没有这个经历的加入，这个梦的荒谬性将永远无法解释。

我在解析那个有关十字花科植物的梦时，也曾联想到一件我儿时的回忆——当我5岁时，父亲给我一本有图片的书，让我一片片地撕碎。讨论到这儿，可能会有人怀疑这种回忆是否真的会出现在梦中，会不会是由解析时勉强产生的联系呢？但我深信这个解释的准确性，下面这些紧凑而丰富的联想可以做一印证："十字花科植物"——"最喜爱的花"——"最喜爱的菜"——"朝鲜蓟"①。而朝鲜蓟需要一片一片地剥下皮来。另一个词"植物标本收集簿"（herbarium）——"书虫"（bookworm，即"书呆子"），他们是以整天啃食书本为生的。我以后会告诉读者，梦的最终意义多半与儿童时期的有关破坏性印象密切相关。

另外还有一系列的梦，通过解析我们会发现其引起梦的"愿望"，以及其"愿望之达成"均来自儿童时期的经历，我们会惊奇地发现，"孩提时期所有的劲儿在梦中全部都活现了"。

现在我要再继续讨论以前提过的梦，也是证明出相当有意义的梦——"我的朋友R先生被看成为我的叔叔"。我们曾用它来充分证明其目的在于达成某种"愿望"——使我自己能被选聘为教授。在梦中我对R先生的感觉与事实相反，还有我对这两位同事于梦中曾予以不应有的轻视。由于以前所做的解析结果，仍未能使自己十分满意，而打算继续做更进一步的解析。我深知，在梦中我虽然对这两位同事有如此苛刻的批评，但事实上，我却对他们估计甚高。而我自己觉得，我对那个教授头衔企盼的热心程度，并不足以达到使我会在梦里产生与醒觉状态下有如此差距的感觉歧异。假使那份钻研求进之心真是那般强烈的话，那应该是一种不正常的野心，可说实在的，我是丝毫不以能实现此种企求为乐的。当然，我无法确知别人对我是怎样的一种看法，也许我是个野心勃勃的人吧！但果真我是颇有野心的话，区区一个所谓"大教授"的职位也是不能满足的，可能老早我就已改途旁骛了。

那么，我梦中所拥有的那份野心又是从何而来呢？此时，我想起了一件我儿时常听到的逸事——在我出生那天，一位老农妇向我妈妈（我是她的头一胎孩子）预言："你给这个世界带来一个伟大人物"。其实，这个预言也不足为奇，天下哪个母亲不是殷切地望子成龙呢？而三姑六婆们又有哪个不会应时地说几句使人心花怒放的话呢！还有一些老太婆，由于自己饱经沧桑、心灰意冷，于是将所有的希望和憧憬均贯注于未来，那位送给母亲这个预言的老太婆，应该也不外乎有一种恭维之意吧？难道这俗不可耐的几句话会变成了我企求功名利禄的来源吗？且慢！我现在又想起另一个后来发生在孩提时代的印象，也许这个更可能说明我这份"野心"的来源吧！在布拉特的一个晚上，像往常一样双亲带着我（当时我大约十一二岁）去某家饭馆吃饭，在那儿我们看到一个潦倒

①　朝鲜蓟：块茎可食用的一种向日葵。

的诗人，一桌一桌地向人讨钱，只要你给他一些小钱，他就能按照你给他的题目即席献出一首诗。于是，爸爸叫我去请他来表演一下。但在爸爸还未给他出题目以前，这个人就先自动地为我念出几句韵文，而且断言，如果他的预感不错的话，我将来必定是一个至少部长级以上的大人物。迄今，我仍清晰地记得当晚我这位"杰出的部长"是多么得意。最近我父亲带回了一些他大学同学中杰出人物的肖像，挂在客厅以增加门第光彩。这些杰出人物中也有犹太人在内。而每个犹太学校的学生在他们的书包内，总要放个部长式的公文夹子以自期许。因为一个念医学的人，可能永远不会有登上部长宝座的一天，所以我初入大学时打算专攻"法律哲学"（这个决定是到最后一刻才临时改变的）。现在，再回头来看这个梦，我才了解到，我目前这种不如意的日子与往日"杰出部长"的美景有着天壤之别，就是缺乏了这份"年轻人的野心"。至于我这两位令人尊

梦的联想

自由联想，联想实验的基本方法之一，是精神分析学家使用的一种诊断技术和治疗方式。形式分为不连续的自由联想和连续的自由联想。可以测定人的能力和情绪等。

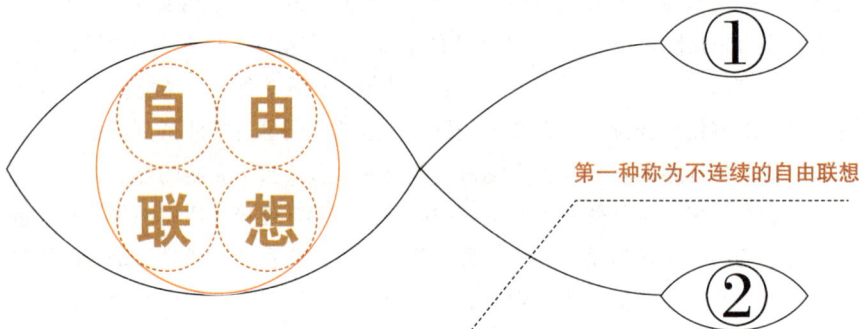

自由联想

① 第一种称为不连续的自由联想

② 第二种称为连续的自由联想

此种形式中，如果出现一个刺激词，大脑必须以第一个出现的词来做出反应，如，刺激词为"鸡"，被试者头脑中浮现的第一个词为"鸭"，就以"鸭"来反应。

此种形式中，如果出现一个刺激词，大脑必须以一系列的词或事实做出反应，如"狗——猫——马——马车——轮胎——橡皮——橡皮擦……"。

敬的、学识渊博的同事，只不过因为他们俩都是犹太人，我才那样刻薄地一个冠以"大呆子"，另一个冠以"罪犯"之名，这样的态度就好像我真正是个大权在握、赏罚由我的"部长"了。对了，我还发现：很可能因为部长大人拒绝了给予我大教授的头衔，于是在梦中，我就以此荒谬的做法扮演了他的角色。

我也注意到在另一个梦里，虽然最近的某种愿望是引发出这个梦的导火线，但那其实只是对儿时某种记忆的加强而已。下面我举出一些"我很想去罗马"的愿望所产生的梦以做参考。每年在我有空去旅行的季节，都因为健康关系而没能去罗马，因此多年来我唯有以"梦游罗马"来聊解心中的热盼。有一次我梦见我在火车车厢内，由车窗远眺，看到罗马的台伯河以及圣安基罗桥。不久火车就开

红色扶手椅中的裸女　巴博罗·毕加索　西班牙　1932年

毕加索描绘了玛丽·泰蕾兹丰满的体态，艳丽、典雅、甜美而又发人深思，就连她身体两侧的扶手椅也放射着美丽的光彩。人物面部的处理是该画作的精彩之处：她既是一轮满月，又如一弯新月，她的脸部既处在正面也处在侧面，这正表现了玛丽·泰蕾兹扮演的双重角色。

动了，而我也清醒过来，其实梦中那幅罗马景色不过是前一天我在某个病人的客厅内所看到的一座著名雕刻画作品，我根本未曾到过这座城市。在另一个梦里，某人把我带上一座小丘，而对我遥指那在云雾中若隐若现的罗马城。记得我当时还曾因为距离如此远而景物会看得那么清晰而觉得惊奇。由于这个梦的内容太多，此处就不再一一罗列了。但就此，我们已可看出要"看到那心仪已久的远方之城"的动机是何等强烈。事实上，梦中我在云雾中看到的是吕贝克城，而那座小丘也不过是格莱先山。在第三个梦里，我终于置身于罗马城内了。但很失望地，我发现那不过是平常都市的一般景色而已："城里有一条流着污水的小河，河岸的一边是一大堆黑石头，而另一边是一片草原，还有一

些大白花点缀在上面。我碰到了祖克尔先生，而我决定要向他问路，以便在这个城市内走一圈。"很明显地，我根本无法在梦中看到我其实未曾到过的城市。如果我将所看到的景色逐个予以分析，那我可以说，梦中的白花，是我在熟悉的拉韦纳那儿所看到的，而这个城市曾有一度差点取代了罗马，而成为意大利的首都。在拉韦纳四周的沼泽地带，这种美丽的水百合，就长在那一摊摊的污水中，如同我家乡的奥斯湖所长的水仙花一般，因为它长于水中，所以我们往往看得到却摘不到。因此，在梦中，我就看到这些白花是长在大草原上。至于"水边的黑石头"一下子使我想起那是在卡尔斯矿泉疗养地的铁布尔谷，而这又使我联想起，我想向祖克尔先生问路的那些情形。在这混乱交织的梦里，我可以看出里面包含了两个逸事，这是我们犹太人在写信、谈话中常常喜欢提到的（虽然其中颇含一种令人心酸的成分）。第一个逸事是有关体力的，它描述一个穷苦多病的犹太人，一心想去卡尔斯矿泉治病，于是逃票混进了开往那里的火车，结果被验票员发现而沿途受尽索票时的奚落与虐待。后来，他终于在这次痛苦旅途中的某个车站

罗马随想曲 乔凡尼·保罗·潘尼尼 意大利 1734年 英国梅德斯通博物馆暨画廊

虽然曾经辉煌一时的古罗马城不复存在，但是画家通过罗马遗迹与自己丰富的想象，在画布上复原了罗马城。画家结合了罗马古代纪念建筑的精粹为一体，创造出它辉煌旧日的庆典。左边的圆形建筑是大竞技场，其前方立着图拉真圆柱，底部是雕像《死去的高卢人》。

碰到一位朋友。朋友问他："你要到哪里去呢？"这个可怜的家伙有气无力地回答："到卡尔斯矿泉——如果我的'体力'尚能撑得下去的话。"而另外一个使我联想到的犹太人的逸事是这样的："有一个不懂法语的犹太人，初到巴黎，向人问前往富人的路……"事实上，巴黎也是我多年以来一直想去的地方，当我第一步踏入巴黎时，心中的那份满足、喜悦迄今仍历久弥新，也由于这种畅游大都市的喜悦，使我对旅行更具有浓厚的兴趣。还有，关于"问路"这件事，这完全是在针对罗马而言，因为俗语常说"条条大路通罗马"。所以"路"与"罗马"显然有明显的联系可寻。再说名字叫"祖克尔"（糖）的与体力衰弱的病人常去疗养的"卡尔斯矿泉"，使我联想到一种与"糖"有关的"体质衰弱病"——"糖尿病"（直译即"糖病"）。而做这个梦的当时，正是我与一位住在柏林的朋友于复活节在布拉格会面后不久，而会面时所交谈的内容也多少可以找出一些与"糖"及"糖尿病"有关的话题。

第四个梦又把我带回罗马城内，是紧接着上述我与某个朋友的约会不久后所做的。……奇怪的是，在这条街上用德文写的公告竟随处可见。就在前一天，我写信给这位朋友时，曾推测说，布拉格这个地方可能对一个德国的旅游者而言不会太舒适吧！于是，在梦中，约好在布拉格相见的场合被我转换成了罗马，而同时也实现

两个学童 爱德华·维亚尔　法国　1894年　比利时布鲁塞尔比利时皇家美术博物馆

画家描绘了一个很特别的公园，公园内有两个男孩在一起玩耍，他们仿佛看到了什么新奇的事物。这幅画融合了画家对巴黎公园的印象，他曾经在这里速写儿童嬉耍并记录光影移动的形态。整个画面的用色非常讲究，浑厚沉淀的棕色块与绿色块折射了孩子眼中梦幻般的世界。

了一个我从学生时代就拥有的愿望——希望在布拉格德文会被更多的人所重用。事实上，由于我出生在住有很多斯拉夫民族的莫拉维亚的一个村子里，所以我在幼年应该已学会了几句捷克语的。还记得17岁那年，一次偶然的机会，我听到别人哼着捷克的童歌，于是，很自然地，我以后均能顺畅地哼出来（但对它所唱的内容却一窍不通）。因此，在这梦里头，确实有不少是出自我童年期的种种印象。

在我最近的一次意大利旅途中，我经过特拉西梅努斯湖时，终于看到了台伯河，但按照日程，只能过其门而不入，只差罗马50英里即折往他处，而这份憾意更加深了我儿时以来对这"永恒之都"的憧憬。当我计划下一年再做一次旅行，由此地经过罗马去那不勒斯时，我突然想起一句以前曾读过的德国古典文选："在我决定去罗马时，我感到无比的焦躁，而徘徊于这两步棋之间——做个像伟大的汉尼拔将军那样独当一面的角色呢，还是去当温克尔曼（1717~1768，德国考古学家及艺术史家）的助理呢。"我自己似乎是步着汉尼拔的后尘，也注定到不了罗马（在人们预料他会到罗马时，他却折往坎帕尼亚）。就像同龄的那些男同学们，汉尼拔一直是我中学时代的偶像，对于"朋涅克"（拉丁文即"腓尼基"）战役，我们都同情迦太基人，而敌视罗马人。再加上，因为自己身为犹太人，常受班上德国同学的歧视，这种遭受到"反闪族人"的感受更使我在心中对这位闪族的英雄人物倾慕万分。汉尼拔与罗马的战斗，在我这个年轻人的脑海里正象征着冥顽不休的冲突，而此后不断遭遇的一些反闪族人的运动带来的感情创伤，更使

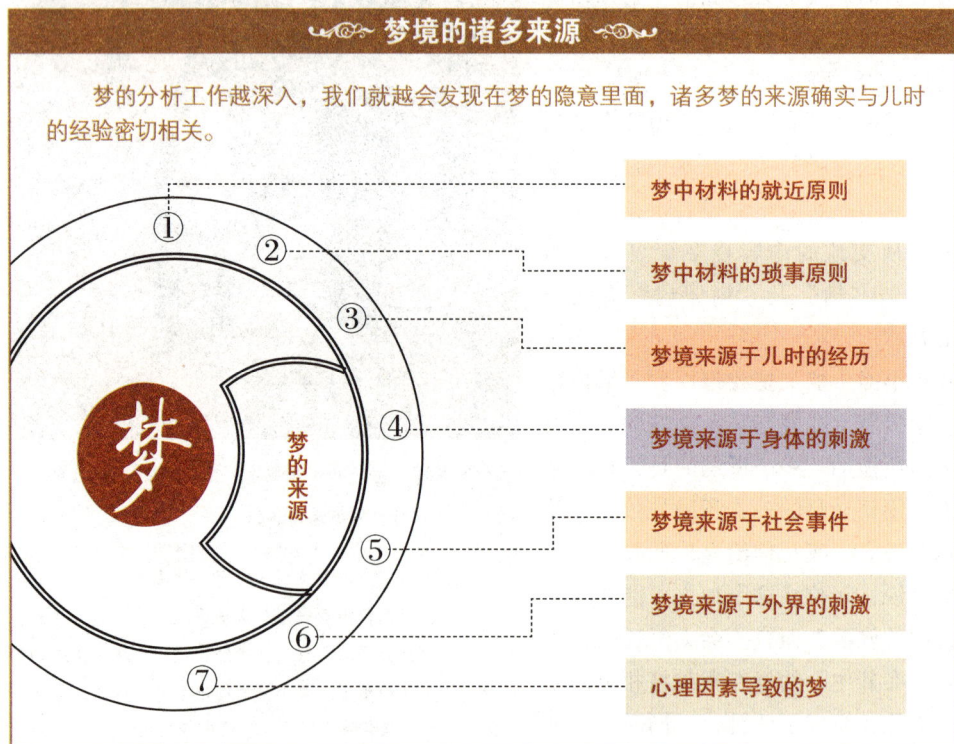

梦境的诸多来源

梦的分析工作越深入，我们就越会发现在梦的隐意里面，诸多梦的来源确实与儿时的经验密切相关。

① 梦中材料的就近原则

② 梦中材料的琐事原则

③ 梦境来源于儿时的经历

④ 梦境来源于身体的刺激

⑤ 梦境来源于社会事件

⑥ 梦境来源于外界的刺激

⑦ 心理因素导致的梦

梦

梦的来源

我这童年的印象根深蒂固。因此，对罗马的憧憬其实正象征着胸中那股热切的盼望——就像那些腓尼基将领们，曾为了促成汉尼拔终其一生的愿望——进军罗马城，尽管知其不可而为却死心塌地地跟随他出生入死。

现在，我第一次发现有一件年轻时的经历，迄今仍深深地影响着我对梦境的情感。当时我十至十二岁，父亲开始每天带着我去散步，并且与我谈些他对世事的看法。当时他为了强调我现在的日子比他那个时代舒服得多，给我讲述了一件事。他说："当我年轻时，有一个周末我穿着整齐，戴上毛皮帽，正在家乡的街道上散步时，迎面来了一个基督教徒，不由分说地把我那顶新帽子打入街心的泥浆中，并骂我'犹太鬼子，让开路来'。"——我忍不住问父亲："你怎么对付他的？"想不到父亲冷静地答道："我走到街心，把那顶帽子捡了起来。"这个当时牵着我的小手的昂然六尺之躯的大男人，我心目中英雄般的父亲，竟是如此地令我失望。而汉尼拔的父亲布拉卡斯把年纪尚小的汉尼拔带到祖坛上，要他宣誓终生以罗马人为敌，他的那份英雄气概与我父亲的懦弱形成了强烈的对比，这更加深了我对汉尼拔的景仰，甚至处处幻想着自己就是汉尼拔。

我那份向往迦太基将领的狂热甚至可以再远溯到更小的时候发生的事，而以上所提的事不过是对这种印象的加深，并将之转以新的形式表现出来而已。童年时期，当我学会了看书以后，看的第一本书就是梯尔斯所著的《执政与帝国》。我清楚地记得看完那本书之后，我曾把那写有

俯卧的儿童 艾根·席勒 美国 1911年 水粉画 个人收藏

弗洛伊德对儿童时期的梦境探讨，大胆而且深入，并且对后世的艺术产生了巨大的影响。文艺复兴时期以及之后很长一段时间，艺术家的作品中出现的大都是裸体的成年女性，画中的小女孩趴卧着，大胆地露出自己的性器官，这样露骨而张扬的描绘，显然是弗洛伊德之后的事情。

帝国大将军名字的小标签贴在那个木制的玩偶士兵身上。从那时起，玛色那（一位犹太将领），就已经是我最景仰的英雄人物了。巧的是，我的生日正好与这位犹太英雄同一天，整整差了100年，也因此而更使我以此自诩（拿破仑就曾因同样地越过阿尔卑斯山，而以汉尼拔自诩）。这种军人崇拜的心理也许更可远溯到我3岁时，由于自己体质较弱，而对一位长我一岁的小男孩所产生忽敌忽友的心理而激发的一种心理反应。

梦的分析工作越深入，我们就越会发现在梦的隐意里面，诸多梦的来源确实与儿时的经历密切相关。

我们已经说过，记忆很少以一种毫无改变的方式重复出现在梦的内容里。然而，却有几个近乎完全真实的记忆的翻版的记载。而我在此，也可以再附加一个儿时记忆所产生的梦。我的一个病人有一次告诉了我一个梦，连他自己都能看出那个梦实在是一种正确的回忆，只是经过少许"改装"而已。这份记忆在醒觉状态下并未完全消逝，只不过已经有点模糊罢了。但在分析的过程中，他能完全清楚地追忆出其中的每一个细节，他记得那是他12岁那年，他去探望一位住院的同学，那个同学躺在床上，翻身时不小心把性器官露了出来。而我的这位病人当时不知道为什么，一看到那个同学的性器官，竟不由自主地把自己的性器官也从裤裆里掏了出来，结果其他同学惊异鄙视的眼光不约而同地扫向他，而他自己也变得非常尴尬，拼命想把它忘掉。想不到在23年后，这个情景竟在梦中又出现了，不过内容稍稍改变了一下。在梦中，他由主动变成了被动，同时那位生病的同学也被另一位目前的朋友所取代。

当然一般而言，童年的景象在梦的"显意"里多半只有雪泥鸿爪可寻，必须经过耐心地解析才能辨认得出。因为童年的经历确实存在与否根本无法找到鉴证物，所以这一类梦的举证，很难使人十分信服。而且如果这种经验发生在更久远的话，那我们的记忆是根本无法辨认出来的。因此要获得"梦是童年的经历的重复出现"的结论，只有通过一大堆事例的收集，再加上精神分析工作才可予以证实。但在梦的解析时，我们往往把某一个童年的经历断章取义地从全部经历中摘出，以致使人觉得不太赞同，尤其是，有时我未能把做精神分析时所得的资料全部附载上去。但我还是认为，再多举下列几个例子是有必要的：

1

我有一位女病人，在她所有的梦中均呈现出一种特征——"匆匆忙忙"，总是赶着时间要搭火车啦，要送行啦……有一次"她梦见要去拜访一位女性朋友，妈妈劝她骑车去，不需要走路，但她却不断地大叫而疾跑"。由这些资料的分析，可以明显地看出童年嬉戏的印象，特别是一种"绕口令"的游戏，还有许多小孩间的没有恶意的玩笑，由分析中也可看出它们有时是取代了儿时的另一些经验。

2

另一位病人做了如下一个梦："她置身于一间有各种各样机器的大房子里，有一种恍如置身一家骨科复健中心的感觉。我告诉她因为我时间有限，无法单独接待她，建议她与另外五个病人一同接受治疗。但她拒绝了，并且不愿意躺在床上或其他任何东西上面。她始终独自站在角落里，并等待着我会对她说：'刚刚说的话并不是真的。'其他那五位病人嘲弄她太笨了，同时，她又仿佛感到有人叫她画许多的方格子。"这个梦的最先一部分，其实是意指"治疗"以及对我的"转移关系"，而第二部分则涉及小孩时的一段情景，然后两部分以"床"衔接起来。"骨科复健中心"是来自我对她说过的一句话。记得当时我曾比喻说对她的精神治疗有如骨科毛病一般，需要有耐心，经得起漫长的治疗。在治疗开始时，因为我时间很紧，我曾对她说："目前我只能给你一点时

形成"歇斯底里症"的条件

"歇斯底里症"，是一种较常见的精神病。目前认为癔症患者多具有易受暗示性、喜夸张、感情用事和高度自我为中心等性格特点，常由于精神因素或不良暗示引起发病。

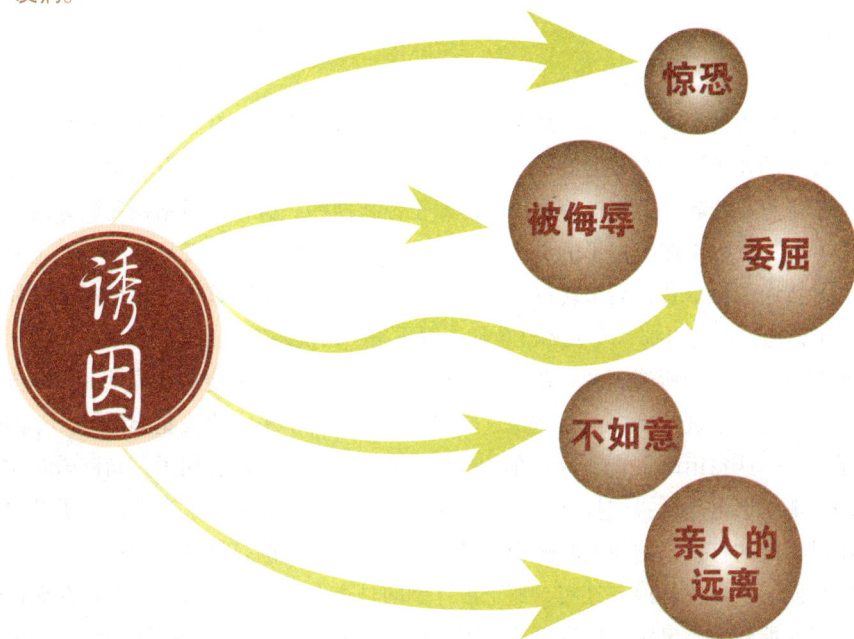

诱因 → 惊恐 / 被侮辱 / 委屈 / 不如意 / 亲人的远离

精神因素和暗示作用是"歇斯底里症"发病的主要原因。精神因素，特别是精神紧张、恐惧是引发"歇斯底里症"的重要因素。童年时期的创伤性经历，如遭受精神虐待、身体或性的摧残，则是成年后发生转换性和分离性"歇斯底里症"的重要原因之一。

间，但慢慢地，我会每天有整整一个小时为你治疗。"而这些话就撩起了她那敏感易受伤的特质——这种特质正是小孩子注定要变成"歇斯底里症"的条件。他们对爱的需求是永远无法满足的。我这个病人在六个兄弟姊妹中位居老小（因此，"与另外五个病人……"），虽说父亲最疼爱她，但她心里偶尔仍会觉得爸爸花在她身上的时间与爱护不够。再来解释她等待着我说"刚刚说的话不是真的"，"有一位裁缝的小学徒送来她所定做的衣服，她当场付钱托他带给老板。后来她问丈夫，这个小孩子会不会在半路上把钱弄丢了，到时她又得再付一次。"她丈夫"嘲弄"地回答："嗯！那是要再赔一次的。"（就像梦中的"嘲弄"），于是她焦急地一再追问，期待她丈夫说一声"刚刚说的话不是真的"。因此梦的隐意可由以下建构起来："如果我肯花两倍的时间为她治疗，那她是否必须得付两倍的治疗费呢？"——一种吝啬或丑恶的想法（童年的不洁，在梦中往往以贪钱所取代，而"丑恶的"这个词正可构成这两种事物之间的联想）。另一件童年的经历可用来解释"站在一个角落"以及"不愿躺在床上"——"她曾因尿床而被罚站在一个角落里，并受爸爸的厉声斥责，同时兄弟姊妹们也都在旁边嘲笑她……"等等，至于那些小方格，是来自她小侄子的一道算术难题。他曾画出9个方格，要求在每个方格内填上一个数字，使每个方向加起来等于15。

3

这是一个男人的梦："他看见两个男孩扭打在一起，由周围散放的工具看来，他们大概是箍桶匠的儿子。一个较弱的孩子后来被摔倒了，这家伙戴着蓝石子做的耳环，他抓起了一根竿子，爬起来就想追打对手，但对手拔腿便跑，躲在一位站在篱笆旁的女人背后，那个女人看起来像是对手的母亲，她是一个零工（即所谓按日计酬的工人）的太太，最初她背向着做梦者，后来转过头来，用一种可怕的表情瞪着他，吓得这个做梦者赶快跑开了，但他还记得那个女人赤红色的下眼皮——由两眼突出来。"

这个梦是由他当天所遇到的一些琐事为材料而构成的。当天他的确看见两个小孩在街上打架，而有一个被摔倒。但当他跑过去想劝架时，两个小家伙拔腿跑掉了。（箍桶匠的孩子）——这句用语一直到后来在另一个梦的分析过程中，引用了一句谚语时才看出端倪。那句谚语是说："打破桶底问到底。"据梦者自己说，"戴着蓝石子做的耳环"多半是娼妓的打扮。这使人联想到一句关于两个小男孩的打油诗："……另一个男孩子名叫玛丽。"也就是说，其实，那个被摔倒的是个女孩子。"那个女人站在篱笆旁边"：当天在那两个小鬼跑掉以后，他曾到多瑙河河畔散步，由于当时四周无人，他就在篱笆旁边小便，但刚解完不久，迎面就碰到一个雍容华贵的老妇人，对着他愉快地打招呼，并且送给他一张名片。

于是，在梦中，就像他在篱笆旁小便一般，变成那个女人站在篱笆旁边，而由于这样改变涉及"女人小便"的问题，以下几点："可怕的表情"，"赤红色的肉突出来"

（女人蹲下去小便时，性器官所呈现的样子），才解释得通。而这个梦就如此奇怪地把两件儿时记忆混在一起：小时候，曾有一次他摔倒了一个女孩子，以及他曾看过一个女孩子蹲着小便。而这两次都使他有机会偷窥女孩子的性器官。还有梦者自己也承认，当年因为对这方面太好奇而遭受父亲的严责。

<h1 style="text-align:center">4</h1>

在以下这位老妇人的梦里，我们可以看出掺和了许多儿时记忆的痕迹，以及一些荒谬的幻想。"她匆匆忙忙地出去购物，结果在格拉本她突然像整个身体都瘫痪了一般，双膝落地站不起来，旁边围着一大堆人，有一些开车的家伙们，但他们个个只是袖手旁观，没有一个人肯扶她一把。她试了好几回想站起来，但都是徒劳。后来她好像站起来了，因为她又梦见被载入一辆出租车向家驶去，一个又大又重的篮子（看起来像是市场卖物用的篓子）在她进入车内以后被从窗口'丢进去'。"

首先要说明一下，这位老妇人做小孩子时，很容易受惊，以致她的梦一直都是令她胆战心惊的故事居多。关于以上那个梦的前一部分很明显地来自骑马摔下来的情景。在童年时，她很可能常玩"骑马"的游戏。而在她年轻时，也常常骑马，由这"摔下来"的意念又使她想起在她童年时，她家老门房有个17岁大的男孩，曾有一次在外面发癫痫，而被路人用街车送回家来。虽然她并没有目睹发作的情景，但这种癫痫发作而昏迷摔倒的念头却充斥于她的想象中，甚至日后成了她"歇斯底里症"的发作原因。当女性梦到摔下来，多半是暗指"她变成了一个堕落的女人"，有"性"的意味在里头。而再由梦的内容做一番审查，便可看出确有其意。因为她是梦见在格拉本摔下去的，而格拉本街正是维也纳最出名的风化区。至于"市场卖物用的篓子"有另一番解释：德文Korb除"篓子"或"菜篮"之意以外，还有冷落、拒绝之意。而这使她回想起早年向她求婚的男孩子，多次被她予以冷落。这与梦中另一段"他们只是袖手旁观"十分吻合，而她本人也解释为"受人鄙视"的意思。还有，那个"市场卖物用的篓子"可能尚有另一种意义，在她的幻想中，她曾谈到嫁错了一个穷光蛋，以致沦落到在市场卖物。最后，"市场的菜篮子"也可解释为仆人的象征。这又使她联想到一件儿时的经历——她家的女厨子由于偷东西被发现，而被解职，当时她曾"双膝落地"哀求人们的原谅（这时梦者为12岁）。接着，她又联想到另一个回忆，有个打扫房间的女佣因与家里的车夫有暧昧关系而被辞职，但后来车夫娶了女佣做太太。由这个回忆，使梦中有关"开车的家伙们"有点线索可寻（在梦中车夫与事实正好相反，并不曾对堕落的女人施予援手），还有"丢篓子"，为什么是"由窗口丢进去的"？这可以使我们想到铁路运货工人的运货方式，也令人联想到这地方的特有民俗"越窗偷情"。其他尚有与"窗"有关的记忆：有一年在避暑胜地，有个男人曾把蓝色的李花丢入梦者的房内。还有她妹妹曾因有个白痴在窗口徘徊偷窥而惊慌。由这些回想中又引出另一个回忆，在她十岁时，有位男仆因被发现与她的保姆做爱而双双被迫收拾行装，扫地出门（而在梦中，我们所用字眼为"被丢进去"）。还有，在维也纳，我们常对佣人们的行李用轻蔑的话"七李子"来代替，"收拾好你那些七李子，滚你的蛋！"

以上我所收集的一大堆来自心理症患者的梦，解析结果均可追溯自其童年时的印象，甚至是朦胧的或完全记不起来的最初三年的经验。但由于这些梦均来自心理症病人，特别是"歇斯底里症"的病人，所以梦中出现的儿时情景，可能受到心理症的影响而走样，若要由此即推广到所有梦的解析的结论，恐怕难以使人信服。而就我自己的梦所做的解析而言，当然我并没有严重的症状，竟也意外地发现我童年的某段情景重现在梦的隐意里，并且可用这单一的童年经历推演出整个梦来。以前我曾举过这种例子，但我仍拟提出一些不同关联的梦。如果我不再多举几个自己的梦，来证明其来源有些出自最近的经历，有些出自童年的经历。那么，要把本章做一结束未免言之过早吧！

第一个梦

旅途归来，我又饿又累，躺在床上很快呼呼入睡，由这辘辘饥肠的难受就引出了如下一个梦："为了找些香肠吃我跑到厨房里。那儿站着三个女人，其中之一为女主人，

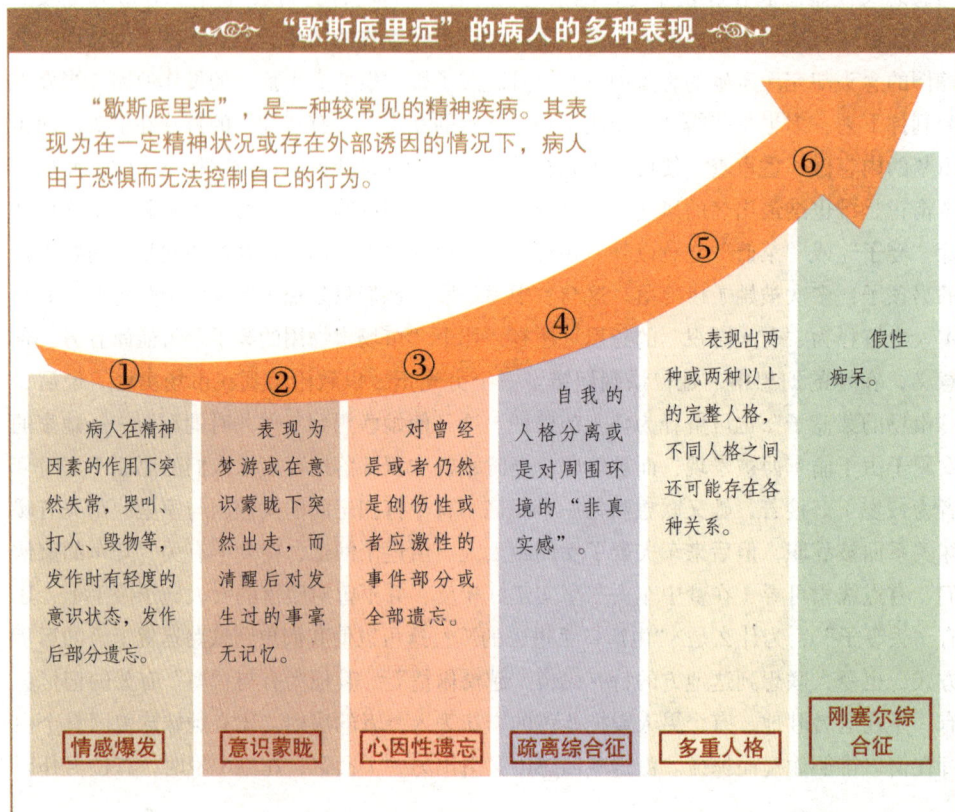

"歇斯底里症"的病人的多种表现

"歇斯底里症"，是一种较常见的精神疾病。其表现为在一定精神状况或存在外部诱因的情况下，病人由于恐惧而无法控制自己的行为。

① 病人在精神因素的作用下突然失常，哭叫、打人、毁物等，发作时有轻度的意识状态，发作后部分遗忘。 **情感爆发**

② 表现为梦游或在意识蒙眬下突然出走，而清醒后对发生过的事毫无记忆。 **意识蒙眬**

③ 对曾经是或者仍然是创伤性或者应激性的事件部分或全部遗忘。 **心因性遗忘**

④ 自我的人格分离或是对周围环境的"非真实感"。 **疏离综合征**

⑤ 表现出两种或两种以上的完整人格，不同人格之间还可能存在各种关系。 **多重人格**

⑥ 假性痴呆。 **刚塞尔综合征**

她手上正在卷着像是汤团之类的某种东西。她说得再等一会儿，等她做好了菜再叫我。（在梦中这句话听得并不太清楚。）于是我觉得不耐烦，悻悻地走开了。我想穿上大衣，但穿上第一件时，发现太长了，于是我又脱了下来，这时我惊奇地发现在这件大衣上，居然有一层贵重的毛皮。接着我又拿起另外一件外套，上面绣有土耳其式的图案，这时一个长脸短胡子的陌生人说那是他的外套，说我不能拿走，我说这件外套上绣有土耳其式的图案，但他回答说：'土耳其的（图案、布条……）又关你屁事？'但不久我们彼此又变得非常友善起来。"

　　在解析这个梦时，我很意外地想起一本小时候第一次读的小说，也是第一本我倒着读的小说，当时我是13岁。本小说的书名、作者我都记不起来了，但结局竟清晰地记在脑海里。书中的英雄最后发疯了，一直狂呼着三个同时带给他一生最大的幸福与灾祸的女人的名字。我记得其中一位女人叫贝拉姬，我始终弄不清楚为什么在分析这个梦时我会想到这部小说。由于提到三个女人，使我联想到罗马神话中执掌着人类命运的三位巴尔希女神。而我知道，梦中三个女人的其中之一，即女主人，已经当妈妈了。对我而言，母亲是第一个带给我生命以及营养的人。而唯有在母亲的乳房里，爱与饥饿才能找到最好的解放。顺便说一段趣闻："有个年轻的男人曾告诉我，他本身非常欣赏女人的美，令他最遗憾的是，他的奶妈那般漂亮，但因他当时太小，而未能利用哺乳的大好机

躺着的母与子　保拉·摩德森-贝克　德国　1906年　布面油画

　　这幅画作是画家在去世的前一年所作，她本人就是死于分娩的过程之中。画中母亲用自己庞大的臂弯环抱着自己的孩子，这才是画家心中最美的场景。

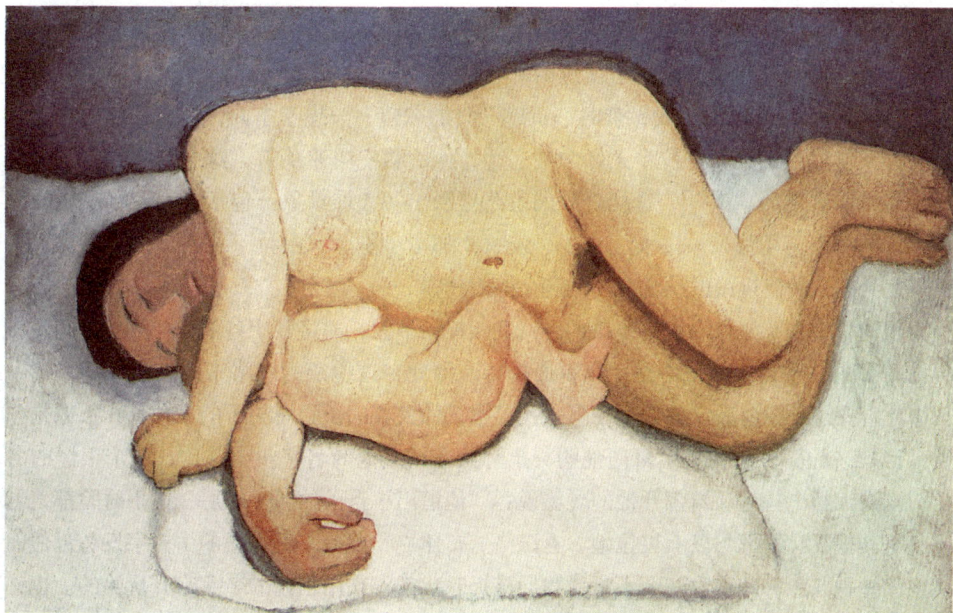

会占点便宜。"（对于心理症的病人，为了探求追溯其形成的因素，我总是习惯地先利用他的某个趣闻逸事而加以追问下去。）经过以上的推演，变成了巴尔希女神中有一位双掌相摩的像是在做汤团。一位命运女神做这种事，似乎太怪了，应该还需再做一番探讨。我儿时的另一经历可以用来做某种解释。当我6岁时，妈妈给我上了第一课，她告诉我，人类是来自大自然中的一粒尘埃，所以最后也必消逝为尘埃。这使我听来非常不舒服，当时不相信这一套说法。于是妈妈双掌用力地相摩（就像梦中那个女人一般，只不过妈妈两手间并没有生面团），而把摩落下来的黑色皮屑（直译当为"表皮层之鳞屑"）指给我看，由此证明了我们确是由尘埃所变成的。记得当时目睹这种现场表演的事实时，心中感到无比惊奇，似乎也就勉强地接受了她的这种说法——"我们人类均难逃一死的"。在我童年时，的确常常肚子一饿就跑到厨房里去偷吃，而每次总被坐在灶旁的妈妈斥骂，叫我一定要等到饭菜做好了再开始用餐。因此梦中我到厨房所碰到的女人们，确是暗指着那三位命运女神巴尔希了。现在再来看看"汤团"这个词有什么意思，至少它使我联想到大学时代教我们"组织学"的一位老师，他曾控告一位名叫克诺洛（德文有"汤团"之意）剽窃他的作品。"剽窃"又使我能解释出梦的另一部分，我经常被人当作是在人多手杂的剧院讲堂下手的"偷大衣的贼"，我之所以会写出"剽窃"这个词，完全是一种无意的动作。而现在我却开始觉得，也许这就是梦的隐意之一，可作为梦的显意部分的桥梁，联想的过程是这样的：贝拉姬——剽窃——扳鳃亚纲（鲨即此中之一——鱼鳔——就这样子由一本旧小说引出克诺洛事件和大衣（德文überzieher有几个意思：大衣、套头毛线衣、性交所用避孕套），因此很自然地这又牵涉到性方面的问题。诚然，这是一套相当牵强、无理的联想，如果不是经过"梦的运作"的努力，我在清醒状态下是绝不会有如此想法的。虽然，我一时无法找出任何迫使我做这种联想的冲动，但我还想一提的是，有一个我很喜欢的名字——布律克，那使我想起我曾在一所名叫布律克的学校里度过的那段快乐时光——"每天孕育于智慧的宝藏内而不复有他求"，而这正与我做梦时"折磨"我的欲望——想吃东西，形成强烈的对比。最后，又使我回忆起另一位令人怀念的老师，他的名字叫弗莱雪，这个名字的发音听来就像是可以食用的"肉"，紧接着我的思路更涌出一大堆景象：包括有表皮层皮屑的一副感伤的场面，（母亲——女主人）、发疯（那本小说），由拉丁药典（即"厨房"）可以找到的一种使饥饿的感觉麻痹的药——古柯碱……

就这样下去，我可以将这复杂的思路继续推演下去，而将梦中各部分一一予以阐释。但由于私人关系，我不得不在此稍有所保留。因此在这纷杂的思绪中我将只执其一端，而由此直探这梦的谜底。那在梦中阻止我穿第二件大衣的长脸短胡子的人，长相很像是一位斯巴拉多的商人，我太太常向他购买土耳其布料。他的名字叫宝宝比，一个很怪的名字，幽默大师史特丹汉姆曾开他的玩笑说："他道出了自己的名字以后，握手时脸都羞红了！"其他，我发现与以上贝拉姬、克诺洛、布律克、弗莱雪等一般的由名字发音近似而产生的种种联想，几乎没有人不承认我们孩提时代都喜欢用别人的名字来开玩笑的。也许因为我过分惯于利用这种联想，以致招来了报应，因为我的名字就经常被人拿来开玩笑。歌德也曾经注意到每个人对自己的名字是多么敏感，他认为那种敏感甚至比得上皮肤的触觉。而赫尔德就曾以歌德名字的发音为题材，写了一段打油诗：

"你是来自神灵（Göttern）？来自野蛮人（Gothen，或译哥特人）？还是来自泥巴中（Kote）？

——你徒具神明的影像，最后也必归于尘埃。"

我把话题扯到这里来，只不过是想说明一下名字的误用确有其意义而已。让我们回到刚刚的话题吧！在斯巴拉多购物的事，使我想起另一次在卡塔罗购物的情形，那次我因为太过谨慎，而失去了做一批大好交易的机会（"失去了一次抚摸奶妈乳房的机会"见以上所提的那个青年人）。由饥饿而引起的这个梦里面，确

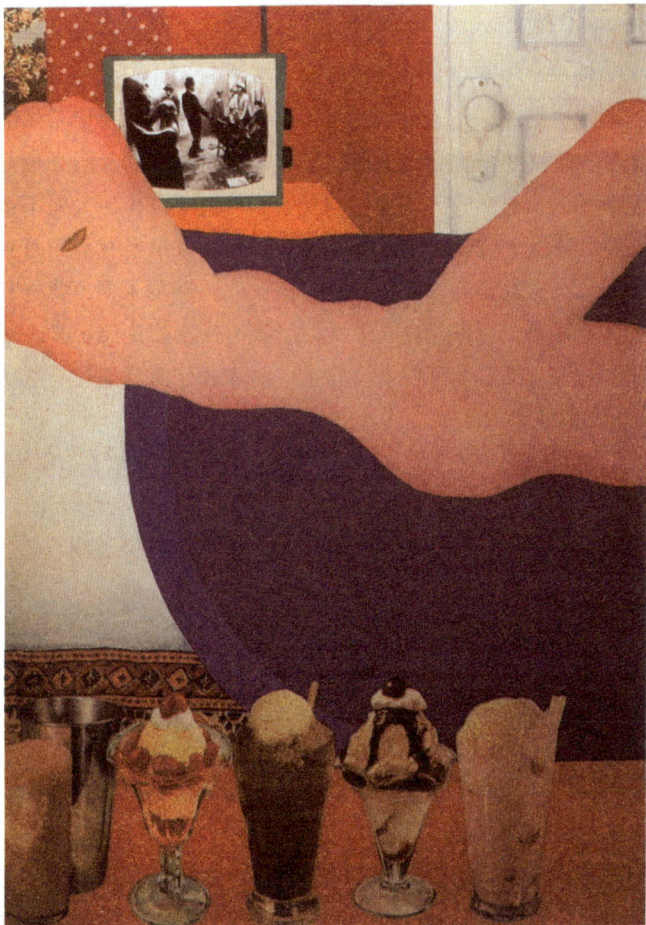

伟大的美国裸女第27号 汤姆·韦塞尔曼 美国 1962年 英国伦敦梅尔画廊

这是一幅颇为抽象的画，能引发人诸多联想。画面中，敞开双腿的裸体形象和回避任何联想的空无面容，并列于剪来的奶昔和冰激凌照片画面上。引人注目的性自由表现是此画的主要特点，同时，画家将其与消费社会的文化进行了巧妙的结合。

能导出一种想法——我们不要轻易地让东西失掉，能捞到手的就尽量拿，哪怕是犯了点错也要这样做。因为生命是短暂的，死亡是不可避免的，我们不要轻易放过任何机会。因为这可能有"性"的意味在内，而且"欲望"又不会考虑是否有做错的可能。这种"及时行乐"的观点，只有遁托于梦境中，才能逃避自己内心的检查制度，而因此当梦者所忆及的时光为"精神滋养"够充实的时候，他便能将一切相反的念头表现于梦中，却丝毫不使恼人的"性"方面的惩罚呈现于梦中。

第二个梦

这个梦需要更长的"前言"：为了打发几天的假日，我准备去奥斯湖度假。当天我到西站去搭车，由于到得早了一点，刚好碰到开往伊希尔的火车。这时，我看到了都恩伯爵，他又要前往伊希尔朝见皇上吧！虽是倾盆大雨，他却视若无睹，慢条斯理地由区间车的入口昂然直入，而对向他索票的检票员（他大概不认得这位伯爵大人）完全不屑一顾。不久，往伊希尔的车子开走了，站务员要我离开月台到候车室等车，我经过一番口舌，才被允许继续停留在月台上。此时极端无聊，我就利用这机会，冷眼旁观人们如何贿赂站务员以获得座位。此时，我心中真想抱怨出来——为什么我不能享有那份特权呢？另一方面，我又哼着一首歌，后来我才注意到这是《费加罗的婚礼》中由费加罗所唱的一段咏叹调：

如果我的主人想跳舞，

想跳舞，那么就让他遂其所好吧！我愿在旁为他伴奏。

整个晚上我一直心浮气躁，急躁到甚至想找人吵一架。我随便开那些侍者、车夫的

歌剧《费加罗的婚礼》的场景

四幕喜歌剧。作于1785年12月至1786年4月间。脚本为法国戏剧家博马舍的同名作。内容为在理发师费加罗的帮助下，阿勒玛维华伯爵与平民少女罗丝娜相爱并终成眷属的故事。莫扎特这部歌剧的成就体现在没有沿用当时流行的意大利趣歌剧杂耍式手法，而是运用重唱形式来表现复杂的内容，着重人物性格的描述及心理刻画，增加了歌剧的抒情性。

玩笑（但愿这些并没伤到他们的感情），而现在一些带有革命意味的、反叛的思想突然涌上心头，就像我在法兰西剧院所看到的博马舍借费加罗之口所说的那些话，一些出身为大人物的人口出狂言，如阿马维巴伯爵想用其君主之权，以获得苏珊娜……以及那些恶作剧的记者们对都恩伯爵的名字所开的玩笑。他们称他是"不做事的伯爵"。其实我并不羡慕他，因为目前的他很可能正战战兢兢地站在国王面前听训，而我正满脑子筹划如何度假，我才真是个"不做事的伯爵"呢！这时，走进来一位绅士，这家伙是政府医务检查的代表，由于他非凡的能力和表现赢得了一个"政府的枕边人"的绰号。这家伙无理地坚持以他的政界地位，一定得给他配个上等房间，于是只好把我的房间的一半让给他。最令人气愤的是，有个管车人竟向另一个伙伴说："喂！那住另半边的那人，我们把他摆在哪里好呢？"我是付了整个上等房间的钱呀！这种喧宾夺主的官僚作风，简直欺人太甚。后来，我总算有了一整间房，但却不是套房，一旦晚上尿急，房间内连厕所都没有。我和那个管车人吵了一架也毫无所获，于是快快地讽刺他，以后最好在这个房间的地板上弄个洞，好让旅客尿急时方便些。就在清晨两点三刻时，我竟因尿急，而由梦中惊醒过来。以下便是这个梦的内容：

"一大堆人，一个学生集会……某个伯爵（名叫都恩或塔飞）正在演讲，有人问及他对德国人的看法，他以轻蔑的姿态不着边际地回答道：'那种款冬就是他们喜欢的花。'接着他又将一片撕下的、已干皱的枯叶，装在纽扣洞内。我跳起来，我跳起来，但我马上为自己的这种突发动作而吃惊。接着，仿佛是在一条通道里，出口处挤满了人，而我必须马上逃跑。我跑进了一间装修高雅的套房内，那明显是一个部长级人物的高级住宅，里面的家具全是一种介于棕色与紫色之间的颜色。最后我跑入一条走廊，那儿坐着一个胖胖的年老的看门女人，为了防止被人挡于门外，我想避免与她说话，没想到她竟问我需不需要有人掌灯带路，似乎认为我的身份已足够通行无阻。我以手势对她表示大可不必，而且让她只需坐在原位不动，我就这样狡猾地摆脱了追踪，然后开始走下阶梯，而后又是一条狭窄陡峭的小路。"

接下来是更模糊的一段："像我刚刚所述的需要急速离开那个房子一样，我的第二个任务似乎是要马上逃离这个城市，我独自坐在一辆单马马车内，让车夫火速送我到火车站，他埋怨说我可要把他累坏，我回答道：'到了火车内，我就不会再要你赶车了。'这听起来，似乎他已为我赶车跑了一大段只有火车才跑得了的长路。火车站人山人海，而我拿不定主意究竟该去列喀姆还是兹奈姆，但转念一想，很可能官方会派人在那儿窥伺，于是我决定去格拉茨或这一类地方……现在我置身于火车车厢内，仿佛是电车内吧！而在我的纽扣洞内插着一个硬硬的棕紫色的很惹人注目的辫带似的东西。"到这儿，这景象又中断了。

"接着我再度置身于火车内，但这次是与一位老绅士在一起。其他一些仍想不起来的部分，我正推想着，并且我知道推想出来的必定已经发生了，'因为推想到与经历往往是同一回事'。他装成瞎子似的，至少有一只眼是瞎的，而我拿着一个男用的玻璃便壶（这是我们在这个城市里刚买的）招呼他小便。看来，我成了一个照顾这个瞎子的护工了。同时，老头子的姿态，及其排尿器官，均栩栩如生地使我感触到了。然后我因尿急而由梦中惊醒过来。"

这整个梦似乎是一种幻想，使梦者重回1848年的革命时期。这可能是由1898年的革命周年庆祝会带给我这份记忆的重现。还有以前我到华休远足时，曾顺道去伊玛尔村玩了一趟，而那儿据说就是当年革命时期学生领袖费休夫避难的地方。而费休夫式的这类人物似乎也在这个梦的"显意"中多次出现过，因此这次乡村小游也可能是促成此梦的伏笔。终由此村落的联想，使我想起我那远在英国的哥哥的房子，而由此再联想到我的弟弟，他常以丁尼生的那首标题为《五十年前》的诗来揶揄他太太，而他的孩子们每次总会矫正他的老毛病——因为那首诗名应该是《十五年前》。宛如意大利式教堂的正面与其后面的建筑物找不到丝毫衔接处一样，这份幻想与由看到都恩伯爵所引起的想法之间似乎没什么联系。但在教堂的正面，却还有一大堆的缺口，以及一些可穿透入内的迂回暗道。这个梦的第一部分尽管包括好几种景象，在此我打算解开来逐一阐释。梦中伯爵的那份狂态，几乎等同于15岁那年我的一位老师——非常傲慢自大，不受人欢迎。在忍无可忍之下，我们酝酿着"叛变"，而担任领导的主谋人物是一位常以英王亨利八世自诩的同学。我感觉当时那种情形就如同要发动一次政变似的，而当时有关多瑙河对奥国的重要性的讨论也似乎是一种公开的叛变。我们这些叛变的伙伴中，有一位被叫作"长颈鹿"（由于他的高度所得的绰号）的贵族出身的同学，在一次被暴君似的德文教授申斥时，他站得就像梦那个伯爵一般的姿态，关于"喜欢的花"以及"纽扣洞内所插的某种东西"等等无疑是暗指着某种花，使我想起那天我曾送给一位朋友的兰花，同时我还送了他一朵捷立哥（巴勒斯坦一座古城的玫瑰……），而由此使我追忆出一部莎士比亚的历史剧本所揭发的红白蔷薇的内战。这段追忆正好由刚刚提到的"亨利八世"衔接下去。再下来，我们可以由红白蔷薇而联想到红白康乃馨，在维也纳，白色康乃馨已成了反闪族人的标记，而红色康乃馨则象征"社会民主党"人士。这段联想中隐含着以前我在风光旖旎的萨克森旅途中所遭遇的一次反闪族人运动的不愉快追忆。这个梦的第一段使我追溯到另一个情景——那是我早年的学生时代，曾参加了一个德国学生聚会，讨论哲学与一般科学的关系。初生牛犊不怕虎的我以完全的物质主义的观点，拥护一种十分偏激的看法。因此使得一位博学睿智的老学长忍无可忍，站起来把我彻头彻尾地痛斥了一顿。我记得他是一位具有很强的组织和领导能力的青年，同时，他有一个绰号，好像是一种动物的名字。后来，他说自己过去也曾有一段时间非常偏激，但后来才迷途知返彻悟过来。我变得十分冲动，"跳起来"（就像梦中一样）无礼地反驳他（在梦里，我对自己的德国国家主义竟抱有如此感情感到"惊奇"）。会场马上引起了一阵骚动，几乎所有的同学均强烈要求我收回刚才所说的话，但我仍坚持自己的立场。还好，这位受辱的学长相当明理，并没接受他们的意见来向我挑战，而是把这次争端就此结束了。

圣拉扎尔火车站 *爱德华·马奈 法国 1873年*

　　读者在画面中看不到火车站人山人海的场面，只看到近处两位秀丽的女子。画面最左边这位无忧无虑的年轻美人抱着一条惹人喜爱的小狗，膝上放着一本书。她那种漫不经心的神气十分迷人。右边的小女孩全神贯注地朝站台，她看到的只是一团白色的烟雾和昏暗笼罩的车站。

　　梦里所剩的一些情景的来源则更难找些。"款冬"这种植物被那个伯爵轻蔑地提及究竟有何意义呢？因此我必须再对自己的联想系列进行一番审核。由款冬而lettuce（一种类似莴苣的青菜），而Salathund（看到别人有得吃而嫉妒的狗），于是，我发现了不少晦涩含糊的描述词颇有文章：譬如长颈鹿这个词Giraffe，而Affe在德文中为猿猴，故由此推出猴，进而猪、牝猪、狗，并顺此可能推出笨驴，这个正好可用来加在我们那位教授的头上，以发泄我心中对他的轻蔑。更进一步来说，我将款冬译为蒲公英——我怀疑这是否正确，这个想法源自左拉的小说《阳春》中所提及的"有些小孩子带着掺有蒲公英的沙拉一起去"。法文中的"狗"叫chien，听起来有点像另一种较大功能的动词chier

（大便），而法文pisser（小便）代表着较小功能的动词。接着我们就要找出第三种属于不同物理状态（固、液、气三态）的，平时不便在社交场合说出口的东西。因为在上述那本《阳春》里，还提到将来的革命等，其中有一段很特殊的内容，与排泄气体的产生有关系，这就是我们俗语说的"屁"。而我现在不得不详细检讨一下，"屁"这个字为什么要绕这么大的弯子而产生出来，最初提到"花"，而接着是西班牙的歌谣，小伊莎贝拉，由此再联想到斐迪南、伊莎贝拉，再由亨利八世，联想到西班牙征英之"无敌舰队"全军覆没后，英国为庆贺这一历史上的伟大胜利，曾将句子"Flavit et dissipati sunt"刻在一块奖牌上，因为西班牙舰队是被一场海上暴风雨所打垮的。我对这段铭刻的名言很感兴趣，甚至我曾想过，一旦我对"歇斯底里症"的观念与治疗的研究确有成果发表时，我一定要用这句话作为"治疗"一篇的篇头！

关于这个梦的第二幕，我未能做较详细的解析，是由于它无法完全通过我自己意识中的"审查"。梦中的我似乎取代了某位革命时代的杰出人物，这个人曾与一只鹰有一段传奇的故事，并且听说他患有肛门"失禁"的毛病……虽然这些史迹大部分都是一位"宫廷枢密官"说给我听的，但我仍觉得这些事通过不了我的"检查"。而梦中的那套房，我想起来像是我看过的这位大人物的私用驿车内的装潢布置一般。但在梦里的"房间"往往是象征"女性"的。梦中的看门女人，其实是我以前曾在她家受她好意招待、谈吐风趣的一位老女人。而我在梦中，却丝毫没有感激地给予她这种角色。关于灯的事，使我回想起格利巴泽（1791~1892，奥国戏剧家及诗人）曾因此种类似的经历，而促成了他日后写出名剧《希洛与黎安德》（海浪，情海波涛——"无敌舰队"与暴风雨）。

因为我选释这个梦的最初目的在于谈及儿时的回忆，所以在此不打算再详细探讨这个梦的另外两个部分，而只举其中一部分来说明，它们如何使我回忆起两桩童年的经历。读者们可能会认为那是有关性的资料，所以才需要被抑制下来，但你们也不可能不以此解释而满足。事实上，虽然有很多事我们对自己并不必掩饰，但却深感"不足为外人道也"，我们也并不拟在此追究，促成我避开这些探讨的理由，是想找出那些使梦的真正内容不能呈现出来的"内在检查"的"动机"。对这一点，我愿坦然承认，这些梦中有三部分显示出我清醒时一直抑制住的"过分夸张""荒谬自大"，这些情绪居然分别在梦中，甚至在梦的显意中呈现出来（由此看来我可真成了一个狡猾的家伙），而且在梦未成形的当晚我一直心浮气躁。各种各类的浮夸，譬如我提及格拉茨这个地方，我们会想起有钱人惯用的这种口气——"格拉茨，要多少钱"。读者们如果还记得大师拉伯雷的名著中甘阿图和庞大固埃这样的人物，在我这个梦的前一部分可能就存在这种吹嘘狂妄的状态，而下面所列的，就是我所说的两个童年的追忆：从前我为了旅行而买了一个新的"棕紫色"的行李箱，而这个颜色在梦中出现过好几次。［棕紫色的硬布，披挂在一种所谓"少女捕器"（girl-catcher，中译名可能有误，尚请指正）的东西上——在部长办公室内的一种家具］。我们都知道，小孩们认为东西只要是新的，就能引人注

涉水的女人和男孩　卡莱尔·迪加丁　荷兰　1657年　布面油画　伦敦国家美术馆

　　小孩子尿床是很常见的事情，弗洛伊德告诉我们，尿床与日后性格中野心的倾向有很大的关系。画中的女人、小孩和动物为我们展现了一个令人愉悦、惬意的场景。孩子的母亲优雅地提起了长裙，生怕弄湿了，而她旁边的小孩却不以为然，肆无忌惮地解决自己的生理问题。母亲用手指着水面，小孩则侧过脸去，仿佛在说："没什么大不了的！"

意。现在我要告诉各位一件有关我童年的逸事，这是后来家人跟我说的，"我在两岁时仍常常尿床，而当我因此受责备时，我就对父亲说：'等我长大了我要在N市（最近的一座大城市）给你买一张大红色的新床。'"所以在梦中，我们在城里刚买到的，便是一种承诺的实践。（我们也许可以更深入地发现——男人的便壶与女人的行李箱、盒子之间的联想。）而所有童年的狂妄自大在这一句承诺中均表露无遗。梦中所述的小便有困难对小孩而言，究竟有何意义，我们已在本章开头部分所述的梦中有所解释。由心理症病人的精神分析告诉我们，尿床与日后性格中野心的倾向很有关系。

这以后，在我七八岁时，有一件我记得很清楚的小事。"有一天晚上要睡觉时，我不顾父母的禁令，拗着他们让我睡在他们的卧室，爸爸因为我不听话骂了一句：'这种男孩子将来一定没出息！'"而这句话当时确实深深地伤害了我的自尊心，因为日后此情景在我梦中又出现过无数次，而且每次必然会出现我的各种成就和受人尊重的情景。就像是我想说："爸爸！你看，我毕竟是有出息吧！"而童年的这些景象也说明了梦中最后出现的一个人物——为了报复，我将人物关系颠倒过来。那位老人，显然是指我父亲，因为他的一只眼睛瞎了，正象征着我那一只眼睛患有青光眼的老父亲在梦中由我照顾他小便，就如我小时他照顾我一样。由"青光眼"联想到我对古柯碱的研究，使他的青光眼开刀得以顺利完成，而这又是我实践的又一个承诺。此外，在梦中，我又把他弄成了那副惨相：瞎了眼，必须我用"玻璃尿壶"服侍他小便，而心中却愉快地想着我那有关"歇斯底里症"的理论，并引以为豪。

根据我的说法，如果我的这两个孩提时代与排尿有关的情景，可以找出与我希望成名之心有联系可寻的话，那么与奥斯湖的车厢上刚好没有厕所的这件事更印证了我的这种说法。

因为没有厕所，我必须在旅途中憋着尿，而使我真的在清晨因尿急而惊醒。我想一定有很多人以为我尿急的感觉就是这个梦的真正的刺激来源。而我却有相反的看法，"梦里的念头为因，而尿急反而是果"，因为我平时很少晚上起来小便，尤其是这种三更半夜的时候就更不可能发生了。并且我就是在比这更舒适的旅途中也从不曾有过尿急而惊醒的经历。其实，这个论点纵然未能找到解释，仍然丝毫不会减弱我以上论断的可靠性。

还有，由于梦的解析所得的经验，使我注意到一件事实——梦的解析，虽然能够从梦的来源与愿望的刺激，经过思路的运行，追溯至"童年"，以找出清楚的关联，使人觉得解释十分完善，但我仍会自问，此因素是否构成梦的基本条件。果真这个想法可以成立的话，那我就可以概括地说："每一个梦，其梦的显意均与最近的经历有关，而其隐意均与很早以前的经历有关"；在"歇斯底里症"病人的治疗中，我的确发现，那些早年的经历在他们的想法中居然栩栩如生地持续至今。但我仍然很难确切地证明这一假设。在第七章中我将再就"梦的形成"对"早年经历"所扮演的角色分量做一探讨。

以上我们提出了梦的记忆所具有的三个特点，第一："梦的内容多半以不重要的事

梦的记忆的特点

构成梦的内容的主要来源是人们对于事物的不同体会，换句话说，就是人们在梦中被再次表现出来或被记起——至少我们可以觉得这是一个不容争论的事实。

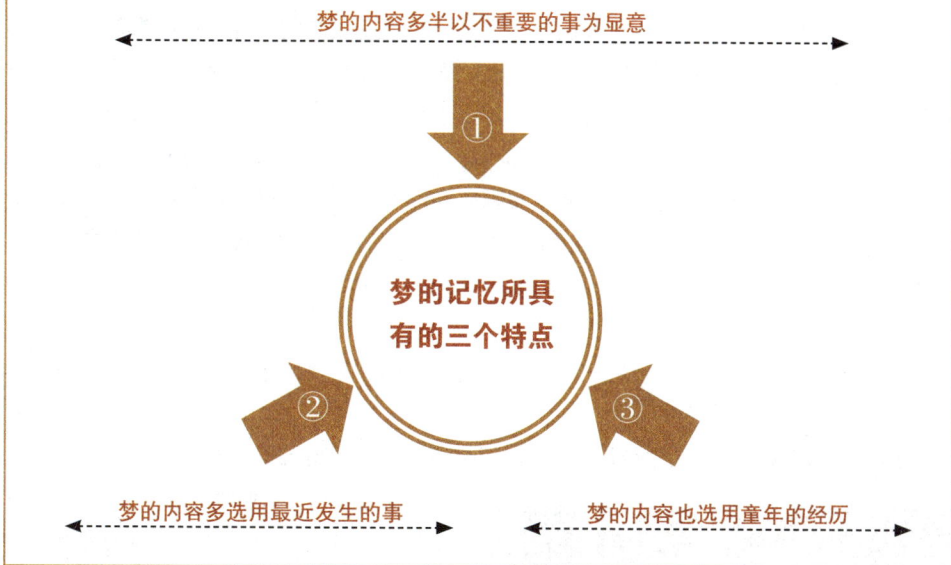

梦的内容多半以不重要的事为显意

①

梦的记忆所具
有的三个特点

② ③

梦的内容多选用最近发生的事   梦的内容也选用童年的经历

为显意"，这已由"梦的改装"的探讨做了满意的解释。以及另外两个特点："梦的内容多选用最近的，以及童年的经历"——但我们仍很难由梦的动机推断出这两个特点。现在让我们权且先记住，这两个特点尚待更进一步的解释与检验。而等到讨论有关睡觉时的心理状态，或研究心灵的结构时再从长细谈。以后我们就会发现经由梦的解析，就像由一个"检验孔"可以洞察整个心灵结构的内部。

在此，我想再强调由最后这几个梦的分析所得出的另一个结果——"梦'往往'看出来有好几个意思"，并不只是上述那些例子所显示的好几个愿望的达成，而且"很可能是一个愿望的达成掩饰了另一愿望的达成，需要经过最深入地分析，才能找出那最早时期的某种愿望的达成"。最后，我想也许有人会问我，在这句开头所用的"往往"是否可以更正为"通常的"。

三、梦的肉体方面的来源

如果我们想使受一般教育的门外汉对梦的问题产生兴趣，那么我们不妨问问他们，究竟他们自己认为梦的来源是什么。一般而言，大多数人马上会联想到"消化障碍"（梦由胃脏内引起）、"睡姿""睡中发生琐碎的小事"等等均足以影响梦的形成。他们甚至认为，除了这些肉体上的因素以外，梦再没有其他方面的来源。

在本书的第一章里，我们已经详尽地讨论过，一些有关肉体上的刺激对梦的形成所产生的影响，所以在此我们只需探讨的结果。我们已经知道肉体上的刺激可分为三种：由外物引起的客观上存在的感官刺激、仅能主观觉察到的感官内在的兴奋状态，以及由内脏发出的肉体上的刺激。同时我们也注意到，这些有关梦的研究，也因为梦的"精神来源"，究竟是与"肉体来源"共同运作还是根本不存在，意见分歧不一。就有关肉体来源的可靠性而言，我们对由外物引起而客观上存在的感官刺激——不管是睡中偶然发生的刺激，还是与睡眠状态时的身体内部状态所共同发生的刺激，其意义及其证明，均有人用实验的方法予以证实。而仅能主观觉察到的感官刺激，则可由梦中复现似睡似醒的感官影像观其一斑。至于由内脏发生于肉体上的刺激，虽不能确定地证明出其影响，但大致上可由众所皆知的消化、泌尿以及性器官的兴奋状态，对梦的内容所产生的影响而多少看出端倪。

"神经刺激"和"肉体上的刺激"被认为是梦的"解剖学上的来源"，而有很多学者却以为这是梦的唯一来源。

然而，我们却有好几个疑问，足以使这种肉体刺激的理论站不住脚。

梦魇 傅斯利 水彩画

由于外界或内在的神经刺激，人们在睡眠时会在心灵上引起一种感觉或一种情意综合。就像画中的女子，看她痛苦的表情，一定是做了什么噩梦。她的身上压着一个怪物，她在不停地挣扎，可就是醒不过来。

尽管提倡这种理论的学者们都十分自信，尤其是对偶然的、外界的神经刺激方面，他们可能不难在梦的内容里找出这种来源，但是他们也不能不承认一件事实——梦中所发现的这些内容丰富的意念，仅仅靠外界刺激是无法完全解释得通的。而卡尔金小姐曾在六个礼拜中，就此对她自己的梦以及另一位实验者的梦，与外界感官所受的刺激进行的实验看出，她们两个人的梦与外界刺激的关系，只达到13.2%和6.7%而已。在她们所收集的所有梦中，只有两个梦可以与器官的感觉扯上关系。这个统计数字使得我们对自己的早先经历所产生的怀疑更为深刻。

常常有人干脆将梦分为两类，一种是上述的神经刺激引发的梦，以及另外的因素引起的梦。如斯皮达，就曾分类为"神经刺激梦"和"联想梦"。但这也仍解决不了问题，唯有能找出梦的肉体来源与梦的内容意念之间的关联，才算是真正解决

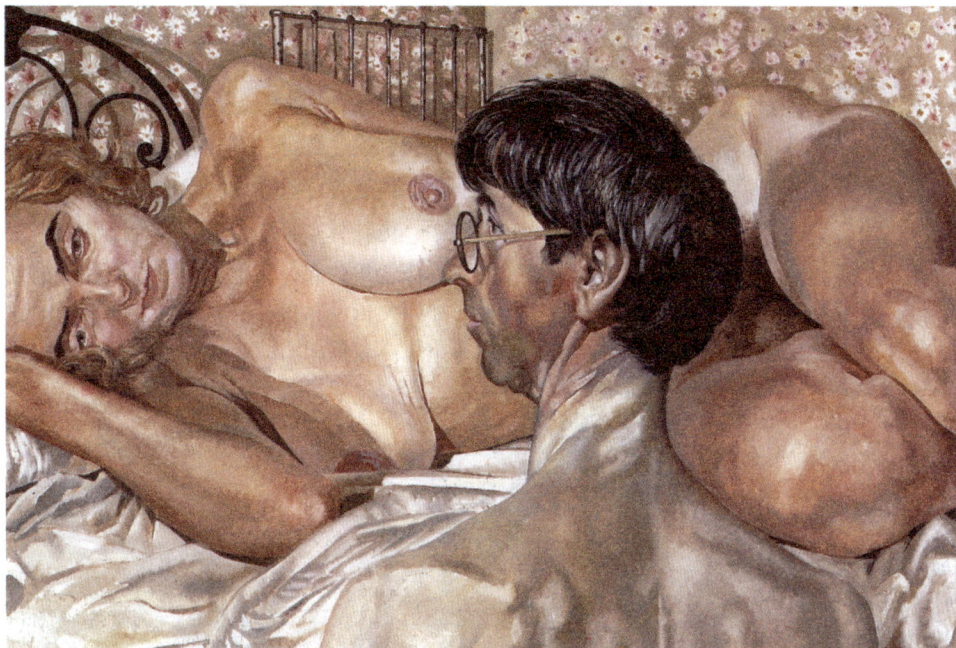

和派翠西亚·普瑞斯的自画像　斯坦利·斯潘塞　英国　1936年　剑桥菲兹威廉博物馆

在画中，斯潘塞用一种迷醉在爱河中的人特有的那种困惑的目光注视着派翠西亚。派翠西亚是一个胸部硕大、松弛、脸上没有光泽的女人，画中的斯潘塞被围绕在一种冷淡的气氛中。本来极具刺激的肉体，却对斯潘塞毫无吸引力。

了这一疑问。

除了上述"外来刺激之来源并不多见"的证明以外，还有第二个疑问："许多梦如果用这种梦的来源解释并不能完全行得通。"特举两例：第一，为何梦中的外来刺激的真实性质往往不易看出，而多以他物取代。第二，为何心灵错误感受到的刺激所产生的反应竟是如此地多变而不定呢。我们已知道史特林姆贝尔对此质疑所做的回答，他认为心灵在睡眠时往往与外界隔绝，所以无法对外界感官刺激予以正确的解释，以致被迫对来自各方面蒙眬的刺激建构一番幻象。他在《梦的性质及其来源》第108页有如下说法：

"在睡眠时，由于外界或内在的神经刺激，会在心灵上引起一种感觉，或一种情意综合，或任何一种精神过程，而这种感觉在心灵里唤起了属于清醒状态时所经验到的某些记忆、影响，这也就是指那些以前的各种感受——可能是毫不经过润色的，或附着有精神价值的。就这样经由神经刺激，引起心灵收集出一些或多或少的影像记忆。而使人有如在清醒状态一般，心灵能'解释'这些睡眠中由神经刺激所产生的印象。而这种解释的结果即所谓的'神经刺激梦'——一种梦，其成分是由神经刺激在心灵上产生的精神效果，而按照'复现的原则'使某种心灵上的影像重现出来。"

威廉·冯特

　　冯特是德国著名心理学家、生理学家，心理学发展史上的开创性人物。1879年他在莱比锡大学任教期间，在该校建立世界上第一座心理实验室。他被普遍公认为是实验心理学和认知心理学的创建人。

　　冯特在主要观点上与此理论是相同的。他认为，绝大部分梦的观念来自感官的刺激，尤其是全身性的刺激，因而引发出的多半是不真实的幻象——只利用小部分的真实记忆，而扩展成幻觉的程度。以这种理论来说明梦的内容与梦的刺激的关系，史特林姆贝尔曾做过一个比喻："就像一个不懂音乐的人，用他的十根指头在琴键上乱弹一般。"也就是说，梦并不是一种由精神动机引发出来的精神现象，它是一种生理刺激导出的结果，只是由于受到这种刺激后，心灵无法以其他方式表现出来，而不得不以精神上的症状来表现而已。基于同样的假设，梅涅特曾对强迫性思维的解释做了一个有名的比喻："在数码转盘上，每个数字均高高地以凸字表现出来。"（斯特拉奇注：此段文章无法在梅涅特的著作中找到出处）。

　　虽然这一理论似乎被人们广为接受，且说起来也颇动听，但我们仍不难看出它的不足。

　　每一个在睡眠中引起心灵产生幻象的肉体刺激，常常可引发出无数种不同的梦的内容。但史特林姆贝尔与冯特均无法指出"外界刺激"与"心灵"用来解释它与"梦的内容"之间的关系。也因此无法解释得通，这种"刺激经常使心灵产生出如此奇特的梦"，其他的反对意见多半是针对这一理论的基本假设——"在睡眠中，心灵是无法正确地感受外界刺激的真正性质"。老一辈生理学家布尔达赫曾告诉我们，心灵在梦中仍能相当正确地解释那些由感官所得到的印象，并且能正确地予以反应。他并且指出，某些对个人较重要的感觉往往在睡眠中并不会与其他一些刺激一同受到忽视。相反它们通常很自然地脱颖而出，引起睡者的特别重视。一个人在睡觉时，听到别人叫自己的名字往往会马上惊醒，但对其他的声响却往往无动于衷。当然，这是基于一个大前提——在睡眠中，心灵仍能分辨各种不同的感觉的。因此布尔达赫认为，并不是心灵不能解释睡眠状态中的感官刺激，而是因为它对这些刺激并不发生足够的兴趣所致。1830年，利普士又把布尔达赫这一套理论搬出来，用以攻击主张肉体刺激者的看法。在这些争论里，心灵这东西有如一段趣闻中的睡者一般，人家问他："你在睡觉吗？"他回答："不是。"而再问他："那么你借我十个佛罗林吧？"他却有了借口："喔！我已经睡着了！"

　　有关肉体刺激形成梦的理论还有许多不确切之处。首先由观察的结果来看，假如在我们一开始做梦时肉体刺激就马上介入的话，我们仍然无法确定外界刺激必定会导致梦的形成。譬如说，我在睡觉时感受到触摸或压力的刺激，那么我仍有一大堆的反应可供选择。我可能根本不理它直到醒来时，才发觉我的腿没盖上被子，或是因为我侧卧压住了一只手臂。其次，其实我在精神病态的研究中，发现许多例子都是各种非常兴奋的感觉或运动方面的刺激，但却在梦中引不起丝毫的反应。或者我在睡眠中可能一直感受到这种刺激的存在，就像通常睡眠中的痛感一样，但在梦中这种痛感却并未加在梦的内容里面。再次，我可能因为这种刺激而惊醒，以便驱散或避开这种刺激。最后第四种反应：我可能由这种神经刺激而产生梦；其他还有各种各样与梦的产生同样可能发生的反应。所以如果说除了肉体上的刺激以外找不出其他引起梦的动机，那实在是欺人之谈。

鉴于上述的肉体刺激来源的说法有诸多漏洞，其他的学者——如谢尔奈以及跟随他的哲学家伏克尔特——致力于更精细地探究那些由肉体刺激引起的、具有各种色彩影像的梦，以确定其精神活动的性质，由此他们将梦当作一个心理学上的问题加以研究，并

咬着蜘蛛的红色太阳　胡安·米罗　西班牙　1948年　布面油画　私人收藏

梦是一种无拘无束的幻象，它刚从白天所受到的约束中解放出来，而尝试用象征的手法，将感受到这种刺激的器官特性表现出来。这是米罗典型的超现实主义风格的绘画。画面左侧像是一只站立的企鹅，中间像是一些象形文字，右边有一只红黑相间、六条腿的生物，像是只蜘蛛。米罗总是用这种超现实主义的手法吸引着我们。

认为梦纯粹是一种精神活动的表现。谢尔奈不仅将梦的形成用其诗一般的文笔加以精彩的阐论，并且他深信自己已经找出了心灵应对所受到的刺激的原则。按谢尔奈的说法，梦是一种无拘无束的幻象，它刚从白天所受到的约束中解放出来，而尝试用象征的手法，将感受到这种刺激的器官特性表现出来。所以我们可以写出一种释梦的书，一种解析梦的导引，而利用这些我们可以将肉体的感觉、器官的状况，以及刺激的状态由梦的影像中找出意义来。"因此猫的影像就象征着极坏的脾气，而雪白、光滑的白面包就象征着赤裸的人体。在梦中的幻象，整个人体就用一间房子来代替，而内脏、器官则分别以房子中的各部分所代替。在头痛引起的梦中，一座天花板覆满蟾蜍颜色的蜘蛛，即象征着是头的上半部的问题。在牙痛引起的梦中，一个圆形拱顶的大厅象征着嘴巴，而一座往下走的阶梯象征由咽喉下至食道。"

"对同一个器官，我们在梦中往往赋予各种不同的象征：心脏以空盒子或篮子代替，呼吸胀缩的肺脏以烈火烘烘的火炉，膀胱以像圆形皮包的东西或只是空心的东西代替。而特别有意思的是，在梦结束时，受刺激的器官本身或其功能往往会毫无掩饰地、真的由梦者的肉体上表现出来。所以牙痛的梦往往是最后梦者由口中拔出大牙而告结束。"但这种说法也未免过分神化了。因此使得读者们对谢尔奈的说法很难接受，甚至连一些我本来也认为很有道理的，只因为所言太玄而不被大家所相信。由此我们可以看出，他的方法其实等于古代应用象征理论的释梦方法的复活，只是他用在释梦的，仅局限于人体的象征符号而已。由于缺乏科学上所能理解的方法，而使得谢尔奈的这一理论应用受到极大的限制，由此对梦所做的解释仍充满了不定性，特别是他"刺激可以在梦内容中用好几种象征符号所取代"的说法，更难以使人信服，甚至连他的门徒伏克尔特也无法确信房屋是象征人体的说法。还有另外一个反对的理由：根据他的看法，梦的活动根本是一种无用的、无目标的心灵活动，心灵本身只满足于围绕刺激构想一堆幻想，而根本就没有想把这种刺激消除掉。

谢尔奈的这个肉体刺激的象征理论还有一大致命的缺点，就是某些肉体上的刺激是一直持续存在的。而一般认为，这种刺激往往在睡眠中比较清醒的时刻更容易被心灵感受到其存在。所以我们无法解释，为什么心灵并不通宵达旦地一直在做梦，为什么并不是每夜梦见这些所有的有关系的器官呢？如果我们对这种质疑做出如下的辩解："要引起梦的活动，必须先由眼、耳、牙齿、肠等器官先有特殊的兴奋状态。"那么我们又面临另一难题：如何证明增加的刺激是客观的呢？这只有在少数几个梦可以找出证明来，如果说梦见飞翔是象征着肺叶的胀缩，那么这种梦正如史特林姆贝尔所说的，应该是常常被梦见的，不然就要能够证明梦者在做这个梦时的呼吸特别加快。当然，还有第三个更好的解释，就是当时一定是由某种特殊的动机，引导梦者的注意力倾注于那些平时经常存在的内脏感觉，但这又使我们的论证远远超过谢尔奈的理论范畴。

谢尔奈与伏尔克特的理论，其价值在于唤起我们对某些有待解释的梦的特征的注意，从而促成了更新的发现。其实梦的确有他们所谓的肉体器官的象征现象——比如说，梦中的水往往代表着想小便的冲动，而男性性器官往往以直耸的硬物或木柱作象征……还有一些充满新鲜视觉，五光十色的梦中影像与其他晦暗不明的梦影比较，使我们也很难驳斥那种"由视觉刺激引起的梦"的说法。同样地，对那些含有声音的人语的梦，也无法否认的确是有幻觉形成的存在。像谢尔奈说过的一个梦，两排长得活泼可爱的孩子站在一座桥上对峙着，彼此打来打去的，直到最后梦者本身坐到桥上去，由他的下颔找出一根大牙才结束这个怪梦。另外，伏尔克特有一个相似的梦，两排抽屉拉出拉入，最后也是以拔牙来结束。由于这两位作者记述出相当多的这类梦的形成，所以我们也不能把谢尔奈的理论看成一种有悖真理的臆测。所以我们必须做的工作

失明的萨姆森　洛维斯·科林特　德国　1912年

画中萨姆森那痛苦挣扎的步伐，鲜血滴淌的躯体，使我们深切感受到这种来自肉体的折磨。尤其令人动容的是他的双眼和手——这正是艺术家的武器。那双手在向前摸索，凄惨、无援，眼睛则被一块正往外淌血的绷带蒙着。

便是如何对这种所谓的牙齿梦的假想象征做出不同的解释。

我们在对梦的肉体来源的探讨中，一直未引述我们由梦的分析所得的论断。现在，如果利用一种以前研究梦的学者们所未曾用过的方法，我们就能够证明，梦具有精神活动的内在价值，由愿望来充当梦形成的动机，而将头一天的生活经历作为梦的内容中最明显的资料。其他任何研究梦的理论家，如果忽略了这种重要的研究方法——以致形成那种把梦看作是由肉体刺激而引起的无用的、费解的精神反应——都可以不必再多做批评就可以进行否定。否则就等于说（事实上，这根本不可能的）有两种完全不同的梦，一种我们已详尽观察得到结果的梦，而另一种却是那些只有早年的学者所研究的梦。为了消除这种矛盾，我们得尝试在梦的理论范畴内，找出方法来解释那些所谓肉体刺激来源引起的梦。

这方面的研究我们已经有了初步的成果，我们发觉梦的工作是基于一种前提，就是使同时感到的所有梦刺激，综合成一个整体性的产物（见本章开头部分）。我们知道，如果当天遗留下两个或两个以上的、印象深刻的心灵感受，那么由这些感受所产生的愿望便会凝聚形成一个梦；同样这些具有精神价值的感受又与当天另外一些没有多大关系的生活经验（只要这些能使那几个重要的印象间建构出联系来）综合而成梦的材料。所以说，梦其实是对睡眠时心灵所感受到的一切所做的综合反应。就我们目前已分析的有关梦的资料来看，我们发现它是包含了心灵的剩余产物以及一些记忆的痕迹——虽然这些记忆的真实性的本质并无法当场验明，但至少我们能充分地感受到其精神上的真实性（由于多半的确与最近或童年的经历有关联）。有了这种观念，我们就能比较容易预测出，究竟在睡中加入的新刺激与本来就存在的真实记忆会合成什么样的梦。当然我们要强调的是，这些刺激对梦的形成确实很重要，因为它毕竟是一种真实的肉体感受。而接着再与精神所具有的其他事实综合，才完成了梦的材料。换句话说，就是睡眠中的刺激，必须与那些我们熟悉的日常经历所遗留下来的心灵剩余产物结合而形成一种"愿望的达成"，而这种结合并非是一成不变的。我们已经知道，对梦中所受的物理刺激，可以有好几种不同的行为反应，一旦这种合成的产物形成以后，我们就一定会在这个梦的内容里看出各种肉体与精神的来源。

梦的本质决不因为肉体刺激加之于精神材料上而有所改变，无论它是以何种真实的材料为内容，仍旧是代表着"愿望的达成"。

我在此想提出几种可能改变外界刺激对梦的意义的特点。我认为梦的形成因梦者当时的生理状况而异，譬如当时外界刺激的强度、睡眠的深度（平时习惯性的，或当时偶发的），以及个人对睡眠中刺激的反应都会有差异。有的人可能根本不受其干扰而继续呼呼大睡，有的人可能因此惊醒，更有人即将其纳入梦中的材料。由于有这些差异，所以外界刺激对梦形成的影响也因人而异。就我自己而言，由于我向来睡眠很好，很少被外界任何刺激所惊扰，所以由外界肉体刺激引起的兴奋很少能纳入我的梦中，而大部分的梦都是来自精神上的动机。在我的记忆中，只有一个梦是与一件客观的、痛苦的肉体刺激来源有关，而且我认为在这个梦里，我们可以看出外界刺激怎样影响这个梦的特点：

"我骑着一匹灰色的马，起初，我胆战心惊、小心翼翼地，好像我是硬着头皮练习似的。然后我碰到一位同事甲先生，他也骑着一匹装有粗劣饰带的马。他挺直地端坐于马鞍上，他提醒我某件事情（好像是告诉我，我的马鞍很差）。现在我渐渐地觉得骑在这匹十分聪明的马身上，非常轻松自如。我越骑越舒服，也越觉熟练。我所谓的马鞍是一种涂料，敷满了马颈到马臀间的空隙。我正骑在两辆篷车之间并正想摆脱他们。当我骑着进入街道有一段距离后，我转过头来想下马休息。最初我打算停在一座面朝街心的小教堂，但我却在距离这儿很近的另一所小教堂前下了马。而旅馆也就在同一条街上，我完全可以让马自个儿跑过去，但我宁可牵着它走到那儿。不知为什么，我好像以为如果骑着马到旅馆前再下马会太丢人。在旅馆门前，有个雇童在招呼，他拿着我的一本札记，向我调侃其中的内容，那上面写着一句'不想吃东西'（并且底下用双线加注），再下去又另有一句（较模糊的）'不想工作'，同时，我突然意识到我正身处一个陌生的城镇，在这儿我没有工作。"

可以非常明显地看出这个梦是来自痛苦刺激的影响。就在前一天，我先是长了疔而痛苦万分，后来竟在阴囊上方长成一个果子大的毒疮，使我每迈一步都有穿心之痛。全身发热、倦怠、毫无食欲，再加上当天繁重的工作，我整个人都要崩溃下来。虽然这种情况并未使我完全不能行医，但由于此病痛的性质与发病的部位，"骑马"这件事是我一定无法做到的。而正因为"骑马"这个运动才使我构成了这个梦——一种对此刻病痛的最强力的否定方式。事实上，我根本不会骑术，一生我也只骑过一次马。我也不曾做过骑马的梦。无鞍骑马，更不可能是我的喜好。但在梦中，我却骑着马，好像在我会阴处根本并未长什么毒疮似的。或者说，"我之所以骑马，是因为我希望我并没长什么疮。"由梦的叙述我们可以猜测，我的马鞍其实是指能使我无痛入睡的膏药敷料。也许，由于这般地舒适，使我最初的几个小时睡得十分香甜。

马背上的年轻人的大理石

意大利　雕像

马背上的年轻人，从他的脸部轮廓和发型，我们猜测他可能是罗马帝王家庭中的一位王子，他骑马的神态英勇且富有智慧。弗洛伊德认为在梦中骑马，尤其是男性，可能是疾病的象征。

后来痛感开始加剧，而使我几乎痛醒过来；于是梦就出现了，并且抚慰地哄我："继续睡吧，你不会痛醒的！你既然可以骑马，可见并没有长什么毒疮，因为哪里有人长了毒疮，还能骑马呢？"而梦就如此成功地把痛感压制下去了，而使我继续沉睡。

但并不能说梦仅仅是用一个与事实根本不符的幼稚意念，来敷衍掉毒疮的痛楚而已（就像痛失爱子的母亲或突告破产的商人所说的疯言疯语）。其实在梦中，它所否定的感觉与影像之细节与心中确实存在的一些记忆尚有所联系，梦会将这些资料一一予以利用，"我骑着一匹'灰色的'马"——这匹马的颜色正与胡椒盐的颜色一样，而这正好使我想到，最近一次在村庄碰到我的同事甲先生时，他曾警告我说食物加太多的调味品吃了会生毒疮，而一般人都误以为毒疮的病因与"糖"大有关系。自从甲先生接替我去治疗那位女病人——一位我曾花过一大番心血的女病人以来，他就在我面前"趾高气扬的"（直译应当为：骑着高马），但这位女病人，事实上就像"周日骑士"故事里的马一样，她随心所欲地载着我跑。因此，梦中的"马"其实就是这位女病人的象征（梦中说，它是"十分聪明的"）。我觉得"非常轻松自如"，其实就是指因为甲先生取代了我在女病人家照顾她时的感受。记得城里有一位名医支持我的同事，最近曾褒扬我对这位女病人的处理："我想你是相当称职的"（直译当为：我想你在那"马鞍"上是安全的）。在身体正经受着病痛折磨的同时，还要每日为病人做8到10个小时的心理治疗，可真称得上是一件大功德，但我自己也深知，如果没有理想的健康状态，我是无法再将这繁重吃力的工作继续干下去的。而且梦中又被一大堆如果我的病继续发展下去的恶果充满着（那札记，就像神经衰弱的病人拿给他们的医生看的："不想工作，不想吃东西。"）。更进一步来说，我发觉这个梦里可以由骑马代表愿望的达成，由此追溯到童年的回忆——我与那年纪长我一岁的侄子（现住于英国）在童年时的多次吵架。还有，这个梦也采用了一些我去意大利旅行的片段材料：梦中的街道正是威洛纳与锡耶那两座城市的景象。再更深一层的解析将引向有关性的方面，我发现梦中所用的这些风光明媚的城镇竟可能是这位未曾去过意大利的女病人所梦见的〔去意大利，德文为gehen Italien（音近gen Italien）＝Genitalien＝genitals（性器）〕。同时我曾提到在甲先生以前是我到

潮湿天气中的巴黎街景 居斯塔夫·开依波特 法国 1877年 加哥艺术博物馆

在画中我们可以偶然看到工厂的烟囱或城市景象。画家把19世纪的巴黎浓缩于这阴暗的天空和潮湿的街道中。这是一幅富于美和创造性的作品，它表现的是1877年的一个下午，那一天中的特殊时刻，巴黎那一条特殊的街道，光线冷峻、街道冷清、细雨纷飞。

那位女病人"家"给她看病的，还有我那毒疮所长的位置，均隐约有"性"的意思在内。

在另外一个梦里，打扰我睡眠的刺激也同样被我成功地驱除掉了。这次的骚扰是来自感官的刺激。其实，这偶发的刺激与梦的内容的关联也是在很偶然的机会下发现的，也因此才使我对此梦得以更深的了解。"当时我住在提洛尔（在阿尔卑斯山中）的别墅里，在那个仲夏的清晨，醒来时我只记得梦见'教皇死

教堂的钟声

外部环境的干扰以及来自肉体的刺激，都会形成梦。如果我们在梦中听到闹钟有规律、有节奏地响着，那一定是外部环境中有钟声，抑或是教堂里的钟声。

了'。"面对这简短的毫无影像的一个梦，我几乎完全无从解析，唯一能扯得上关系的是，几天前我在报纸上看到有关他老人家身体微有小恙的报道。但我太太这天早上问了我一句话："今天清晨你可听到教堂的钟声大作吗？"事实上，我完全没听到钟声，但却因为这一句话而使我对梦中的情景恍然大悟。由于这群虔诚信教的提洛尔人所敲出的钟声干扰了我的睡眠，我那睡眠的需要促使了如此反应的产生——为了报复他们的扰人安睡，我竟构成了这种梦的内容，并且得以继续沉睡而不再为钟声所扰。

在前面几章里所提过的一些梦也都可以拿来做"梦的刺激"的例证。那"高觞畅饮"的梦便是一个好例子，其起源完全来自"肉体的刺激"，而由这"渴"的感觉引起的"愿望"即为此梦的唯一动机。其他种种仅是肉体刺激即可产生梦的例子不计其数。一个病妇，梦见她摔掉冷敷两颊的器具，是一个对痛刺激所产生的较不寻常的"愿望达成"的反应。这使梦者似乎暂时忘却了痛苦，而将其病痛转嫁到其他人身上。

我那三位巴尔希（命运女神）的梦很明显地是由饥饿而引发的梦，而对食物的需求更可远溯自儿时对母亲乳房的期待，但这种不能公之于世的欲望却被这种无害的欲望取代了。在那有关都恩伯爵的梦里，我们可以看出一种偶发的肉体需要经由何种程序而与一种精神生活中最猛烈、最强力潜抑的冲动发生关系，还有，伽尼尔所写的，拿破仑一世在定时炸弹的炸声惊醒他以前，那个声音刺激先使他产生了一个有关战争的梦。由此我们不难清晰地看出睡眠中精神活动对肉体感觉所产生反应的真正目的。一位年轻的律

117

假如不，不　罗纳德·布鲁克斯·基塔伊　美国　1975～1976年　布面油画　英国爱丁堡苏格兰国立现代艺术画廊

尽管梦有时是支离破碎的，甚至充满痛苦的，但梦是睡眠的维护者，而非扰乱者。这幅画作给我们展示的仿佛是一个伤痕累累的幻境，画中散布着人物和碎片。前景的人物对比着如梦的风景，也包括戴着助听器的基塔伊自画像。这复杂而魅惑人心的画作，糅合了文学领域以及各类与艺术相关之事物，包括艾略特的诗作《荒原》在内。

　　师，由于全神贯注于某件破产讼案，在午睡时，竟梦见与一位由这件讼案才认识的莱西先生相会于胡希亚汀。而这个地名Hussiatyn（德文Husten为"咳嗽"之意）使他引入更深的冥想，不久他惊醒过来，才发觉他的枕边人因气管炎发作而不断地在大声"咳嗽"。

　　现在，让我们由拿破仑（这位出名的精于睡眠之道的传奇人物）的梦，再来比照前面说过的那位医科学生的梦，好睡的他曾被女房东由懒睡中唤起，提醒他该是上医院的时候了。等到他蒙头再睡时，他就梦见自己正躺在医院的床上，而最可能的解释是这样的：如果我已经在医院，那我就不必现在起床往医院赶了。很明显地，这是一种"方便的梦"，而睡者自己也坦承那确是他做这个梦的动机。而由此，他也看出：所有的梦，就某方面来说，均属于"方便的梦"。它们可以使梦者继续酣睡而不必惊醒。"梦是睡眠的维护者，而非扰乱者"。以后在另一章，我们拟再就醒觉状态的精神因素来讨论这种观念。但就目前而言，一般外来的客观存在的刺激所引起的梦我们已可用这个观念来解释。不管是心灵果真能完全不理会外来刺激的强度和意义，而能继续呼呼大睡也罢，或者梦是用来否定那些外在刺激也罢，或者第三种说法，睡眠中的心灵能感受刺激，它总是将一种利于睡眠理想状态的真实感觉编织于梦中，以抵消其他骚扰睡眠的刺激。拿破仑就以"那只不过是在阿尔哥的枪声炮响的梦中回忆而已"而继续其酣睡。

"睡眠的愿望"使意识能自我调整其本身的感受，再加上梦的检查作用以及后边将提到的"加工润色"，而促成了梦的形成，在梦形成的动机探讨中，"每一个成功的梦均是愿望的达成"的观念必须经常谨记在心。至于梦所必然附带的、不变的"睡眠愿望"与梦所附带达成的其他某些愿望之间究竟有些什么关系，有待我们以后再详论。"睡眠愿望"的说法，可以补缀史特林姆贝尔与冯特的理论之不足，前述那些以外界刺激所做解释的荒谬与令人怀疑的程度也可因此说法而避免。睡中的心灵能够对外界刺激予以正确的感受，并投予主动的选择，有时甚至会因此而惊醒。因此，这些正确的感受，只有被那至高无上的睡眠愿望的检查制度通过，才能于梦中现形出来。下一例可以代表梦中情境所用的逻辑："那是夜莺，而非云雀。"因为果真那是云雀，那么这美妙的夜就要告终了。然而心灵对外界刺激所做的阐释，能通过这种检查制度的，绝不只有一种，然后再选出其中与心灵中愿望冲动最相吻合的作为梦的内容。因此，我们可以说梦中每一件内容均有肯定的存在，而无一令人怀疑之处。对梦所做错误的解析其实并非一种幻觉，而是——如果你愿意这样称呼它的话——一种遁词，就像梦的检查制度所采用的转移置换，这种歪曲事实的毛病在我们日常的精神过程中也随处可见。

只要外界的神经刺激和肉体内部的刺激强度足够引起心灵的注意（如果它们只够引起梦，而达不到使人惊醒的程度），它们即可构成梦产生的出发点和梦的材料的核心，而再从这心灵上的梦刺激所产生的两种意念间，找出一种适当的愿望达成。事实上，我们可以发现许多梦均可由其内容中找出肉体上的因素，有时候甚至是，本来那个愿望并不存在，但却因梦形成的需要而唤醒了它的存在。其实，说穿了梦无非是代表愿望的完成而已，它的工作即在于由某种感觉而找出能借此达成的某种愿望。即便是这些感觉资料带有痛苦不愉的成分在内，它仍用以构成某种梦的形成。某些会引起不愉快，或根本不矛盾冲突的资料，会被心灵巧妙自如地经由两种心理步骤（见第四章）以及存在于其间的检查制度，而变为完全合理的愿望达成。

在我们的精神生活领域里，有许多属于心灵"原本步骤"（或谓"原本系统"）的受潜抑的愿望，是因为完全来自"续发步骤"（或谓"续发系统"）的压力而致使其不

✦❈✦ 睡眠和梦的关系 ✦❈✦

睡眠和梦之间到底存在着什么关系？自古以来，它就像谜一样吸引着人们的好奇心。

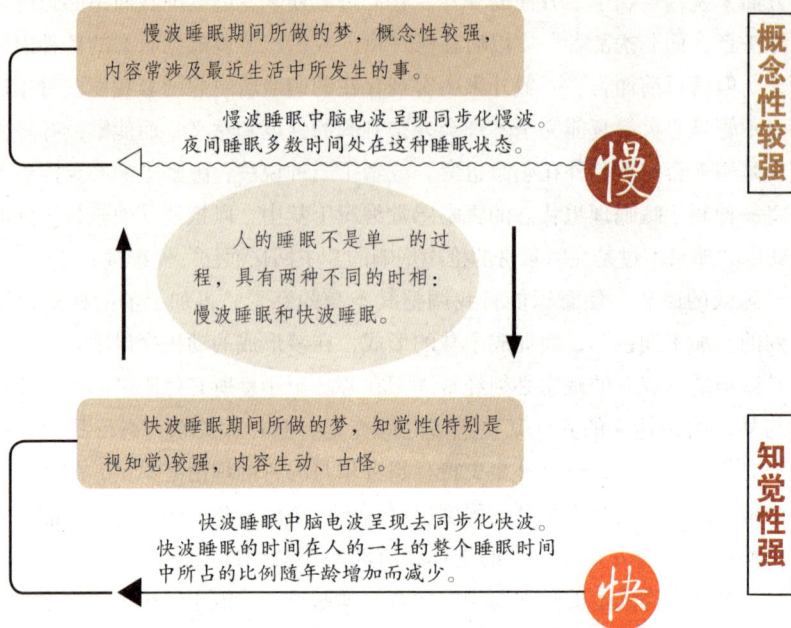

慢波睡眠期间所做的梦，概念性较强，内容常涉及最近生活中所发生的事。

慢波睡眠中脑电波呈现同步化慢波。夜间睡眠多数时间处在这种睡眠状态。

慢

概念性较强

人的睡眠不是单一的过程，具有两种不同的时相：慢波睡眠和快波睡眠。

快波睡眠期间所做的梦，知觉性(特别是视知觉)较强，内容生动、古怪。

快波睡眠中脑电波呈现去同步化快波。快波睡眠的时间在人的一生的整个睡眠时间中所占的比例随年龄增加而减少。

快

知觉性强

做梦主要是在快波睡眠期间，当然，也有少数是在慢波睡眠期间。但两种睡眠状态所做的梦，在内容上是不同的。

能达成。这两者之间我们并非以"时间性的存在"来划分——即这些愿望最初存在，而后来即被摧毁消失掉。"潜抑作用"的原则是我们对心理症的研究所必备的观念。它认为受潜抑的愿望只是由于某种重压而予以暂时性的抑制，而并非就此消失。由另外一个词"压抑作用"（suppression，意即"压下去"），即可看出这类意思。而一旦这些受压制的愿望得以脱颖而出，于是"续发系统"的压制力便告消失（这种压制是可以意识到的），此时乃在心理源表现出"不愉快"来。总之，我们的结论是：如果在睡眠时一种来自肉体上的不愉快的感觉发生时，它可以被梦活动利用，以期达成某种本来受压制的愿望。此时检查制度仍或多或少地存在。

这种说法将"焦虑的梦"解释得更为通俗，但另外某些梦却需要其他不同的阐释，而不太适用这种愿望理论。由于梦中的焦虑均不可避免地带有心理症的特点，所以来自性心理兴奋的梦，其焦虑均代表受潜抑的原欲，因此这种焦虑，就像整个焦虑的梦一样，具有心理症状的意义，而我们所面临的难题就在于究竟梦中愿望达成的趋势到何种程度才受到限制。然而，另外有些"焦虑的梦"却是来自肉体因素的焦虑（譬如某些肺

脏或心脏有病的患者，
往往偶发呼吸困难的焦
虑），同样地，它也可用
来使某些强力压制的愿望
在梦中予以实现，进而疏
导出那份焦虑。事实上，
要想从这两种看似矛盾的
情形中找出合理的说明也
并不难。当这两种心理构
成物，一种"情绪上的偏
好"与一种"观念内容"
具有密切关系时，只要其
中之一确实存在，即可引
发另一种的产生，甚至梦
中亦复如此。那么，我们
可以看出，来自肉体的焦
虑引发了受压制的"观念
内容"，而由此再加上性
兴奋，使得焦虑得以宣泄
出去。就某些情形而言，
可以说是"从肉体产生的
情绪变化由精神予以阐
释"。而另外一种情形正
好相反，却是"来源均由
精神因素引起，但所受压
抑的内容却明显地由肉体
的焦虑宣泄而来"。然而
由于我们的讨论范围已跨
入了焦虑的演变与"潜
抑"的问题，所以在这方面的探讨将面临困难，而这些困难与梦的了解无甚关系。

给人带来不安的缪斯

画面中立着的又像人又像建筑的模型，是画家眼中的城市风景，这
是一个毫无逻辑的城市，古典式的建筑，没有五官的人体模型搭配在一
起，给人一种无法形容的不安的印象。画家用明亮而且不安定的色彩，
给画面增加了几分焦虑感。

　　来自身体内部的主要的梦的刺激无疑包括了全身性的肉体知觉，它不仅能供给梦的
内容，并且使"梦思"能在所有资料中挑选最适合其特性的部分作为梦的内容的代表，
而将其余部分予以删除。同时，这些由当天所遗留下来的全身性知觉以及所附的心理意
象对梦都有很大的意义。而且，一旦这些知觉所带来的是痛苦的反应，那它也可能遁入
另一相反的形式并从梦中表现出来。

如果睡眠时来自肉体的刺激并非具有十分强烈的程度，那么它们对梦的形成所产生的影响，充其量也只不过是那些白天所遗留下来不太重要的印象。也就是说，它们只能用来与某些"观念内容"相结合以形成梦。它们并非十分重要的梦的来源，而就像是一些便宜的现成货色，视需要而定。我给大家做一种譬喻：当一个鉴赏家拿一块稀世宝石，请工匠做成艺术品时，那工匠就必须视宝石的大小、色泽以及纹理来决定镶刻成什么样的作品。但一旦他所用的材料是俯拾皆是的大理石、砂石，那么工匠就可以完全依照他本身的意念来决定其成品。那些几乎每夜都发生的比较频繁的肉体刺激为何没有构成千篇一律的梦，看来只有以这种譬喻才能说明。

也许，最好还是再举一个释梦的例子，才能清晰地表达我上述的观念。有一天，梦中常有的一种"被禁制的感觉"极大地引发了我的兴趣，而冥思苦想，结果当天晚上我做了如下的梦："衣衫不整的我，在楼下用一种近乎跳的方式，每次跨三阶楼梯上楼，我因为自己的健步如飞而得意。突然我发现女佣正从楼梯上向着我走下来，刹那间我感到十分尴尬羞愧，想马上跑开，但却有一种'受禁制的感觉'，竟在楼梯上身不由己地动弹不得。"

人的睡眠刺激

人的睡眠刺激来自三个方面，分别是：一是环境的影响；二是生理的影响；三是问题意识的影响。这也是梦的刺激来源。

环境的影响

环境的影响来自外界，例如被声音、气味、亮光、冷风等影响；

生理的影响

生理的影响来自身体内部，例如关节疼痛、肝脏病变、精液生长、大小便坠胀等；

问题意识的影响

问题意识的影响来自现实的压力，人们在现实生活中，各种器官神经受到刺激后，便传输到大脑中，形成对事物颜色、声音、味道等的印象，这些神经刺激加深了大脑的沟回，形成记忆、思维和想象等的意识，同时也潜伏成大量的现实压力和问题意识。

分析：这个梦中的情境是来自每日生活的真实情况。在维也纳，我所住的房子确有两层，楼下是我的诊所与书房，楼上是我的起居室，两者唯有一个楼梯上下相通。我每天工作到深夜，才上楼休息。在做梦的当晚，我的确是衣冠不整地——已把领带、纽扣全部解开——蹒跚上楼，但在梦中却更过分地变得近乎衣不蔽体的程度。通常，我上楼总是两三阶一大步地跑上去。还有，愿望的达成也可由梦里看出——由于我能如此步履轻快，表明我的心脏功能还相当好，同时，这种跑上楼的自在正与后半段动弹不得的困境又形成一大鲜明对比，我在梦中动作的自由轻快，使我不禁想起，我有如在梦中飞驰一般。

但梦中我跑上楼去的那座房子并非我家，最初我无法认出那个地方，后来有个女人告诉了我是什么地方。这个女人是我每天出诊两次去给她打针的一位老友人的女佣。而梦中的地点的确就是我每天都要走两回的那个老友人家的楼梯。

这些"楼梯"与"女佣"怎么会进入我的梦中呢？因为自己衣冠不整而羞惭，无疑带有"性"的成分在内，但那个女佣比我年纪大，而且一点儿也不吸引人。这些疑问使我想起以下的插曲：当我每次早上去她家看病时，总是习惯地在上楼时要清清喉咙，把痰吐在楼梯上。由于这两层楼之间连一个痰盂也没有，所以我自以为楼梯如果想保持干净，问题并不在我，而是她应该买个痰盂供人使用。但那个管家婆却有不同的看法，她是一个吝啬而有洁癖的老女人，每天到那时总是站在楼梯口，盯着我是否又随便吐痰，而一旦被她发现，势必又有一阵窝囊气好受。甚至后来她看到我，也不再作礼貌的招呼。就在做梦的当天早上，那个女佣的恶言更加强了我对她的反感。当我看完病走出前门时，女佣竟盯着我说："大夫！我们的红地毯又被你弄脏了，你最好擦擦皮鞋再进来吧！"而这些事大概可以解释为什么"楼梯"与"女佣"会出现在我的梦中了。

阶梯

孟塔古建于1686年，是第一家大英博物馆，天花板上的壁画主要根据希腊的神话故事所绘。阶梯是我们日常生活的一部分，而弗洛伊德在梦的解析中却说，"阶梯是性的象征"。

至于"跳阶上楼"与"吐痰在楼梯上"是有密切关系的。咽喉炎与心脏的毛病均可能是吸烟的恶习所致的惩罚，再加上连我自己的女管家也嫌我不够干净，因此我在两家均不得人缘，而这在梦中更混合成一件事。

其他有关此梦的解析需待我能指出"衣冠不整"的"典型的梦"的来源以后再作详谈。同时由刚才所叙述的梦可以看出，梦中的"受禁制的感觉"往往是在梦境需要再接上另一事件时才发生的。而我睡觉时的运动系统并无法解释这个梦的内容，因为就在刚刚不久前，我才发现我又习惯地跳着上楼，与梦中的情景完全一样。

四、典型的梦

一般而言，如果别人不供给我们他梦中所隐含的一些意念想法的话，我们就无从对他的梦做一合理的解释，因而使得我们的释梦方法大受限制。但这些梦是一种极具个人色彩，鲜为外人所能了解的梦。与之相对照的，另有一些例子，却几乎是每个人都有过的同样内容、同样意义的梦。不论梦者是谁，这种"典型的梦"几乎都来自同样的来源，所以如果我们要对梦的来源进行探讨，选取这类梦展开研究特别适合，由此我打算在本章专门讨论它。

为何有这种困难，以及我们如何补救技巧上的困难，则留待下一章再讨论。读者们将来自然会了解我为何在本章只能处理几类"典型的梦"，而将其他的讨论延至下一章。

（一）尴尬——赤身裸体的梦

梦见在陌生人面前赤身裸体或衣不蔽体，有时也可能并不引起梦者的尴尬羞惭。但我们目前认为较有探讨价值的是那些使梦者因此而尴尬，而想逃避，但却发觉无法改变这种窘态的梦。唯具有这些特点的赤身裸体的梦，才属于本章所谓"典型的梦"，否则其内容的核心可能又包含其他各种关系，或因人而异的特征。这种梦的要点就是："梦者因梦而感到痛苦羞惭，并且急于以运动的方式遮掩其窘态，但却力不从心。"

我相信大部分读者都曾经有过这一类的梦吧！

暴露的程度与样子大多相当模糊，可能梦者会说："当时穿着内衣。"但其实这并不是十分清楚。大多数情形下，梦者均以一种较模糊的方式叙述其祖裸程度，"我穿着内衣或衬裙"，而通常，所叙述的这种衣服单薄的程度并不足以引起梦中那么深的羞惭。比如一个军人通常梦见自己不按军规着装，便代替了这种"裸体"的程度，"我走在街上，忘了佩带，军官向我走来……"，或是"我没戴领章"，或是"我穿着一条老百姓的裤子"等等。

在梦中被人看见而不好意思的对象大多是一副陌生面孔，而无一定的特点，并且在"典型的梦"里，梦者多半不会因自己所羞惭尴尬的这件事而受外人的呵责。相反，那些外人都表现漠不关心的样子。或者，就像我所注意过的一个梦中，那个人是一副僵硬不苟的表情，而这更值得我们仔细探讨其中的韵味。

"梦者的尴尬"与"外人的漠不关心"正构成了梦中的矛盾。以梦者本身的感觉，其实外人多少应该会惊讶地投以一瞥，或讥笑他几句，甚或驳斥他。关于这种矛盾的解释，我认为可能外人憎恶的表情由于梦中"愿望的达成"的作祟而予以取代，但梦者本身的尴尬却可能因某些理由而保留下来。当然我们仍未能完全了解这类只有部分内容被"愿望达成"所改装的梦。基于这种类似的题材，安徒生写出了有名的童话《皇帝的新装》，而最近又由福尔达以诗人的手笔写出类似的《护符》。在安徒生的童话里，有两个骗子为皇帝编织一种号称只能被天神和诚实的人所看到的新衣。于是皇帝就信以为真

粉红色的裸体　亨利·马蒂斯　法国　1935年　布面油画　巴尔的摩美术馆

　　弗洛伊德认为，梦见裸体，有时并不会引起梦者的尴尬羞惭。这幅作品中展示的便是女性的裸体。画中女人那动人而高雅的体态，撑满至近乎整个画面，似乎暗示着她的美将不受任何空间的限制。她将自己纤细美丽的躯体置身于蓝白相间的方格图案中，衬托出人体的美感而不会破坏它的主体地位。

地穿上这件自己都看不见的衣服，而这纯属虚构的衣服变成了人心的试金石，于是人们只好装作没看见皇帝的裸体以此来表明自己的诚实。

　　其实，这就是我们梦中的真实写照。我们可以这样假设：这看似无法理解的梦的内容却可由这不穿衣服的情境而导致记忆中的某种境遇，只不过这境遇已失去了其原有的意义而另有他用。我们可以看出，这种"续发精神系统"在意识状态下如何将梦的内容予以"曲解"，并且由这种因素决定了梦所产生的最后形式。还有，就是在"强迫观念"、恐惧症的形成过程，这种"曲解"（当然，这是对具有同样心理的人格而言）也扮演了一大角色。甚至我们还可能指出这释梦的材料取自何处。"梦"就有如骗子，"梦者"本身就是国王，而有问题的"事实"就因道德的驱使（希望被别人认为他是诚实的）而被出卖，这也就是梦中的"隐意"——被禁锢的愿望，受潜抑的牺牲品。我从对"心理症"病人所做的梦的分析中，发现童年时的记忆在梦中的确占有一席之地，只有在童年时，我们才会有那种穿戴很少地置身于亲戚、陌生的保姆、佣人和客人面前，而丝毫不觉羞惭的经历。而有些年长些的孩子们，在被脱下衣服时，非但没有不好意思，反而兴奋地大笑、跳来跳去、拍打自己的身体，而母亲或在场的其他人总要呵责几句："嘿！你还不害臊——不要再这样了！"小孩总是有种在人前展示自己身体的愿望，我们随便走过哪个村庄，总可以碰上一个两三岁的小孩子在你面前卷起他（她）的裙子或敞开衣服，很可能他们还以此向你致敬呢！我有一位病人，他仍清楚地记得他8

暴露胸部的女人　丁托列托　意大利　1570年　布面油画　普拉多艺术博物馆

人们在现实中都有裸体的倾向，而在梦中反映出来。画中描绘了一个暴露胸部的女人，但在任何意义上，画家都不是为了表达这样一个简单的、带有某种色情暴露意味的主题。她张望着，但不是我们，而是某个看不到的同伴。她好像是在故意地裸露胸部，为了某种特殊的目的。

岁时，脱衣上床后，吵着要只套上衬衣就跑入妹妹的房间内跳舞，但被佣人禁止了。对心理症病人而言，童年时曾在异性小孩面前暴露自己肉体的记忆确实具有相当重要的意义。患妄想症的病人，常在他脱衣时妄想被人窥视，这也可以直接归于童年的这种经历。其他性变态的病人中，也有一部分是由这种童年冲动的加强而引起所谓的"暴露症"。

童年时天真无邪的日子，在日后回忆起来，总令人有种"当时有如身在天堂"之感，而天堂其实就是指每个人童年都有一大堆幻想的实现。这也就是为什么人们在天堂里总是赤身露体不觉羞惭，而一旦达到了开始产生羞恶之心的时候，我们便被逐出天堂的幻境，于是才有性生活与文化的发展。此后唯有每天晚上借着梦境我们才能重温这天堂的日子，我们曾推测最早的童年期（从不复记忆的日子开始至3岁为止）的印象，皆为各遂其欲的产物，因此这些印象的复现即为愿望的达成。因此，赤身露体的梦即为"暴露梦"。

"暴露梦"的核心人物往往是"梦者目前的自己"，而非童年的影像。而且由于日后种种穿衣的情境以及梦中"检查制度"的作用，以致梦中往往并非全裸，而呈现"一种衣冠不整的样子"，然后再加上"一个引起梦者羞惭的旁观者"。在我所收集的这类梦中，从未发现这梦中的旁观者，正好是童年暴露时的真实旁观者的再现。毕竟梦境并不是单纯的一种追忆。奇怪的是，"歇斯底里症"以及"强迫性心理症"患者童年时"性"兴趣的对象也并未于梦中复现，而唯独"妄想症"仍保留着旁观者的影像，并且虽看不见"他"，但病人本身却荒唐地深信"他"冥冥之中仍暗伺于左右。

在梦中，这类旁观者多半被一些并不太注意梦者尴尬场面的"陌生人"所取代，这其实就是对梦者所想暴露于其关系密切者的一种"反愿望（counter-wish）"。"一些陌生人"有时在梦中还另有其他含义。就"反愿望"而言，它总是代表一种秘密。我们甚至可以看出，妄想症所产生的"旧事复现"也符合这种"反面倾向"。而且梦中绝不会只是梦者单纯一人，他一定被人所窥视，而这些人却是"一些陌生的、奇怪的、影像模糊的人"。并且，在这种"暴露梦"里"潜抑作用"也插了一脚，由于那些因"审查制度"所不容许的暴露镜头均无法清楚地呈现于梦中，所以，梦所引起的不愉快感觉完全是由于"续发心理步骤"所产生的反应，而唯一可以避免这种不愉快的办法，就是尽量不要使那样的情景重演。

在接下来的章节里，我们将再讨论"被禁锢的感觉"。目前我们可以看出在梦中，它是代表"一种意愿的冲突""一种否定"。根据我们潜意识的目标，暴露是一种"前进"，而根据"审查制度"的要求而言，它却是一种"结束"。

我们这种"典型的梦"与童话、小说以及诗歌有着并非巧合或偶然的关系。有时诗人以其深入的自省、分析可以发现，他的作品可以追溯到自身的梦境，而诗歌只是由梦所蜕变出来的产品。有位朋友曾介绍我看凯勒的作品《年轻的亨利》，其中有一段特别值得注意："亲爱的李，我想你永远无法体会奥德赛回到家乡，光着身子、满身泥泞地现身于娜希佳及其玩伴之前时所感到的辛酸与激动！你想知道那意思吗？就让我们仔细地玩味这件事吧！如果你曾背井离乡，远离亲友而迷途于他乡；如果你曾历尽沧桑；如果你曾饱经忧患，陷于困境、被人遗弃，那么可能有天晚上，你会梦见你回到家乡了，看到了那熟悉而又最可爱、最美丽的景色；所有你日夜思念的、激动的人们跑出来迎接你，而突然间你发觉自己衣衫褴褛、近乎赤裸并且全身泥泞，一种无可名状的羞惭、恐惧马上会攫袭着你；你想找个地方躲起来，或找个东西盖住自己，而最后冒着冷汗惊醒过来。一个饱经忧患、颠沛于暴风雨中的人，只要是尚有人性的话，必然会有这种梦，而荷马就由这人性最深入的一面挖掘出这感人的题材。"

这所谓的人性中最深入的一面，以及这些引起读者们共鸣的诗篇，难道不是由发生于童年时的那些精神生活的激动而演变成不复记忆的影像吗？童年的愿望，不再被今日认可，于是受到压制后，便趁隙借着这沦落天涯的断肠人的希望，而表现于梦中，也因此使得这实现于娜希佳故事的梦，顺理成章地变为一种"焦虑的梦"。

儿童的姿态

小孩总是有种在人前展示自己身体的愿望，森林的夜色总是神秘而幽静的，这也正是孩子们喜欢嬉戏的时刻，图中的女孩年龄虽小，但她却摆弄出此种姿态，这种情感的表达方式是每个孩子都与生俱来的。

至于我自己梦见慌张上楼，而后却变成在楼梯上动弹不得，由于具有这些主要特征，所以它也是一种"暴露梦"。这也可以追溯至我童年时的某些经历，而只有了解了这些，才能使我们获知女佣人对我的态度（譬如说，她责怪我弄脏了地毯）如何使她在我的梦中扮演了那种角色，现在我已差不多可以对这个梦做合理的解释了。在精神分析里，一个人必须学习如何利用各种资料以及时间上的先后联系而进行解析，两个乍看毫无关联的意念一旦接连着发生，那么就必须把它们视为一件事来加以阐释。就像我们念英文字母时，一旦a与b合写在一起，我们就得将ab合念成一个音节，而释梦的手法也不外乎这些。阶梯的梦，可从我做过的有关梦中所熟悉的人物中找出某种解释（当然，这一系列的梦必须是属于相类似的内容）。而另有一系列的梦却与一位保姆的记忆有关，这是一位我从吃奶时到两岁半托养于她家的妇人，我对这个人的记忆已经十分模糊。最近从母亲的口中得知，这妇人长得又老又丑，但却十分聪明伶俐，而从我梦中一些有关她的情况来看，她对我似乎并不太和善，并且对我不讲卫生的习惯常常加以斥责。由于我那个病人家里的女佣也在这方面对我加以数落，于是，在梦中我便把她蜕变成这个几乎没有印象的老女人。当然，这得有个前提，就是这位保姆虽然待小孩子十分苛刻，但孩子们对她仍是有兴趣的。

（二）亲友之死的梦

另一系列"典型的梦"，其内容均为至亲的人之死，如父母、兄弟、姐妹或儿女的死亡。在此，我们必须将这种梦分成两类：一种是梦者并不为所恸；另一种是梦者为至亲之死而深深地感伤，甚至于睡中淌泪啜泣。

其实上述的第一种梦不算是"典型的梦"。因为这种梦一旦分析下去，必可发现其内容是暗示着某种隐含的愿望。这就像我们所提过的梦见姐姐的孩子僵死于小棺木的例子（见第四章）。这个梦并不表示梦者真正希望小外甥死，而是隐藏着想要再见到久别的恋人的愿望——她自从很久以前参加完另一外甥丧礼时见过这人一面以后，就不曾再见过面。而这个愿望，才是梦的真正内容，因此梦中小外甥之死并不会使梦者因此而伤感。我们可以看出这个梦所蕴含的感情并不属于这显梦的内容，而应该归于梦的隐意，只不过是这"情绪的内容"并未受到"改装"而直接呈现于"观念的内容"而已。

但另外一种梦，却使梦者经常因为亲友的死亡而引起悲痛的情绪。此内容显示出，梦者确有希望那位亲友死亡的愿望，然而，由于这种说法势必引起曾有过这类梦的读者们的抵制，我将尽可能以最令人心服的理由来说明。

我们曾经举过一个梦例以证明梦中所达成的愿望并不一定是目前的愿望，它们可能是过去的，已放弃的，或受潜抑而深藏的愿望，而我们也决不能因它曾复现于梦中，即认为这愿望仍继续存在。然而，它们并非像一般人死了就完全归于虚无一般，它们并非完全消逝，它们倒有点像奥德赛中的那些魅影，一旦喝了人血又可还魂的。那梦见孩

画家的母亲　卢西安·弗洛伊德　德国　1982年　布面油画　私人收藏

梦见亲友的死亡又是一种典型的梦，这同样体现了梦者的愿望。这是画家母亲的肖像，她头发细微的灰白变化、脖颈上松弛的皮肤、紧闭的双唇以及正视前方的双眼——正视着死亡——都被无情地怀着尊敬地展示在我们眼前。在画家眼里，死亡不再是一种逃避，而是一种期待。

子死于盒子内的例子（见第四章）就包含了一个15年前的愿望，而当时梦者也承认其存在，有关梦者最早的童年回忆即来自此愿望的存在。这也许是重要的梦理论的观念。当梦者仍是一个小孩时（这确实是在几岁时所发生的，但她已不复记忆），她听人家说，她母亲在怀她时，曾有过严重的忧郁症，曾拼命地盼望孩子会胎死腹中。等到她长大了，自己有了身孕，她只不过是照葫芦画瓢地又形成了这样的梦。任何人如果曾经梦见他父母、兄弟或姐妹死亡而悲恸，这并不就证明他们"现在"仍旧希冀家人的死亡。而释梦的理论事实上也不需要有这种证明，它只是表明，这种梦者必定在其一生的某一段时间甚至是童年时，曾有过如此的希冀。但这些说法恐怕还难以平息各种反对的批评，他们很可能根本反对这种想法的存在，他们以为这种荒谬的希望绝不可能发生过，不管是现在已消失的或仍存在的。因此，我只好利用手头上所收集的例证来勾画出已潜藏下来的童年期的心理状态。

童年期的心理发展

　　童年期的年龄范围在六七岁~十二三岁，是儿童心理发展的一个重要阶段。童年在人们的心目中是美好的，也是人一生中最美好、最天真无邪的时期。

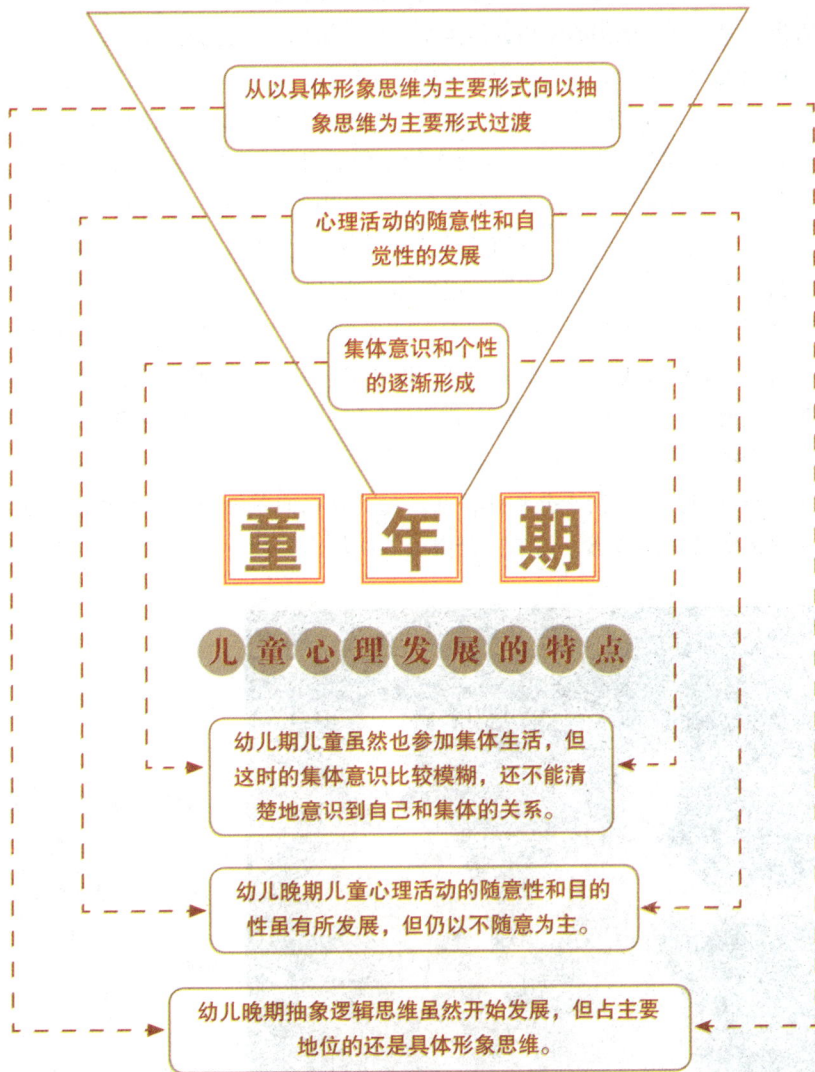

从以具体形象思维为主要形式向以抽象思维为主要形式过渡

心理活动的随意性和自觉性的发展

集体意识和个性的逐渐形成

童 年 期

儿 童 心 理 发 展 的 特 点

幼儿期儿童虽然也参加集体生活，但这时的集体意识比较模糊，还不能清楚地意识到自己和集体的关系。

幼儿晚期儿童心理活动的随意性和目的性虽有所发展，但仍以不随意为主。

幼儿晚期抽象逻辑思维虽然开始发展，但占主要地位的还是具体形象思维。

　　首先让我们来考虑小孩子与其兄弟姐妹之间的关系。我实在不明白，为什么我们总以为兄弟姐妹永远是相亲相爱的，其实每个人都曾有过对其兄弟姐妹的敌意，而且我们常能证明这种疏远其实来自童年期的心理，并且有些还持续至今。甚至，那些对其弟妹照顾得无微不至的好人，事实上心中依然存在着童年期的敌意。兄姐欺负弟妹，讥笑怒骂、抢他们的玩具，而年纪小的只有满肚子怒气，却不敢作声。他们对年纪大的既羡又惧，后来最早争取自由的冲动或第一次对不公平的抗议，即针对压迫他们的兄姐而发。此时父母们往往抱怨说，他们的孩子一直不太和睦，却找不出什么原因。其实小孩子都是绝对的以自我为中心的，甚至是一个乖孩子我们也无法要求他的性格能达到我们成人所应有的性格，小孩子会急切地感到自己的需要，而拼命地想去满足它，特别是一旦有了竞争者出现时（可能是别的小孩，但多半是兄弟姐妹），他们更是全力以赴，还好我们只是说他顽皮，并不因此而骂他们是坏孩子。毕竟，这种年纪他们是无法就自己的判断或法律的观点来对自己的错误行为负责的。但随着年龄的增加，在所谓"童年期"阶段，利他助人的冲动与道德的观念开始在幼小的心灵内萌芽，套句梅涅特的话，一个"续发自我"渐渐出现，而压抑了"原本自我"。当然，道德观念的发展并非所有方面都同步进行，而且，童年时的"非道德时期"之长短也因人而异。这种道德观念发展的失败我们一般习惯称之为"退化"，但事实上这只是一种发展的"迟滞"。虽然"原本自我"已因"续发自我"的出现而遁形，但在"歇斯底里症"发作时，我们仍可或多或少地看出这"原本自我"的痕迹，在"歇斯底里性格"与"顽童"之间，我们的确可以找到明显的相似处。相反，强迫观念心理症，却是由于原本自我的呼之欲出，而引起"道德观念的过分发展"。

许多人目前与其兄弟们十分和好，并且为其死亡而悲恸异常，但在梦中却发现他们早年所具的潜意识的敌意，仍未完全陨灭。我们由三四岁前的小孩子对其弟妹的态

两个追逐蝴蝶的女孩
托马斯·庚斯博罗 英国
1775～1776年 布面油画
伦敦国家美术馆

当孩子看到父母为自己的生活中增添了一个新人的时候，孩子总会表现出异常或者是有趣的行为。画家只有这两个女儿，她们很难得的一起拉着手，去追逐一只蝴蝶。画家被她们的行为深深地感染了，所以创作了这幅作品。因为他知道，等到她们再长大些，这种画面就再也见不到了。

度，可以看出一些有趣的事实。父母往往告诉他，亲生的弟弟或妹妹是由鹳鸟由天上送来的，而小孩子在端详这新来报到的小东西以后，往往表示了如下的意见与决定：

"我看，鹳鸟最好还是把他带回去吧！"

我想在此郑重声明，我以为小孩子在新弟妹的降生后，均能衡量其带来的坏处。我有一个小病人，他现在已与小他4岁的妹妹相处得很好，但当初他知道妈妈生了一个妹妹时，他的反应是："无论如何，我可不把我的红帽子给她！"如果说小孩必须等到长得大点才会感到弟妹将会夺去不少宠爱的话，那他的敌意应该是到那时才会产生的。我曾经见过一个还不足3岁的小女孩，竟想把婴孩在摇篮里勒死。而她的理由是，她认为小家伙继续活着对她不利。小孩在此期间多半能强烈地、毫不掩饰地表现出其嫉妒心理。还有，万一新生的弟妹不久夭折，而使其再度挽回全家对他的钟爱，那么，下次，如果鹳鸟再送来一个弟妹时，为了能使自己过得与以前第一个弟妹未出生前或其死后的那段集众宠于一身的幸福日子，这小孩是否会极自然地又冀婴儿的夭折呢？当然，一般而言，小孩对其弟妹的这种态度，只是一种因年龄不同而导致的结果，而经过一段时间，小女孩就会对新生无助的小弟妹产生母性的本能的。

事实上，小孩子对其兄弟姐妹的仇视比我们所看到的观察报道更普遍。由于我自己的儿女们年龄接得太近，使我无从做这种观察，为了补偿这点，我仔细地观察了我的小外甥，他那众宠加身的"专利"在15个月后由于妹妹的降生而告终。虽然，最初他一直对这个妹妹表现得十分够风度，抚爱她、吻她，当他的妹妹开始咿呀学语时，他就马上利用新学的语言表示了他的敌意，一旦别人谈及了他的妹妹，他便气愤地哭叫："她太小了、太小了！"而再过几个月，当这个妹妹由于发育良好已经长得够大而骂不了"太小了"时，他又找出另一个"她并不值得如此受重视"的理由："她一颗牙齿也没有。"还有我另一个姐姐的长女，我们家人都注意到在她6岁时，她花了半个钟头的时间，对每个姑姑、姨妈不停地说："露西现在还不会了解这个吧？"露西是比她小两岁半的竞争者。

可以说，几乎所有人都曾梦见过兄弟或姐妹的死，而找出所隐含的强烈的敌意，除了一个女病人例外，我在其他病人身上全部得到过这种梦的经历，而这例外，只要经过简单的解析，就可用来证实这种说法的正确。有一次，当我正为某个女病人解释某件事情时，由于突然想到可能她的症状与这有点关系，所以我问她是否有过这种梦的经历，没想到她居然给予否定的答复，但她说只记得在4岁时她第一次做过如下的梦（当时她是家里最小的孩子），而以后这个梦反复地出现过好几次："包括所有她的堂兄、堂姐们一大群的孩子正在草原上玩，突然间他们全都长了翅膀，飞上天去，而且永远不再回来。"她本身并不了解这个梦有什么意义，但我们却不难看出这个梦是代表着所有兄姐的死亡，只是所用的是一种比较不易受"检查制度"影响的原始形式。同时我想大胆地再进一步分析：由于她小时候是与叔伯的孩子们住在一起，那么多孩子中曾有个孩子夭折了，而以梦者当时还不到4岁的年纪来看，总有可能会提出一种疑问："小孩子

孩子们

一开始出生的孩子，习惯了父母的宠爱，一旦自己有了弟弟或妹妹之后，这种独占父母爱的行为就会变得异常强烈。画中的哥哥和妹妹看着年龄相当，但哥哥对妹妹的表现却不屑一顾，而妹妹则惯于模仿这种行为。

死了以后变成什么？"而其所得的回答大概不外乎是："他们会长出翅膀，变成小天使。"经过这种解释以后，那些梦中的兄姐们长了翅膀，像个小天使，而"飞走了"是最重要的一点。然而小天使的编造者却独自留下来了；只有她一人留下来，所有的都飞走了。孩子们在草原上玩，飞走了，这几乎是指着"蝴蝶"，由这看来似乎小孩子的意念联想也与古时候人们想象赛姬[1]，与有翼的蝴蝶之间的联想一样。

小孩的确对其兄弟姐妹有敌意的存在，这一点也许有些读者现在已经认同了，但他们却仍会怀疑，难道孩童的赤子之心竟会坏到想置其对手于死地吗？持有这种看法的人，一定是忘了一件事——小孩子对"死亡"的观念与我们成人的观念并不完全相同。生老病死的恐怖，坟场冷清的可怕，以及无极世界的阴森在他们的脑海里根本没有概念。所有成人对死的不能忍受，神话中所提出可怕的"后日"，在小孩心中是丝毫不存在的。死的恐怖对他们是陌生的，因此他们常会用这种听来的可怕的话，恐吓他的玩伴："如果你再这样做，你就会像弗兰西斯一样死掉。"而这种话每每使做母亲的听了大感震惊，而不能自已。甚至当一个8岁的孩子，在与母亲参观了自然历史博物馆以后，也许还会对母亲说："妈，我实在太爱你了，如果你死了，我一定把你做成标本，摆在房间内，这样我就依然可以天天见到你！"小孩子对死的观念就是如此地与我们不一样。

对小孩子而言，他们并未意识到死前痛苦的景象，因此"死"与"离开了"对他们而言，只是同样的"不再打扰其他还活着的人们"。他们分不清这个人不在，是由于"距离"，或"关系疏远"，或是"死亡"。在小孩幼年时，如果一个保姆被开除了，

---

① 译注：古希腊神话中丘比特所深爱的美女，被视为灵魂的化身，在艺术界常被画为蝴蝶或有翼的人。

而不久母亲死了，那么我们由分析往往可以发现，这两个经历在其记忆中即形成一个串联，另外尚有一个事实需要了解，就是小孩往往并不会强烈地思念某位离开的人，而这常常使一些不了解的母亲大感伤心（譬如，当这些母亲经过几个星期的远行回来后，听佣人们说："小孩在你不在时，从不吵着找你"）。其实，如果她真的一去不回地进入幽冥之境，那么她才会了解小孩只是最初看来似乎忘了她，但渐渐地他们便会开始记起死去的亡母而哀痛。因此，孩子们只是把希望消除另一个小孩存在的愿望冠以死亡的形式表现出来，并且由死亡愿望的梦所引发的心理反应证明出，不管其内容有多少相同，梦中所代表的小孩的愿望与成人的愿望是相同的。

然而，如果我们把小孩梦见其兄弟之死，解释为童稚的自我中心使他视兄弟为对手所致。那么，对于父母之死的梦又如何用这种说法来解释呢？父母爱我、育我，而竟以这种极自我中心的理由来做如此的愿望吗？

对此难题的解决，我们可以从某些线索着眼——大部分的"父母之死的梦"都是梦见与梦者同性的双亲之一的死亡，因此男人梦见父亲之死，女人梦见母亲之死。当然，也并不是说永远都是这样，但大部分情形都是如此，所以我们需要以具有一般意义的因素加以解释。一般而言，童年时"性"的选择爱好引起了男儿视父亲、女儿视母亲有如情敌，而唯有除去他（她）、他（她）们才能遂其所欲。

在各位斥责这种说法为荒谬绝伦以前，我希望读者们再客观地想想，父母与子女间事实上的关系如何，我们首先必须将我们

人生的三阶段

死亡就是生物的生命终结。但是对于小孩子来说，他们并不能意识到死前的痛苦，所以"死"与"离开了"对他们而言，只是同样的"不再打扰其他还活着的人们"。画中从左到右，描绘了人从出生到死亡所经历的几个阶段。生老病死，是亘古不变的自然定律，画家想要告诉我们的是：要直视死亡。

的传统道德或孝道，所要求于我们的父子关系与日常真正所观察到的事实区别清楚，你就会发现父母与子女间确实隐含着不少的敌意，只是很多情况下，这些产生的愿望并无法通过"检查制度"而已。就让我们先看看父亲与儿子之间的关系，我认为由于奉行了"十诫"的禁令而多少使得我们对这方面事实的感受钝化了，或者我们不敢承认大部分的人性均忽略了"第五诫"的事实。在人类社会的最低以及最高阶层里，对父母的孝道往往比其他方面的兴趣来得更为逊色，我们从古代流传下来的神话、民间小说等不难发现许多发人深省的有关父亲霸道专权、擅用其权的逸闻。克洛诺斯吞噬其子，就像野猪吞噬小猪一样；宙斯（希腊神话之主神）将其父亲"阉割"而取代其位；在古代家庭里，父亲越是残暴，他的儿子必然越会与其发生敌对现象，更巴不得其父早日归天，以便接管其特权。甚至在我们中产阶级的家庭里，也由于父亲不让儿子作自由选择或反对他的志愿而造成父子间的敌意。医生往往可以看到一件可怕的事实：父亲死亡的哀痛有时并不足以掩饰儿子因此而获得自由之身的满足感。一般来说，现代社会的父亲仍然会对由来已久的"父性权威"至死也不放手，所以诗人易卜生曾在他的戏剧里，将这父子之间源远流长的冲突搬上舞台。至于母亲与女儿之间的冲突多半开始于女儿长大到想争取性自由而受到母亲干涉的时候，而母亲这方面也多少由于眼见含苞待放的女儿已长得亭亭玉立，心中不免发出青春不再的感叹。

所有这些均发生在一般人身上，但对一些视孝道为天经地义、理所当然的人，其父母之死的梦，仍然无法解释得通。而我们仍可就以上所讨论的，再继续探究这

克洛诺斯吞噬其子

克洛诺斯是第一代提坦十二神的领袖，也是提坦中最年轻的。他是天空之神乌拉诺斯和大地之神盖娅的儿子。他推翻了他父亲乌拉诺斯的残暴统治并且领导了希腊神话中的黄金时代。画中的克洛诺斯怕自己的儿子将来同自己争权夺利，就先将他们一个个吃掉。然而他也并没有就此改变自己的命运，后来他被自己的儿子宙斯推翻。

些童年早期的死亡愿望的来源。

就心理症的分析来看，更证实了我们以上的说法。因为分析的结果显示出小孩最原始的"性愿望"是发生在很小的年龄，女儿最早的情感对象是父亲，而儿子的对象是母亲，因此对儿子而言，父亲变成可恶的对手，同样女儿对母亲也是如此。这种情形就像上述对兄弟之间"对手"的敌视一般，因此在孩童心理，这种感情很快地形成"死亡愿望"。一般而言，在双亲方面，很早就产生了同样的"性"选择，所以父亲溺爱女儿，而母亲袒护儿子（但就"性"的因素并无法歪曲其判断的范围内，他们仍是主张严格教

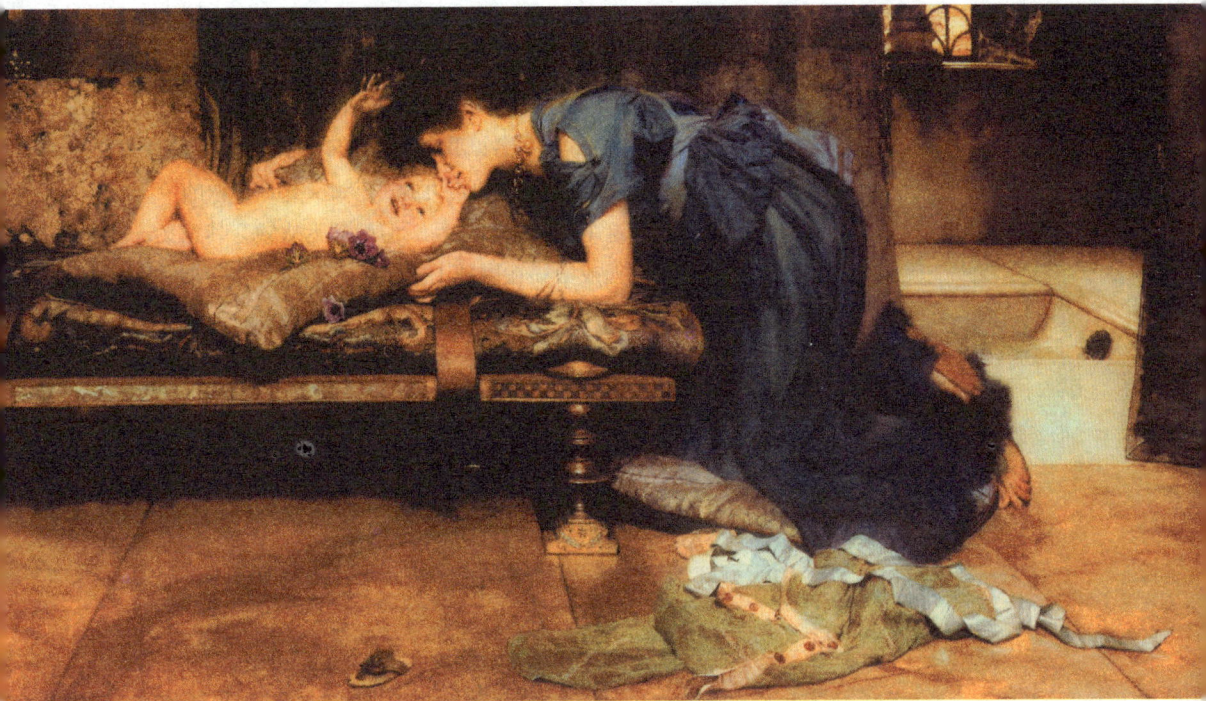

幼儿的性欲

在弗洛伊德看来，即使是幼儿也有性欲，母亲则是他第一个恋爱的对象，也是他第一个发泄爱欲的对象。

育子女的），而小孩子们也注意到这种偏袒，也能对欺负他的一方加以反对。小孩子认为成人"爱"他的话，并不只是能满足他某种特殊需要而已，还必须包括纵容他在各方面的意愿。一言以蔽之，小孩做这样的选择，一方面是由于其自身的"性本能"，同时也来自双亲的刺激强化了这种倾向。

虽然大部分这种孩提时期的倾向都被忽略掉，但在最早的童年仍有一些看得见的事实足供探讨。我认识的一个8岁女孩，她利用妈妈离开餐桌的机会，俨然以母亲的代言人自居："现在我是妈妈，卡尔，你要再多吃些蔬菜吗？听我的话，再多吃一些。"……一个还不到4岁、乖巧伶俐的小女孩，更由她以下所讲的话清晰地道出这种儿童心理，她坦白地说："现在妈妈可以走了，然后爸爸一定会与我结婚，而我将成为他的太太。"但这绝不意味着这个孩子不爱她的妈妈。另外如果在父亲远行时，男孩获准睡在母亲身边，而一旦父亲回来后，他又被叫回去与他不喜欢的保姆睡觉时，他一定会有一种"父亲永远不在家多好"的愿望，这样他就可以永远占有亲爱的、美丽的妈妈，而父亲的死很明显地就是这种愿望的达成。因为小孩子由"经历"（譬如已故的祖父永远不再回来的例子）获知人死了就再也回不来。

虽然由小孩子身上我们可以很快找到与我们的解释相合之处，但对成人心理症的精神分析，却无法达成如此完整的效果。所以心理症病人的梦必须加上适当的前提"梦是愿望的达成"，才能更完整地了解。有一天我发现一位妇人十分忧郁，她告诉我："我再也不愿见我的亲戚们，他们会使我感到害怕。"接着，她主动告诉我一个她4岁时所做的梦，她至今对这个梦仍记忆犹新，但她却无从领会其意义。"一只狐狸或山猫在屋顶上走来走去，接着有些东西掉下来，又像是我自己掉下来，以后便是母亲被抬出房子外——死了。"使得梦者因此大哭。我告诉她这个梦是表示一种希望见到母亲死亡的童年愿望，而由于这个梦，使她认为自己没脸见其亲戚，于是她又给了我一些释梦的材料：在她还是小孩子时，街上的小男孩有一次叫她一个很难听的绰号"山猫眼仔"，还有在她3岁时，有一次从屋顶上掉了一块砖瓦砸破了母亲的头，使她因此大量出血。

我曾经有机会对一个年轻女病人的各种不同精神状态做过透彻的研究，在她最初发作时的狂暴惶惑状态下，她对母亲的态度表现出一种前所未有的转变，只要母亲走近她，她便对其拳脚交加，辱骂斥责，而在对另一位长她很多岁的姐姐时却极其柔顺，后来她变得较沉静清醒。其实可以说是较无表情的状态，并且常常睡不好觉，也就在这时她开始接受我的治疗以及梦的分析。这时的梦，多半经过了掩饰，影射着她母亲的死亡，有时是梦见她参加一个老妇人的葬礼，有时是梦见她与姐姐坐在桌旁，身着丧服……都毫无疑问地可看

弗洛伊德和女儿

女儿喜欢父亲，儿子喜欢母亲，孩子在童年期做出这样的选择，一方面是由于其自身的"性本能"，同时也由来自双亲的刺激强化了这种倾向。这张照片是弗洛伊德和他的女儿苏菲亚，从拍摄角度也可以看出弗洛伊德和女儿的亲密关系，后来苏菲亚的死，曾经让弗洛伊德痛不欲生。

出梦的意义。在渐渐康复后，她开始有了歇斯底里恐惧症，而最大的畏惧便是担心她妈妈会发生意外，不管她当时身在何处，只要一有了这种念头，她就得赶回家看看母亲是否仍活着。现在通过这个例子，再加上我其他方面的经验，就可以发现相当有价值的收获。由此可以看出，心灵对同一个使它兴奋的意念可以产生很多种不同的反应，就像对同一作品可以有好几种文字的译文一样。我认为在狂暴惶惑的状态时，是当时"续发心理步骤"已完全为平时受压抑的"原本心理步骤"所扬弃，以致对母亲的潜意识的恨意占了上风，得以露骨地表现出来。而后来病人变得较沉静清醒时，说明心灵的骚动已平息下来，"检查制度"就得以抬头，所以这时对母亲的敌意只有在梦境才能出现，而在梦中表现了母亲死亡的愿望。最后，当她走上正常之路时，便产生了对母亲的过分的关切——一种"歇斯底里的逆反应"和"自卫现象"。而由这些观察可以看出，一般"歇

斯底里症"的少女为何常对母亲有过分的依赖，就可以有清楚的解释。

在另一个例子里，我有机会对一个患有严重"心理强迫症"的青年人的潜意识精神生活做了深入的研究，当时他严重到不敢出门，因为他深恐自己会在街上看到人就想杀。他整天只是处心积虑地在想办法，为周围发生的任何可能牵涉到他的谋杀案，找出自己确实不在场的证据。当然，此人的道德观念是与他所接受的教育具有相当高的水准。由分析（并借此以治疗其病的）显示出，在这要命的"强迫观念"背后，却隐藏着他对其过分严厉的父亲有种谋杀的冲动，而这种冲动确曾在他7岁那年，连自己都惊骇

生病的少女　爱德华·蒙奇　挪威　1885年　布面油画　奥斯陆国家美术馆

躺在病床上的年轻的女病人，眼睛望着远方，母亲则痛苦地低着头，她们彼此都不愿多看对方一眼，不知她们的潜意识是否怀有对对方的恨意。病人只有在沉静清醒时，骚动的心灵才能平息下来。

地表现出来。当然，这种冲动是早在7岁以前就开始酝酿着。在他31岁那年，他的父亲因一种痛苦的疾病而去世，于是这种强迫观念便开始在他心中作祟，并将对象转变为陌生人，而形成了这种恐惧症。任何一个曾希望谋杀亲父的人子，怎么可能对其他毫无血缘关系的陌生人不存杀害之心呢？所以他只好把自己深锁在房间里。

以我多年的经验来看，在所有后来变为心理症的病人，父母多半在其孩提时代的心理占有很主要的角色。对双亲之一产生深爱而对另一方深恨，形成了开始于童年的永久性的心理冲动，同时也形成了日后心理症的很重要来源。但我不相信心理症的病人与一般的正常人在这方面能找出极明确的差别——也就是说，我不相信这些病人本身能制造出一些绝对新奇不同于普通人的特点。较为可靠的说法（这可由正常儿童的平日观察得到佐证）应该是：日后变成心理症的孩童在对父母的喜爱或敌视方面，将某些正常儿童心理不显著、不强烈的因素明显地表现出来。由古代传下来的一些逸闻野史中也多少可以看出这种道理，而唯有借着上述的孩提心理的假设，才能真正了解这些故事的深邃而普遍的意义。

强迫症

强迫症，即强迫性神经症，是一种神经官能症，也是焦虑症的一种。患有此病的人总是被一种入侵式的思维所困扰，在生活中反复出现强迫观念及强迫行为，使患者感到不安、恐慌或担心，而进行某种重复行为有时会令患者感到这种压迫感可以得到舒缓。

强迫症的病因

患者具有很强的联想和想象力。诸多调查发现患者拥有高智商的比例高于正常人，或许因为病人的复杂思考模式正是导致发病的其中一个必要条件。

由于长期没有安全感，所以对某些方面的担忧持续存在。强迫症患者过度关注某些方面，而降低了其他方面的关注度。这与长期紧张的家庭社会关系有一定关系。

对现实的感知能力下降，记忆力明显退化，对自己已做过的同一件事印象不深，有的甚至是遗忘。导致再次想到某件事时还和当初一样要重新来一遍，造成形成强迫的外在表现。

我将提出的是有关俄狄浦斯
的逸闻，也就是索福克勒斯的悲剧
《俄狄浦斯王》。俄狄浦斯是底比
斯国王拉伊俄斯与王后伊俄卡斯特
所生的儿子，由于神谕在他未出生
即已预言他长大后会杀父，所以他
一生下来就被抛弃于野外。但却被
邻国国王所收养并成了该国王子，
直到后来他因自己出身不明而去求
神谕时，因为神谕告诉他，他命中
注定杀父娶母而警告他远离家乡，
他才决定离开，但就在离家的路
上，他碰到了拉伊俄斯，而由于一
个突然的争吵，他将这不知身份的
父王打死了。他到了底比斯，在这
儿他答出了挡路的斯芬克斯（古希
腊神话之人面狮身怪物）之谜，而
被感激的国民拥戴为王，而同时娶
了伊俄卡斯特为妻。他在位期间国
泰民安，并与他所不认识的生母生
下了一男二女，直到最后底比斯发
生了一场大瘟疫，而使得国民再度
去求神谕，这时所得的回答是：只
要能将谋杀先王拉伊俄斯的凶手逐
出国度即可停止这场浩劫。但凶手
在何处呢？这好久以前的罪犯又从
何找起呢？而这部悲剧主要就这样
一步一步地，一会儿山穷水尽，一
会儿柳暗花明地（就像精神分析的
工作一样）慢慢引出最后的残酷真
相——国王俄狄浦斯就是杀死拉伊
俄斯的凶手，更糟的是他本身竟是
死者与其妻所生的儿子。为这本身
糊里糊涂所闯出来的滔天大祸而震
骇的俄狄浦斯终于步入最悲惨的结

俄狄浦斯与斯芬克斯

俄狄浦斯是西方文学史上最为典型的悲剧命运的人物，
他在不知情的情况下，杀死了自己的父亲并娶了自己的母
亲。"俄狄浦斯情结"在心理学上常用来比喻有恋母情结的
人，有跟父亲作对以竞争母亲的倾向，同时又因为道德伦理
的压力，而有自我毁灭以解除痛苦的倾向。斯芬克斯是一只
雌性的邪恶之物，代表着神的惩罚。

局——自己弄瞎了眼，而离开祖国，完全应验了神谕的预言。

《俄狄浦斯王》是一部命运的悲剧，以天神意志的无边无界与人力对厄运当前只不过有如蜉蝣撼柱的强烈对照构成其悲剧性。剧中人力的渺小，神力的可怕让观众深受感动！近代作家也就因而纷纷地以他们自己构思的故事来表达这类似的冲突，以达到同样的悲剧效果。然而这些作品中因无法扭转命运而牺牲的可怜角色，似乎并未引起观众们投以类似程度的感动。就这方面而言近代的悲剧是失败了。

所以说如果《俄狄浦斯王》这部戏剧，能使现代的观众或读者产生与当时希腊人同样的感动，那么唯一可能的解释是，这部悲剧的效果并不在于命运与人类意志的冲突，而特别在于这冲突的情节中所显示出的某种特质。在《俄狄浦斯王》里面，命运的震撼力必定是由于我们也有内在的某种呼声的存在，而引起的共鸣，也因此而使我们批评女祖先等近代的命运悲剧作品缺乏真实感。的确，在《俄狄浦斯王》的故事里，是可以找到我们的心声的，他的命运之所以会感动我们，是因为我们自己的命运也是同样的可怜，因为在我们尚未出生以前，神谕就已将最毒的咒语加于我们一生了。很可能我们早就注定第一个性冲动的对象是自己的母亲，而第一个仇恨暴力的对象却是自己的父亲，同时我们的梦也使我们相信这种说法。俄狄浦斯杀父娶母就是一种愿望的达成——我们童年时期的愿望的达成。但比他更幸运的是，我们并未变成心理症，并能成功地将对母亲的性冲动逐次收回，渐渐忘掉了对父亲的嫉妒。我们就这样由儿童时期愿望达成的对象身上收回了这些原始愿望，而尽其所能地予以潜抑。一旦文学家由于人性的探究而发掘出俄狄浦斯的罪恶时，他使我们看到了内在的自我，而发觉尽管受到压抑，这些愿望仍旧潜藏于心底。且看这对照鲜明的道白："……看吧！这就是俄狄浦斯，他解开了宇宙的大谜而带来权势，他的财产为所有国民所称羡，但他却沉沦于如此可怕的厄运里！"而这段训诫却深深地感动了我们，因为自从孩提时代，我们的傲气便一直自诩为如何聪明、如何有办法，就像俄狄浦斯一样，我们却看不到人类所与生俱来的欲望，以及自然所赐予我们的负担，而一旦这些现实应验时，我们又多半不愿正视这童年的景象。

在索福克勒斯的这部悲剧里，的确可以找到有关俄狄浦斯的故事是来自一些很早以前的梦的材料，而其内容多半是由于孩童时，第一个性冲动引起孩童与双亲的关系受到痛苦的考验所致。伊俄卡斯特曾安慰当时尚不知其身份时而为神谕担心的俄狄浦斯安慰说，她认为有些人所常梦见的事并不见得一定有什么意义，譬如说："有很多人常梦见他在梦中娶了自己的母亲为妻，但对这种梦能一笑置之的却都能过得很好。"梦见与自己的母亲性交的，古今均不乏其例，但人们却因此而感到愤怒、惊讶而不能释然，我们由此不难找出，要了解这种悲剧以及父亲之死的梦，究竟关键在哪里。俄狄浦斯的故事，其实就是对这两种"典型的梦"所产生的幻想的反应，也就像那种梦对成人一样，这种内容必须加上改装的感情，所以故事的内容又掺和恐怖与自我惩罚的结局，所以最后形成的情景，是经过一种已无法辨认的另外加工润色，而用来符合神学的意旨。当然，此作品也与其他作品一样，对神力的万能与人类的责任心无法达成一种和谐。

另外一个伟大的文学悲剧，莎士比亚的《哈姆雷特》也与《俄狄浦斯王》一样来自同一根源。

但由于这两个时代的差距——这段时期文明的进步，人类感情生活的潜抑，以致对此相同的材料做如此不同的处理。在《俄狄浦斯王》里面，儿童的愿望和幻想均被显现出来，并且可由梦境窥出底细；而在《哈姆雷特》里，这些均被潜抑着，况且我们唯有像发现心理症病人的有关事实一样，透过这种过程中所受到的抑制效应，才能看出它的存在。在更近代的戏剧里，英雄人物的性格多半掺入犹豫不决的色彩，已成了悲剧的决定性效果而不可或缺的因素。此剧本主要也在于刻画哈姆雷特要完成这件加之于他身上的报复使命时，所呈现的犹豫痛苦，原剧并未提到这犹豫的原因或动机，而各种不同的解释也都无法令人满意。按照目前仍流行的看法，这是歌德首先提出的，哈姆雷特是代表人类中一种特别的类型——"用脑过度，体力日衰"，他们的生命热力多半为过分的智力活动所瘫痪。而另外一种观点以为莎翁在此展示给我们的，是一种优柔寡断的性格和近乎所谓"神经衰弱"的病态。而就整个剧本的情节来看，哈姆雷特绝非用来表现一种如此无能的性格。由两个不同的场合，我们可以看到哈姆雷特的表现：一次是在盛怒下，他刺死了躲在挂毯后的窃听者；另一次是他故意地，甚至富有技巧地，毫不犹豫地杀死了两位谋害他的朝臣。那么，他为什么对父王的鬼魂所吩咐的工作却犹豫不前呢？唯一的解释便是这件工作具有某种特殊的性质。哈姆雷特能够做所有的事，但却对一位杀掉他父亲，并且篡其王位、夺其母后的人无能为力——那是因为这人所做出的正是他自己已经潜抑很久的童年欲望的实现。于是对仇人的仇恨被良心的自责不安所取代，因为良心告诉他，自己其实比这杀父娶母的凶手并好不了多少。在这儿，我是把故事中的英雄潜意识所含的意念提升到意识界来说明：如果任何人认为哈姆雷特是一个"歇斯底里症"的病人，那么我又得承认这是由我的解释所导出的不可避免的结果。在他与

戏剧《哈姆雷特》中的场面

143

奥菲莉亚的对话所表现的性变态也与这种推论的结果相符合——在此后几年内，这种性变态一直不断地盘踞于莎翁心中，直到最后他才写出了《雅典的泰门》。我们当然也可以说，哈姆雷特的遭遇其实是影射莎翁自己的心理，而且由布兰德对莎翁的研究报告指出，这剧本是在1601年莎翁的父亲死后不久所写出的。这可以当他仍然在哀勉父亲的感情得以复苏。还有，莎翁那早年夭折的儿子，就是取名叫作哈姆涅特（发音近似哈姆雷特）。就像哈姆雷特处理人子与父亲的关系，在他同时期的另一部作品《麦克白》是以"无子"为题材。就像所有心理症的症状以及梦的内容，都经得起"过分的解释"，有时甚至是需要经过一段"过分的解释"才能看出真相，同样我们对任何真正的文学作品，也必须由文学家心灵中不仅仅从一种冲动、动机去了解它，并且要承认它可能有两种以上的不同解释。在此我只打算就这位富有创意的文学家心灵冲动中最深的一层来加以讨论。

关于这种亲友之死的"典型的梦"，我在此想以一般梦的理论再多说几句话，这些梦显示给我们一些极不寻常的状态，它将一些潜抑的愿望所构成的梦意逃过"检查制度"，原原本本地以原面目显示出来，而这唯有在某种特定的状况下才有可能发生。有两种因素有助于这种梦意的产生：第一，我们心中必定潜藏有某种愿望，而我们自己深信，这些愿望甚至在做梦也不会被发现，于是"梦的检查制度"便对此怪念头毫无戒备，就像《所罗门法典》，当年就没预料到有必要设一条有关杀父之罪的刑罚一样。第二，在这种特殊情形下，这种潜抑的、意想不到的愿望，往往以某种对亲人生命关怀的形式，对当天白天所遗留下来的感受发生让步的现象。但焦虑必定利用这相对应的愿望而如影随形地进入梦境。所以梦中的

熟睡的维纳斯　保罗·德尔沃　比利时　1944年　布面油画
英国伦敦塔特陈列馆

德尔沃常常描绘由梦和潜意识所激发出的如此怪异却总是美丽的意象。在月光清澈的小镇上，维纳斯躺着睡着了，一具骨骸和一个女装人体模型注视着她。她两腿分开躺着，梦到了死神的引诱。或许这是年轻女人的美丽和死亡的结合、欲望和恐怖的结合才使这幅画如此扰乱人心。

这份愿望往往都能被白天所引起的对某人的关怀所掩饰。但如果有人以为梦无非是对白天的心灵活动的继续，而将这种亲友之死的梦另辟于一般梦的解说之外的话，那么这些解释也就更加简化，而一些以往留下来的难题就更不需要再加探究了。

试图再探索这种梦与"焦虑的梦"之间的关系，是相当有意义的。在亲人之死的梦里，潜抑的愿望多能逃过"检查制度"而不受其改装，却也因此不可避免地带来梦中所感受的痛苦情感。"焦虑的梦"同样也只有"检查制度"全部或部分受到压制时才会发生，而另一方面，一旦由肉体来源引起了真实的焦虑感觉，则强大的"检查制度"便会抬头。因此，我们可以很清楚地看出心灵之如此运用其"检查制度"来"改装"梦的内容的用意——唯有这样做，"才可以避免焦虑或任何形式的痛苦后果"。

我在前面已提过儿童心理的自我主义，现在我要再强调这一点，并且由于梦也保留了这份特征，所以我们不难由此看出它们的联系。所有梦均为绝对的自我中心，每个梦都可以找到所爱的自我，甚至可能出现的是经过改装后的面目。而梦中所达成的愿望都不外乎这个自我的愿望。表面看来"利他"的梦的内容，其实都不过是"利己"的。以下我将举出几个看来悖逆这种说法的例子来加以分析：

第一个梦

"一个还不到4岁的男孩告诉我这样的梦：'他梦见一个很大的花盘子，里面放着一大块烤肉，突然间那些肉还没切开一下子就被吃光了，但他却看不出是谁吃掉的。'"

小家伙梦中的饕餮之客究竟是谁呢？当天的经历必然可以给我们提供一点线索吧！这个小孩子几天以来，一直按照医生的指示只喝牛奶。做梦的当天，由于他太顽皮而被众人罚他不能吃晚餐。因为他早就被限制少吃食物，所以他对接受这份惩罚并不在意，他知道自己今晚再吃不了东西，因此他就尽量避免去想肚子饿的事情。但在梦中，虽然经过了改装，毫无疑问他自己就是梦中那个对丰盛菜肴有所期待的人（甚至是一大块未切开的肉），而他知道自己是不准吃这些东西的，于是他就不敢像通常饿了的孩子所做的梦一般，坐在餐桌旁大吃一顿，因此梦中这个吃掉烤肉的人就一直不敢露面。

第二个梦

"有天晚上，我梦见在一个书摊上看到了一本我对此很感兴趣的收集本（艺术作品、历史、成名艺术家等的专文收集）。这本新集的书名是《著名的演说家》（或《著名的演说》），而第一个人物的名字是莱歇尔博士。"

分析时，我对这个德国反对党的莱歇尔（一个出名的长篇大论的演说家），居然会在我梦中萦绕我心而甚感不解。其实事实是这样的：几天前我开始对几位新病人做心理治疗，而一天需耗时10~12个小时，因此是我自己成了长篇大论的演说家了。

第三个梦

在另一个场合，我梦见"我所认识的一位大学教授对我说：'我的儿子患了近视'，紧接着是一些彼此简单的对话，而第三部分接着便出现了我与我的长子"。就这个梦的隐意来看，父、子和某讲师只不过是用来影射我与我的长子。以后我会就其中另一特点再详细讨论这个梦。

第四个梦

由以下这个梦，可以看出真正的自我为中心的情感，如何隐藏于体贴关怀别人之后："我的朋友奥图看来像生病似的，脸色褐红，眼球突出。"

格雷厄姆的孩子们 威廉·荷加斯 英国 1742年 布面油画 伦敦国家美术馆

这是一幅十分逼真的肖像画，描绘了格雷厄姆博士的四个孩子。两个女孩头上戴着花，两个小男孩则陶醉在鸟儿的歌声中。椅背后面悄悄爬上来一只猫，拿着时间之父的镰刀的丘比特出现在钟表中，婴儿车下还露出一只在做飞翔状的小鸟。画家真实而深刻地展现了生命的全貌，让含蓄的死亡（那个最小的男孩在画家画完这幅画不久就死了）和生命的欢悦并存在画面之中，给人们呈现出一种残酷的真实。

奥图是我的家庭医生，我对他心存感激，因为几年来都是他在照顾我家小孩的健康，他不仅在孩子生病时给予及时治疗，并且每次登门总是找些借口带些礼物给他们。而在做梦的当天他曾来过我家，当时我太太注意到他十分疲倦劳累。当晚我就梦见他这种状态，简直就是一个巴泽多氏病的病人。如果你认为这个梦是代表着我十分关切友人的健康，以致将这份关切之情带入梦中，那么你一定忽略了我所提过的释梦法则。然而这不仅与我的"梦是愿望的达成"的说法相违背，并且更不容于我这"梦只能以自我和冲动来做解释"的说法。然而，如果你们那样解释我的梦的话，那我又为什么要担心奥图会患上巴泽多氏病呢？另外，我自己的分析是利用了一件6年前发生的事情加以解释的。当时我们（包括R教授在内）坐在一辆车内，在黑夜中赶路，以便到还有几个小时路程的某村庄过夜。由于司机精神不好，竟把我们连人带车翻下河岸，幸好大家都没有受伤，但我们只得在邻近的小客栈过夜。当时我们的不幸引起了村里人的同情，有一位男士前来招呼我们，一看便知其身患巴泽多氏病（皮肤褐红、眼球突出，但喉部并无肿胀），并且问我们需要些什么。R教授以其一向坦率的态度回答："不要什么，借我一套'睡衣'就好！"但这位慷慨的朋友回答道："非常抱歉，这我可没有。"说完便离开了。

继续分析下去，我才想起巴泽多不只是发现那种病的医生的名字，并且他也是一位出名的教师的名字（现在我已十分清醒，倒觉得这种事是否可靠还值得怀疑。）我曾向我的朋友奥图托付，万一我有个三长两短，孩子的健康问题，尤其是青春期这段年纪（因此我提到"睡衣"），一律交给他全权负责，由于梦中我看到奥图具有和上述的那位慷慨村民一样的表现，我才恍然大悟，梦的意义无非是："如果我有不幸，奥图对我的孩子们就会像那个村民对我们一样的关怀、贴切。"至此，这个梦所含的自我意味大概已经清楚地看得出吧！

但这个梦的愿望的达成又在哪里呢？并不是我在对挚友奥图报复（他似乎经常在我梦中吃亏），而是以下的情形：就像我将梦中的奥图比作那个村民，我自己也就成了另一个人——R教授，而问题的关键所在是我对奥图有所求，就像R教授当时有求于

荡秋千的孩子　凯特·格林威　英国

孩子都喜欢被荡来荡去或玩跷跷板一类的游戏，这种飞上、飞下、摇晃的感觉会使孩子异常兴奋，这些感觉都可以由梦所带来的记忆予以复现。画中描绘了一个正在荡秋千的孩子，旁边慈爱的母亲对年幼的孩子玩这种游戏有些担心，而孩子却从容不迫，笑眯了眼。

那位村民一样。因为R教授在学术圈内有如我一样，独持己见，以致到晚年才获得了他早就有资格得到的教授头衔。于是我再度发现了"我希望做一个教授"！愿望的达成就是那句"他到晚年才……"，因为这意味着我还能活得很久，足够使我在儿女青春期仍能亲自照顾他们。

还有一类使梦者感到轻松惬意或陷入惊骇慌乱的"典型的梦"，我本身虽没有这类经历，但根据我所做的精神分析我倒可以说一些心得。由所得的一些资料来看，这类梦也是一种童年影像的重复出现——就是说，梦可能包括一些童年时代最喜欢的某些包含急速运动在内的游戏。几乎所有做舅舅、叔叔的都有过如下经历：不是对着小孩伸开双臂地逗得他满屋飞跑，便是把他放在自己膝下摇，然后再突然一伸腿，吓得小孩哇哇大叫，或者是把小孩高高举起，再突然收手，出其不意地吓他几下。而在这种时刻，小孩总是兴奋得大叫，并且不满足地还要再来一次（特别是如果这种游戏略带一点刺激或眩晕的感觉时）。日后他们在梦中会重复这种感觉，但却把扶持他们的手省略掉，所有小孩子都喜欢被荡来荡去或玩跷跷板一类的游戏，而一旦他们看了马戏团的运动表演以后，他们对这些游戏的追忆便更加清楚了。某些男孩在"歇斯底里症"发作时，只不过

城镇的上空　马尔克·夏加尔　布面油画　1915年　私人收藏

在天空中飞上飞下的情景，是我们梦里经常出现的情景。画面里在空中的这两个人，只有在梦中才会出现，他们一定是一对相爱的恋人，可能他们在现实生活中不能在一起，所以他们才在梦中相会。

是在不断熟练地重复某种动作，这些动作本身虽然并不带任何刺激，但往往却给当事人带来性兴奋。简单地说：小孩时期兴奋的游戏都在飞上、掉下、摇晃的梦中得以复现，唯有肉欲的感觉现在变成了焦虑。然而，就像一般母亲所熟知的令小孩兴奋的游戏往往最后均以争吵、哭闹而结束。

因此，我有充足的理由反对那种以睡眠状态下，皮肉的感觉、肺脏的胀缩动作等来解释这种飞上、掉下的梦，我发觉这些感觉都可以由梦所带来的记忆予以复现，所以它们宁可说就是梦的内容本身，而非仅仅为梦的来源。

然而，我并没办法对这些"典型的梦"全部给予合理的解释。更精确地说，是因为我所掌握的资料使我走入这种进退维谷的困境，我持这种观点：当任何心理动机需要它们时，这些"典型的梦"所具有的皮肉或运动的感觉便复苏了，当用不上它们时，它们就被忽略掉。至于这与孩提时经历的关系，则可从我对心理症的分析得到佐证。但这些感觉的记忆（虽然看来都是"典型的梦"，却有因人而异的记忆）究竟对梦者一生的遭遇，还有哪些意义我却无法说清楚。但我非常希望能够有机会再仔细分析几个典型的例子来补充这些不足之处。也许有些人怀疑，为什么这种飞上、掉下、拔牙的梦不计其数，而我却仍抱怨资料之匮乏。其实自从我开始研究"释梦"的工作以来，我自己竟从未有过这一类的梦，同时我虽然处理过许多心理症的梦，但并不是所有梦都能解释，还有许多梦都无法发掘其中最深层所隐藏的意向。某些形成心理症的因素，在心理症的症状将消失时会变得更加厉害，使得最后的问题仍旧无法解释得通。

（三）考试的梦

每一个在学校通过期末大考而顺利升级的人，总是抱怨他们常做一种噩梦，梦见自己考场失败，或者是他必须重修某一科目，而对已得到大学学位的人，这种"典型的梦"又为另一形式的梦所取代，他往往梦见自己未能获得博士学位，而另一方面，他却在梦中仍清楚地记得自己早已从业多年，早已步入大学教师之列，或者早已是律师界的资深人物，焉有未能得到学位之理。因此，使梦者倍感不解。这就有如我们是小孩子时，为自己的劣行而遭受处罚一样，这是由我们学生时代的这种苦难日子、要命的考试所带来的记忆的复现，同样是心理症的"考试焦虑"也因这种幼稚的恐惧而加深。而一旦学生时代过去以后，再不是父母或教师来惩罚我们，以后的日子乃是毫无通融的因果规律所支配，但每当我们感觉某件事做错了，或疏忽了，或未尽本分时（一言以蔽之，即"当我们认识到有责任在身之时"），我们便会梦见这些令自己曾经紧张的入学考试或博士学位的考试……

为了对"考试的梦"做更深一层的研究，我想举一位同事在一次科学性的讨论会所发表的有关这方面的心得。依他的经验来看，他认为只有顺利通过考试的人才会有这种梦，而对那些考场的失败者，这种梦是不会发生的。种种事实使我深信"考试的焦虑梦"只发生于梦者隔天即将从事某种可能有风险，而又必须负责任的"大事"。而梦中

读书的姑娘　弗拉戈纳尔　法国　1776年　布面油画　华盛顿国家美术馆

　　每一个在学校通过期末大考而顺利升级的人，总是抱怨他们常做一种噩梦，梦见自己考场失败，或者是甚至他必须重修某一科目。画中的孩子脸色苍白，表情严肃，眼睛若有所思地想着其他事情，根本就没看眼前的书本。他那专注的神情似乎要告诉我们读书不是只为了考试。

所追忆的必然是一些梦者过去花费很大心血，但从其结果看却是杞人忧天的经历。这样的梦能使梦者充分意识到，梦的内容在清醒状态下受到多大的误解，而梦中的抗议："但，我早已是一个博士了。"……这是事实对梦的一种安慰。所以其用意不难用以下的话一语道破："不要为明天担心！想想当年你要参加大考前的紧张吧！你还不是白白地紧张一番，而事实上你却毫无疑问地拿到博士学位了吗？"……而梦中的焦虑却是来自做梦当天所遗留下来的某些经历。

　　关于我自己以及他人有关这方面的梦，解析起来虽不是百分之百，但大多有利于这种说法。譬如说，我曾未能通过法医学的考试，而我却从没有梦及此事。相反地，植物学、动物学、化学曾令我大伤脑筋，但由于老师的宽容却从未发生问题，而我却常常在梦中重温这些科目考试的惊险。我也常常梦见又参加历史考试，而这是我当年一直考得很不错的科目，但是我必须承认一件事——这大多是由于当时的历史老师（在我另外的一个梦里，他成了一个独眼的善人），从不曾漏看的一件事，那就是我往往在交回的考卷上，在较没有把握的题目上用指甲画叉，以暗示他对这个问题不要太苛求。我有一位病人曾在大考时缺席，而后补考通过，但却在国家公务员考试中失败了，以致迄今未能被政府录用。他告诉我，他常梦见前一种考试，而后一种

150

年轻女教师 让-巴普蒂斯特·西美昂·夏尔丹　法国　1736~1737年　英国伦敦国立美术馆

　　一般来说，"考试的梦"都会伴随着老师的出现，这种梦影射着性经验与性成熟。画中一位年轻女子正在教一个小孩读书。画家以完全诚实的态度、朴素直率的风格，将师生两人间的感情强烈地传达出来。画面几乎没有背景的处理，经详细思考后的厚涂笔触产生出深度和坚实感。

考试却从未出现在梦中。

　　史特喀尔是第一位解析"考试的梦"的人，他认为这种梦都影射着性经验与性成熟，而以我的经历而言，这种说法是屡试不爽的。

第六章

梦的运作

梦的表面情节称为"显梦"，其内容梦者可以回忆起来；通过显梦表现的本能欲望称为"隐梦"。隐梦通过梦的运作机制转换成显梦。因此，释梦者的主要工作是，透过梦的运作机制，由显梦寻出隐梦，发现梦者潜意识中被压抑的欲望。另外，梦的表现形式与运作机制主要反映在两个方面，即梦的凝缩作用与转移（移置）作用。

前言

所有以前所做过的有关梦的解释，都是以记忆中所保留的"梦的内容"直接予以阐释的。他们由梦的内容寻求解释，有些甚至未经过解析而直接由梦的内容获得结论。然而，这方面我们却有一些不同的资料，在我们研究出来的结果与"梦的内容"之间，我们发现了另外一些新的心理资料：梦的隐意沿袭自古所用"梦的内容"（或称为"梦的显意"）。因此我们所面临的将是一个崭新的工作，一种近似小说的工作——仔细检验"梦的隐意"与"梦的显意"之间的关系，并探讨后者如何由前者蜕变出来。

"梦的隐意"与"梦的显意"由如下两种不同的预言表达同一种内容，或说得更清楚些，"梦的显意"就是以另一种表达的形式将"梦的隐意"传达给我们，而所采用的符号以及法则，我们唯有透过译作与原著的比较才能了解，一旦我们做到了这一点，那么"梦的隐意"就不再是一个如此难以了解的秘密。"梦的显意"，就有如象形文字一般，其符号必须逐一地翻译成"梦的隐意"所采用的文字。因此，这些符号绝非以其图形的形态即可解释的，它必须按符号所代表的意义来做逐项翻译的工作。譬如说，现在我面前呈现了一个画谜，有一所房子，在屋顶上有只木舟，然后出现了一个大字母；接着是一个无头的人在飞跑等……乍一看，我一定会斥责这简直是荒唐而毫无意义的，一只木舟怎么可能摆在屋顶上，无头人怎么会跑，而且人哪有可能比房子还大，还有，如果整个画面是代表一幅景物，那么一个字母又代表什么呢？自然界的风景哪有这种景象？因此要想对这个画谜做正确的解释，唯有抛弃这些对这部分或整个部分的反对和批评，相反，如果将每一个影像均视为是有意义的，并绞尽脑汁地去找出每一个影像所代表或牵涉到的文字，再把这些文字凑合成一个句子，这时它们再也不是毫无意义了，很可能就成了一句漂亮、动听而寓意深长的格言。梦其实就是一种画谜，只是我们祖先却没把握住真正的释梦方法，而误把画谜当作一张艺术作品加以鉴赏，也因此才会认为梦是毫无意义、一文不值的。

一、凝缩作用

对梦的"隐意"与"显意"的比较，第一个引人注意的便是梦的工作包含许多的"凝缩作用"。就"梦的隐意"之冗长丰富而言，相比之下，"梦的内容"就显得简陋贫乏而粗略，如果梦的叙述需要半张纸的话，那么解析所得的"隐意"就需要6或8甚至10张纸才写得完。这差距的比例会因各种不同的梦而存在差异。但就我的经历来看，差

梦的"显意"和"隐意"的关系

在梦者的潜意识中，先有梦的"隐意"（即梦思），然后借助于各种梦的材料，将所要表达的意义，通过一系列转换及伪装手法，制造出梦的"显意"（即梦境），并呈现到意识中来。因此，在梦境与所要表达的意义之间，必然存在文本上的对应关系。

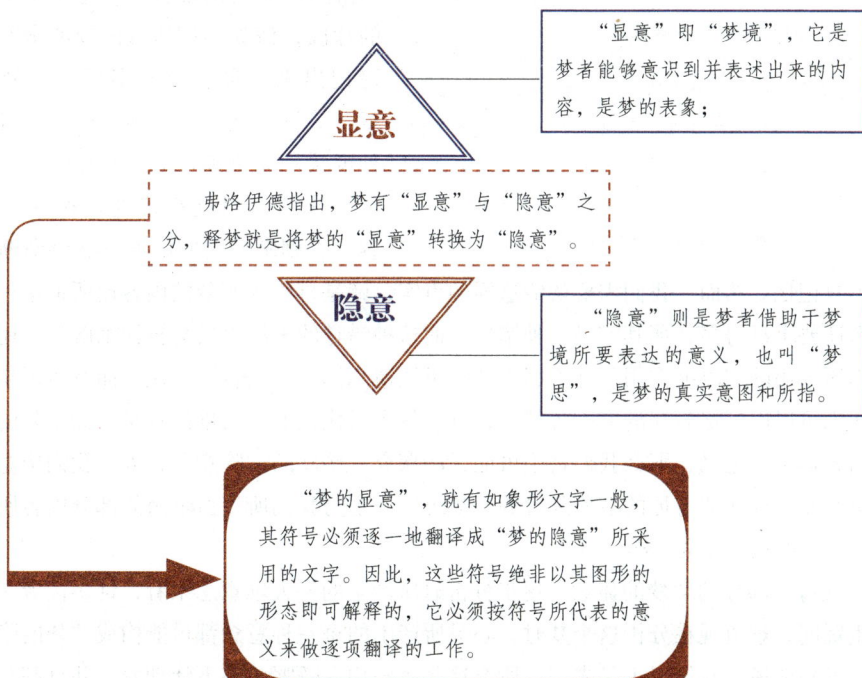

显意

"显意"即"梦境"，它是梦者能够意识到并表述出来的内容，是梦的表象；

弗洛伊德指出，梦有"显意"与"隐意"之分，释梦就是将梦的"显意"转换为"隐意"。

隐意

"隐意"则是梦者借助于梦境所要表达的意义，也叫"梦思"，是梦的真实意图和所指。

"梦的显意"，就有如象形文字一般，其符号必须逐一地翻译成"梦的隐意"所采用的文字。因此，这些符号绝非以其图形的形态即可解释的，它必须按符号所代表的意义来做逐项翻译的工作。

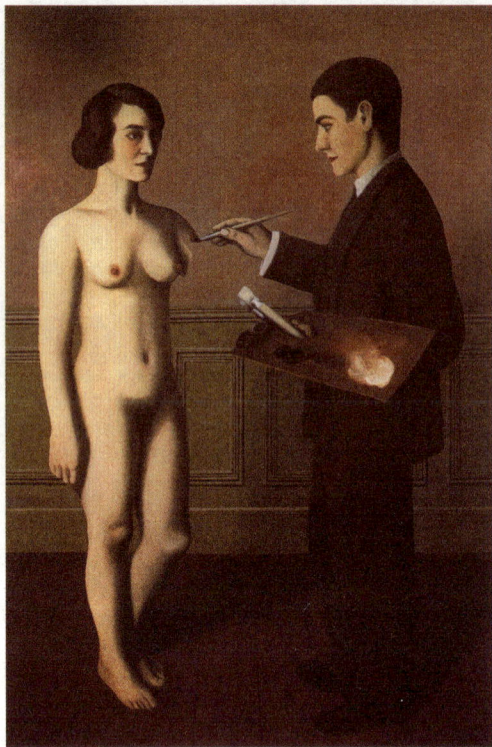

手臂残缺的女人 雷尼·马格利特 比利时

1928年 布面油画 私人收藏

马格利特的画作没有达利作品中的那份缥缈,但正能代表弗洛伊德的观点。画中的女子,只被她的创造者画了一半,正是因为这种残缺,我们才能分清现实与梦境。人做梦也是同样的道理,因为没有一个人可以肯定完整地说出他的整个梦境。

不多多半是这样的比例。一般而言,我们多半低估了梦所受凝缩的程度,以为由一次解析所得的"隐意"即包含了这个梦的所有意义,事实上如果继续对这个梦分析下去,往往又能发掘出更多深藏于梦里的意义。因此我们必须要先有个声明,"一个人永远无法肯定地说他已将整个梦完完全全地解释出来"。尽管所做的解释已经到了毫无瑕疵、令人满意的地步,但他仍可能再由同一个梦里又找出另一个意义出来。所以严格地说,凝缩的程度是无法定量的。由这个梦的"隐意"与"显意"间的不成比例,而得出"在梦的形成时,必有相当多的心理资料经过凝缩的手续"的结论恐怕会遭到反对。因为我们经常有种感觉,"我昨天整个晚上做了一大堆的梦,但却忘了一大半",因此有人会以为醒后所记得的部分只不过是整个梦里的片段,假如能把所做的梦的全部内容追记出来,那就差不多可与"梦的隐意"等量齐观了。就某一程度而言,这种说法不无道理。梦只有在睡醒后马上记下来才有可能精确地把握住所有内容,否则随着时间的推移必将渐渐淡忘

而不复记忆。然而,我们需要认清这样的事实,就是自以为所梦的内容比所追记得出的资料还要丰富得多,那其实是一种错觉,而这种错觉的来源以后会再详细解释。还有梦工作所采用的"凝缩作用"并不因为"有可能遗忘掉一些内容"的说法而有所影响,因为我们可以由记忆尚存的梦的各部分,分别找出所代表的一大堆的意义。如果梦的大部分内容均不复记忆,那么我们将很可能无法探究一些新的"隐意",因为我们毕竟没有理由判断,这些遗忘掉的梦所隐含的"梦思"一定与我们所保留下来的部分内容所解析出来的"隐意"完全一样。

就每一部分的"梦的显意"逐步分析时所产生的一大堆意念来看,许多读者一定会心生疑问,难道现在分析这个梦时,心灵所产生的每一种意念都可能构成"梦的隐意"吗?换句话说,我们岂不是先假定所有这些念头均在睡眠状态下活动着,并且都参与了

梦的形成。有些梦形成时并没参与的新念头是不是很可能在解析梦意时才产生呢？对这种反对意见，我只能给予一种条件性的回答。当然，这些分散的意念的组合是直到分析时才第一次出现的。但我们可以看到，这种组合只有在各种意念之间确实已经在"梦的隐意"里有某种联系时才会发生。所以说，唯有在能以另一种更基本的联系形式存在下，才会有这种新组合的结果。由分析时所产生的大部分意念来看，我们不得不承认它们早在梦的形成时已有所活动。因为如果我们由一连串的意念下手时，许多乍看对梦的形成并无关联的意念，却会突然发觉它带给我们一个确实与梦的内容有关联的结果，而这正是梦的解析所不可或缺的关键，但它却只有由那些一连串的意念追寻下来才能达到。读者此时不妨再翻阅前述的有关"植物学专论"的那个梦，即可发现其中所含惊人程度的"凝缩作用"（虽然我并未能完完全全地解析出来）。

然而，人们在做梦之前睡眠状态下的心理又是什么样子呢？是不是所有"梦思"已并列地横陈于脑海里呢？或者一个个地互相竞逐于心灵呢？或是各种不同的意念，由各个不同的制造中心同时涌现到心头，而在此进行大聚会呢？我认为目前讨论梦形成的心理状态还用不上提出这种仍无法证明的观念。但我们可别忘记我们所考虑的是"潜意识的思想"，这与我们自己苦思冥想中的"意识思想"是有很大不同的。

可是，既然梦的形成确实是经过一番"凝缩作用"，那这一过程又是如何进行的呢？

现在，如果我们假设这一大堆的"梦思"只有极少数的意念能以一种"观念元素"表现于梦中，我们就可以推断"凝缩作用"是以"删略"的手法来对付"梦思"，而"梦"并非"梦思"的忠实译者，它并未逐字逐句地翻译。相反，它却是删略过的产品。很快我们就会发现这种观念其实是不太正确的。但我们暂且以此为起点，先自问："如果'梦思'中只有

无忧无虑的沉睡者　雷尼·马格利特　比利时

人们在做梦之前睡眠状态下的心理又是什么样子呢？是不是所有"梦思"已并列地横陈于脑海里呢？或者一个个地互相竞逐于心灵呢？画中的人安详地躺在一个木箱子里，下边一一列出的物体，就是他心理活动的反映。

155

少数元素可以进入'梦的内容',那么究竟什么条件决定这些选择呢?"

为了解决这一问题,我们来研究一下那些符合我们所追寻的条件的这种梦的内容中的元素,而这方面最适合的材料是那些在形成时,经过强烈的凝缩才产生的梦。以下我选用第69页的"植物学专论"的梦:

1

梦的内容:"我写了一本关于某科植物的专论,这本书就摆在我面前。我正翻阅着一张折皱的彩色图片。书里夹有一片已脱水的植物标本,看来就像是一本植物标本收集簿。"

这个梦的最显著成分就在于"植物学专论"。这是由当天的实际经历所得,我当天的确曾在一书店的橱窗里看到一本有关"樱草属"的专论。但在梦中并未提到这"属",只有"专论"与"植物学"的关系保留下来。这本"植物学专论"使我立即想到我曾发表过的有关"古柯碱"的研究,而由"古柯碱"又引导我的思路走向一种叫作《纪念文集》的刊物,以及我的挚友"柯尼斯坦医生"———位眼科专家,他对古柯碱的临床应用于局部麻醉颇有功劳。另外,由柯尼斯坦医生又使我联想起,我曾与他在当天晚上谈过一阵子,谈话因别人所中断。当时的交谈涉及外科、内科几位同事间的报酬问题。所以我发觉这谈话的内容才是真正的"梦刺激",而有关樱草属的"专论"虽是真实的事件,但却是无关紧要的小插曲而已。至此我才发现"植物学专论"只是被用来做当天两个经历的共同工具,利用这无关紧要的真实印象,而把这些具有心理意义的经历以这种最迂回的联系将之合成一物。

然而,并非只有"植物学专论"的整个合成的意念才有意义。就是"植物学""专论"等各个字眼分开来逐个层层联想,也可引入扑朔迷离的各种"梦思"。由"植物学"使我联想到一大堆人物:格尔特聂(德文"园丁"之意)教授及其"花容月貌"的太太,一位名叫"弗罗拉"的女病人,以及另一位我告诉她有关"遗忘的花"的妇女。由格尔特聂又使我联想到"实验室",以及与柯尼斯坦的谈话和谈话中所涉及的两位女性。由那与花有关的女人,我又联想到两件事:我太太最喜爱的花,以及我匆匆一瞥所看到的那本专论的标题,更进一层地联想到我在中学时代的小插曲,大学的考试以及另一个崭新的意念——有关我的嗜好(这曾由上述的对话中浮现出来),再利用由"遗忘的花"所联想到的"我最喜爱的花——向日葵"而予以联系起来。而且由"向日葵",一是使我回想起意大利之旅,另一方面又使我回忆起童年第一次激发我日后热爱读书的景象。因此,"植物学"就是这个梦的关键核心,且成为各种思路的交会点。并且我能证明这些思路都可于当天的对话内容中一一地找出联系。现在,我们就恍如在思潮的工厂里从事着"纺织工的大作":"小织梭来回穿线,一次过去,便编织了千条线。"

向日葵　文森特·威廉·凡高　荷兰　1888年　德国慕尼黑美术馆

　　凡高是荷兰后印象派画家，是表现主义的先驱尤其是野兽派与德国表现主义，这幅《向日葵》是他的代表作之一，他笔下的这幅向日葵就像是熊熊的火焰，艳丽而华美，优雅而细腻。观众在欣赏此画时，无不为那激动人心的画面效果而感应，凡高笔下的向日葵不仅仅是一株植物，更是他对生命的热情和原始的冲动。

在梦中的"专论"再度涉及两个题材：一端是我研究工作的性质，而另一端却是我的嗜好的昂贵。

由这初步的研究看来，"植物学"与"专论"之所以被用作"梦的内容"，是因为它们能使人联想到最大数量的"梦思"，它们代表着许多"梦思"的交会点，而就梦的意义而言，它们也就具备了最丰富的意义。这种解释可用另一种形式表达如下："梦的内容"中每一个成分具有很多意义，它们代表的不只是一种"梦思"。

如果我们仔细检验梦中每一成分如何由"梦思"蜕变而来，那我们将会了解得更多。由那"彩色图片"引入另外新的题目——周围同事对我的研究所做的批评，以及梦中所已涉及的我的嗜好问题，还有更远溯及我童年曾将彩色图片撕成碎片的记忆。"已脱水的植物标本"涉及我中学时收集植物标本的经历，而特别予以强调。所以我从中看出"梦的内容"与"梦思"之间的关系，并不只是梦的内容的各个成分代表好几种的"梦思"，同时每一个"梦思"又能以好几种不同的梦的内容的成分来代表。从梦中某一成分着手，通过联想的方式可以引出好几种"梦思"。反之，如果由某一种"梦思"着手，也可引出好几个梦中的成分。而在梦的形成过程中，并不是一个梦思或一组

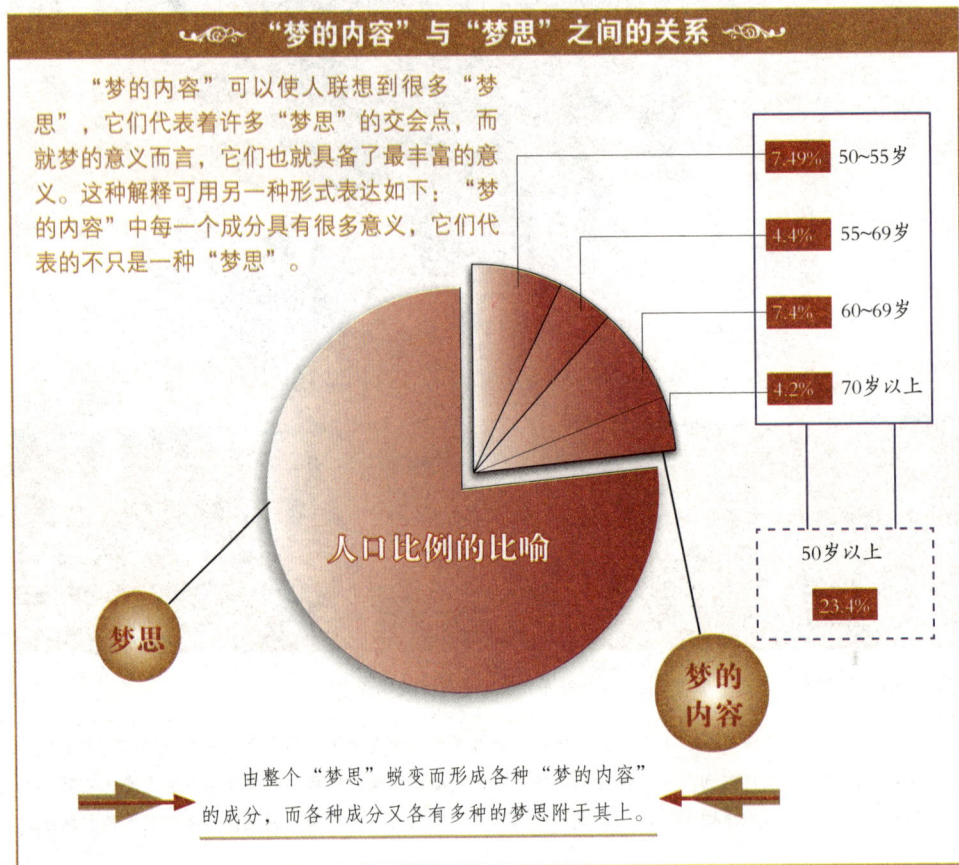

"梦的内容"与"梦思"之间的关系

"梦的内容"可以使人联想到很多"梦思"，它们代表着许多"梦思"的交会点，而就梦的意义而言，它们也就具备了最丰富的意义。这种解释可用另一种形式表达如下："梦的内容"中每一个成分具有很多意义，它们代表的不只是一种"梦思"。

7.49%　50~55岁
4.4%　55~69岁
7.4%　60~69岁
4.2%　70岁以上

人口比例的比喻

梦思

梦的内容

50岁以上
23.4%

由整个"梦思"蜕变而形成各种"梦的内容"的成分，而各种成分又各有多种的梦思附于其上。

的梦思，先以简缩的手法在"梦的内容"中出现。然后另一个梦思，再以同样的手法接续于后（就像按人口比例，每多少人选出一位代表的过程一般），其实整个"梦思"是同时受到某种加工润色，而在整个过程中唯有那些具有最强烈、最完整实力的分子才能脱颖而出，因此这种过程反而更像"按名册选举"。无论是哪一种梦，一经过我解析，我总发觉这"基本原则"屡试不爽，"由整个'梦思'蜕变而形成各种'梦的内容'的成分，而各种成分又各有多种的梦思附于其上"。

为了说明"梦思"与"梦的内容"的关系，的确有必要再多举一个例子，以下所举的例子可以更清楚地看出两者相互交织的错综关系，这是一个患有"幽闭畏惧症"的人所做的梦，读者很快就可以看出为何我如此欣赏这个梦的结构，而称之为"非常聪明的梦活动的成品"。

2. "一个美丽的梦"

"梦者与很多朋友正在×街上驾着车兜风，这条街上有一家普通的客栈（但事实上并没有）。一出戏剧正在客栈里的一个房间里上演，最初他是个观众，但后来竟成了演员。最后大家都开始换衣服，准备回城里去。一部分人在楼下另一部分人在楼上换装，楼上的已经换好装，而楼下的仍在慢腾腾地，以致引起楼上同伴的不满。他的哥哥在楼上，他在楼下，他认为哥哥和他们换装那般匆忙简直太没道理（这部分较模糊）。并且，在他们到达此地以前，就已经决定好谁在楼上谁在楼下。接着，他独自从山路走向城市，脚步十分沉重，举步维艰竟至于在原地动弹不得。一位老年绅士加入了他的行列，并且愤怒地谈论意大利国王。最后快到山顶时，他的脚步开始变得轻松自如。"

举步维艰的印象尤其逼真清晰，甚至醒后他还分不清刚刚的经历是真实还是梦境。

由梦的显意来看倒是内容平平，但这次我要一反以往的常规，从以梦者所认为最清晰的部分开始着手解析。

梦中所感受到的最大困难——举步迟重并带气喘——是梦者在几年前生病时曾有过的症状，再加上当时的一些其他症状，被诊断为"肺结核"（可能系"歇斯底里的伪装"）。由我们对"暴露梦"所做的研究，已经了解到这种梦中运动受限制的感觉，而现在我们又可以看出，这也可用来作为其他种类的代表。"梦的内容"中有关爬山的部分，开始十分吃力，到了山顶变为轻松，使我联想到法国小说家都德的名作《萨福》的故事里，一位年轻人抱着他心爱的女郎上楼，最初佳人轻如鸿毛，但爬得越高，越觉得体重不堪重负，事实上这景象就是一种他们之间关系进展的象征。而都德借此以告诫年轻人切勿四处留情，空留满身风流债，到头来吃不完兜着走。虽然我确知这位病人最近与一位热恋的女演员分手，但我仍不敢说，我的这种解释确实正确。在《萨福》中的情形正与此梦"相反"，梦中的爬山最初困难，而后来轻松，但小说中的"象征"却反而是最初轻松而后来却成了重负。我很惊讶的是，病人竟告诉我，这种解释正与他当天晚上所看的一部叫作《维也纳之巡礼》的戏剧结构十分吻合，这部剧讲述的是一位最初颇受人尊崇的少女，如何沦落到卖笑生涯，而后来与一位高阶层男士发生关系，开始"向上爬"，但最后她的地位却更加低级。这部剧本又使他联想到另一部剧本《步步高升》，而这部戏的广告画面就以"一列阶梯"为代表。

再接下去的解析显示，那位与他最近热恋过一阵子的女演员就住在×街上，而这条街里并没有客栈。然而，当他在维也纳与这位女演员打发夏天的大部分时间时，他就下榻于这附近的一家小旅馆。当他离开那家旅馆时，他告诉车夫："这儿没有发现一只臭虫，我很高兴！"（事实上，害怕臭虫又是他的另一个畏惧症。）而车夫回答说："这个地方怎么有人住得下呢？这根本算不上是一家旅馆，充其量不过是'小店'而已！"而

自杀 乔治·格罗斯 德国 1916年 布面油画 伦敦泰特画廊

强烈的红色，首先让观者有种生理上的不适，画面中到处都充斥着死亡的气息，画面最前边的，显然是一个死去很久的人，脸部都已经变成了骷髅；左边的灯柱上吊着一个男子，恐怕早已死去；画面中的裸体女郎也许曾经也是位受人尊敬的少女，后来也不得不沦为妓女，她后边的男子则监视着她。

"小店"这个字眼马上又使他想起一句诗："后来我就成了这么好的主人的宾客！"但这首乌兰德的诗中所歌颂的主人却是一棵"苹果树"，第二段诗句又从思潮中涌现出来：

> 浮士德（面对着年轻的女巫）：
> 我曾有过一段美梦，
> 我看见了一棵苹果树，
> 那儿高挂着两个最漂亮的苹果，
> 她们诱使我不由自主地"爬上去"。
> 漂亮的苹果，

自从天堂里惊鸿一瞥，

你就朝夕心仪这苹果，

而我非常高兴地获知，

在我的花园里正长着这种苹果。

"苹果树"与"苹果"的意义，我想是毫无疑问的。那女演员丰满诱人的胸部，正是使我们这位梦者神魂颠倒的"苹果"。

由梦的内容看来，我们可以确信这个梦是含有梦者孩童时期的某一种印象（梦者此时已30岁）。如果这种说法正确的话，那么这必定指的是梦者的奶妈。奶妈柔软的胸部事实上就等于小孩子最好的安眠"旅馆"。"奶妈"以及都德笔下的萨福，其实就影射着他最近放弃的那位情妇。

这位病人的哥哥也出现在"梦的内容"中，"他哥哥在'楼上'，而他在'楼

苹果和橘子 保罗·塞尚 法国 1895年 布面油画 巴黎奥塞博物馆

弗洛伊德认为梦中出现的水果，如苹果、蜜桃等水果等都是象征女性的乳房和臀部。塞尚是法国著名画家，是后期印象派的主将，他对静物的描绘似乎有一种天生的才能，他对物体体积感的追求和表现，也为将来的"立体派"产生了深远的影响。

下'"。而这又与事实相反，因为就我所知，他哥哥目前穷困潦倒，而他反倒仍维持得很不错。在叙述这个"梦的内容"时，梦者曾对"他哥哥在楼上，而他在楼下"一节闪烁其词。而这句话正是我们在奥地利常用的一种口语，当一个人名利丧失殆尽时，我们会说"他被放到'楼下'去了"，就像说他"垮下来了"一样。现在我们应该可以看出，当梦中某件事故意以"颠倒事实"的情形出现时，必有其特殊意义，而这种"颠倒"正可解释"梦思"与"梦的内容"之间的关系。要了解这种"颠倒"确有其途径可循，在这个梦的末尾，很明显地"爬山"以及《萨福》中的叙述又是"颠倒"的一例，对这种"颠倒"的意义可做如下分析：在《萨福》这本书里，那个男人抱着与他有性关系的女人上楼，如果在"梦思"里一切都颠倒的话，那该是一个女人抱着男人上楼，而这只有可能发生于童年时期——奶妈抱着胖娃娃上楼，因此，这个梦的末尾部分成功地将奶妈与萨福拉上了关系。

就像诗人提出萨福这个名字，总免不了引申到女性同性恋一般。梦中"人们在'楼上'、'楼下'，在上面、下面忙着"也意指梦者心中的"性"方面的幻想，而这些幻想就与其他受潜抑的欲望一样，与梦者的心理症颇有关系，"梦的解析"并无法告诉我们这些只是幻想，而非事实的记忆，它只能给我们提供一套想法，而让我们自己再去玩味其中的真实价值。在这种情形下，真实的与想象的乍看都具有同等价值（除了梦以外，其他重要的心理结构也有这种类似情形）。就如我们早已获知的，"许多朋友"象征着"一种秘密"。而梦中的"哥哥"，利用对童年时代景象的"追忆"加上"幻觉"，用来代表所有的"情敌"。然后再接着一件无甚关系的经历，"一个老年绅士愤怒地谈论着意大利国王"意指低阶层的人闯入了高级社会所发生的不适。这看来倒有点像都德笔下警告那个年轻男人，而这同样也可用在吮乳的小孩身上。

在上述的两个梦里，我将"梦思"内一再重复出现的成分都用方体字或括弧以别于他字，使各位更易看出"梦的内容"与"梦思"的多种关系。然而，因为对这些梦的分析还不够彻底，所以还有必要再选一个梦来做整套的分析，以便看出"梦的内容"中的多种意义。为了这一目的而选用前面提过的"伊玛打针"的梦，由这个例子我们就可以看出"梦的形成"所用的"浓缩作用"往往利用了多种方法。

"梦的内容"中的主角是我的病人伊玛，在梦中来看她就如平常的样子，所以，那无疑是代表她本人。可是当我在窗口给她检查时，她的态度却是我从另外一位妇女身上所观察到的，而这个女人，我在"梦思"里宁可用来取代我的这位病人。由于伊玛在梦中有"白喉伪膜"，使我联想起长女得病时的焦急，因此她又代表我的女儿，而由与我女儿名字的雷同，又使我联想起一位因毒致死的病人。之后在梦中伊玛人格的续变（但梦中的伊玛的影像并不再变）代表着：她变成了一位我们在民众服务门诊所接诊的一位病童，我的朋友们在那儿为她们统计智能的差别。而这种变迁很明显的是受了我小女儿的影响，因为她常不愿意张开嘴巴，梦中的伊玛同样就变成了另一位我检查过的女人，而利用同样的联系又引申到我太太身上。另外，由我在她喉头所

布朗兄弟　伊萨卡·奥利弗　英国　1598年　水彩颜料绘于羊皮纸上　林肯郡伯格力宅邸

弗洛伊德认为梦见兄弟可能意味着情敌的出现。奥利弗画了三位装束完全相同的布朗家族的兄弟，站在布朗的乡村邸宅的大堂中第四个男人则不知是什么人。画中表现出了对家族的绝对忠诚。画面中，三个兄弟情深义重，团结一致。而旁边那位脱帽的男子似乎带有几许敌意，他与三兄弟间的紧密关系形成那个强烈对比。

发现的病变，还可以再引申出好几位其他的人。由伊玛而引起的连串的联想所产生的这些人物，在梦中并未亲身出现。她们全都隐身于伊玛一人的背后，因此伊玛成了一个"集合影像"，所以不可避免地有许多互相冲突矛盾的特点。在梦中的伊玛代表了这些其他为梦中"凝缩作用"所抛弃的人物，但却仍把这些人物的特点多少保留下来，点点滴滴注入于梦中伊玛的形象内。

为了解释"梦的凝缩作用"，我用另一种方式创造了一种所谓的"集锦人物"——将两个以上的真实人物的特点集中于一人身上。利用这种方法，我在梦中制造出了M医生，他以"M医生"为名，并且言行均与平时的M医生相同。但他所生的病以及身体上的特征却属于另一个人——我的长兄。而苍白脸色是他们两人的共同特点，所以没有特别意义。梦中的R医生也同样是R与我叔叔的"集锦人物"，但这个"集锦人物"却是用另一种不同方式所编造出来的。这次我并未将两个人物在记忆中的特征进行合并，而相反我采用了嘉尔登制造家人肖像的方法——我将两个人物叠加在一起，而使两人的共同特征更加凸显，反倒使彼此不同的特点互相中和而变得模糊。我叔叔的"漂亮胡子"得以出现，就因为这R与我叔叔两人面相上的共同特点。至于说到胡子渐渐变成灰色，则可以引申到我父亲与我自己。

"集体"或"集锦"人物的产生是"梦凝缩"的一大方法。我们马上又可以应用在另一种联系上。

"伊玛打针"的梦所提到的"痢疾"这个名词也有好几种解释，它可能是由"白喉"这个字音的相近所引起的，而另一方面也可能是影射到我送她去东方旅行的那个病人（她的"歇斯底里症"是个误诊）。

梦中所提到的propyls这个词也是一个非常有趣的"凝缩"产物。在"梦思"里

纳西瑟斯的变貌 萨尔瓦多·达利 西班牙 1937年 伦敦泰德画廊

弗洛伊德在梦中提到"集合影像"的概念，意指将两个人物叠加在一起，而使两人的共同特征更加凸显，反倒使彼此不同的特点互相中和而变得模糊。这幅画是以罗马诗人奥维底斯的"变身故事"中，有关希腊神话中纳西瑟斯的故事为创作背景的。纳西瑟斯爱上了自己在水中的倒影，倒影与真实的人相互叠加在一起，由于过于突出，反而却变得更加模糊了。

其实是amyls这个词较有分量，很可能是在梦形成时，两个词之间发生了简单的"置换"。而事实上由以下的补充分析，可以看出这种置换完全是"凝缩"的结果：如果我对propylen这个德文字仔细思考一下，那么它的同音字propylaeum一定会自然浮现出来的，而propylaeum并不只有在雅典才找得到，在慕尼黑也可以看到。而大约在做这个梦的一年前，我曾去慕尼黑探望一位病重的朋友，而这位朋友就是我曾与他提过trimethylamin这种药物的人，因此由梦中紧接着propyl跑出trimethylamin，更可以证实这种说法。

就像对其他的梦的分析一样，在这儿我发现了许多对等意义的联想，而使我不得不承认在"梦思"中的amyls确实是在"梦的内容"中被propyls这个词所取代。

一方面，这个梦牵涉到有关我的朋友奥图的一些意念，他不了解我，他认为我有错，他送给我一瓶含有amyls怪味的酒，而另一方面是与前者成对比的，又有一些有关我的一位住在柏林的朋友威廉的意念，他真正了解我，他永远认为我是对的，而且他曾给我提供了一些很有价值的有关"性"过程的化学研究资料。

在有关奥图的意念中，特别引起我注意的都是一些引起梦的近因，而amyls是属于较清楚的成分，以致在内容中占一席之地。至于有关威廉的意念则多半是由威廉与奥图两人之间的对比所激发，并且其中各种成分都与奥图的意念相呼应，在整个梦里，我一直有种明显的趋向——摒弃那些令我不愉快的人物，而亲近其他能与我共同随心所欲地对付前者的人。因此属于奥图意念的amyls使我联想到属于威廉意念的trimethylamin（两者

法厄同　古斯塔夫·莫罗　法国　1878年　巴黎卢浮宫美术馆

在梦形成时，两字之间发生了简单的"置换"，这种置换完全是"凝缩"的结果。在这幅色彩画中，莫罗几乎将奥维德围绕法厄同遇难的冗长叙述的全部，都凝缩表现在幻觉似的一瞬间。莫罗将孤注一掷的、有可能燃尽一切的性的能量都注入了法厄同的形象之中。

165

同样是属于化学的领域），而这意念由于受到心理各方面的迎合而得以从"梦的内容"中脱颖而出。amyls本来也可以未经改装地遁入梦的内容中，但却因为这个字眼所能涵盖的意念，可以由另一个威廉意念的字眼所包括而失败。propyls既与amyls这个单词看来相似，而且它又可以在威廉意念间从慕尼黑的propylaeum找到联系。因此两意念集团间乃以propyls propylaeum发生关联，而双方有如经过了妥协以这种中间产物出现于梦的内容中。于是就这样造成了一个具有多种意义的共同代号。也唯有透过这多种意义的字眼才得以深窥"梦的内容"的究竟。所以为了形成这种共同代号，梦的内容中注意力的转移必定发生于某些在联想范畴内接近该重点的细节上。

由"伊玛打针"这个故事，多少已使我们看出梦的形成过程中凝缩作用所扮演的角色。我们发现"凝缩作用"的特点即在梦的内容中找出那些一再重复出现的元素，而构成新的联合（集锦人物、混合影像）以及产生一些共同代号。至于"凝缩作用"的目的以及所采用的方法，需等我们讨论到梦形成的所有心理过程以后，再做更深入的研究。目前且让我们先就所得的结果作一整理，我们所找出来的事实是这样的：由"梦思"与值得注意的"梦的内容"之间的联系正好由"梦凝缩"补缀。

梦中的"凝缩作用"一旦以"字"或"意义"来表达，就更容易被大家所了解。一般来说，梦中所出现的"字"往往被视为"某种东西"，并与东西所附带的意念一样，也需经过同样的结合变化，因此这种梦就产生了各种各样滑稽怪诞的新词。

1. 一位同事寄来一份他写的论文，其内容好像对最近生理学的发现有些过高的估计，并且对自己也运用了不少言过其实的话。于是当天晚上，我梦见了一句很明显地针对这篇论文所发的批评："这的确是一种norekdal型的"，这个新词的形成乍看的确让人摸不着头脑，这个词无疑是一些最高层的形容词colossal（巨大的）pyramidal（顶尖的）之类的诙谐模仿，但我却无法找出该词到底来自何处。最后，我才发现这怪词可以分成两个词Nora与Ekdal，而这分别来自易卜生的两部名剧，不久前我曾在报上读过一篇有关易卜生的评论，而这篇论文的作者最近的一篇作品，正是我梦中所批评的对象。

2. 我有一位女病人梦见一个男人，长着漂亮的胡子，还有一种奇异的闪烁眼神，他的手指着挂在树上的一块指示板，上面写着："uclamparia-wet"。

分析

那文化男人长相颇为威严，其闪烁的眼神马上令她想起罗马近郊的圣保罗教堂里的教皇画像。早年的教皇中有一位具有金黄色的眼睛（其实这是一种视觉的幻象，但却常常引起导游者的注意）。更深一层的联想显示出这个人的整个长相确实与她的牧师相似，而漂亮胡子的造型使她联想到她的医生（我弗洛伊德本人），而那个人的身材却与她父亲相仿。这些人对她而言，都有一种共同的关系——他们均引导指示她生命之道。再进一步地探询，金黄色的眼睛——金子——钱——所受精神分析治疗花费她不少金钱，而使她非常痛心。金子，更使她联想到酒精中毒的"金治疗法"——D先生，要是他不患上酒精中毒，她就会嫁给

虚构的数字 伊夫·唐居伊 法国 1954年 布面油画 马德里蒂森·波内密沙艺术博物馆

　　一般来说，梦中所出现的"字"经过凝缩作用就产生了各种各样滑稽怪诞的新字。唐居伊在画中描绘了空荡荡的沼泽地上簇拥着这些石块，没有生命，但却现实地存在于我们眼前。它们无穷尽地向远方延伸，几乎带我们脱离了现实世界。令我们惊奇的是，这些石块很有规律地组成了各种奇特的字。

他——她并不反对别人偶尔喝点酒；她自己有时就喝点啤酒或普通的酒。这又再度使她回想到圣保罗教堂及其周围的环境。她想起当时她曾在这附近的一所叫Tre Fontane（三泉）的寺庙里饮了一种酒，这酒是由Troppist（天主教的一支）僧徒由"尤加利树"所制成的。接着她告诉我，这些僧侣通过在这沼泽地带种植尤加利树，而把整片沼泽荒地转化为良田，因此uclamparia这个词可以看出是由eucalyptus（尤加利树）与malaria（疟疾）两词所合成，至于wet（潮湿）这个词则由该地区以前为沼泽地区所引起的联想。还有wet（潮湿）有时也暗示着反面的dry（干燥）。而巧合的是，那位因沉迷于酒中而没能与她成婚的男人名字便叫Dry。Dry这古怪名字是来自德文字源（德文drei意为"三"），因此，这又影射到"三泉"寺庙。在谈及Dry先生的酒癖时，她曾用了如下的夸张说法："他可以喝掉整座泉水。"而Dry先生自己也曾自我解嘲地说："我之所以必须经常喝酒，是由于我永远'干涸'（dry，意指其名字而言）。"而eucalyptus（尤加利树）也意指她那最初曾被误诊为Malaria（疟疾），由于她的焦虑性心理症发作时，总会发冷发热以致在意大利时曾被人以为是疟疾。而她本身也深信由那些僧侣手中买到的尤加利树汁的确或多或少治好了她这个毛病。

因此，"uclamparia-wet"这凝缩的产物正是梦者的心理症与其梦的交会点。

3. 这是我自己的一个较冗长混乱的梦，主要情节是在航海旅程中，我突然想起下一站是Hearsing港，而再下一站是Fliess。后者正好是我住在B市的一位朋友的名字，所以 B市是我经常拜访的城市。而Hearsing这个词则是采用了维也纳近郊的地名一般惯有的ing词尾，如Hietzing，Liesing，Moedling（古代米底亚字，意即"我的快乐"，而德文"快乐"就正是我的名字Freude这个词）。然后再拼凑上另一个英文单词Hearsay，意思即诽谤、谣言，而借此与另一个白天所发生的无关紧要的印象发生关联——一首在《费林根脓疱》的刊物上讽刺中伤侏儒SagterHatergesagt（Saidhe Hashesaid）的诗。另外，确实有由Fliess与ing词尾凑成的Viissmgen的地名，这正是我哥哥由英国来拜访我们时所经过的港口。而Vlissingen在英文称之Flushing，意即Blushing（脸红），而使我想起一些罹患Erythrophobia（惧红症）的病人，我曾处理过几个这种病例。还有，最近贝特洛出版的有关这方面的心理症的叙述，颇引起我的愤慨。

第一个看这本书的人对我做了如下的批评，而后来的读者可能也会赞成，"果真如此，梦者未免都表现得太诙谐而富有机智吧？"然而，事实上就梦者而言，确实是这样，唯有将这种批评引申到梦的解析者身上时，才会遭到反对，如果我们的梦呈现出诙谐，并非我个人的错误，而是梦形成时所处的特别的精神状态，而这与机智、滑稽的理论有很大关系。梦之所以会变得诙谐，大多是由于表达意念的、最直截了当的方法往往行不通所致，读者可能会相信，我的病人的梦所表现的诙谐并不低于我自己所提及的梦。所以这种批评迫使我再做"梦工作"与机智的比较研究。

4. 在另一个场合里，我做了一个分成两部分的梦。第一部分是一个我清晰记得的单词Autodidasker，而第二部分则为我几天前所做的梦的内容的翻版，这个梦引起我在下次见到N教授时，一定得告诉他："上次我曾请教您的那位病人，确实如你所料是个心理症的病人。"因此，这新创的字Autodib dasker不仅含有某种隐意，而且这意义必与我对N教授的诊断予以推崇的决定有点关系。

现在Authordidasker这个单词可以简单地分成Author（德文"作家"即Autor）Autodidact，以及Lasker，而后者可联想到叫Lasalle的名字。这第一个字"Author"就做梦的这段时间而言有一番特别意义。当时我给太太买了好几本我哥哥好友（他是一位名"作家"）所写的书回家，就我所知，此人（名叫J. J. 大卫）与我是同乡。有个晚上，我太太告诉我，大卫的一本小说（描述天才的糟蹋）曾使她深深地感动，于是我们的话题就转入如何发掘自己子女的天才才不会糟蹋了他们。我安慰她说，她所惧怕的这种差错绝对可以用"训练"来弥补。当晚我的思路走得更远，满脑子交织着我太太对子女的关怀以及其他一些杂事，而有些作家告诉我哥哥有关婚姻的看法也引导我的意念遁入旁支而产生梦中的种种象征。这条思路引到布莱斯劳这个地名，一位我们熟悉的女人结婚后就搬到那个地方去住，而在布莱斯劳，我找到两个人名拉克斯和拉塞勒。这两个例证均可用来证实我的担心——"我的子女将会被女人毁弃一生"，这两个例证同时代表了两种引到男人毁灭的路。

这些"追逐女人"所引起的意念，使我联想到我的哥哥迄今仍旧单身，名叫Alexander，在我看来，我们惯于简称他Alex的这个发音，酷似Lasker的变音，而经由这事使我的思路又由布莱斯劳折到另一条道路。

然而，我所做姓名、音节的拼凑工作同时还有另一种意义。这代表了我内心的某种愿望——希望我哥哥能享受家庭的天伦之乐，就用以下方法展示出来：在描述艺术家生活的小说中，由于其内容与我的梦思有所关联，所以更待追查。这有名的作者借着书中主角Sandoz把他个人以及其家庭乐趣全盘托出。而这个名字很可能经过以下步骤加以变形：Zola（左拉）如果颠倒过来念（小孩最喜欢将名字倒念的）便成了Aloz，如果这种改装仍嫌不够，于是Al的这个音节，借着与Alexander第一音节的雷同，蜕变成该字第二音节Sand，而凑成了Sandoz这书中人物的名字，而我的Autodidasker也就利用同样的方法产生出来的。

至于我的幻想"我要告诉N教授，我们两个人一起看过的那位病人确实患上了心理症"，则可以由以下方式产生：就在我要开始休假时，我碰上了一个棘手的病例。我当时以为是一种严重的器官毛病，可能是脊髓交替退化病变，但却无法确诊出来。其实这完全可以诊断为"心理症"而省一大堆麻烦。由于病人对"性"方面的问题都力加否认，而使我不愿意草率地做这种诊断，所以我不得不求助于一位我最佩服的权威医生。他听了我的质疑后告诉我："你继续观察他一段时间吧！我想他可能是心理症病人。"因为这位医生并不赞同我关于心理症病源的理论，所以虽然我并不反驳他的诊断，但我却仍保留了内心的怀疑。几天后我告诉这位病人，我实在无能为力请他另访高明。然而，他到这时才出乎意料地向我承认他曾对我撒谎，而觉得羞惭歉疚，接着他告诉了一些我早就猜测出来的性问题的症结，有了这些才使我能够确诊为"心理症"。在我松了一口气的同时，我又感到遗憾，毕竟我不得不承认我所请教的那位前辈，他能够不为性问题的空缺而受挫，仍能做出正确的诊断，的确技高一筹。所以我决定下次与他碰面时，一定立即告诉他，事实证明他是对的而我是错的。

以上便是我在这个梦中所要做的事。但果真我承认了自己的错误，又可达成什么愿望呢？我真正的愿望是为了证明我对子女的担心是多余的，也就是说，在梦思中所涉及的我太太的恐惧可因此证明是错误的。梦中所述事实的对错与梦思中的核心并未曾脱节。于是我们有两种同样的选择，由女人引起的机能性或器官性的病症，或者是由真正的性生活引起的——也就是说"梅毒性瘫痪"或"心理症"，同时拉塞勒的毁灭又与后者有间接的关系。

在这经过解析后意义清晰、结构完整的梦里，N教授不只代表这种类推所产生的结果以及我想证明自己错误的愿望，也不只是由布莱斯劳这个地名联想到那位婚后住在那儿的朋友，梦中N教授的出现还与当时我们一起看病人后的闲谈有关联：记得他看完那位病人后，除了提出前面提过的建议以外，他问我："你有几个孩子？""六个。"接着又以一种关切的、长者的神态问道："男孩还是女孩？""男女各三个，他们是我最大的骄傲与财富。""嗯！你可得小心些，女孩子比较乖巧，可是男孩子日后的教育并不容易！"我笑着告诉他，至少到目前为止，他们都还十分听话。很明显地，这种有关我儿子将来的说法使我不太愉快，就有如他当时诊断我那位病人只不过是心理症而已。于是，这前后连续发生的印象便因此而并在一起，而当我在梦中加入了心理症的故事时，我便利用它来代替了有关孩子教育的对话，其实，我太太所担心焦虑的孩子问题才真正与梦思的核心发生关系。因此，虽然我对N教授所提出的儿童教育问题引起的隐忧也遁入内容中，但它却隐藏了我的希望——证明自己这种担心纯属一种杞人忧天，而这幻象便同时代表了这两种互相冲突的选择。

我已于"典型的梦的特征"里提到过，"考试的梦"在解析时也曾遭到了同样的困难。梦者所补充追加的一些联想资料往往并无法满足解析的需要。只有对这种梦进行更多的搜集，才能对其有更深一层的了解。不久前我所提过的安慰词句如："你早就是一个医生了"等，其实并不只是一种安慰，而且也是一种谴责。这有另一个弦外之音："你已活了这般岁数，却仍犯了这种小孩子的毛病，做出这种傻事。"这种自我安慰与自我谴责的混合体正是"考试的梦"也具有的特征。因此，由最后解析的那个梦看来，我们大可顺理成章地推论其"傻事""小孩子的毛病"均为被斥责的性行为的重复。

这种梦中的文字转变为一般发生妄想病的情形，仿佛在"歇斯底里症"以及"强迫观念"的病人身上也可看到。小孩子口语上的恶作剧，在某种年纪时，他们也真正把"字""话"当作对象，甚至创造些新奇的语言、自制的句法，而这些都成了梦和神经官能症的共同来源。

对梦中奇形怪状的新字加以解析，特别适合用来探讨梦的运作的"凝缩作用"的程度。千万可别以为以上所举的少数例子属少见甚或例外的梦。相反，这种梦例比比皆是，遗憾的是在精神分析治疗中，梦的解析工作很少能记录下来做成报告的，而且所能报告出来的解析大部分也仅为神经病理学者所能领会。

当有一些梦中话语，确实清楚地源自某种念头时，几乎所有这种"梦中的话"均来

天降　勒内·马格利特　比利时　1953年

　　"梦中的话"是追述重复那些印象犹新的话，具有东拼西凑的特点。马格利特的《天降》就是人与建筑的奇特拼凑。神情古怪、头戴圆顶高帽的人物全然镇静地从天而降，表现出生活中的古怪因素。《天降》具有一种怪诞的合理性。超现实主义感兴趣的正是触发我们对尘世间的怪异的不同体会。

　　自于"梦的材料"中记忆犹新的话，这些话的措辞可能完全原封不动，也可能只是稍加更改。往往"梦中的话"句法可能不变，但是由所说过的一些话东拼西凑地组合而成，整句的意义却可能变得晦涩难懂，或甚至连句法也有改变，往往这些"梦中的话"只不过是追述重复那些印象犹新的话而已。

二、转移作用

　　我们在收集以上的"梦凝缩"的例子时，就已注意到另外一种重要性不低于"凝缩作用"的因素。在"梦的内容"中某些占有重要篇幅的部分在"梦思"中却完全不是那么一回事，而相反的情形也屡见不鲜，一些在"梦思"中属于核心的问题却在"梦的内容"中找不到蛛丝马迹。而梦就是这样难以捉摸，由它的内容往往并不能准确地找出"梦思"的核心。比如前面提过的"植物学专论"的梦里，"梦的内容"中最重要的部分显然是"植物学"，但在"梦思"里，我们关切的主要问题却是同事间做事时所发生的矛盾与冲突，以及对我自己耗费太多时间于个人嗜好上的不满。至于"植物学"除了用来做个"对照"以同"梦思"发生一点关联外（因为植物学一直并不是我喜欢的科目），并无法在"梦思"中找出一点地位。在我的病人所做有关萨福的梦里，上山下山、上楼下楼是主要内容，然而"梦思"却主要表现为担心与"低"阶层的人发生性关系的危险。由此可见，仅有"梦思"中的一小部分遁入梦的内容中并予以过分的夸张。另外在我叔叔的梦中，漂亮的胡子在"梦的内容"中应该是个核心，但却与我们分析后找出的"梦思"——追求"功成名就"的欲望，竟是风马牛不相及。由这些梦充分证明了"转移作用"的存在。但与此完全相反，在"伊玛打针"的梦里，我们发觉这"梦的内容"中每一单元的地位竟与解析后的"梦思"一一对应，因此分析过这种梦后，再碰到以上所举的梦例，我们不免为这"梦思"与"梦的内容"之间崭新而不调和的关系感到惊讶。如果我们在正常生活中的心理过程发现，一个意念的产生是从一大堆意念间挑选出来后才在意识界受到特别重视，那么我们就能证实一种特别的心理价值（某种程度的兴趣）的确会附着于脱颖而出的意念。但我们却发觉在"梦思"中每一个单元所受到的价值在"梦的形成"时并不复存在，或并没有进行考虑。事实上，由于"梦思"中的各种意念也无法分出价值的高低，我们往往要靠自己的判断来作决定。在梦形成时，那些附有强烈兴趣的重要部分往往被某些"梦思"中次要的部分所取代，反而成了次要部

梦的转移作用

梦的转移作用是指在"隐梦"的内容中，对某个人或某件事的看法会被转到别的人或事物身上。这样做的目的是为了躲避心理检查。

现实	不是同性恋

现实	梦到别人是同性恋

转嫁

潜意识	有同性恋的倾向

有一个人在梦中经常看到别人在搞同性恋，分析后得知原来是他本人的潜意识中有搞同性恋的冲动，所以将这种想法在梦中表现了出来，为了躲避心理检查，他将把自己的冲动转嫁到了别人身上。

分。这种情形，乍看好像每一个意念所附的心理价值并不为梦的形成所接受，反而是它所含的意义多少才是关键。我们很容易就以为能出现在梦的内容中的并不是"梦思"中的重要部分，只不过是它曾多次地出现，然而这个假设并不足以使我们对梦的形成的了解增进多少。首先，我们就无法相信，两个具有多种意义及内含价值的意念除非彼此朝着同一方向，才有可能影响梦的选择。那些在"梦思"中最重要的意念往往也可能同时再出现的，因为每一个"梦思"的单元都是由这些核心发散出来的。但梦仍可能拒绝、排斥这些经过特别强调并强烈支持的单元，而在梦的内容中采纳其他只受到强烈支持的意念。

也许我们可以借着研究梦的内容的"过度决定"解决这种困难。许多读者也许都自以为发现梦的内容各单元的多种意义并不重要。由于我们在分析时是从梦中的各单元着手，将每个由此单元发生的联想一一记录下来，所以有关这些单元在记录的意念材料中，会很容易重复出现的可能性难道还有所怀疑吗？由于我无法认可这种反对意见的正确性，现在只能说出我以下的看法：在梦析中找出的意念里，有些已与梦的核心相去甚远，而似乎变成了是为了某种特定目的而人为设置的添加物。它们的目的可以很快看出，即在"梦思"与"梦的内容"之间建立一种比较牵强的联系，并且在许多情形下，一旦这些重要单元在解析时未能找到，则"梦的内容"中的各部分不只是不能"过度决定"，就连"足够的决定"也无法做到。所以我们得出以下的结论：在梦的选择中占有决定性地位的"多种意义"，可能并非永远是梦形成的最主要因素，往往只是一些未被我们所知的精神力量的次要产物。然而，就每一单元要进入梦的内容而言，这仍是非常重要的因素，因为就我们观察所得，有些时候"多种意义"并不容易从"梦的材料"中找出来，而唯有经过一番研究才能有所收获。

我们现在可以这样假设：在"梦的工作"下，一种精神力量一方面将其本身所含有较高精神价值的单元所包含的精神强度予以卸除，而另一方面又利用"过度决定"的方法，在较低精神价值的单元中塑造出新的重要价值，并借着这种新形成的价值得以遁入梦的内容中。如果这种方法的确是梦形成的步骤，那么我们就可以说，梦形成的过程中，在各单元之间发生了"心理强度的转移作用"，就由此形成了"梦的内容"与"梦思"之间的差异。我们这种假设的心理运作，其实正是"梦的工作"中最重要的一环，我们就称之为"梦的转移"，而"梦的凝缩"与"梦的转移"是我们剖析梦的结构所发现的两大艺术家。

我认为利用"梦的转移"来解析梦中所含的精神力量并非难事，而转移的结果无非是使"梦的内容"不再与"梦思"的核心看得出有所关联，而梦只以这种改装过的面目重复出现在潜意识里的梦的愿望。现在我们已熟悉了梦的改装，因此我们可以由此追溯出某种"心理步骤"在精神生活中对另一种所做的"审查制度"，而"梦的转移"便是达成这种改装的主要方法之一，我们必须假设"梦的转移"是由这种"审查制度"的影响所产生的一种精神内在的自卫。

梦的工作及其作用

弗洛伊德认为解梦和梦的工作是两种相反的内容。假如说梦的工作是把一个东西深深埋起来，解梦则是把它挖掘出来。从这个角度上来讲，"隐梦"变成"显梦"的过程叫作梦的工作。反过来，由"显梦"回到"隐梦"就是解梦的过程。

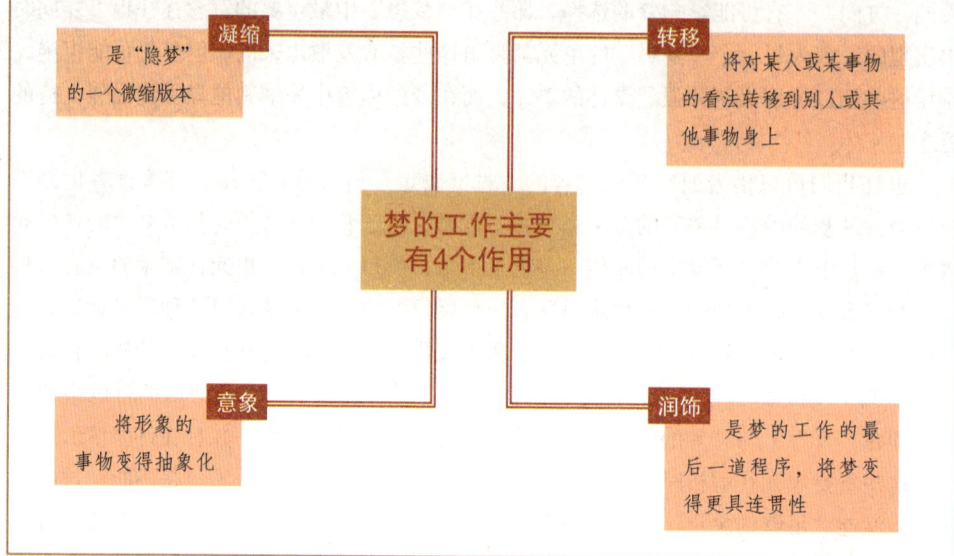

凝缩
是"隐梦"的一个微缩版本

转移
将对某人或某事物的看法转移到别人或其他事物身上

梦的工作主要有4个作用

意象
将形象的事物变得抽象化

润饰
是梦的工作的最后一道程序，将梦变得更具连贯性

在"梦形成"时，究竟"凝缩""转移"以及"过分解释"何者居首何者为副暂且留待以后再讨论。而需要强调的是，要使意念能出现于梦的第二个条件便是"它们必须能免于审查制度的拒抗"，有了这种假设，我们就可以放心大胆地说"梦的转移"是一种不容置疑的事实。

三、梦的表现方法

我们发现把潜在思潮转变为梦的显意的过程中，梦的"凝缩作用"和"转移作用"两个元素在运作。在接下来的研讨里，我们将遇到另外一两个决定性因素，它们毫无疑问地决定了哪些材料能够进入梦中。

虽然有使我们讨论进展停顿的危险，但我认为有必要先把解释梦的程序来做个粗略的介绍。我承认要把这些程序解释得清清楚楚，并且能让评论家深信不疑的最简单方法乃是用某些特殊的梦做例子，详细地予以解释（如我在第二章对"伊玛打针"所做的分析），然后把所发现的梦思集中起来，并找出构成此梦的程序——换句话说，用梦的合成来完成梦的分析，其实我已经在好几个梦例中根据自己的指导使用上述方法；但我不能在此将它们发表，因为这牵涉到有关精神资料的性质问题——有许多理由，而每一个理性的人都不会反对的，这些顾虑对分析梦时并没有太大的影响，因为分析可以是不完全，但仍旧能保留其价值——虽然它并没有深入梦的内容，但对梦的合成来说却不是这么一回事了。我认为如果不完全，那么它就不会具有说服力的，所以我只能把一些名字不为世人所知的人的"梦的合成"公诸世。既然这个愿望只能以我的心理症患者来达成，所以我必须把此问题的讨论暂时搁下，直到我能够把心理症患者的心理和这个题目拉在一起——在另一本书里。

把梦思合成以建造出梦的尝试，使我领悟到由分析得来的材料并非都具有同样的价值。只有一部分是主要的梦思——也就是说，那些在梦中被完全置换的；而如果没有"审查制度"的话，它们本身就足以改变整个梦。另外的材料则常被认为不是那么重要的，我们也没办法来支持"后者对梦的形成亦有贡献"的论调。相反，从梦发生之后到分析这期间，也许发生了一些使它们产生关联的事件，所以这部分材料即包括了所有由梦的"显意"指向"隐意"的连接途径，以及一些中间的连接关键——在分析的过程中，借着它们才能发现那些连接的途径。

目前，我们只对本质（重要）的梦思感兴趣，这些通常是一组十分繁杂的思想与记忆的综合——由一些我们清醒时所熟悉的思想串列所提供。虽然彼此间有相连的地方，但它们常常是由许多不同的中心发出来。每个思想串列几乎恒常为其相反的想法所紧随，并且与它有相互的关联。

可以进入梦的材料有哪些

梦会整合那些有联系的无关紧要的琐碎印象，作为自己的组成材料。这时候的梦，同时表现出了"躯体的"和"精神的"两种来源。

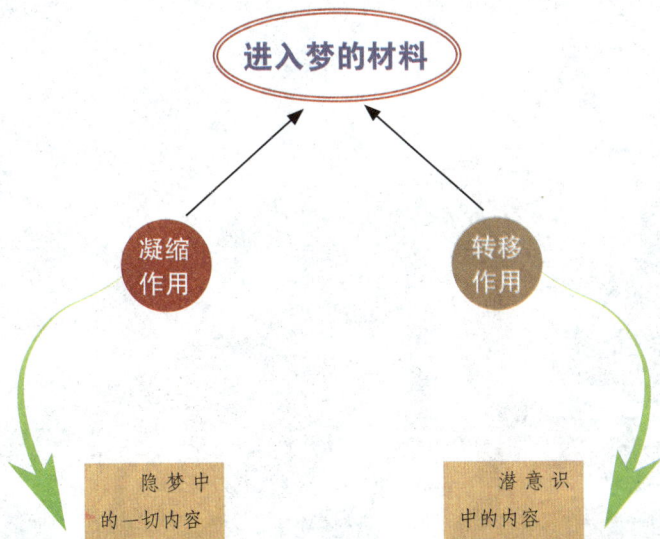

进入梦的材料

凝缩作用

转移作用

隐梦中的一切内容

潜意识中的内容

当然，这繁杂构造的各个不同部分相互间就有很多的逻辑关系。它们可以表示前景或背景、主题或说明，各种情况、各种证据或是反驳。不过当整个梦思处在梦的运作的压力下时，这些元素就被扭转、被碎裂，以及被挤压在一起了——就像碎冰被挤成一堆那样——所以就产生了这样的问题：构成其基础的逻辑框架变得怎样啦？梦中到底是以什么来代表"如果""因为""就像""虽然""不是这个……就是那个"等连接词呢？——如果没有这些，我们是无法了解任何句子或语言的。

我们最先想到的回答便是，梦并没有任何方法来表现出梦思之间的逻辑关系。大体来说梦忽视这些连接词，它只将梦思的内涵篡夺过来而加以操纵处理。而分析过程的工作就是要把这被梦的运作破坏了的联系重新建立起来。

梦之所以无法表达出这种连接关系，是基于造成梦的精神材料的性质所致。就像是

风中的新娘 奥斯卡·科柯施卡 澳大利亚 1914年 布面油画 巴塞尔昆斯特美术馆

梦的构造是繁杂的，有时在梦运作的压力下被扭转、被碎裂，正如某些艺术家则通过他们的作品表现了他们那已经达到危险程度的神经质。在这幅画中，科柯施卡用幻想般的色彩，表现了一对男女之间的情事。当他们的身体在风中扭在一起时，男性的身体明显地被分解了。整幅画展现出的是一个由扭曲的色彩和扭曲的形体组成的旋涡，同时也是在一种强烈感情的作用下，由一对被勉强拧在一起的身体形成的旋涡。

绘画和雕刻所受到的限制，它们不像诗歌那样能够利用语言；基于同样的理由，它们的缺陷都源于那些它们想用来表达一些想法的材料上。绘画在寻得其表达原则以前，曾尝试过要克服这种缺陷——在古代的绘画中，人物的口中都吊着一些小小说明，用来叙说画家无法用图画来表白的念头。

现在，也许有人会对梦无法表现逻辑关系而表示异议。因为在有些梦中往往有最繁杂的理智运作——证实或反对某些叙述，甚至加以比较或讥讽，就像是清醒时的思想一样。但是这又一次说明了外表常常是骗人的。当我们深入分析这些梦时，就会发现整个思潮不过是梦思材料中的一部分，而不是在梦中所产生的理智运作。这外表看来像是思想的东西，只不过是重现了梦思的主要材料而不是它们之间的相互关系——这是思想所要表现的。我将要提出一些有关这方面的事实。最简单的是梦中所说的句子（所特别描述的），不过是一些未经改变或稍有变动的梦思材料而已。这种常常不过暗示了包括在梦思中的一些事件，而梦的意义也许和它相差十万八千里。

但我却得承认重要的思想活动——并非是梦思材料的重现——确实在梦的形成过程中扮演重要的角色。在完成本题目的讨论后，我将阐述这种思想活动所扮演的部分。那时我们就会明了这种思想活动并非由梦思产生，而是在梦完成后（由某一观点来看），由梦本身而来的（请看本章"荒谬的梦"）。

我们暂且可以这样说，在梦中梦思之间的逻辑关系并没有任何独立的表示。譬如说梦中产生的矛盾，如果这矛盾不是由于梦本身所致就是由某一个梦思的内涵所致，梦的矛盾只能在非常间接的情况下才和梦思之间的冲突有所关联，而就像绘画（至少）终于能够找到一种方式——而不再是那种小小的说明——来表白那些文字的意图（如感情、威胁、警告等），梦也有可能用某些方式来阐述梦思之间的逻辑关系——对梦的表现方式加以适当的改变。实验显示出各种不同的梦，（由此观点看）都有表现方式不同的"改变"。有些梦完全不理会材料之间的逻辑关系，另外一些则尝试尽量加以考虑。因此，梦有时与其处理的材料相差不远，有时却又有很大的相同。同样，在梦思潜意识中如果有着前后的时间顺序，梦对它们的处理也会有着相似的变异幅度（如伊玛打针的梦一样）。

到底梦的运作如何决定梦思之间的这些（逻辑）关系（而这是梦的运作所难以表现的）呢？我将逐个加以说明。

梦首先粗略地考虑存在于梦思之间的相关——这无疑是存在的——把它们连成一个事件。所以产生连续性（时间）的逻辑连接。由这点来看，梦就像是希腊或巴那斯[①]画派的画家一样，把所有的哲学家或诗人都画在一起。这些人确实未曾在一个大厅或山顶集会过，而从思想来看，他们确实属于一个群体。

梦很小心地遵循这个法则，甚至细节也不放过。不管什么时候，只要梦把两个元素

---

① 这是弗洛伊德喜欢的比喻，他在杜拉病历第一节的中间引用过，这可能源于歌德的抒情诗《灌丛中的沉痛》。

梦的运作如何决定梦思之间的逻辑关系

梦很小心地遵循了与梦思之间连续性的法则，甚至细节也不放过。不管什么时候，只要梦把两个元素紧拉在一起，这就表示在相关的梦思之间必定存在着某些特殊的亲密关系。这就和我们的文字相似。

"ab"表示这两个字母是一个音节。如果在"a"与"b"中间有个空隙，那么"a"就是前一个单词的末尾，而"b"是另一个单词的开头。

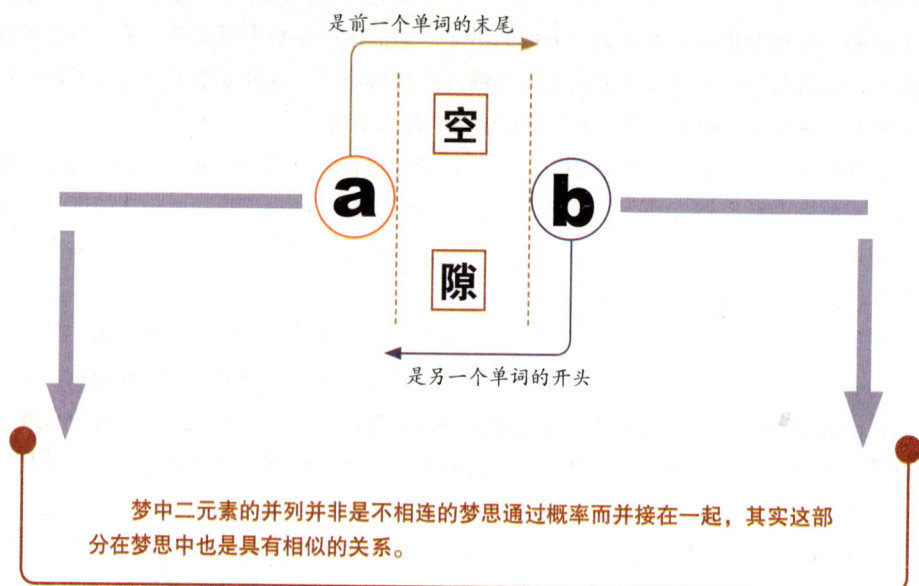

是前一个单词的末尾

空

a **b**

隙

是另一个单词的开头

梦中二元素的并列并非是不相连的梦思通过概率而并接在一起，其实这部分在梦思中也是具有相似的关系。

紧拉在一起，这就表示在相关的梦思之间必定存在着某些特殊的亲密关系。这就和我们的文字相似，"ab"表示这两个字母是一个音节。如果在"a"与"b"中间有个空隙，那么"a"就是前一个单词的末尾，而"b"是另一个单词的开头，所以，梦中二元素的并列并非是不相连的梦思通过概率而并接在一起，其实这部分在梦思中也是具有相似的关系。

为了表现这种因果关系，梦有两种在本质上相同的程序。假设梦思是这样的："既然是这样的，那么，那个等等必会发生。"最常见的表现方法就是以附属句子作为起始的梦，那主句就是"主要的梦"了。而时间的前后关系也可以倒过来，但通常梦的重要部分是和主句对应的。

有一次我的一位女病人叙述了一个梦，它是表现梦的因果关系的极好例子，我将在后面把它完完全全地写出来。梦是这样的——它具有一个短的序曲，然后是牵涉非常广泛的梦，不过却紧紧围绕一个主题，也许可以称之为"花的语言"。

梦的开始是这样：她走进厨房，当时两个佣人正在那儿。她挑她们的毛病，责备她们还没有把她那餐食物准备好。与此同时，她看见一大堆厨房里常用的瓦罐口朝下，在厨房里累叠着以让内壁滴干。两个女佣要去提水，不过要步行到那种流到屋里或院子的河流去提。然后梦的主要部分就这样地接下去：她由一些排列奇特的木桩的高处向下走，觉得很高兴，因为她的衣裙并没有被它们勾着……

开始的梦和她双亲的房子是相关联的。毫无疑问，梦中的话是她妈妈常挂在嘴边的。而那堆瓦罐则源于同一建筑物内的小店（卖铁器的）。梦的其他部分就说到她父亲——他常常追求女佣，而最后在一次河流泛滥中，罹患重病死去（他们的房子靠近一条河流）。因此，藏在这"开始的梦"的意义就是："因为我在这所房子出生，在这卑鄙以及令人忧郁的环境……"主要的梦肯定也有同样的意思，不过却以一种愿望的满足将它加以改变："我是由高贵世家来的"，所以隐藏的真正意思是这样的："因为出身是如此卑微，所以我生命的过程就是这样的了。"

据我所知，这样把梦分成不相等的两份，并不表示后面的梦思与前面永远具有因果的关系。反而使我们觉得同一材料常常以不同的观点各自出现于这两个梦中（当然，晚上那最终导致射精或高潮的一系列的梦就是这样的——这是一系列将肉体需求愈来愈清楚表白出来的梦）。有时，这两个梦源于梦思不同的中心，不过其内涵有些重复。因而这个梦的中心在另一个梦中只是线索式的存在着，而这个梦中不重要的部分却是另一个梦的中心。但在某些梦中，把它分为一个短的前言和一个较长的主要部分正是表示这两部分有着显著的因果关系。

另一个表现因果关系的方法则牵涉较少的材料，它把梦中的一个影像（不管是人或物）变形成另外一个。当变形在目击下发生时，我们才真正去考虑其因果关系，而不是在那种仅仅是某物代替了某物的时候。

我已经阐述过这两种方法在本质上是相同的，因为在这两种情况下，因果关系同样是用前后的顺序来表现的，前者是用梦的先后表现，后者却以一个影像直接变形为另一影像。我承认多数的梦例并没有表现出这种因果关

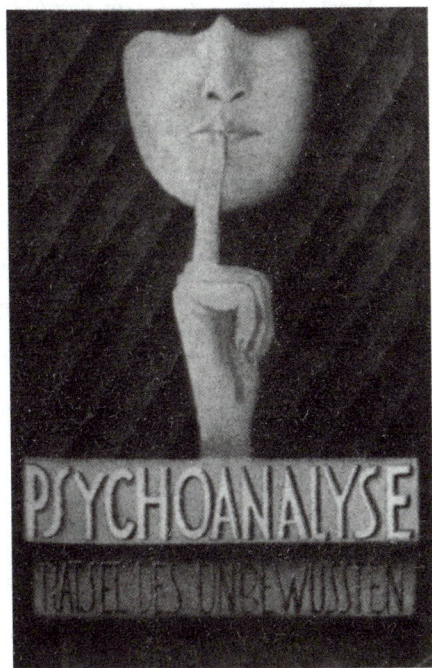

萨克斯影片《精神分析》的海报

《精神分析引论》是现代精神分析心理学派的创始人弗洛伊德的主要著作之一。它比较系统地深入浅出地介绍了精神分析的一般理论。这张图片是一部关于"精神分析"影片的宣传海报。

系，它们已在梦的过程中，因为各元素的混淆而不可避免地消失了。

那种随便一个都可以的"不是这个——就是那个"的情况在梦里是无法表现的。它们常常各自插入梦里，似乎二者都是一样的有效（译者按：其实只有其中之一能够成立）。"伊玛打针"就是一个现成的例子。很清楚它的"隐意"就是："我不用替伊玛仍旧存在的病痛负责；因为这不是由于她拒绝接受我的治疗，就是因为她那不协调的性生活，再不然就是因为她的病痛是器官性而非歇斯底里的。"这个梦完全满足了这些可能（其实它们却是排他性的——不同时存在）。如果合乎梦的愿望，它也会毫不犹豫地加上第四个可能。在分析完这个梦后，我把"不是这个——就是那个"加入梦思的内涵中。

但是如果在重新制造一个梦的时候，想要运用"不是这个——就是那个"，譬如说"这不是花园就是客厅"，那么呈现于梦思的就是"和"这个简单的加法而已。

"不是这个——就是那个"通常是用来指一个含糊的梦元素——但是却能够被分开的。在这种情况下，解释的原则是：把两个情况看成同样有效，以一个"和"字把它们连接起来。譬如说，有一次我的朋友在意大利停留，那一段时间我正好没有他的地址。那时我就梦见收到了附有他的地址的电报。它是以蓝色字印成的电报，第一个单词是模糊的：

"Via（经由）"或者是
"Villa（别墅）"　　　第二个单词很清楚是："Secerno"
或者是"Casa（房子）"

第二个单词念起来有点像意大利的人名，这提醒了我和这位朋友讨论过的词源学题目。并且也表露了我对他的愤怒，因为他把住址隐藏那么久而不告诉我。但是第一个单词的三种可能却在分析后变得各自独立并且都能成为一个思想串列的起点。

在家父出殡的前一天晚上，我梦见一个布告（招贴或者海报）——倒有点像在火车站候车室内贴着的那种禁止吸烟的布告——上面印着：

"你被要求把两只眼睛闭上"
或是"你被要求把一只眼睛闭上"
我通常把它写成：

"You are requested to close the/an eye（s）"

这两个不同的说法有各自的意思，在分析的时候就导致不同的方向。因为我很清楚家父对这种礼仪的看法，我那时就选择了最简单的送殡仪式，但是家里的其他成员对这种清教徒式的简单葬礼并不怎么欣赏，担心会被那些参加葬礼的人们所鄙视。所以，其中的一句话："你被要求把一只眼睛闭上"——这就是说，闭着一只眼或是忽视的意思。在这里我们很容易发现非此即彼所表现的模糊意义。梦的运作不能用单一字眼来表现出梦中呈现的模棱两可，所以这两道思潮即使在梦的显意中也开始分道扬镳了。

在有些梦例中，这种要表现出非此即彼的困难是利用将梦分成相等的前后两半来克服的。

梦处理相反意见及矛盾的方法是值得注意的——它干脆不予以理会，"不"对梦来说似乎是不存在的。它很喜欢把相反的意见合在一起，或者把它们当作同样的事件来表现，甚至会随心所欲地用相反的意思取代原先的元素而在梦中表现；所以我们不能一看就决定一个相反的元素在梦思中是否也是这样存在或者恰好相反。

在前面刚提到的一个梦里，我们已经解析过它的第一个句子（"因为我的出身是如此这般"）。在这个梦里，病人梦见自己手里握着开花的枝条，正从一些高低排列的木桩上步行下来。这影像使她想起了手持百合花宣告耶稣诞生的天使画像——而她的名字恰好又是玛丽亚——同时也令她回忆起举行"耶稣圣体游行"时，街道用青色树枝装饰，还有那些穿着白袍步行的女孩子。所以梦中这开花的枝条

选择　乔治·佛里德里克·华茁　1864年　布面油画　私人收藏

梦很喜欢把相反的意见合在一起，或者把它们当作同样的事件来表现，甚至会随心所欲地用相反的意思取代原先的元素而在梦中表现。在这幅画中，一位美丽的女子一面吸着山茶花的香味，另一只手又拿着一朵蔷薇花蕾。这两种花就好比相反的意见，画中女子似乎想将二者兼得。

无疑的暗示着贞洁——枝条上长着看起来就像是山茶花的红花。梦这样进行着，当她走下来的时候，花已经大部分枯萎了。而后接着的一些景象无疑是月经的暗示——看来，这好像是纯洁少女握着同样的百合花一样（译者按：纯洁的意思）的枝条是影射着茶花女：她平时戴着白色的山茶花，但在月经来临时则戴着红色的。这带花的枝条（歌德《背叛的磨坊主》一诗中的"少女的花"）同时代表着贞洁及其反面。而这个梦表现她对这一生纯洁无瑕的欣悦，但是在某几个部分却显露出相反的概念（如花的凋谢）——提示出她因为各种有关贞洁过失而引起的罪恶感（就是说在她孩童时期发生的）。在对梦的分析过程中，我们能够很清楚地把这两道思想分开，自我慰藉的那部分比较表面

化，而自责的那部分较为深藏——这两个想法是全然对立的，虽然相反但性质相似的元素却在梦的显意中以同样的事件表现。

梦的形成最喜爱的逻辑关系只有一种，那就是相似、和谐，或者是相近的关系——即"恰似"。这种关系和别的不同，它在梦中能以各种不同的方式表现。梦思间早已存在的平行或"恰似"的关系是构建成梦的第一个基础，而梦的运作，大部分不过是在制造一些新的平行关系来代替那些已经存在但无法通过"审查制度"的阻抗者。梦的运作是倾向于凝缩，因而它赞同这种相似的关系。

相似、和谐，就是具有相同归属的，在梦中却以单元化来表现；这些关系或许早就存在于梦思间，或者是最近才被创造出来。第一种可能可以称为"仿同"，第二种则称为"集锦"。仿同使用在人身上，而集锦则指对事物的统一。不过集锦也可使用于人身上。而地方则常常被当作人一样看待。

在仿同作用里，只有和共同元素相连的人才能够出现于梦的显意中，其他人则被压制了。但是这个梦中单一的封面人物出现于所有的关系及环境中——不仅是他自己，同时也概括了其他人物。在集锦作用里，这种情形就扩展到人的关系——这个梦的影像概括了各人所持有的特征，但不是每个人所共有的；所以这些特征的组合又导致了一个新的单元化，一个新的合成。集锦的实际过程可以有好几条，有时梦中人具有一个和它相关的人的名字——这种情况我们一眼就能看出来，因为这和醒着的知识相同：这正是我们要的人——但外观却是别人的样子。或者梦的影像可以一部分像某人，一部分又像另一个人。或者这另一个人的涉及并非是外观的，而是存在于梦中人的姿态、说话和所处的情况中，在最后的这种情形下，仿同和创造一个集锦人物间的分歧就不那么清楚了。但要制造一个像这样的集锦人物的尝试可以遭遇失败。梦中的景物在这种情况下就只像是属于其中一个有关的人物，而别的最重要的角色就变为一些附属的，而不具有什么功能。做梦的人有时会用这些词句来形容这种情况："我妈妈也在那里。"梦的内容中的这些元素也许类似于象形文字中的决定性因子——不是发音，而是用来说明别的符号的。

造成两个人物结合的共同元素也许会表现于梦中，也许会被删除。仿同或者是建造一个集锦人物的理由，一般来说是为了避免表现出这种共同元素。为了避免说"A仇视我，B也是如此。"所以我在梦中制造一个由A和B合成的人物，或者幻想A在做一些为B所特有的行动。这样梦中人就有了新的连接，而它代表了A和B的情况使我能够很合理的、在梦的适当时间内穿插一个它们共有的元素，就是对我的仇视态度。利用这种方法常常能使得梦的内容得到显著的凝缩；如果我能够利用别人而把相同的情况表现清楚，就可以省去直接表现某人的情况所需的烦琐。我们很容易可以看出，这种利用仿同作用来表现的方法也可以用来逃过审查制度的阻抗，而阻抗正是梦的运作的严厉一面。审查制度所反对的，也许恰好落在梦思中某一特殊人物的特定意念上；所以我就寻找另外一个也和被反对的材料有关、涉及较少的人。由于这两个人不被审查通过的共同点，使我

梦形成的逻辑关系

梦的形成最喜爱的逻辑关系只有一种，那就是相似、和谐，或者是相近的关系——即"恰似"。相似、和谐，就是具有相同归属的，在梦中却以单元化来表现；这些关系或许早就存在于梦思间，或者是最近才被创造出来。

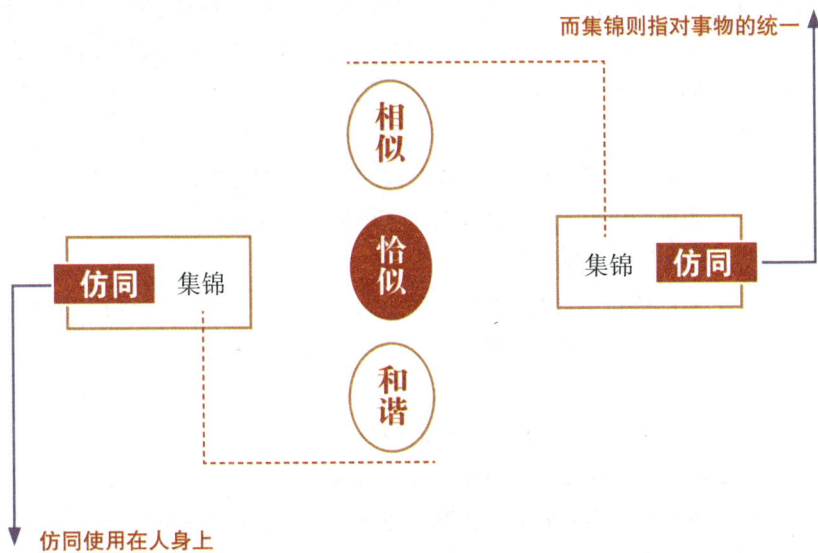

而集锦则指对事物的统一

相似

恰似

和谐

仿同　集锦

集锦　仿同

仿同使用在人身上

得以建造一个集锦人物——它具有了两个人其他无关重要的特征。不管是源于仿同作用或集锦作用，这个人物于是被允许进入梦的内容而不被阻抗。因此利用梦的凝缩作用，我满足了审查制度的要求。

当梦表现出两个人共有的元素时，往往暗示着另一个被蒙蔽的共同元素，只不过因为审查制度而无法表现。共同元素常常利用置换作用来达到顺利表现的目的，因此，梦中集锦人物所具有的无关紧要的共同元素使我们能下这样的论断——梦思中必定还有一个不是如此不紧要的共同元素。

根据以上的讨论，仿同作用或者是集锦人物具有如下意义：第一，它代表两个人之间的共同元素。第二，它代表一件被置换了的共同元素。第三，它仅仅代表了一种一厢情愿的共同元素。因为希望两个人具有共同元素的想法，常常和这两个人的置换不谋而合，所以后者在梦中也是以仿同作用来表现的。在"伊玛打针"的梦中，我希望将她和另外一位病人置换：也就是说，我希望另一位病人和伊玛一样也在接受我的治疗，梦达成这愿望的方法是，呈现一个叫伊玛的女人，不过她被检查的方式却是我以前看到另一妇人所接受检查的情况。在关于我叔叔的梦里，这种交换成为梦的中心，我利用处置和裁判同事把自己比喻成部长。

根据经验，我发现每个梦都毫无例外地关系着做梦者本人，梦完全是以自我为中心的。当自我不在梦的内容中出现反而代之以外人时，我可以很确切地说，自我一定利用仿同关系隐藏在这人的背后，所以能够把本人的自我加入梦的内容里。在其他情况下，如果本人的自我确实出现于梦中，那么也可知道别人的自我也借着仿同作用而隐匿于本人的自我后面。因此在分析这种梦的时候，常常要注意我和此人所共同具备的隐匿元素（而这元素是连接在此人身上的）。在别的梦里，自我起初是附着在别人身上，而在仿同作用消失后又再度回复到本人的自我来。所以这些仿同使我得以细致观察在自我的意念中，审查制度所不通过的部分。由此原因，自我在梦中有时直接呈现，有时却又经由仿同别人而表现，借着好几个仿同作用而经过数度交叠后，才能将许多的梦思凝缩起来。这种梦者本人的自我在梦中会数次呈现或者以不同的方式表现，基本上和清醒时的思考一样，自我也会出现于不同的时间、不同的地点或关联没有两样——譬如这个句子："当我想我以前是多么健康的一个孩子。"

至于地点名称的仿同要比人更容易了解，因为在梦中具有重大影响力的自我没有牵涉在内。在那个关于罗马的梦里，我发现自己身处一个被称为罗马的地方，不过却因为看到街头大量的德文招牌而感到非常惊奇。后者是一种愿望的达成，立刻使我想到布拉格；而这个愿望也许源于我童年时代度过的德国国家主义时期（而这已经是过去的）。在做这个梦时，我很希望在布拉格遇见朋友（弗利斯）；所以罗马和布拉格的仿同可以解释成一种愿望的共同元素：我愿意在罗马遇见朋友，而不想在布拉格。并且这相见的目的使我乐于将布拉格和罗马交换。

制造这种集锦结构的，可能是常常使梦披上一层奇幻外衣的最主要因素。因为它

仿同作用的意义

"仿同作用"是一种基于同病相怜的同化作用，再加上某些滞留于潜意识里的相同状况发作时所产生的结果，而并非单纯的模仿。

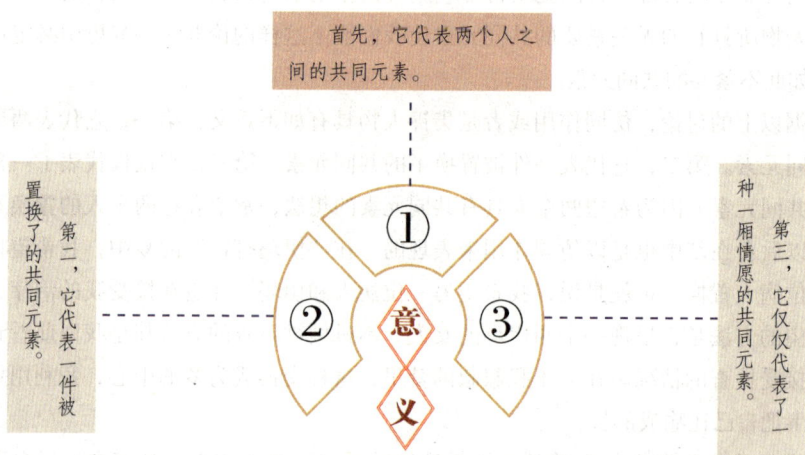

首先，它代表两个人之间的共同元素。

① 意 义

第二，它代表一件被置换了的共同元素。 ② ③ 第三，它仅仅代表了一种一厢情愿的共同元素。

在梦的内容中导入了一种不能由感官真正感受到的元素。这种构建集锦影像的精神程序，很明显和清醒时幻想或涂绘恐龙以及半人半马怪物的情况相同。唯一不同的是，清醒时欲创造的新构造本身决定了这想象物的外表；而梦中集锦的影像却取决于一些和其外表无关的因素——即梦思所含的共同元素。可以有好多种方法去完成梦中的集锦物，最简单的方法就是只以某物直接表现，不过这种表现却暗示着它仍有别的归属。更复杂的方法则是将两个物体合成新的影像，而在合成过程中，巧妙地利用了两者在现实中所含有的相似点。新的产物也许是怪诞离奇，也许被认为是高明的想象，这取决于原材料是什么，及其拼凑的技巧高低。如果凝缩成一个单元的对象则过于不和谐，那么梦的运作常常制造一个具有相当明显的核心，但附着一些不明显的特征后就心满意足了。

四使徒　阿尔布雷希特·丢勒　德国　1523～1526年

在梦中，不同的事物可以解释成一种愿望的共同元素。画面中描绘了四个不同的使徒，但是他们的信仰是一样的。这四个人代表了四种性格：乐观、冷静、暴躁和忧郁。四使徒形成一个整体，就像四种不同的性格集于一身。四个人站立在黑色的背景之前，各自的个性与协作的关系富于英雄气概。

在此情况下，我们可以说，把材料组成一个单元化影像的努力是失败了。这两种表现方法交替重复出现，产生一些性质相当于两种视觉影像竞争的东西。在绘画上，如果我们想表现许多人个体的意象所形成的一般概念时，也会产生同样的情形。

梦当然是这许多集锦的组合。在前述梦的分析中，我已经列举了许多例子；以下我将多补充几个，下面这个梦是用"花的语言"来描述病人的生命过程：梦中的自我在手中握着开花的枝条——而我们说过，这代表着圣洁及性的罪恶。由花朵的排列情形看，这枝条也向梦者暗示着樱花，如果对这些花个别来看则是山茶花，而且这些花给人的印象是加上去的。这集锦物各元素间的共同点可以由梦思中显示出来。开花的枝条，暗示着那些要赢得或者想获取她好感的人所努力贡献的礼物。所以小时候她得到樱花，后来得到山茶花

185

树，而那个花看来像是加上去的，外表则象征着一位常常外出旅行的自然学者，为了获取她的青睐所贡献的关于花的图画。另一位女病人在她梦中则浮现出一个这样的东西——像是海边沐浴用的茅屋，像是乡村房子外面的厕所，又像是小镇子的顶楼。前面两个元素的共同点是关于人们的赤裸与脱衣；而与第三者的连接则可以得到这样的结论（在她小时候），顶楼也和脱衣有关。另外一个男人则在梦中产生了两个地点的集锦，而在这集锦物里进行"治疗"。其中一个是我的诊疗室，另外一个则是他第一次邂逅太太的娱乐场所。一个女孩就在她哥哥答应请她吃一顿鱼子酱后，梦见哥哥的脚沾满了鱼子酱的黑色颗粒。这"感染"的元素（道德上的意思）和她回忆起小时候布满双脚的红疹（而不是黑的），以及鱼子酱的颗粒组合成一个新的概念——即她由哥哥那里得到的。在这个梦里（别的梦也一样），人体的一部分被当作物来看待。在弗伦茨报告的一个梦中，那个集锦的影像由穿着睡衣的医生和马所组成。在分析过程中，这位女病人体会到睡衣象征着小时候她父亲在某一情境的影像，因此这三个元素的共同点也就明确了。这三部分都是她性好奇心的对象，当她年轻的时候，保姆

白色交响曲第2号：白衣少女 詹姆斯·阿博特·麦克尼尔·惠斯勒 美国 1864年 布面油画 英国伦敦塔特陈列馆

梦的运作无须利用一些特殊的象征活动，它利用那些早就存在于潜意识中的象征，比如女人有时会梦到花，这是一件再正常不过的事。画中表现了一位美丽的白衣少女，她的旁边开满了樱花，正如少女一般清纯美好。

时常带她到一个军队的养马场去，因而她有许多机会来满足自己未被压抑住的好奇心。

在前面我已经说过，梦没有办法表达矛盾或者是相反的关系——即"不"。我现在首先要提出反对意见。有一类能够归属于"相反"前提下的例子是利用仿同作用的——在这些梦例中，交换或者取代的意念是和相反情况关联着。对这点我已经举过了许多例子。另一类则归属于我们称为"刚好相反"的旗下，它是以一种奇特的方式呈现于梦

中——似乎可以用玩笑来形容它。这个"刚好相反"并不直接呈现于梦中，但却经过梦的内容（那些为了别的理由而创造的）刚好和它相邻接的部分的扭曲而暴露其存在的事实——就像是一种事后回想。这种方式用实际例子来解释可比描述容易多了，在一个美丽的梦里（即"楼上和楼下"的梦），表现的爬楼梯恰好和梦思的原型相反——即这恰好和都德名作《萨福》中的情境相反；在梦中向上爬的动作开始困难，后来却容易了，而在都德的故事中开始容易，后来却困难了。另外梦者和哥哥的"楼上""楼下"的关系在梦中刚好倒过来。这说明在梦思中，两件材料的关系是相反的；而我们可以由此看出梦者幼童式的想让乳母拥抱的幻想，不过在小说的情节中刚好相反，却是主人翁抱着太太上楼。我那个梦见歌德抨击M先生的梦也一样。在这种梦的分析中，不弄清楚这种关系是无法成功的。在梦里是歌德抨击一位年轻的M先生，而实际存在梦思中的另一个重要的人物却是我的朋友弗利斯，他被一个不知名的小作家抨击。在梦里，我计算歌德逝世的日子——实际的计算却是基于一位瘫痪病人的生日。梦思中具有决定性影响力的思想，恰好和歌德应该得到疯子般待遇的意念相冲突，"刚好相反"，梦（潜匿意）如此说，"如果你不明白书里讲什么，那么你（评论家）便是白痴，而非作者。"另外，我想这种把意义歪曲的梦都隐含着一种轻蔑的，有着"背叛某件事"的意愿，譬如说，在萨福的梦中，梦者把他和其兄弟的关系颠倒过来。同时，我们也可以看到这种梦中的相反手法时常是源起于潜抑的同性恋冲动。

顺便说一下，梦运作最喜欢的表现方式是把一件事扭转到反方向，同时也是运用最多的。它的第一个好处就是能满足对梦思中某些特殊元素的愿望，"如果这件事是相反的话，那该是多好！"这常常是表现自我对记忆中那些不如意部分的最好方法。另外"相反"是逃避"审查制度"的有效方法，因为它产生一堆歪曲的材料——这且具有一种瘫痪的效果，譬如说，对要尝试去了解这个梦的含义泼冷水。所以如果梦很顽固地不愿暴露其意义，那么追究梦的显意里那些刚好相反的特殊元素是非常有意义的，因为经过这个过程后整个情势就明朗起来。

除了把主题颠倒以外，我们还要注意时间的倒置，梦的改装

铜牌的约翰·沃尔夫冈·冯·歌德 约翰·戈特弗里德·沙多　德国　1816年　工艺品

歌德是18世纪中叶到19世纪初德国和欧洲最重要的剧作家、诗人、思想家。歌德除了诗歌、戏剧、小说之外，在文艺理论、哲学、历史学、造型设计等方面，都取得了卓越的成就。这枚勋章正面是半身画像的歌德，另一面是一匹飞马，其设计灵感来自意大利文艺复兴时期的奖牌。

最常见的方法是把事情的结果或者思想串列的结论置于梦的开始部分，而把结论的前提及事情的原因留在梦的后段里，因此，如果不把这个原则放在脑海里，分析梦就要无所适从了。

在某些梦例里，我们需要把许多梦的内容颠倒过来才能找到其意义。比如说，有一个年轻的强迫症患者，在某个梦中隐藏着一个自孩童时代即已存在的希望父亲死亡的记忆，而父亲又是他所害怕的。梦的内容是这样的：他因为回家晚了而被父亲骂了一顿。这个梦就发生在精神分析的治疗过程中。由他的联想来看，本来的意思应该是他生父亲的气，因为父亲回来得太早了。他宁愿父亲永远不回来，这就等于希望父亲死去，因为这个男孩子在父亲外出的时候做了一件错事，而他被警告说："等你爸爸回来，你就知道厉害了！"

如果我们要更深一层地研究梦思和梦的内容的关系，最好的方法便是把梦作为起点，然后研究梦的表现方法中的正统特征和后面的思想究竟有什么关系。最显著的就是梦里面各种梦的影像会激发起不同的感觉强度，而梦的各段或者是不同的梦都具有不同的清晰度。

各种梦影像的强度差异（位于我们所了解的两个极端之间）并不能看作比真实情况来得大（我们认为这是梦的特征，不过是掩人耳目而已），因为这和我们在真实情况中

死去的父亲 罗恩·穆克

谁看到这个场面都会觉得触目惊心的，这个赤裸裸躺在人们面前的死去的老年男子，已经没有了任何顾忌。"父亲"的形象和概念也已经被极度简化了，社会所赋予他的各种含义也被剥离了，在我们面前的只是一个赤裸的男人。

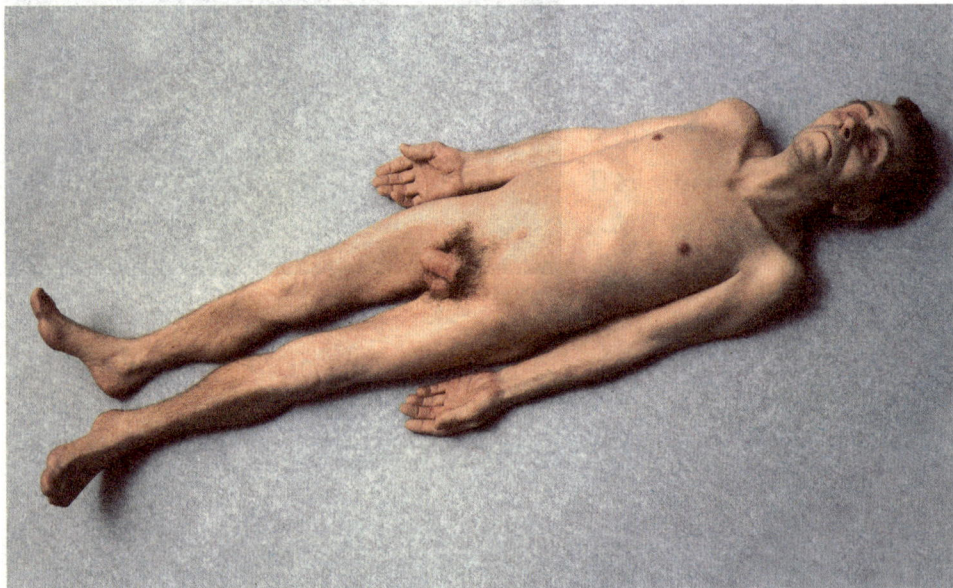

所能体会的不清晰度无法比较。我们常常说梦中不清晰的对象是"消逝的"，而以为更清晰的影像必定是酝酿了相当长的时间。现在的问题是，到底是梦思的什么东西决定了梦的内容中各个不同部分的鲜明度呢？

我想用分析过的一些可能的情况来作为开始。因为梦的材料可能包括一些睡眠时所觉察到的真正感觉，所以也许有人会这样假设，引起这些感觉的梦的内容一定会有特殊的强度，或者反过来说，在梦中特别鲜明的内容一定源于睡觉时的真正感觉。不过由我的经历来看，这种假设从来没有成立过。由睡觉时受到的神经刺激而产生梦的影像比由记忆而来的清楚——这种关系是不存在的。对梦影像的强度来说真实与否是毫无影响的。

另外，我们也许以为梦影像的感觉强度（鲜明度）与对应的梦思所蕴含的精神强度有关。而精神强度就相当于精神价值，即最鲜明的便是最重要的——是梦思的中心所在。而据我们所知，真正重要的元素通常是无法通过审查而进入梦的内容的；但不管怎样，也许它在梦中的直接衍化物也带有较大的强度，并且无须因此就形成梦的内容的中心。但这种想法由梦的比较研究来看也是不正确的。梦思中检查元素的强度和梦的内容中相应元素的强度是毫无关联的：事实是"所有精神价值的完全转换"（尼采语），也许在梦思中举足轻重的元素的衍化物在梦中变为短暂的存在，并且在一些更强烈的影像相比之下，显得黯然无色。

梦中各种元素的强度反而是由两个独立的因素来决定，一是完成愿望达成的元素是以特别的强度表现的（见第七章）。二是由分析过程来看，梦中最鲜明的部分就是产生最多思想串列的起始点——那些最鲜明的元素也是那些具有最多决定因子的。也可以这样说：最大强度的梦元素，乃是那些借以得到最大凝缩作用者（见第七章）。我们也许可以期望，未来终将会有一种公式来表达出这两个决定因素和强度的关系。

前述那个问题——关于梦中某一元素的强度或清晰度的原因，是不能和下面这个关于梦的各个段落，以及整个梦的清楚或混乱的问题混为一谈的。在前一个问题里，清晰度是相对模糊度而言，而后者的清楚和混乱相对。但这两种尺度的进退关系相互平行是毫无疑问的。具有鲜明印象的梦常常是含有一个强烈因素的，而暧昧不清的梦则具有一些强度较小的元素，但是梦的清楚或混乱要比梦中元素的鲜明度更难于判断。确实是因为一些以后即将讨论到的理由，我们目前仍无法对前者加以讨论。

但是我们在某些例子中很惊奇地发现，梦的清晰与否和梦的改装没有关系，它反而是由梦思的材料直接而来，并且是梦思的一部分。我就有一个梦，在我醒来时觉得结构完美、清楚而毫无瑕疵——当我在梦中仍然半睡半醒的时候，我想要分出一类不受凝缩与置换作用影响，而属于"睡眠中的幻想"的梦，但是在细察这稀有的梦例时，我发现它仍然和其他梦具有同样的缺陷与隔膜，所以就把这"梦的幻想"的分类删除了，梦的内容代表了我们长期追寻以及困扰我和我的朋友弗利斯的两性理论；而这个梦"愿望达成"的力量使我认为这个理论（刚好没有出现于梦中）是清楚与毫无瑕疵的。于是我

梦中出现的各元素的强度

梦影像的感觉强度（鲜明度）与对应的梦思所蕴含的精神强度有关。而精神强度就相当于精神价值，即最鲜明的便是最重要的——是梦思的中心所在。梦思中检查元素的强度和梦的内容中相应元素的强度是毫无关联的。

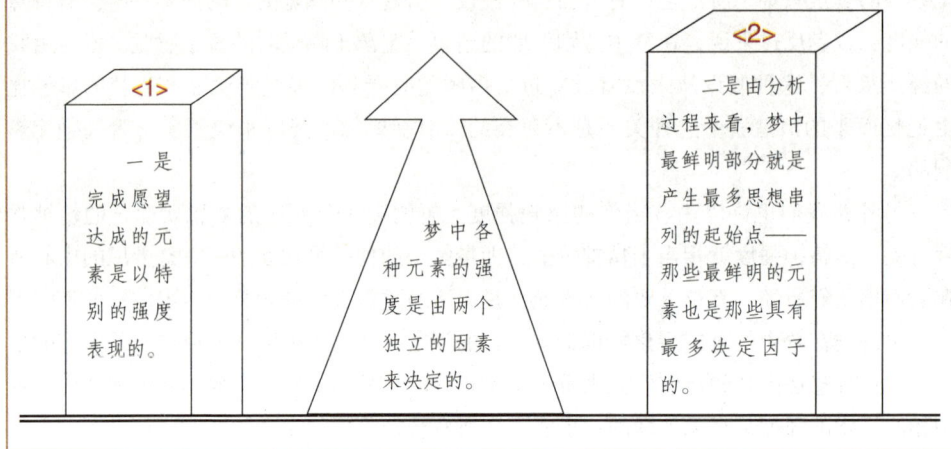

<1> 一是完成愿望达成的元素是以特别的强度表现的。

梦中各种元素的强度是由两个独立的因素来决定的。

<2> 二是由分析过程来看，梦中最鲜明部分就是产生最多思想串列的起始点——那些最鲜明的元素也是那些具有最多决定因子的。

认为对完整的梦的判断其实不过是梦的内容的一个重要部分而已。在这个梦例中，梦的运作侵入了我清醒时的思想，并将之篡改使我认为这是对此梦的判断，其实这是在梦中没有成功表现出来的梦思的材料。我有一回在分析一位妇人的梦时，遇到了和这个梦相同的情况。她开始拒绝说，因为"这是非常不清楚和混乱的"。最终当我重复说她不能如此确定她一定对以后，她说有好几个人进入梦境——她自己、丈夫和她父亲——但是她却不能确定她丈夫是否就是她父亲，或者她父亲是谁，以及这类的问题。把梦和她分析过程中的联想合起来，就很清楚地显示出这是一个很常见的故事，关于一个女佣怀孕了，但不能知道"小孩子的父亲到底是谁"，因此再度显示梦的不清晰其实就是促成此梦的材料的一部分，也就是说这个材料是以梦的形式来表现的。用来表示其隐蔽的主题的最普遍的形式就是梦的形式或者梦见的形式。

对梦的谅解或者表面看来是善意的评论，常常是用来掩饰那些以微妙方式出现于梦中的部分，虽然实际上是出卖了它。比如一个梦者说："梦已被抹掉"；而分析结果则显示出他回忆（童年的）他在倾听那位替他大便后擦屁股的人谈话。另外有一个例子值得详细记录，一位年轻小伙子做了一个很清晰的梦，内容提醒他一些仍清楚记得的有关的童年幻想。他梦见傍晚时分，在避暑胜地的旅馆里，他记错了房间号而走进一间客房，里面的一位老太太正和两个女儿解衣就寝。然后他说："梦在这里有个空当。少了某些东西，最后出现一个男人想把我抛出去，于是我就和他挣扎。"他尽力回想，但始终没有办法记起这至关重要的环节——这无疑暗示着他儿时的幻想。最后真相大白，其实在他叙述梦的隐蔽部分时，他所想找寻的东西就已经说出来了。这空当其实就是这些要上床的妇人的生殖器开口。而"少了某些东西"，则是对女性生殖器的隐蔽形容词。在他年轻的时候，他对女性的生殖器官具有强烈的好奇心，同时固执于有关幼童的性理论——根据此理论，女人是具有男性生殖器官的。

我想起了另外一个类似的梦。他的这个梦是："我和K小姐一起步入公园餐厅……然后就是个含糊的部分，一个中断……然后发现自己置身于妓院，那里有两个或三个妇人，其中一个穿着内衣裙。"

分析：K小姐是他前任上司的女儿，K小姐承认自己就像是他妹妹。不过他很少有机会与K小姐交谈，有一次的谈话中，他们"似乎开始察觉到彼此性别的不同"，而他似乎说："我是男人，而你是女人。"他只到过此餐厅一次，那是和他姐（妹）夫的妹妹一同去的，但对他来说，她是没有什么影响力的。有一回他和三位小姐走过此餐厅大门，那三位小姐是他妹妹、小姨子以及刚提到的姐（妹）夫的妹妹。三位对他来说都没有举足轻重的力量，但都是他的妹妹。他很少逛妓院——一生中大概只有两三次。

对这个梦的分析主要建立于梦中"含糊的部分"及"中断"的基础上，所以牵扯出他孩童时曾经（虽然不经常）因为好奇的缘故，看过小他几岁的妹妹的生殖器，于是他后来就做了这个梦，象征着他对这次过失的（意识的）记忆。

同一晚上所发生的梦的内容都是整体的一部分。而它们之所以会分成许多段，同时有不同组合和数目的事实都是有意义的，这可以看成隐匿着的梦思所提供的消息。在分析含有许多主要部分的梦时（一般来说，或者是同一晚上发生的梦），我们不能忘记这种可能，即这些分段同时又是连续着的梦也许含有同样的意义，并且是以不同的材料表达着同一冲动。如果这样的话，那么第一个梦通常是最胆怯以及歪曲的，而接着可能是更确定和明显的。

《圣经》中那个由约瑟夫解释的法老王所做的关于母牛和玉黍蜀穗的梦就是属于此类。约瑟夫斯[①]的记载要比《圣经》上详尽得多。当国王提起第一个梦后，他说："当我看到这个景象时，就由梦中惊醒了，而在混淆以及思索这到底有何意义时再度入睡。然后又接着做了一个梦，这个要比前一个来得露骨与奇异，并且使我感到惊恐与迷惑……"听完国王对梦的叙述后，约瑟夫斯回答说："国王呀，这个梦虽然以两种方式表现，但却具有同一意义……"。

荣格在那篇《谣言的心理》中提到某女孩经过改装的"色情的梦"如何不经分析就被她的同学识破，以及这个梦如何更进一步地改装与润饰。他在叙述这许多梦的故事后，做如此的评论："在一系列的梦中，最后一个梦影像所要表达的思想，完全和这个系列中第一个影像所要表达的雷同，审查制度利用一连串的不同象征、置换、无邪的改装等来达到尽量延长隔离这种情节的目的。"谢尔奈对于这种梦的表现方法非常熟悉。他曾经描述过，并且把它和他的器官性刺激的理论连在一起，当作是一种特别的定律：

---

① 弗拉维厄斯·约瑟夫斯（37/38～100），犹太历史学家。——译注

色情凶杀 格罗斯 布面油画 1918年

关于色情的梦，估计每个人都会做。画中的裸体女人被杀死在床上，肢体残缺不全，头颅也被切开了。形成鲜明对比的是，衣冠整齐的谋杀者，面带诡异的表情仓皇逃跑。画面给予我们直观的感觉就是冷漠，没有任何道德尺度上的谴责。弗洛伊德试图从心理学的角度来阐述这种现象，科学家们试图从人体激素分泌的情况来解释它。

"最后由某一特殊神经刺激引起象征性的梦的构造皆遵循这一般的原则：在梦开始的时候，它是以一种最遥远、最不正确的暗示来描绘产生刺激的对象，但是最后，当所有可能的图像来源枯竭后，它就赤裸裸地表现出刺激本身，或者是（依梦例而不同）有关的器官或者是该器官的功能，所以梦在指示出其器官性原因后就达到了目的……"

兰克干净利落地肯定了谢尔奈的这一定律。他阐述的女孩的梦分为两部分，中间有一段间隔，不过是同一天晚上发生的，而第二个梦是以达到情欲高潮而结束。即使是没有从梦者取得详细的资料，我们也能很详尽地分析第二个梦；但是由两个梦之间的许多联系看来，我们发现第一个梦所表现的和第二个梦一样，不过是以一种比较羞怯的方式展现而已。因此第二个达到情欲高潮的梦使我们能给予第一个梦完整的解释，兰克就根据此梦例，很正确地用梦的理论来分析，"产生情欲高潮或遗精的梦"的意义（见第六章）。

不过根据经验，我认为很少有机会碰上要用梦的明确或有疑问的材料来判断梦的清晰抑或混乱。我将在后面展示一个"梦的形成"的因素（我以前没有提过），而这将决定梦中各因子的分量。

有时当梦中的某一情况或段落持续一段时间后，会突然冒出这样的句子："但似乎在同一时间里出现了另一个地方，在那里发生了某件事情。"过一阵子，梦的主流又回复了，而这中途的打岔不过是"梦的材料"的一个附属子句而已——一个窜入的思想，在梦里，梦思的条件子句是这样表现的：以"当"来代替"如果"。

那个常常在梦中出现并且是那么靠近焦虑的、被禁制的感觉究竟具有什么意义呢？

想要在这种情况下前进，但是却发觉自己被胶粘在那里。火车快要开了，但是却无法赶上。想要取得什么但却被一些障碍挡着。举起一只手想为受到的侮辱报复，但却发现它是无力的。这种例子简直不胜枚举。我们前面已经在暴露的梦中提到这种感觉，不过没有真正的尝试对它进行分析。一个容易但理由并不充分的答案是，在睡觉时常常有运动麻痹的感觉就导致产生这种感觉。但是为什么我们不一直梦见这种被抑制着（麻痹）的行动呢？不过我们可以很合理地这么想，这种睡觉时任何片刻都可以唤起的麻痹感使某些表现方式容易呈现出来，并且只是当梦思的材料需要如此表现时才会感觉到。

这种"无法做任何事情"并不常常以此种感觉呈现在梦中，有时它甚至是梦的内容的一部分。下面有这样的一个例子，并且我认为它对此类梦的意义做了最好的说明。以下是此梦的摘录，在梦里我因为诚实而被指控。这个地方是私人疗养院和其他某种机关的混合，一位男仆出场并且叫我去受审。在梦里，我知道某些东西不见了，而审问是因为怀疑我和失去的东西有关（由分析来看，这审问（检查）有两种意义，并且包括了医学检查），因为知道自己是无辜的而且又是这里的顾问，所以我静静地跟着仆人走，我们在门口遇见另一位仆人，他指着我对那个男仆说："你为什么带他来呢？他是个值得敬佩的人。"然后我就独自走进大厅，旁边立着许多机械，使我想起了地狱以及它恐怖的刑具。在其中一个机器上躺着我的一位同事，他不会看不见我，不过他却对我毫不在意，然后他们说我可以走了。不过我找不到自己的帽子，而且也没法走动。

这个梦的"愿望达成"无疑是为了表现我"被认为是诚实的，并且可以走了"。所以在梦思的各个材料中必定和这个相反。"我可以走了"是一个赦免的信号。因此，在梦的末尾某些事情发生而阻止我的离开，不就可以认为是那含着阻碍的潜抑材料正在这时表现出来吗？于是我不能找到帽子的意义就是："毕竟你并不是个诚实人。"所以梦里的"无法做任何事情"是用来表达一个相反的——"不"，所以我又要修改前面所说的梦是无法表达"不"的话了。

在别的梦中，"无法行动"并不单纯的是一种情况而是一个感觉，而这种被禁锢的感觉是一种更强有力的表达——它表现为一种意志，而又受到反意志的压抑，因此受禁锢的感觉代表一种意志的矛盾。而睡觉中所连带的运动性麻痹恰好是做梦时精神程序的基本决定因子之一（我们以后将提到）。我们知道运动神经传导的信息不过是意志力的表现，而我们在梦中确定此传导受抑制的事实不过是使整个过程显得更适于代表意志以及反意志的行为。而且我们很容易观察到被禁锢的感觉为何那么靠近焦虑，并且在梦中常常和它相连。焦虑是一种原始欲望的冲动，源起于潜意识并且受到前意识的禁锢。因此，当梦中被禁制感和焦虑相连时，这一定是属于某个时候能够产生原始欲望的意志力量——换句话说，这一定是性冲动的问题。

在梦里出现的"毕竟这只是梦而已"评语的精神意义我将在别的地方进行讨论，我这里仅仅要说，这是为了分散对于所梦见的重大事件的注意。而有趣的是，梦的内容的一部分在梦里被描述为梦到底有何意义——这有关"梦中梦"的哑谜已经在斯德喀尔分

浮现在海岸边的面孔与水果盘　萨尔瓦多·达利　西班牙　1938年　康涅狄格州哈佛市华兹沃斯
文艺协会

如果某一事件是以"梦中梦"的方式插入梦中，这暗示着这事件是真实的。"双重影像"一直是达利
十分偏爱的主题，这与"梦中梦"给人的感觉十分相似。画面中央可以看到一个人的面孔正在幻化成水果
盘，同时也变成那只几乎占满整个画面的狗的局部。

析的一些令人信服的梦例后被解开了。要强调的是，其意图是为了减少对梦里所梦见事
物的重要性，即篡夺其真实性。梦里所梦见的是梦的愿望，欲在醒后将之蒙蔽的事实。
因此，我们可以很合理地假设，梦里所梦的是真实（真实的回忆）的呈现。相反那些梦
里所表现的其他事物则是梦的愿望而已，等于说希望这被称为是梦的东西不曾发生。换
句话说，如果某一事件是以"梦中梦"的方式插入梦中，那么似乎可以很肯定地说，这
暗示着这事件是真实的——最肯定的了，梦的运作利用梦见在作为否认的方式——并且
因而肯定了梦都是愿望达的。

四、梦材料的表现力

到目前为止，我们已经研讨了许多以梦来表现梦思的方法。我们知道梦思在形成梦以前必须经过某些程度的改造，并且我已触及有关这方面的更深层题目（除了其一般性原则外）。我们也知道，这些材料被剥离了许多相连的关系后，还要经过压缩的程序，同时由于各元素不同强度之间的置换，也达到了材料之间发生了精神价值的改变。至此，我们所考虑的置换作用仅限于将一个特殊的意念与一个和它非常相近的相互交换，而结果促成了凝缩作用，使一个介于二者之间的单元化元素进入梦境（而不是两个）。我们并没有提到其他的置换作用，但由分析我们知道还有另一种置换作用，它置换有关思想的语言表达。在这两种情况下，置换都是基于一系列的联想；这种程序能发生于任何一种精神领域，而置换的结果可能是某一元素代替了另一元素，或者是某一元素的语言形式被另外一种所取代。

第二种"梦的形成"的置换作用不但在理论上有很大的吸引力，并且也可以解释梦所伪装的极其荒谬的外表。置换的结果常常造成梦思中一个无色、抽象的概念改变为图画的或者是具体的形式。可以用一目了然形容这种改变的好处及目的。由梦的观点来看，能够意象化的就能被表现：就像画家在报纸上因为重要政治题目而面临插图（表现）的困难，抽象的观念也使梦得到了同样的危机。这种置换不但使表现能力受惠，也可以因而得到凝缩以及审查的好处，只要是抽象形式的梦思都是无法利用的；一旦它变成图像的语言后，梦的运作所需的对比与仿同（如果没有，它也会自己创造）在这种新的表达方式下就能够更容易地建立了。这是因为在每种语言的历史进展中，具体的名词比概念名词具有更多的关联。我们可以这么想，在形成梦的中间过程中（使得分歧而杂乱的梦思变得简洁与统一），大部分精力是花在使梦思转变为适当的语言形式。如果任何一个想法的表达方式因为别的原因而固定的话，那么它就能根据一个变数来选择其表达方式（这些是别的想法可能具有的表达方式），而它或许从开始就这样了——像写诗一样，如果诗要押韵的话，那么对句的后者必定受到两个限制：它必须表达某种适当的意义，而其表达也要合乎第一句的韵律。最好的韵诗无疑是那种无法找到刻意求韵的斧凿痕迹，而且它想表达的意义也因为相互影响的关系，从一开始就选定了一些字眼，只要稍加变动就可以满足诗韵了。

在有些例子中，这种改变表达的方法因为具有含糊的字眼而表达出许多梦思（而不是一个），所以直接协助了梦的凝缩，梦的运作就这样把整个文字的智慧废弃了。我们也无须因为文字在梦的形成所扮演的角色而感到惊奇。既然是许多意念的交接点，文字也可以认为注定是含糊的；而心理症患者（比如说，在构建强迫性思想与恐惧时），为了达成凝缩和伪装的目的，也会毫不羞耻地利用这些文字的好处（不比梦来得少）。我们很容易发现梦的改造也因表达的置换而获利。如果以一个含糊的字眼替代了两个明确的意义，那么结果是误导人的；如果以图像来替代我们日常所用的严肃表达法，那么我

梦的置换

弗洛伊德说过："梦会以某种形态呈现，可归因于梦的置换与梦的凝缩这两大要素的活动。我的梦理论的要旨在于推论梦规避审查机制的扭曲作用。" 梦要发生置换现象，必须人或物或事之间具有共同的特征。

例

亚历山大大帝率军包围推罗城期间，围城耗时很久，令亚历山大不安。这时他梦到人形而生有羊角羊尾的萨蒂（satyr，希腊文作satyros）在他的盾牌上跳舞。军中谋士阿里斯坦德将satyros分解成为两个字（Sa Tyros，意指"推罗属你"），便力劝亚历山大攻占推罗城。

置换都是基于一系列的联想；这种程序能发生于任何一种精神领域，而置换的结果可能是某一元素代替了另一元素，或者是某一元素的语言形式被另外一种所取代。

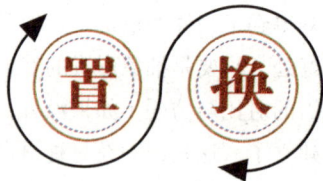

置 换

们的了解力将会大受阻碍，因为梦从来没有告诉我们，它的内容应该是按字面解释或者比喻的，而且梦的内容是否直接和梦思相连或要经过一些中间插入的语句。在分析任何一个梦的元素时，我们常常不知道究竟：

a是否要看它的正面或是反面意思；

b是否要当历史来说明（即回忆）；

c是否以象征的方式来说明；

d是否以其文字意义来说明。

虽然是含糊的，但我们也可以说这些梦运作的产品（我们应当记得，它们并非基于要被了解而制造的），对其翻译者所带来的困难要比那些古代的象形文字来得简单多了。

我已经举过了几个利用含糊文字的联系来表现的梦例。比如"伊玛打针"的梦中的"她好好地张开嘴巴"（见第二章）和"我没法走动"（见第六章）。下面我将记录一个梦，其大部分内容是把抽象意念转变为图像，这种梦的分析法和利用象征方法来分析梦的区别仍然是清楚而毫不含糊的。在象征的梦的分析中，分析家可以选择任意了解象征意义的解答钥匙；而在这种用文字伪装的梦里，展示出的答案却被一些日常文字的用法所掩盖。如果在适当的时机恰当地处理，那么我们就能够完全地或部分地解释这种梦，有时甚至不必借助梦者提供的资料。

我有一位熟人的太太做了下面这个梦：

她在剧院里，那里在上演瓦格纳的歌剧，直到早上7:45才结束。剧院正厅里摆着餐桌，人们在那里大吃大喝。刚由蜜月旅行归来的表哥（弟）和年轻的太太坐在一起，旁边是一位贵族。看起来这位新婚太太毫不遮掩地把丈夫由蜜月中带回来，就像是把帽子带回来的情形一样。正厅的当中有个高塔，上面有个平台，四周绕着铁栏杆。一位具有利希特的特征的指挥就在上面。他汗流浃背地沿着栏杆不停地走，并借着那种位置来指挥簇聚在高塔底下的乐队。而她和一位女性朋友坐在包厢内，她年轻的妹妹在正厅中想递给她一大堆煤。因为她不知道会这么长，所以觉得快冻僵了（就像包厢在这长时间的演奏里，需要热气来保持温暖一样）。

虽然梦是集中在一种情境下，但是从另外的角度看，它却是无意义的：比如说位于正厅的高塔，以及在上面的指挥！最不可思议的是她妹妹竟然由正厅下面递给她的那些煤块。我故意不要求她对此梦做个分析，是因为我对梦者的人际关系有相当的了解，

灰泥坑　约翰·塞尔·科特门　英国　1810年　水彩颜料绘于纸上　诺里奇城堡艺术博物馆

文字是无法准确地描绘梦的内容的，它注定是含糊不清的。画面中，"灰泥坑"的边缘，一些神秘的形象聚集在一起。尽管画家用一种令人印象深刻的明晰来展示他当时正在体验的一切，但他从来没有完全确定下来能够说服我们的形式，仅仅是用颜色将画面右边聚集的树和画面左边类似聚集的云彩区分开来。那只羊，它的角使我们确信它的身份，本身却是一个相当含糊的形状。

所以不必靠她配合就能够解释梦里的某些部分。我知道她同情一位音乐家——他的事业生涯因为疯狂而过早地缩短了。所以我决定把正厅的塔当作是一种隐喻——她希望此人取代利希特的地位，凌驾于整个乐园之上。所以此塔就是利用适当的材料做成的集锦图像。塔的下面部分表示此人的伟大；上面的栏杆以及他在里面像一位囚犯或牢笼里的野兽一样地团团转——暗示这位不幸者的名字表示了他的最后命运。这两个意念也许是以"Narrenturn"来表示出来的。解决了此梦的表现方式后，我们可以利用同一方法来了解第二部分的荒谬——梦者的妹妹递给她煤块。"煤块"一定是指"秘密的爱"：

没有火，没有煤，

烧得那么猛烈，

就像是秘密的爱，

没有人晓得。

——德国民谣

她和这位女性朋友都没有结婚。她年轻的妹妹（仍然有结婚希望的）递给她煤块，因为"她不知道它会这么长的"，梦并没特别指出什么会这样长。如果这是故事，那么我们会说这是指演奏的时间，不过因为这是梦，所以我们把这只言片语当作是不同的实体——认为它的用法是含糊不清的，并且应该在后面加上"在她结婚以前"（译者按：整句话便是，她不知道自己离结婚还要很长的时间呢！）而由在正厅中坐在一起的梦者的表哥（弟）和他的太太，以及后者公开的爱情，更进一步证实了我们对"秘密爱情"的说法，整个梦的重点就在于梦者的热情和年轻太太的冷漠及秘密与公开的爱情的对比。而在这两种情况里都有人被看重——指那贵族以及被寄予无限期望的音乐家。

前面的讨论又使我们发现第三种将梦思转变为梦的内容的因素：即梦考虑它所将利用的精神材料的表现力——而这大部分指的是视觉影像的表现力。在各种主要梦思的附属思想中，那些具有视觉特征的将大受欢迎；而梦的运作毫不迟疑地、努力地将一些无法应用的思想重铸成另一种形式的新文字——即使变为不寻常也在所不惜——只要这个程序能够协助梦的表现，以及解除了这拘束性思想所造成的心理压力。把梦思的内容改变成另一种模式的同时，也可以产生凝缩作用，并且可能创造一些和其他梦思的联系——这本来是不存在的；而第二个梦思也许是为了与第一个梦思相连，早就把自己原来的表达方式改变了。

锡尔伯曾经就梦的形成发表了许多将梦思改变为图像程序的直接观察办法，因而可以单独研究这个梦的运作的因素。他发现在很困乏、疲倦的情况下，在做一些理智性的工作时，往往思想会脱离而以一个图像代之——他发现这是那个思想的替代物。锡氏以一个不太恰当的"自我象征"来形容这种替代物。下面我将引述锡氏论著中的一些例子，而我在以后提到有关这类现象的特征时将再度涉及这些例子。

"例一"——我想修改一篇论文中的不满意部分。

"象征"——我发现自己正在刨平一块木板。

"例五"——我尽量努力地使自己熟悉（了解）别人建议我做的形而上学的研究。我认为他们的目的是要人在追寻存在的本质时，发奋克服困难以达到意识与存在的更高阶层。

"象征"——我将一把长刀插入蛋糕中，似乎是想将一片蛋糕提起来。

"分析"——我把刀插入的动作比喻"这有问题的"克服困难……

以下是对这种象征的解释。我常常在聚餐时帮忙切蛋糕，把它分给每个人。切蛋糕所用的是一把长且会弯曲的刀子——因此需要小心，尤其是要把切好的蛋糕，干净利落地放到碟子里；这刀子必须要小心地塞到蛋糕下面（这和那慢慢地"克服困难"以达到其本质互相对应）。这个图像里还有另外一个象征。因为在这个图像里，它是一种千层糕——所以刀子要切过许多层（这和意识与思想的许多层面互相对应）。

"例九"——我失去了一个思想串列的线索。我想再把它找回来，不过却得承认这

蛋糕展览　维奈·塞鲍德　美国　1963年　布面油画　旧金山现代美术馆

弗洛伊德认为梦见切蛋糕有诸多象征意义。比如，刀子必须要小心地塞到蛋糕下面，这和慢慢地"克服困难"以达到那本质互相对应。这幅画展示了三个奇特的蛋糕，画家用厚重且多汁的颜料表现这种甜品，使得蛋糕看上去更加真实，我们似乎触手可及。

逐出伊甸园 马萨其奥 意大利 1426～1427年
壁画 布兰卡契礼拜堂

弗洛伊德认为对自己身体的想象先入为主的概念源于性的好奇——对成长中的年轻男女来说是指异性及自己的性器官。马萨其奥画的亚当和夏娃显得很丑陋，性的发现扭曲了他们在上帝眼中的形象。亚当将双手捂住脸，表情绝望；夏娃则尽力地遮掩着自己赤裸的身躯，人们似乎还可听到她的哭喊声。

个思想的起点已经不可再得了。

"象征"——排字工人的一个排版。不过末尾几行的铅字掉了。

回想受教育者的精神生活（那属于玩笑、座右铭、歌曲、成语的部分），我们应该可以期望它们一定常被用来替代梦思以达到伪装的目的。比如说梦见许多的两轮马车，每一辆马车上装满了不同种类的蔬菜到底有什么意义呢？其实它是对"Kraut unt Rüben"（字面意思"卷心菜和大头菜"）的相反意愿，即混乱的意思。不过奇怪的是，这个梦我只听见过一次。普遍性相同的梦的象征只有少数几个，而这都是基于一些大家都熟悉的暗示和文字的替代物。另外，这些象征大部分是心理症患者、传说和习俗所共有的。

如果我们更进一步地探究此问题，就会发现在完成这种替代的过程中，梦的运作并没有利用什么新的创意。为了达到目的——在此情况下，也许是不受审查制度的阻抗——它运用一些早已存在于潜意识的途径；而它所喜爱的变形手法和心理症病人在其幻想中，或者是意识的玩笑与暗示中的情形大致相同。因此我们即可了解谢尔奈的梦的分析，而我在别处已经基本为其正确性辩证过了（见第五章）。

但这种对自己身体想象的先入为主的概念并不是梦所特有的，也不是其特征。我对心理症病患的潜意识思想分析的结果发现，它是经常存在的，并且是导源于性的好奇——对成长中的年轻男女来说是指异性及自己的性器官。谢尔奈及伏尔克特坚持家里的东西并非是用来象征身体的唯一来源。他们是对的——不管是梦还是心理症病患的幻想，不过我也知道许多病人用建筑物来象征身体及性器官（对性的兴趣远超过外生殖器官）。对这些人来说柱子或圆柱代表着脚（就像《所罗门之歌》里的象征），每一个门代表身体的开口（即洞），每一种小管都是提醒着泌尿器官，在这里不再一一列举。有关植物生涯与厨房的事也同样可以用来隐匿着性的影像。前者已有许多语义学上的用语，如一些可追溯到古代的类比想象：如上帝的葡萄园、种子和《所罗门之歌》中的少女花园。在思想或者梦中，最丑恶及对性生活最详尽的描述，也可以利用那种看来是纯洁无邪的厨房活动来暗示；而我们如果忘了性的象征可以由一些普通以及不明显的部分找到最好的隐藏，也就无法了解歇斯底里症的症状。神经质的孩子无法忍受血及生肉，或者看到蛋与通心粉就恶心，还有那些带有神经质的对蛇的夸张性的恐惧——这些背后都有性的意义。不管什么时候，心理症患者利用这些伪装时，他们都是遵循着一条古代文明人类即已走过的途径——一直沿用至今（继续存在）而且蒙着最薄的薄纱；在言语、迷信和习俗上都可以找到证据。

现在我记录的有一位女病人所做的"花"的梦（我在第六章答应将此梦记录下来）。我对具有性意义的部分用方体字标出来。在经过解析后，梦者就失去了对这美丽的梦的爱好。

1. 起始的梦：

她走入厨房，当时两位女佣正在那儿。她挑她们的毛病，责备她们没有把她的食物准备好。与此同时，她看见一大堆厨房里常用的瓦罐，口朝下在厨房里垒叠着好让内壁滴干。这两个女佣要去提水，不过要步行到那种流到屋里或院子里的河流去提取。

2. 主要的梦：

她从一些排列奇特的木桩或篱笆的高处向下走——它们是由小方形的木板制成大格子状，它们并不是让人用来攀爬的；想找个放脚的地方都有困难，但是她却因为衣裙没有被什么勾到而高兴，所以她一面走还能一面保持着值得尊敬的样子。她手里拿着一根大枝条，事实上它就像是一棵树，开满了红花，枝丫交错而且向外扩展，虽然它们并没有长在树上，但看起来既有点像樱花树的花朵，又像是重瓣的山茶花。当她向下走的时候，开始她只有一株，而后又突然变为两株，再后来又变回一株。当她走下来的时候，靠下面的花朵很多已枯萎。她走下来后，看到一位男仆——她想和他说话——而他正在梳理着同样的一棵树，就是说他用一片木头将由树上垂下来的一团像是苔藓的发状物拖拽出来，别的工人也由树上砍下相同的枝条，把它们分散地丢到路上，所以许多人都捡起一些。但她问他们是否也可以捡一株。一位她认识但不太熟悉的年轻男人站在花园里，她走上前去问他，如何把这种枝条移植到她自己的园子里去。他拥抱着她，她挣扎着并问他想要怎样，并责问难道谁都可以这样抱着她吗？他说这并没有什么坏处，这是

被允许的。然后他表示他愿意和她到另一花园示范如何把这棵树种好，并且说了一些她并不太了解的话："无论如何我需要3码（后来他又说3方码）或者3英寻（18英尺）的土地。"就像是为此而要她支付给他什么似的，或者想要在花园中得到补偿，或者想要逃避法律而由此得到一些好处，但并不伤害她。至于他是否真的展示什么给她看呢，她一点儿也不知道。

这可以说是一种自传式的梦，而因为其象征元素我才把它提出来，这种梦常常发生在精神分析期间，其他时间则很少发生。

我当然收藏有许多这种梦的材料，但是如果都列举出来，会使我们太过深入了解心理症病患的个人情况，这一切都导致同样的结论——即梦的运作无须利用一些特殊的象征活动，它利用那些早就存在于潜意识中的象征，因为由其表现力来看，它们更能符合"梦的构成"的需要，以及能够避开"审查制度"。

五、梦的象征——更多的典型梦例

由最后这个自传式的梦可以清楚地看到，我一开始就注意到梦里的象征。但是却在经历慢慢增加后才逐渐了解其重要性与牵涉之广。而这也是受了史特喀尔论著的影响。我想在这里提到他是合适的。

也许这位作家对精神分析的破坏和他的贡献一样多。他给这些象征带来许多出乎意料的解释；而起先大家对这些解释都表示怀疑。但后来大半都被证实并被接受了。我这么说并没有小看史特喀尔成就的意思——即他的理论被怀疑也不是没有理由的。因为他用来支持或说明其分析的例子常常不能令人折服，而他所利用的方法在科学上也是不可信赖的。史特喀尔是利用直觉来解析梦的象征。对这一点我们需要感谢上帝赋予他直觉的才能。但这种禀赋难以完全被接受，而它又无法予以评论，所以其正确性就不得而知了。这就像是坐在病床边，用嗅觉来对患者的病情加以诊断一样——虽然很多临床能对嗅觉加以更多的利用（这通常是退化的），并且可借以诊断胃肠病而引起的发热。

我们由精神分析的进展可以发现，许多病人都具有这种惊人的对梦的象征的直觉，他们多数是早发性痴呆，即现在所谓的精神分裂症的患者，因此有一段时间里竟令我们怀疑有这种倾向的梦者都患有此病。但事实不是这样——这其实只是个人特殊的禀赋，而且没有病理上的意义。

当对梦中代表"性"的象征的广泛利用感到非常熟悉时，我们会有这样的问题：这

不省人事的竞争者 阿尔玛·塔迪马爵士　荷兰　1893年　板面油画　布里斯托艺术博物馆

画家描绘了两个处于极度奢华场景中的女子，并且暗示着这座在那不勒斯附近建造的令人愉快的罗马别墅中的每一个女孩都沉浸在对性爱的幻想中，奢侈的场景暗示了她们正在等待着情人的到来。

些象征是否大多数都具有固定的意义——就像速记中的记号一样呢？而我们甚至想利用密码来编一本新的《释梦天书》。我们对此有这样的意见：这种象征并非梦所特有，而是潜意识意念的特征——尤其是关于人的。通常可在民谣、传奇故事、通俗神话、文学典故、成语和流行的神话中发现，这可比在梦中更为彻底。

如果我们一定要找出各种象征的意义，以及讨论这无数多且有大部分仍没解决的与象征关联的问题，那么我们就背离了梦的解释。所以我们在这里要说，象征乃是一种间接的表现方法。但是我们不能无视于其特征而与其他间接的表现方法混为一谈。在许多例子中，象征和它所代表的物像具有很明显的共同元素；在个别的例子里，则隐藏而不明显，也就使人对这种象征的选择感到疑虑，而只有后者才能说明象征关系的最终意义。它们具有遗传的性质。如今那些以象征关系相连的事物，在史前也许是以概念及语言的身份相连接的。这象征的关系似乎就是一种遗迹，一种以前身份的记号。就像舒伯特提出的，共同象征的利用在许多梦例中要比在日常用语中来得更为普遍。许多象征和语言一样老，而其他〔如飞艇，齐伯林（译者按，齐伯林，德国工程师，制造齐伯林大飞船者）〕则是在近代才铸造出来的。

梦利用象征来表现伪装隐藏的思想。因此很偶然的，有许多象征习惯性的（或者几乎是习惯性的）用来表达同样的事情。不过我们不能忘记梦中精神资料的可塑性。很多时候"象征"应该用它适当的意思来解释，而不是象征式的；但有时梦者却由其个人的记忆中引申推衍出力量，把各种平时不表示"性"的事情来作为"性"的象征。如果梦者有机会从各种象征中选择的话，那么和梦思中其他材料的主题有关联的象征必定为他所喜爱——换句话说，虽然是典型的却还是有个人的不同。

自谢尔奈以后的研究，虽然使人无法对"梦的象征"的存在有任何的异议——甚至艾里斯也认为梦充满着象征是无疑的——我们必须承认因象征的存在而使梦的解析变得简单并且也使它变得困难。通常遇到梦的内容中的象征元素时，利用梦者自由联想的分析技巧是毫无用处的。但为了适用于科学的批判，我们又不能回复到利用释梦者的随意判断——这在古代就被应用，而在史特喀尔轻率地分析梦后似乎又复活了。因此遇到梦的内容中的象征性时，我们必须应用综合技巧——一方面依赖梦者的联想，一方面靠释梦者对象征的认识。为了避免对梦的随意判断，我们在解释象征时必须非常小心，仔细研究它们在梦中的用途如何，而我们对梦分析的不确定，一部分是因为知识的不完全——这在不断进步后会慢慢地改善——另一部分则归咎于梦象征本身的特色了。它们通常有一种以上或者是好多种的解释；就像中国的文字一样，正确的答案必须通过前后文的判断才能得到。

这象征的含糊不清与梦的特征（过多的表现——凝缩作用——相关联。即是以区区一个梦的内容却要表现出性质极不相同的各种思想与愿望来）。

在这些限制与保留之下，我将继续进行讨论。

皇帝和皇后（或者是国王和王后）通常是代表梦者的双亲，而王子或公主则代表梦者本人。但伟人和皇帝都被赋予同样的高度权威性，比如歌德在许多梦中都以父亲的象征出现。

所有长的物体——如木棍、树干及雨伞（打开时则形容竖阳）也许代表男性的性器官，那些长而锋利的武器——如刀、匕首也是一样。另外一个常见但却并非完全可以理解的是指甲锉——也许和其上下摩擦的动作有关。

箱子、炉子、皮箱、橱子则代表子宫。一些中空的东西如船、各种容器也具有同样的意义。梦中的房子通常指女人，尤其描述各个进出口时，这个解释更不容置疑了。而梦里对于门扉闭锁与否的关心则容易了解（请看《一个歇斯底里患者的部分分析》里杜拉之梦），所以无须明确指出用来开门的钥匙；在爱柏斯坦女爵的歌谣中，乌兰利用锁

梦的象征意义

象征乃是一种间接的表现方法。但是我们不能无视其特征而与其他间接的表现方法混为一谈。梦利用象征来表现伪装隐藏的思想。因此是偶然的，有许多象征习惯性的（或者几乎是习惯性的）用来表达同样的事情。不过我们不能忘记梦中精神资料的可塑性。

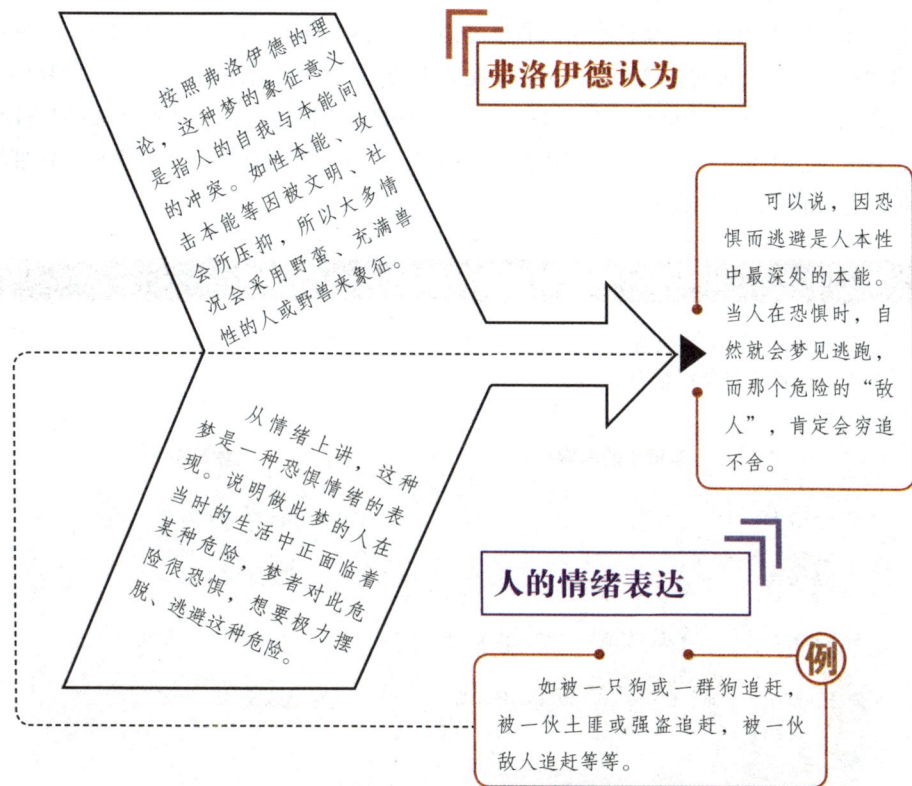

按照弗洛伊德的理论，这种梦的象征意义是指人的自我与本能间的冲突。如性本能、攻击本能等因被文明、社会所压抑，所以大多情况会采用野蛮、充满兽性的人或野兽来象征。

弗洛伊德认为

可以说，因恐惧而逃避是人本性中最深处的本能。当人在恐惧时，自然就会梦见逃跑，而那个危险的"敌人"，肯定会穷追不舍。

从情绪上讲，这种梦是一种恐惧情绪的表现。说明做此梦的人在当时的生活中正面临着某种危险，梦者对此危险很恐惧，想要极力摆脱、逃避这种危险。

人的情绪表达

例　如被一只狗或一群狗追赶，被一伙土匪或强盗追赶，被一伙敌人追赶等等。

和钥匙的象征来构思出一篇动人的通奸。

一个人走过套房的梦则是逛窑子（妓院）或到后宫的意思，但由沙克斯列举的干净利落的例子看来，它也可以代表婚姻。

当梦者在梦中发现一个熟悉的屋子变为两个，或者梦见两间房子（而这本来是一个的）时，我们发现这和他童年时对性的好奇（探讨）有关。相反也是一样，在童年时候女性的生殖器和肛门是被认为是一个单一的区域——即下部（这和幼儿期的泄殖腔理论相符）。后来才发现原来这个区域具有两个不同的开口和洞穴。

阶梯、楼梯、梯子或者是在上面上下走动都代表着性交行为——而梦者攀爬着光滑的墙壁，或者在很焦虑的状况下由房屋的正面垂直下来，则对应着直立的人体，也许是重复着婴儿攀爬着父母或保姆的梦的回忆。"光滑"的墙壁就是指男人；因为害怕的关系，梦者常常是用手紧抓着屋子正面的突出物。

桌子，为了餐点准备的桌子、台子也是妇人的意思。可能是利用对比的关系，因为在这个象征中，其外观是没有突起的。一般来说，木头由其文字学上的关系来看，是代表着女性的材料，"'Madeira'群岛"这个名词的意义就是葡萄牙的森林。因为"床与桌子"形成了婚姻，所以后者在梦中常常取代前者，因而代表性的情节被置换成吃的情节了。

在衣着方面，人的帽子常常可以确定是表示男性的性器官。外衣（德语：mantel）也一样，虽然还不知道这个象征有多大程度是因为发音相似的缘故。在男人的梦中，领带常常象征阴茎是无疑的，这不仅因为领带是长形的、男人所特有的、不可缺少的物件，而且因为它们是可以借助个人的爱好而加以选择的——但这自由，从所代表的物件来看，是受自然所禁止的。在梦中利用此象征的男人，通常在现实生活中是很喜欢领带的（近似奢侈的），常常收集了很多。

梦境中的各种象征（一）

遇到梦的内容中的象征性时，我们必须应用综合技巧——一方面依赖梦者的联想，一方面靠释梦者对象征的认识。

梦境中的内容	象征意义
皇帝和皇后	代表梦者的双亲
王子或公主	代表梦者本人
所有长的物体——如刀、匕首、木棍、树干及雨伞	代表男性的性器官
箱子、炉子、皮箱、橱子、船，以及各种容器	代表女性的子宫
房子	代表女人

梦中所有复杂的机械与器具很可能代表着男性的性器官，象征着它和人类智慧一样不会匮乏，而各种武器和工具无疑都是代表着男性生殖器官，如犁、锤子、来复枪、左轮手枪、军刀、匕首等。同样梦中的许多风景，特别是那些带有桥梁，或者有树林的小山，都很清楚地代表着性器官。马奇诺维斯基曾经出版了一组梦（由梦者画出来），清楚地表示梦中出现的风景与其他地点。这些画很清楚地刻画出梦的显意和隐意的区别，如果不注意的话，它们看起来就像是地图或设计图，但如果用心去观察就知道它们代表着人体、性器官等，而此时这些梦才能被了解。至于遇到那些不可理解的新语时，就必须考虑它们是否能由一些具有性意义的成分凑成。

梦中的小孩常常代表性器官，的确，不管男人或女人，都是习惯于把他们的性器官叫着"小男人""小女人""小东西"。史特喀尔认为"小弟弟"是阴茎的意思。他是对的，和一个小孩子玩或打他等，常常指自慰。

表示阉割的象征则是光秃秃的，剪发、砍头、牙齿脱落等。如果关于阴茎的常用象征在梦中两次或多次地重复出现，那么这就是梦者用来防止阉割的保证。梦中如果出现

梦境中的各种象征（二）

当我们对梦中代表"性"的象征的广泛利用感到非常熟悉时，我们会有这样的疑问：这些象征是否大多数都具有固定的意义呢？其实不然，这种象征并非梦所特有，而是潜意识意念的特征。

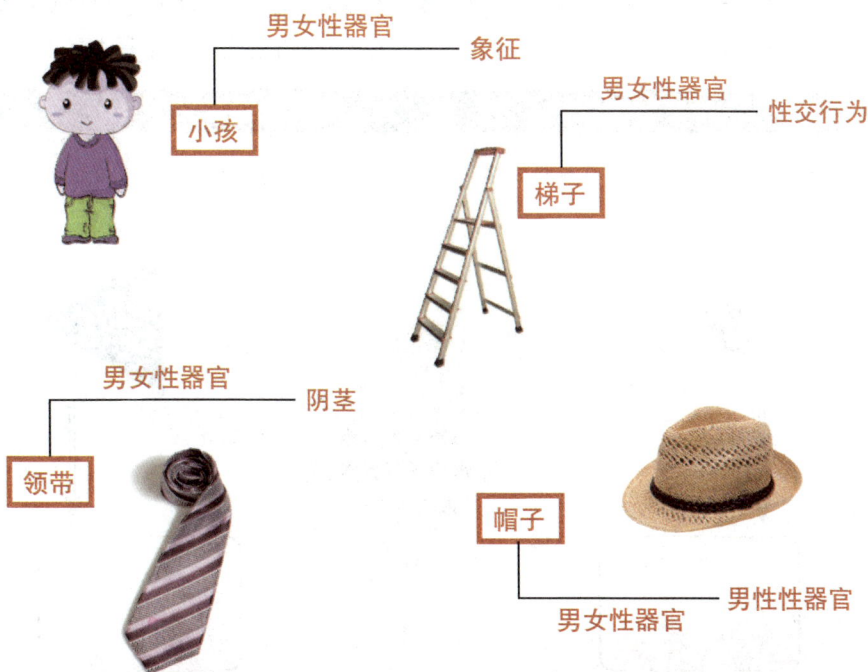

男女性器官 —— 象征

小孩

男女性器官 —— 性交行为

梯子

男女性器官 —— 阴茎

领带

帽子

男女性器官　男性性器官

蜥蜴——那种尾巴被割掉又会重新长出来的动物——也具有同样的意思。

许多在神话和民间传奇中代表性器官的动物，在梦中也有同样的意思：如鱼、蜗牛、猫、鼠（表示阴毛），而男性性器官最重要的象征则是蛇。小动物、小虫子则表示小孩儿，比如说不想要的弟弟或妹妹，被小虫所纠缠则是怀孕的表征。

值得一提的是，最近呈现于梦中的男性性器的象征——飞艇，也许是利用其飞行和其形状的关联。

史特喀尔还提到许多例子和象征，但是还没能足够证明。他的论著，尤其是那本《梦的语言》载有关于解释象征最完全的资料里，很多是凭借想象的，不过经过研究后才知道它们是正确的——如那部分关于死的象征。而因为作者的论著无法加以科学的批判，并且他好以偏概全，所以其解释的可靠性让人怀疑，这甚至使他的理论变得毫无用处。所以在接受他的结论前必须认真考虑，我在此很谨慎地引述他的几个例子。

根据史特喀尔的解释，梦中的"右"和"左"是具有道德意义的。"右手旁的小道常常指正义之道，而左手旁的则是犯罪之途。所以'左'可以代表同性恋、乱伦或性异常。而'右'则代表婚姻、与妓女性交等。而其意义常常是取决于梦者本人的道德观。"——梦中的亲属是性器官的意思。我这里只能证实孩子和妹妹是具有此意义的（即是当他们属于"小东西"的范畴）。另一方面，我却遇到了一个确定的例子，在这个梦例中，"妹妹"代表着乳房而"弟弟"则代表着较大的乳房——史特喀尔认为梦见追不上车子的意思是悔恨年龄的差距太大，无法赶上。——他说旅途中提的行李就是一些把人拖住的罪恶。但行李却常常是象征梦者本身的性器官。史特喀尔也给常在梦中出现的数字予以特定的意义。而这些解释不但没有足够的证据并且也不是永远正确的，虽

梦境中的"左"和"右"所代表的含义

梦中的"右"和"左"是具有道德意义的。右手旁的小道常常指正义之道，而左手旁的则是犯罪之途。

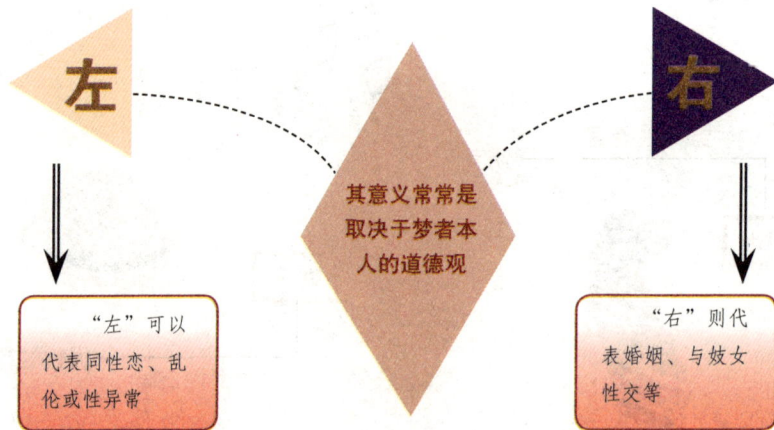

左

右

其意义常常是取决于梦者本人的道德观

"左"可以代表同性恋、乱伦或性异常

"右"则代表婚姻、与妓女性交等

然在他的个别例子中这种解释似乎是正确的，但在许多梦例中，"3"这个数字可以从许多方面来证明它是男性性器官的象征。

史特喀尔提出的一个推论是，性象征具有两重意义。他问："是否有一个象征（如果此想象暗示着）不能同时用在男性及女性上呢？"其实括弧内的句子就已排除了此理论的大部分确定性。因为想象事实上并不常常如此暗示（承认）着，而根据经验我认为应该这么说，史特喀尔的一般化推论不能够满足事实的复杂性。虽然有些象征可以代表男性性器官和女性性器官，但另外一些象征则大部分或全部代表男性或女性的性器官。事实是这样的，想象不会以长而硬实的物品（如武器）来暗示女性性器官，而中空的木箱、木盒、箱子等也不会用来代表男性性器官。不过梦的倾向，以及潜意识幻想应用双性的象征却显示出一种原始的特性。因为孩童时期无法分辨两性性器官的不同，而给两性以同样的性器官。但我们有时会误解某一象征具有两性的意义，如果我们忘记在某些梦中性别是相反的，因此男的变为女的，而女的变为男的，这种梦表达一种意愿——比如女人想要变为男人的愿望。

性器官在梦中也可以用身体其他的部分来表现：用手或脚来表示男性性器官，口、耳，甚至眼睛来代表女性的生殖器开口，人体的分泌物——黏液、眼泪、尿、精液等，在梦中可以相互置换。史特喀尔后面这句话大体来说是对的，不过却受到赖德勒的批评——认为要做这样正确的修正："发生的事实是，有意义的分泌物如精液被一些无关的来代替。"

我希望上面这些不完整

阳具崇拜 强·索德克　捷克　20世纪80年代　摄影

弗洛伊德认为有些长而硬实的物品如武器可以象征男性性器官。画中展示了一个神情紧张的女子，她的肌肉僵硬，右手中紧握着一把雪亮的匕首，匕首恰在她的生殖器之上。这把匕首就是男性生殖器的象征，意指这位女性想要变为男人的愿望。

的提示，会激励人们去探讨这个题目和收集其资料。我在《精神分析引论》中尝试给梦的象征予以更详细的论述。

下面我将附上几个例子，来说明这些象征在梦中的应用，看看我们是如何不知不觉地接受了这些象征的意义的。同时，我要提醒不可太过高估梦的象征的重要性，而使得梦的解析沦为翻译梦的象征的意义，而忽略了梦者的联想。这两个梦的解析工具是相辅相成的；但无论就理论还是实际来说，后者的地位是首要的。并且能由梦者的评论中总结出决定性的意义。而对象征的了解（翻译）就像我提过的一样，只是一种辅助的部分。

1. 帽子，男性的象征（或者男性性器官）

（节自一位年轻妇人的梦，她正因为害怕受到诱惑而患广场恐惧症）

莫斯科街道 娜塔里亚·冈查洛娃 俄罗斯 1909年 布面油画

弗洛伊德认为这个中间部分竖起而两边向下弯曲的帽子是男性性器官的象征。画面中，在宁静的街道上有一位优雅的黑衣女人，她的身后马车夫在车上静静地等着乘客。其中，黑衣女人的帽子最引人注目，帽子的形状与车座的形状十分相似，仿佛暗示着什么。

　　夏天，我走在大街上，头上戴着一顶形状奇怪的草帽，帽子的中间部分向上弯曲，而两边却向下垂，（病人的叙述在这里稍为犹豫了一下），其中一边比另一边垂得更低。我兴高采烈，同时深感自信；而当我走过一群年轻军官的身边时，我想："你们都不能对我有所伤害。"

　　因为她对这顶帽子不能产生任何联想，所以我对她说："这个中间部分竖起而两边向下弯曲的帽子，无疑是指男性性器官。"也许你会觉得奇怪，何必以她的帽子来代表男人，但请不要忘记这句话"Unter die Haube Kommen"〔字面的意思是"躲在帽子下"，其实是"找一位丈夫（结婚）"的意思〕，我故意不问她帽子两端下垂的程度为何不同，虽然这种细节一定是解释的关键所在。我继续对她说，因为她的丈夫具有如此漂亮的性器官，所以她不需要害怕那些军官——就是说她没有想要从他们那里得到任何东西的必要。而通常因为受到诱惑的幻想，她不敢一人单独出去散步。我根据其他的材料，已经好几次向她解释其焦虑的原因。

　　梦者对这分析的反应是奇特的，她否认对帽子的描述，并且声称她从来没有提到过帽子两边下垂的事。但我确定自己没有听错，所以坚持她这样说过并不为所动。她安静了好一会儿，鼓足勇气问道，她丈夫的睾丸一边比另一边低具有什么意义，是不是每个男人都是这样。至此帽子特殊的细节就被解释了，而她也接受了这个解释。

　　在病人告诉我这个梦的时候，我已经对这帽子的象征感到熟悉了。其他不够清晰的梦倒使我相信帽子也可以代表女性性器官。

2. 象征着性器官的"小东西"——而以"被车碾过"来象征性交

　　（这是广场恐惧症患者的另一个梦）

　　妈妈把她的小东西送走了，因此她得自己一个人走。她和妈妈走入火车车厢内，但看到她的小东西正在轨道上直直地走着，所以她一定会被火车碾过的。她听到自己骨头被压碎的声音（这使她产生不舒服的感觉，但却没有真正的恐怖感）。然后她从窗子向车厢后面望，看那些碎片是否不会被看到。而后她责备母亲为什么让这小东西自己走。

　　分析——要将此梦做一个完整的解释并非易事。这是一连串循环相连的梦的一部分，所以必须和其他的梦连在一起才能被充分了解。我们很难分离出足够的材料来解释这些象征。首先，病人称此火车之旅和她的过去有关，暗示着她被携带着离开一家疗养院（她因精神病住院）的旅途。不用说，她爱上了这家疗养院的主任。她妈妈将她带走，而这位医生到车站来送行，并送给她一束花当作离别的礼物，因为她妈妈看见了此情形，她觉得很尴尬。她妈妈在这里就象征着阻碍她爱情的尝试。而这位严厉的女人，确实在病人小时候曾经扮演过这种角色。——她接下来的联想和这句子有关："她由窗子向车厢后面望，看那些碎片是否不会被看到。"由梦的表面来看，这使我们想到她的小东西被碾成碎片。但她的联想却指向另一个方向，她回忆从前曾经看见父亲在浴室赤裸的背部；接着她继续谈论有关性别的不同，同时强调即使在背后也能看见男人的性器官，而女人则看不到。在这里，她的解释："小东西"指的是性器官，而"她的小东西"——她有一个4岁的孩子——则是她自己的性器官。她指责母亲想要她像没有性器官似的活着，而在梦一开始就显露出这种指责："妈妈把她的小东西送走了，因此她得自己一人走。"在她的想象中，"自己一个人在街上走"就是指没有男人，没有任何性关系〔在拉丁文里Coire的意思即是"一起走"，而Coitus（性交）即由Coire变来的。〕——她不愿意这样，而这一切正说明当她还是小女孩的时候，她确实因为受到父亲的喜爱而遭到妈妈的妒忌。

对此梦的更深层的解析可以由同一晚上做的另一个梦显示出来。梦者在那个梦里把自己和她的兄弟仿同。她其实是个男性化的女孩，别人常常说她应当是个男孩子，和她兄弟仿同的结果很清楚地指出"小东西"意即性器官，是她的母亲把他（或她）阉割了。这只可能是因为玩弄她的"阴茎"才得到的处罚，所以这仿同作用也证明她小时候曾经自慰过——至此她的记忆仍然只是限于她的兄弟身上。从第二个梦的材料来看，她

自慰 艾瑞克·费谢尔 美国

　　根据幼儿期的性理论，女孩子都是阉割的男孩，因此女孩梦中会出现玩弄她的"阴茎"的情景。画面中的男孩站在一个盛满水的器皿里，紧握自己的生殖器，释放自己压抑许久的性欲。作品中渗透着画家强烈的对性的着迷，从中可以看出，性欲是一群患有精神障碍的人的内在心理。

在早年的时候一定知道男性性器官，不过后来却忘了。更进一层来说，第二个梦暗示着"幼儿期的性理论"，根据这种理论，女孩子都是阉割的男孩。当我暗示她曾有过这种孩童式的信念时，她立即用一段逸事来证明这一点。她说她曾听到一个男孩对一女孩说："切掉的吗？"而女孩回答道："不，从来都是这样的。"

因此，第一个梦里把小东西（性器官）送走和那威胁着的阉割有关，而最后她对母亲的埋怨是不把她生成男孩。而"被车碾过"所象征的性交虽然可以由其他许多来源予以证实，但在此梦里并不能明显地看出来。

3. 象征着性器官的建筑物、阶梯和柱子

（一位年轻男人的梦——它受到"父亲情结"的抑禁）

他和父亲散步。地点一定是布拉特，因为他看见了一个圆形建筑物，前面有一个附属物看起来有点歪，并且连着一个拴着禁用的圆球。父亲问他这些是做什么用的，他对父亲的问题感到惊奇，不过还是向他解释了。然后他们走到一个广场，广场上面延展着一大张锡片。父亲想要拉断一大片，不过却先向四周望望，看是否有人监视。他对父亲说，只要告诉技工就可以毫不费力地取得一些。一组阶梯，由广场向下延伸到一根圆柱那里，阶梯壁是一些柔软的物质，就像是盖有皮面扶手的椅子，在这圆柱的尽头是一个平台，然后又是一根圆柱……

分析——病人是属于治疗效果不佳的那种——即在分析的前一段时间里毫无阻抗，但从某一点以后就变得无法接近，他几乎不需要帮助就自己把这梦解析了。他说："那个圆形建筑物就是我的性器官，而它前面的拴着的禁用的圆球就是我的阴茎，而我一直担忧它的软弱。"由更加详细的观察，我们可以把圆形建筑物翻译成臀部（孩子们习惯地以为它属于生殖器的一部分），而在它前面的就是阴囊。他父亲在梦中问他这些是做什么用的，就等于问他性器官的功能、目的是什么。这里我们不妨把情况倒过来，即梦者变为发问者。因为事实上他从来没有这样问过父亲，所以我们把这当作是梦思的一个意愿，或者一个条件子句，"如果我为了性知识启发而问爸爸……"我们在梦的另一部分里将看到这种想法的延续。

乍看起来伸展着一大张锡片的广场不具有任何象征意义，这是由梦者父亲的商业财产所延伸来的。为了慎重起见，病人父亲真正经营的物质我用锡来代替，但不改变其他的文字。梦者加入了父亲的经营，不过对某种令人怀疑但却使公司盈利的行为大加反对。因为我刚才所解释的梦思是这样连下来的："如果我问他，他也会像对他的顾客一样来欺骗我。"对那个代表他父亲在商业上不诚实的"拉断"，他有另一种解释——即代表着自慰。我不但对这个解释很清楚，而且此梦也能证实它。其实这里正以相反的形式来表达自慰的秘密性质：即可以公开地做。和我们想象的一样，这种自慰行为被再度置换到梦者父亲的身上（和梦中前面一段的问题相同）。他很快把圆柱解释为阴道，

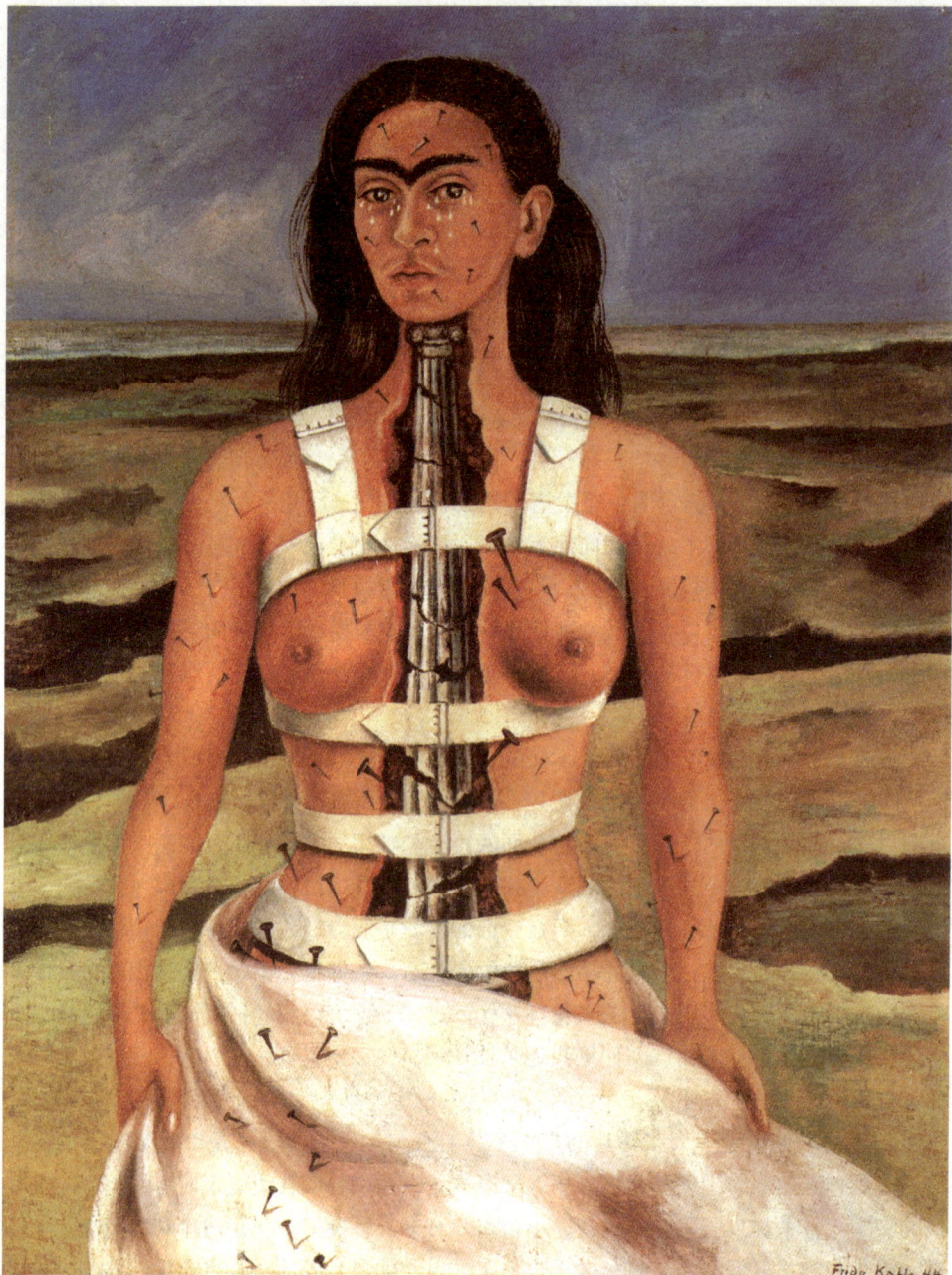

毁坏的圆柱 弗丽达·卡洛 墨西哥 1944年 多罗里斯·奥梅多·帕提诺基金会

　　梦中出现的建筑物、阶梯和柱子象征着性器官。画中的女子的上半身被残忍地剖开，其中放置了一根断成数节的爱奥尼亚式圆柱。她的上身箍满冰冷的钢铁护身裙，全身布满了钉子，这一切仿佛在揭示女子痛苦的人生经历。

夏娃，潘多拉第一 老让·库赞　法国　1490～1561年　板面油画　巴黎卢浮宫

　　弗洛伊德认为圆柱象征男女性器官，而向上爬代表性交。这是一幅表现女性和女神的裸体画，在《圣经》中夏娃是人类的母亲，在希腊神话中，潘多拉是带给人类苦难的第一个女人。她的右手放在一颗颅骨上，另一只手抚摸着一只尚未开封的盒子。一条蛇沿着她的手臂向上爬，映射出她那夏娃的角色。

这是因为墙壁上覆盖着柔软物的缘故。从过去的经验来看，我想说，就和向上爬一样，向下爬也代表着在阴道内性交。

　　梦者自己对两个圆柱之间隔着一个长方形的平台加以自传式的解答。他性交过一段时期后，因为抑制的关系而停止了。现在希望借助于治疗而能够再度性交，但是此梦在最后愈来愈不明显。对此熟悉的任何人都会认为，可能是第二个主题侵入到梦的内容中来了，而这由父亲的商业、他的欺骗行为以及解释第一个圆柱是阴道暗示着：这些都是指向和梦者母亲间的关联。

4. 以人来象征男性性器官，以风景来象征女性性器官

　　（达纳讲述的一个梦，梦者未受过教育，丈夫是位警察）

　　……然后有人闯进屋里来，她很害怕，大声叫喊着要警察来。但她却和两位流浪汉攀登着许多的梯级，偷偷地溜到教堂去。在教堂后面有一座山，上面长满茂密的丛林。警察戴着钢盔，佩带铜领，披着一件斗篷，留着褐色的胡子，那两个流浪汉静静地跟着警察走，流浪汉在腰间围着袋状的围巾。教堂的前面有一条小路延伸到小山上，两旁长

着青草和灌木丛，越来越茂盛，在山顶上则变成寻常的森林了。

5. 孩童阉割的梦

①一位3岁零5个月大的男孩，很不高兴爸爸从前线归来。他有一天早上醒来，带着激动与困扰的神情，一直这么重复着说："为什么爸爸用一个盘子托着他的头？昨晚爸爸用盘子托着他的头。"

②一位正患强迫性心理症的学生记得他在六年级的时候，一直不断地做着下面的梦："他到理发店去理发。一个身材高大、面貌凶狠的女人跑来把他的头砍下来。他认出这个女人就是他的母亲。"

6. 小便的象征

下面的一系列图画是弗伦茨在匈牙利从一份叫《纸媒》的漫画刊物上找来的。他一下子就看出这些可以说明梦的理论，兰克曾因此写了一篇论文。

图画的标题是"一位法国女保姆的梦"，只有最后一幅图片才显示出她被小孩的叫声吵醒。换句话说，前面七张图都是梦的各个阶段，第一幅图描绘的是已使梦者醒过来的刺激，小孩已经感到需要并请求帮助。而在梦者的梦里，他们并不在房间里，她正带着小孩散步。在第二幅图中，她已经把他带到街道的一角让他小便——而她能够继续入睡。但那想唤醒她的刺激一直持续着，而且确实在加强着。这小男孩因为没有人理睬的关系，叫的声音更大了。他越是提高声音坚持要保姆起来帮助他时，梦就越保证说，什么都很好而她不必醒来，同时，梦也把越来越强的刺激置换成越来越多的层面，小孩解出的小便越来越有力量。在第四幅图上，它竟然能浮起小舢板，接着是一艘平底船，然后是一艘轮船以及邮轮。这位天才的画家很清楚地描绘出了想要睡觉和连续不断使梦者醒来的刺激之间的挣扎。

割礼　卢卡·西尼奥雷利　意大利　1491年　布面油画　伦敦国家美术馆

　　小孩会梦到自己的头被亲人砍下来，这属于孩童阉割的梦。这幅画中，神父正准备为新生婴儿行割礼，这个婴儿就是刚诞生的耶稣。面对亲人的照料，婴儿并不感到害怕，而是非常信任地向前探着身。

7. 楼梯的梦

（兰克的论述与解释的梦）

我想我必须感谢那位同事，他曾为我提供有关牙齿刺激的梦，现在又给我另一个明显的关于遗精的梦：

"我奔下楼梯（或者一层公寓）去追一个女孩，因为她对我做了某些事所以要处罚她。在楼梯的下端有人替我拦住了这个女孩（一个大女人？），我抓住她但不知道有没有打她。我突然发现自己在楼梯的中段和这个小女孩性交（似乎就像是浮在空中一样），这并不是真正的性交，我只是用性器官摩擦她的外生殖器而已，而我当时很清晰地看到它们，还有她正仰头向外转，在这次性行为中，我看见在我的左上方挂着两张小画（也像是在空中一样）——画着四周围绕着树木风景的房子，在较小那张画的下端，没有署画家的名字而是署我的名字，好像是要送给我的生日礼物。然后我看见两幅画前面的标签上说还有更便宜的画。（再后来我就记得不是很清楚了，好像是躺在床上）而我也因为遗精带来的潮湿感而醒过来了。"

分析

在做这个梦那天的黄昏，梦者曾经在一家书店里等待店员招呼的时候，看见一些陈列在那里的图画，这和他在梦中看到的相似，他靠近自己很喜欢的一小张图画前，想看看作者是谁——不过他根本不认识这位作者。

后来（当天的黄昏），他和几位朋友在一起的时候，听到一个有关某个放荡女佣炫耀她的私生子是在"楼梯上造出来"的故事。梦者询问了这个不寻常事件的有关细节，知道这个女佣带着她的倾慕者回到家里。他们在那里根本没有机会性交，而那个男人在兴奋中就和她在楼梯上做爱。梦者当时还用一个描述假酒的刻薄话做了一个讽刺的类比，并说事实上这个小孩是由"地窖阶梯的葡萄园"生产的。

梦和那天傍晚发生的事有着密切的联系，而梦者能够很清晰地把它们说出来，但他却不容易把梦中属于幼儿期回忆的那部分挖掘出来。这座楼梯位于在他消磨大部分童年时光的屋子内，特别是他在这里第一次有意识地接触到性的问题。他常在楼梯上玩游戏，除了别的事情以外，他还跨骑于楼梯的扶手从上面滑下来——这触动他性的感觉，他在梦中也是很快冲下楼梯——是那么快，从他的话来看，他并没有把脚放在楼梯上，而像一般人所说的"飞"过它们。如果考虑儿时的经历，那么梦的开始部分则表现出性兴奋的因素。——梦者曾和邻居的小孩在楼梯及其他建筑物内嬉玩着有关性的游戏，并曾经像梦中一样地满足他的愿望。

如果我们记得弗洛伊德对性象征的研究——楼梯以及攀爬楼梯，几乎没有例外的表示着性交行为——那么这个梦就很清楚了。从其遗精的结果来看，其动机只是纯粹的属于性欲。梦者在睡觉中激发起性欲——在梦中这是以冲下楼梯来表现的。这性兴奋的

惊险杂技演员和他的搭档 莱热　法国　1948年　伦敦泰德画廊

梦见楼梯象征性行为，这可能与梦者小时候在楼梯内玩有关性的游戏有关。画家出色地捕捉到了杂技表演的动态、力量和色彩。画中的演员如同纺车一样，而他的搭档是一位漂亮性感的女子，女子拿着梯子，似乎这梯子将其二人的关系联系得更为紧密。

虐待元素（基于孩童时期的嬉戏）从追赶及控制女孩上显示出来。性欲冲动越来越强并指向性行为——在梦中以抓获小孩，并把她放在楼梯的中段来表现。梦直到这儿仍然是象征式的具有性意味，而对没有释梦经验的人来说是不可了解的。但从性兴奋的力量来看，这种象征式的满足并不能让病人安睡，而这种兴奋最终导致了性高潮。因此，整个楼梯的象征事实上代表着性交——此梦很清楚地证实了弗洛伊德的观点，即以上楼梯来象征性的一个理由是，二者都具有节奏性的特征：因为梦者在梦中很清楚、很确定地表达的事是，那韵律的性行为和它的上下动作。

至于那两幅图画，除了它们的真实意义外，我还要补充一句，它们仍然具有"Weibsbilder"①的象征意义。很明显地有一幅较大、一幅较小的图画，就像梦中有一

——————————
① 字面的意义是"女人画"，德文用来代表女人或裙子的俗语。

个大女人和一个小女孩出现一样。而那"还有更便宜的画"则代表了有关娼妓的情节；但梦者的名字呈现在较小的那幅画上，以及那是生日礼物的观念则暗示着对双亲的情节（在楼梯上出生＝由性交而生下）。

而最后那个不明显的情况，梦者看见自己睡在床上，同时有一种潮湿的感觉，似乎指向了比孩童自慰期更前的时期，其原型和尿床有着相似的快感。

8. 一个变异的楼梯的梦

我的一个患有严重心理症而自我绝禁性欲的男病人，他潜意识的幻想则固着于她母亲的身上，经常反复地做着和她一起上楼的梦。我有一次对他说，某些程度的自慰也许会比这种强迫性的自制对他的害处小。之后他就做了下面这个梦：

他的钢琴老师责骂他不专心练琴，骂他没有好好地练习Mocheles的"Etudes"及Clementi的"Gradus ad Parnassum"。

他在评论时说"Gradus"也是阶梯的意思，而琴键本身就是阶梯，因为它分有音阶。

也许我们可以合理地说，没有任何意念不可以用来代表"性"的事实和愿望。

9. 真实的感觉以及对重复的表现

一位35岁的男人提供了一个他记得很清楚的梦，并说这是他在4岁时做的一个梦。在他3岁时父亲就逝世了，那位负责管理父亲遗嘱的律师买了两个大梨，给他一个，另一个则放在客厅的窗台上。他醒来的时候认为自己梦到的是真事，并一直固执地要母亲到窗台上把第二个梨拿给他，母亲因而笑他。

分析——这位律师是一位快乐的老绅士，梦者记得好像他真的曾买过一些梨。窗台就像他在梦里见到的一样。其实这两件事一点关联都没有——只是他母亲在稍早的时候告诉他一个梦，说有两种鸟落在她头上，她曾自问它们什么时候会飞走，但他们并没有飞走，并且其中的一只还飞到她嘴上吮吸着。

因为病人不能够联想，所以我们尝试着用象征的方式来解释。那两个梨——就是滋养他的母亲的乳房，而窗则是乳房的投影，就像是梦中房子的阳台一样。他醒过来的真实感是有道理的，因为妈妈真的在给他喂奶，而事实上比平常的时间要长，那时他能吃到妈妈的奶。这个梦必须如此翻译："妈妈再给我（或让我看）那从前我吮吸着的乳房吧。""过去"是以他吃了一个梨来代表；"再"则代表他渴望另一个。在梦中，对同一行为的暂时性重复常常用一物象的数目上的重复来表现。

值得注意的是，在4岁小孩的梦中，象征已经开始扮演着部分角色，这是常规而不是例外。可以很肯定地说，梦者最开始的时候就已经利用了象征。

下面是由一位27岁的女士提供的不受外界因素影响的梦例，显示她在早年的时候，

吃奶的婴儿

在婴儿生命中，吮吸乳头是极其重要的一件事。他的这一动作，不仅可以满足他的食欲，同时也满足了他的性欲，因为吮吸乳头的欲望其实包含有渴望母亲胸乳的欲望，因此母亲的胸往往成了他性欲的第一渴求对象。此外，口腔也是人类第一个被唤醒的性感区域。

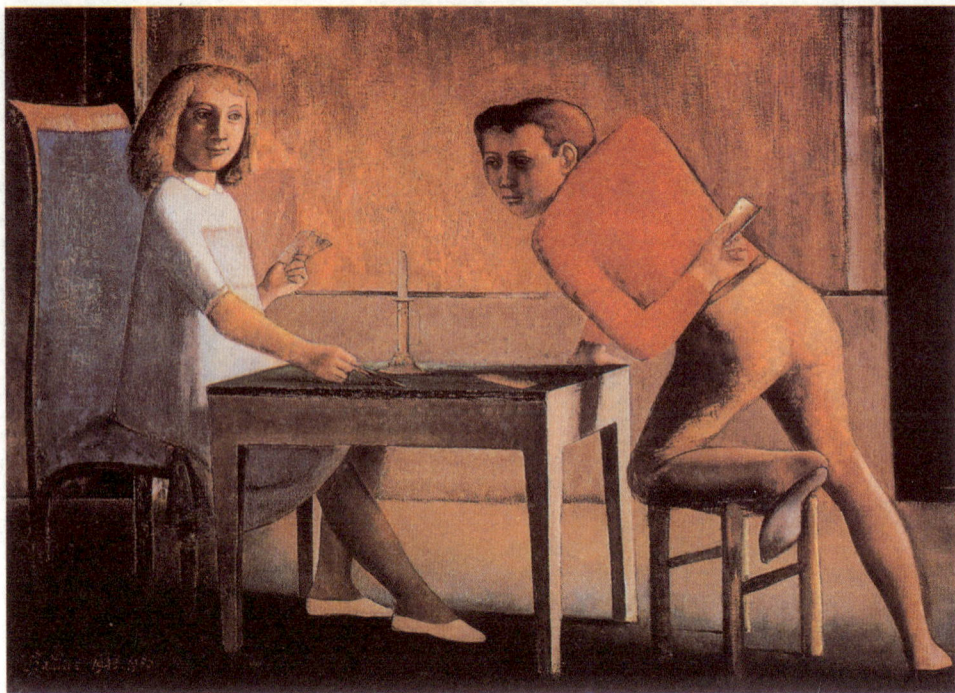

纸牌游戏 巴尔蒂斯 法国 1948~1950年

图中的两个年轻人，看着倒还像是孩子，他们在玩纸牌，脸上洋溢着两性相互吸引的喜悦，画家对此画最成功的描绘就是表现了人类性意识的觉醒。

在梦生活以外或以内也应用到了象征。在她三四岁时，保姆带她和她二三岁大的弟弟，以及年龄在二人之间的表妹上厕所，然后才一起外出散步。因为她是老大，所以她坐在抽水马桶上，而另外两个孩子在便桶上。她问表妹："你是否也有一个钱袋呀？我有个钱袋，而华特（她弟弟）有个小香肠。"她表妹回答："是的，我也有个钱袋。"保姆很开心地听她们讲话，并回去向孩子们的妈妈汇报，而妈妈的反应是激烈的斥责。

我将在这里加入一个梦（罗比锡1912年在一篇论文中记录的），其中那些天衣无缝的美妙象征，使我们不必得到梦者太多的协助就能来解释梦。

10. 正常人梦中的象征问题

通常用来驳斥精神分析的理由之一，是认为也许梦的象征是神经质思想的产物，但却不会发生在正常人身上——这个意思最近还被艾里斯所强调。而精神分析则发现，正常人与神经质的人生活之间并没有基本上的区别而只有量的差距。的确在梦的分析中——潜抑的情节在健康人或者病人身上都是同样运作的——二者的机制与象征都是完全相同的。正常人纯真的梦其实比神经质的人含有一些更聪明、更简单及更特殊的象

窗前两妇人　巴托洛梅·埃斯特万·牟利罗　1670年

　　梦中的感觉与现实感觉有着紧密的联系，比如孩子梦到窗台前的梨，梨则象征乳房，而窗台则象征乳房的影子。画中展示了窗前两位女子，年长者是照看少女的家庭教师兼女伴。她在笑，但是画家没有表现她的笑容。少女面带讥诮超然地望着外面的生活，相比之下，面对生活，年长者更为现实，而少女则带有梦幻的色彩。

征，因为后者的梦中，由于"审查制度"更严谨的态度而产生更大程度的改装，使象征变得更含糊及不易解释。下面的这个梦即说明了这一事实，这是一个非神经质而相当正规与保守的女孩子所做的梦，在和她的交谈中，我发现她已订婚，不过因为有些阻碍而使她的婚期必须予以推迟。她告诉我下面的这个梦。

"因为庆祝生日，我在桌子的中间摆放着花朵。"她在回答问题的时候告诉我，在梦里她似乎是在家里（她目前并不住在那儿），所以有一种"幸福的感觉"。

因为常用的象征使我不需帮助就可翻译此梦。这是她渴望当新娘的愿望：桌子以及当中的花朵代表着她和她的性器官；她用"完成"来表现对未来的愿望，因为她已经想到要生孩子了；所以结婚已经过去了很久。

我向她指出"桌子的中间"并不是个常见的表达方式（她承认了），而我当然也不能直接对这一点过多地询问，我尽量不去暗示她这有关象征的意义，只是问她脑海中对于梦中分开的部分有什么联想没有。她的保守态度在分析的过程中，因为对分析感兴趣而消失了，并因为交谈的严肃性而得以有一种开放性的态度。

当我问那是什么花，她的第一个回答是"高贵的花，要为它付出代价的"，然后说它们是"山谷中的百合，粉红色及紫色，或者是康乃馨"。我假设在梦中呈现的百合花通常是象征贞洁的意义，她肯定了这个假设，因为她对百合花的联想是纯洁。山谷通常是女性的象征，因此梦的象征就利用这两个花的英文单词的偶然配合而强调出她贞操的可贵——"高贵的花，要为它付出代价的"——并且表达出她期望丈夫能够重视其价值，我们将看到"高贵的花"等只言片语在三种不同的花的象征中都有不同的意义。

"紫色"表面看来没有什么"性"的意义；但据我来看，它却是很大胆的，所以也许可追溯到它和法语"viol（强奸）"间的潜意识联系。使我惊奇的是梦者却联想到英文单词中的"暴力"。此梦利用了（"violet"和"violate"）之间的偶然相似——它们只是在最后字母的发音上有所不同——用"花的语言"来表达梦者对于奸污的想法（另外一个利用花的象征）和显露出她性格上可能存在被虐待的特征，这是个很好的利用"文字桥梁"（请看注）来连接到达潜意识之途径的例子，"要为它付出代价的"则指要成为妻子或妈妈，必须以付出其生命作为代价。

连接在"粉红色"后面的是康乃馨，因此我想这个字可能和"肉体的（carnal）"有关。但梦者的联想是"颜色"，并且说康乃馨是她未婚夫最经常、给她最多的花。说完以后，她突然承认自己所说不实：她所联想的不是颜色而是肉体化——我所期望的字。"颜色"恰好也不是太离题的联想，但却受制于康乃馨的意义（肉色）——因此也是由同样的情节来决定。这种缺乏坦率的情况说明在这点的阻力是最大的。事实上这个点的

雅克·李普契茨和他的妻子 莫迪里阿尼 意大利 1916年 芝加哥美术馆

女子梦到结婚是渴望做新娘。李普契茨为了纪念自己结婚，请画家莫迪里阿尼创作了这幅肖像画。画面中的一对夫妻充满了幸福感，从妻子愉悦的表情可以看出，或许她在回忆结婚时的美好时光。

持花的女人　保罗·高庚　法国　1891年　布面油画

丹麦哥本哈根尼·卡尔斯堡博物馆

弗洛伊德认为梦中的花象征着性，梦者可由花的颜色联想到。画中的女人充满了忧郁伤感，她身着紫色的上衣，右手拿着一朵黄色的花。这幅画形式并不复杂，各种颜色的冲撞给人留下了深刻印象。

象征性最清楚，而原欲和潜抑对此阳具论题之间的斗争最强烈。梦者叙述其未婚夫经常给她那种花不但暗示着"康乃馨"的双重意义，而且指出它们在梦中的阳具有意义。花的礼物——正如在生活中使她激动的因素——表达了一种性礼物的交换：她把贞操当作是一种礼物，并且期待着被回报以具有情感的性生活。"高贵的花，要为它付出代价的"在这里一定也有着经济意义。——因此，梦中的花的象征包括了处女贞操、男性以及暗示着奸污的暴力。值得指出的是以花象征性是很平常的事（用花——植物的性器官象征着人的性器官），也许情人之间赠送花朵就具有这种潜在的意义。

她在梦中准备的生日，无疑是指婴儿的诞生，她仿同其未婚夫，则代表着他将为她准备生产——即和她性交。潜藏的思潮也许是这样的："如果我是他，我不会再等下去——我会不顾安全期而和她性交——我会用暴力的。"从这暴力显示出来的是，原始欲望中的虐待因素的表露。

表达梦更深层次的话"我安排……"具有自我享乐的味道是毫无疑问的，有着幼儿时期的意义。

梦者泄露了她对自己肉体缺陷的注意，而这只能在梦中才会变为可能：她把自己看成像是一张桌子。没有突出却强调着"中央"的可贵——她在另一个场合里用了"中间的一朵花"这句话——就是指她的处女贞操，桌子的水平状态一定也和象征有关。

我们应当注意此梦的浓缩：每个字都是一个象征，没有多余的。

梦者后来替这个梦加了补白："我用绿色的皱纸来装饰花朵。"她又说这是用来盖在普通花盆外面的"花纸"，她接着说："来隐藏那些不整齐的东西——那些会被人看见并且是不好看的东西；有一个间隙，那是群花之间的空间。这些纸看起来像是地毯或是苔藓。"她对"装饰"的联想是"端庄"——和我期待的一样。她说绿色占一大部分，而她的联想是"希望"——另外一个和怀孕的联系——这部分梦的主要因素并没有和男人仿同；羞耻感和自我启示先入为主，她为了他而把自己打扮得漂漂亮亮，并且承认自己肉体上的缺陷——感到羞耻而想要尝试改正。她的"地毯"及"苔藓"的联想很清楚地指向她的阴毛。

此梦表达了一些她在清醒时所没有觉察的思想——虽然是有关肉欲的爱以及性器官，她被"安排了一个生日"（译者按，生日指生产的日子）——即是说她被性交。它也表露出对被奸污的恐惧，也许还有愉快的受苦思想。她承认自己肉体上的缺陷，而对自己是处女之身以过高的评价而过分地补偿。她用羞耻心作为肉欲的信号及其目的是生一个婴儿的借口，所以物质的考虑（不在情人考虑之内的）也找到了表达的途径。连接在这简单的梦的感情——一种幸福的感觉——表示着强有力的感情情结感到满足。

弗伦茨说得很对，象征的意义和梦的意义，在那些不会来找精神分析之人的梦中最容易找出来。

林迪斯法恩福音书上的地毯页面 英国

有装饰的手稿 约698年

伦敦不列颠图书馆

女性梦到"地毯"及"苔藓"意指她的阴毛。这幅作品表现的是一张图案复杂的地毯，融入这幅图案结构的是龙和蛇，它们通过扭转、转动形成更为复杂的图案。整体来看，这幅作品着重突出了一个十字形。

在这里我要插入一个同一时代的历史人物所做的梦。这样做是因为在任何梦例中都象征着男性性器官的对象在这里有着更深的意义，很清晰地表现出阳具的象征。马鞭无止境地伸长除了表示勃起外，就不能再代表什么了。另外这是一个很好的例子，可以说明除了性以外的一些严肃的思想，也能从幼儿期的性材料来显示。

11. 俾斯麦的梦（录自沙克斯的一篇论文）

在他那篇《男人与政治家》中，俾斯麦引用了他在1881年12月18日写给皇帝威廉一世的信，里面有这一段："阁下的来信使我有勇气向阁下报告一个1863年春天做的梦，那是发生在战争最激烈的时候，谁也不知道结果会怎样。我梦见（我醒来后的第一件事就是向太太以及其他的证人叙述此事）自己在狭窄的阿尔卑斯山的小道上骑马，左边是岩石，右边是悬崖。小路越来越窄，所以马儿拒绝再前进。因为太狭窄的原因，所以要回转过来走或下马都不可能。然后我用左手拿着马鞭，拍打着光滑的岩石，请求上帝的援助。马鞭无限地延长，岩石壁像舞台上的背景一样跌下去不见了，出现了一条宽敞的大道，并能够看到小山与森林的景色，像是波希米亚的，那里有普鲁士军队的旗帜。虽然是在梦中，但我脑海中仍然及时浮现出向你报告的念头。这个梦很圆满，在我醒来的时候全身充满了喜悦和力量……"

此梦分为前后两部分，在前半部里，病人发现自己动弹不得，不过在第二部分却奇迹般地被救了出来。马儿和骑士的困境，很容易联想到是这位政治家危机境况的梦的影像。对这种危机他也许具有一种特殊的苦楚，因为他在之前对这个问题思考了很久。在上面引用的文字中，俾斯麦用同样的比喻（那里不可能有"出路"）来形容他当时的情形。所以他一定很清楚此梦影像的意义。同时这也是锡尔伯"官能现象"的一个好例子，梦者脑海里运行的各种程序——他所能想到的每一个解决方案都依次受到不可逾越的障碍，而他却不能把自己从这种执着中分开——很恰当地由骑士进退两难的情况描述出来。他的骄傲——使他不能考虑到投降或辞职的问题——在梦中是以"回转过来或下马都不可能"来显示的，在他那种戎马生涯的人生（不停地为别人的利益辛劳工作）中，俾斯麦一定是很容易把自己想象成一匹马；事实上他好几次都这样表示过，比如在他著名的言论："好马是死在劳作中的。"由此看来"马儿拒绝前进"不过表示这位过分劳累的政治家想要逃避现实，换句话说，他是用睡觉与做梦来解除"现实原则"对他的束缚。在第二部分明显地显露出其愿望的达成，其实在文字中（阿尔卑斯山的小径）就已经暗示出来。俾斯麦无疑已经知道他将在阿尔卑斯山的加斯泰度过下一个假期，所以这个梦把他带到那里，让他一下子脱离了所有政务的纠缠。

在他梦的第二部分，愿望的达成以两种方法表现出来；一方面明显的是不经过伪装，一方面是象征性。其象征性是以阻碍他前进的岩石的消逝来达成，然后展示出宽敞的大道来表现的——他梦寐以求的"出路"，且是最方便的。而不经过伪装的则是前进的普鲁士军队的影像。对这种预言式梦想的解释，并不需要创造一些神秘的假设，仅靠

暴跳的马 美国

　　弗洛伊德认为马鞭是男性生殖器的象征，马鞭的变化暗示性器官的某些特征。这是一幅美利坚要独立的漫画，图中暴跳如雷的马暗指美利坚，骑在它背上的英国人快要跌到马下。其中，最引人注目的是英国人手中的马鞭，它刹那间变成了斧子和剑。

　　弗洛伊德愿望达成的理论就够了。在这个梦里，俾斯麦已经决定为了避开普鲁士的内在冲突，最好是对奥地利的战争取得胜利。所以这个梦表现出了愿望的达成（就像弗氏所假设的）——当梦者看见普鲁士军队及他们的旗帜出现在波希米亚（即敌人的境内）的时候。这一梦例的特殊点是，梦者不只是以梦中愿望的达成就满足了，并且他知道在现实中如何达到。任何熟悉精神分析的人都不会忽略的一个特点就是那无限伸长的马鞭。我们很熟悉，马鞭、棍子、枪矛以及相似的东西都是阳具的象征；而当马鞭伸长的时候，无疑是暗示着阳具最大的特征——延展性。对此现象的夸张，即它无限地伸长，似乎是暗示着源自幼儿时期的过度投注（hypercathexis）。而病人手握马鞭的事实则清楚地暗示着"自慰"，虽然这并不是指梦者当时的情况，而是许久以前的孩童时的欲念。史特喀尔医生研究发现，在梦中左手代表着错的、压抑的、禁止的及罪恶的事，此观点在这里是很合适的，因为这可以适用于孩童时受到压抑、禁止的自慰。由这最深层面的幼儿期，以及和这位政治家目前的计划有关的表面，我们很容易找到一个与二者有关的中间层。由马鞭击打岩石、向上帝求救，而后得到奇迹般的解放，这同《圣经》中摩西从岩石击出水来救助以色列口渴的小孩非常相似。我们可以毫不犹豫地确定俾斯麦对《圣经》这一段的记载非常熟悉，因为他是一位来自热爱《圣经》的新教家庭。很可能俾斯麦在这段冲突中，把自己比喻成摩西——不过这位解放人民的领袖，得到的回报却是仇恨、反叛与忘恩。在这里我们的联想应当和梦者当时的意愿相联系。不过《圣经》的这段记载也含有自慰性幻想的内容，例如摩西在神下命令的时候，手握着杖子，上帝因此举违法而处罚他，说他在未进入良善邦国（译者按：指有希望之良善邦国或境况）之前必会死去。那被压抑和禁止的握杖子举动（在梦中无疑的具有阳具的意思），因为它的鞭击而导致水源和死的威胁——我们从这些中都能找到孩童时期自慰的各种主要因素的结合，我们饶有兴趣地观察到：此校定的过程如何把这两个不同来源的图像焊接在一起（一个源自天才政治家的心灵，另一个则来自孩童心灵的原始冲动），并因此成功地消除了所有引起困扰的因素，握着杖子（或鞭）是个禁忌以及反叛举动的事实，只是象征性地以"左手"表示罢了。另一方面，在梦的显意中，呼唤上帝是则是公开否定任何的压抑和禁止以及秘密。至于上帝对摩西的两个预言——他会看到良善的邦国，但是不能进入它——第一个是很清楚的满足的表现（"看到小山与森林的景色"）而第二个令人苦恼的却根本提都不提。"水"也许是因再度校正而被删除了，这又成功地使此景色和前面连成一个单元，即以岩石的消逝代替了水的流出。

我们可以期望在幼儿期自慰性幻想未实现时（这包括压抑和禁止的因素），孩子一定不希望他周围的权威人士知道发生过的任何事情。在这个梦中却刚好相反——想立刻将所发生的事情报告给国王，但这反而很奇妙地、天衣无缝地配合着表层梦思的胜利幻想以及梦的显意的一部分。这种胜利与征服的梦，常常掩盖着情欲战胜的意愿；梦中的某些特征，比如说梦者前进受到阻碍，而当他运用可伸展的鞭子时就展开了一条宽敞的大道，可能就是指向这一点，但是却没有足够的理论基础，可以推论出这种确定的思想与意愿呈现于整个梦中，这是个成功的梦的改装例子。任何令人不快的事都被表面的保护层掩盖着，所以可以避免任何焦虑的产生，这是个成功的意愿达成的梦的例子，丝毫不违背"审查制度"。所以我们可以相信它来的时候是"充满着喜悦与力量"的。

最后的一个例子是：

12. 一个化学家的梦

这是一个年轻男人的梦，他努力放弃自慰的习惯，因为他更喜欢与女人发生性关系。

序——在做此梦的前一天，他指导学生做格里纳氏反应，即通过碘的触媒作用将镁溶解在绝对纯粹的乙醚中。两天前，当进行同样的反应时发生了爆炸，其中一位工作者的手被烧伤了。

梦——①他似乎是要合成苯—镁—溴的化合物。他很清晰地看见了实验器具，但却用自己代替了镁。现在，他发现自己处在一个很不稳定的状态。他不断地对自己说："这样就是对的，事情进行得很顺利，我的双脚已经开始溶解，膝盖也变软了。"然后他用手抚触着脚。这时（他不能说出是如何做的）他把双脚拿到容器外面，对自己说："这不会是对的。虽然应该是这样的。"在这时，他已经渐渐醒来了，不过为了要向我

随时停止的机器

　　胜利与征服的梦，常常掩盖着情欲战胜的意愿，比如一个化学家努力放弃自慰的习惯而梦到自己成为化学实验的反应物。图中刻画了一个在专注做实验的化学家，桌子上摆满了各种化学仪器，他那双炯炯有神的眼睛在注视着试验中的化学变化。

报告，他就重温了一下这个梦。他对梦中的解决办法感到非常害怕，在半睡半醒的状态中，他很激动并重复着"苯基，苯基"。②他和家人正在睡觉，十一点半的时候他要到 SchottenBter 去会见一位特殊的女士，但他却在十一点半才醒来，他对自己说道："已经太晚了，我不能在十二点半赶到那里了。"然后，他就看见全家人围坐在桌子旁；特别是他母亲的轮廓清晰，而女佣人正提着汤盆。所以他想："晚餐已经开始了，就是要出去也太晚了。"

分析

　　他自己也肯定地认为，即使是梦的第一部分也和要会面的女士有关（这个梦发生在他约会的前一天晚上）。他觉得他指导的那个学生特别令人讨厌，他会和他说："这是不对的。"因为没有任何迹象显示出镁曾受到影响。而那个学生却以一种漠不关心的语调回答："不，也不是这样的。"一定是那个学生代替了病人自己，因为他对这分析的态度和那个学生的态度一样。而梦中的"他"则是代替了我。他对分析结果不关心，我一定是很不高兴的呀！

　　另外，他（病人）是那被用来分析（或合成）的材料，问题是成功的效果怎样。关于梦中他脚的事又联想到前一天傍晚发生的事。在练习完舞蹈后他遇到一位他想追求的女士，他紧紧地抱着她以至于她一下子叫了起来。当他放松对她脚的压力时，他能感

舞女　玛丽·洛朗森　法国　1937年　布面油画

　　现实中所发生的事，在梦中往往会出现被替代的情况。画中五位美丽的舞女穿着透明纱衣在练习舞蹈，舞女的浅色的影子使得她们几乎是轻而无物的梦幻影像。画家仿佛是用舞女表达一种特殊而神秘的意念。

觉到她强力对抗的压力正顶压着他大腿的下部直到膝盖的部位——这和他梦中提到的部位相同。由此来看，这女人正是瓶里的镁——事情终于进行着。从我的分析来看，他是女性，就像是相对于那个女人来说，他是男性。如果和那个女人的关系发展很好，那么他的治疗也能顺利完成。他自身的感觉以及膝盖的感受都指向自慰，而和他前一天的疲倦有关——他和那个女人约会实际上是在十一点半，而他想以睡过头来回避，而和他的性对象留在家里（即是自慰）则对应着他的阻抗。

　　在他重复着"苯基"（Phenyl）的关联上，他告诉我他很喜欢这些末尾是"—yl"的词，因为它们很好用：如benzyl（苄基），acetyl（乙酰基）等，而这解释不了什么。但当我向他暗示"Schlemihl"①也是这系列里的另一个词时，他很开心地笑起来，并说

――――――――――

　　① 来源于希伯来语，意为"运气不好、无能力的人"。

在这个夏天，他读了一本皮和斯写的书，其中一章是"拉摩的私物"，里面事实上包括对Les Schlémiliés的批评。当他看这本书的时候，他对自己说："这就和我一样——如果他错过了这个约会，那么他就是另一个'Schlemihlness'的例子。"

梦中的性象征似乎已经在实验上得到了证实，史罗德医生（利用史沃柏达所提出的条例）在1912年使受到深度催眠的人产生梦，结果发现他们梦中的内容大半源于暗示。如果暗示他应梦见正常或不正常的性交，那么这种受到暗示的梦，就会利用那些被精神分析所熟悉的象征来取代性的材料。例如说，如果暗示一位女士，说她应该梦见和一位朋友做同性恋的性交，那么这朋友在梦中就背着一个上面标明"只限女士"的毛茸茸的手提袋。做这梦的女士以前一点都不知道梦的象征与解释，不过我们要对这些有趣的实验做判断时却遇到了困难，因为史罗德在做完此实验后不久就自杀了。唯一留下的记录只是刊载在《精神分析中心论坛》上的原始的通讯。

直视

受到深度催眠的人产生梦，结果发现其内容大半源于暗示。画面中的医生正在直视一位精神病患者，医生仿佛在给病人某些暗示，病人注视着医生的眼睛似乎在听从医生的暗示。对病人来说，这种持续的暗示实际上会产生催眠的效果。

1923年罗芬斯坦也有同样的报告，而彼韩和哈曼所做的一些实验是特别有趣的。因为他们没有利用催眠术，他们讲了一些大略和性有关的故事给患科尔萨科夫氏精神病患者听，把他们搅糊涂，然后让他们再把这些故事描述出来以观察其歪曲的情形。他们发现在这里却出现了解释梦所熟悉的象征（比如上楼、插入与枪声象征着性交，而刀、烟象征着阴茎）。他们且认为楼梯象征的出现特别重要，因为他们正确地观察到"没有任何意义的改造欲望能够做成这种象征"。

只有当我们对梦中象征的重要性做个合适的评价后，才能够继续研究前面第五章提到的典型的梦。我想应该大略地把这些梦分为两类：①那些永远具有同样意义的；②那些虽具有同样的梦的内容却有着各种不同的解释的。对于第一类的典型的梦，我在考试的梦中已经相当详细地说明过了（见第五章）。

关于未赶上火车的梦应该和考试的梦放在一起，因为它们具有同样的感情，而从它的解释使我们觉得这样做是对的。另外还有一种安慰的梦和那种梦中觉察到的焦虑相反——即对死亡的害怕。"分离"是最常用也是最容易建立起来的死亡象征。因此这种安慰的梦是这样的："不要怕，你不会死（分离）。"就像考试的梦会这样安慰地说：

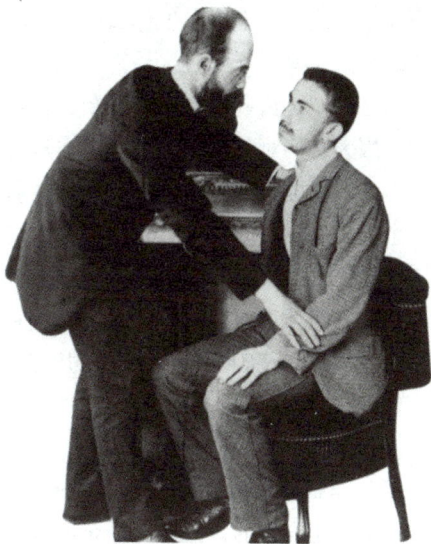

"不要怕，这次也不会发生什么。"这种梦的困难在于它除了安慰的表达外，还会有焦虑的感觉。

那些由"牙齿刺激"引起的梦，常在分析的病人中出现，不过却逃离了我所了解的范围，因为它们对分析总是具有太强烈的阻抗作用，但最后有许多充足的理由，使我相信在男人中，这些梦的动机都是从青春期自慰的欲望而来。我将分析两个这样的梦，其中一个也是"飞行的梦"。它们都是由同一个人梦见的——他是个年轻男人，具有强烈的同性恋倾向，但在真实生活中却尽量抑制。

他在剧院厅堂观赏《费得里奥》的演出；他坐在与他兴趣相投的L君的旁边，而他很想和他做朋友。突然间他从空中飞过剧院大厅，并用手从嘴里拔出两颗牙来。

他说这像是被投掷在空中的感觉。因为上演的剧目是《费得里奥》，所以下面这句子：

Wer ein holdes Weid errungen（有谁争得妩媚的女人）……

这似乎是合适的，但即使是获得最可爱的女人也不是梦者的愿望。另外两行是更恰当的：

Wem der grosse Wurf gelungen（有谁大获成功）

Eines Freundes Freund zu sein（成为一名友人的朋友）……

此梦因此包含"大获成功"，但却不是意愿的达成。并且它隐现出梦者痛苦的经历，他的友谊常常是不幸的，会被"摔出去"。它也隐现着这个恐惧——他怕这厄运也在他和这位朋友的关系上重现（而现在他在其旁边欣赏《费得里奥》）。接着这位喜爱挑三拣四的梦者觉得很羞耻地做了下述的坦白："有一次当被一位朋友拒绝后，他在肉欲的兴奋下连做了两次的自慰。"

下面是第二个梦：他被两位熟悉的大学教授治疗（不是我），其中一位对他的阴茎做某些处理：他害怕刀刀。另外一个用铁条压住他的嘴，因而使他掉了一颗或两颗牙齿。他被四条丝巾捆起来。

这个梦具有性意义是肯定的。丝巾暗示着与对一位相熟的同性恋者的仿同。梦者从来没有性交过，在真实生活中也从来没有想要和男性性交；因而他想象的性交是源于他青春期常有的自慰。

在我看来，各种有牙齿刺激的典型梦的身体（如牙齿被某人拔掉等）都可以做同样的解释。但我们感到困扰的是为何"牙齿刺激"会具有这种意义呢？对于这一点，我想强调，对性的潜抑常常是利用身体上部来替换身体下部。因此"歇斯底里症"患者会在性器官上产生各种情感和意愿，都在其他不被反对的身体部位上表现出来（如果不表现在适当的性构造上）。例如在潜意识的象征中，是以面孔来象征性器官。在语言学上，屁股和面颊是相似的（Hinterbacken字面的意思是后面的面颊），而阴唇和嘴唇相似，把鼻子和阴唇相比是常见的，而同样由于二者留有长毛而更趋于完整。只有牙齿不能有任何可能的类比；但正因为是这种相似与不相似的组合，使牙齿在受到性潜抑的压力下很

加布里埃尔·蒂斯特斯和她的姐妹 约1590年　木板油画　巴黎卢浮宫

有同性恋倾向的人，尽管在真实生活中尽量抑制，但在梦中这个愿望却会得到实现。这幅作品展示了两个在一个浴盆中的裸体女人，加布里埃尔优雅地举着一颗闪亮的戒指，她的妹妹则毫无掩饰地在轻轻摆弄她的乳头。不难看出，这姐妹间有十分暧昧的关系，也就是有同性恋的倾向，其实同性恋是爱能力的一种正常表现。

适宜用来做表现的媒介。

但我不能假设说具有牙齿刺激的梦都是自慰的梦这件事已经全部解决了——虽然我对这种解释没有任何怀疑。我已经尽我所知地加以解释，剩下不能解决的也只好不提。但我仍要引述另一个语义学上相平行的用途。在我们的这个世界中，自慰的行为含糊地被形容为"sich einen aus reissen"或者是"sich einen herunterreissen"（字面的意思是"拉自己出来"，"把自己弄贱"）。我不知道这名词的来源或其想象的基础，但"牙齿"和第一句话很配。

根据民间迷信的观点，梦见牙齿掉下来或被拔掉的解释是亲戚的死亡，而由精神分析的观点来看，这最多是一种玩笑而已（前面已说过）。不过这里，我却想引用兰克所提供的一个牙齿刺激的梦：

"我的一位同事，很久以来就对梦的解释具有浓厚的兴趣，他将这个源于牙齿刺激

苦喷　阿德里安·布劳弗尔
荷兰　1635年　板面油画
慕尼黑圣坛画陈列馆

弗洛伊德认为具有牙齿刺激的梦都是自慰的梦，牙齿在受到性潜抑的压力下很适宜用来做表现的媒介。这幅作品中，一个其貌不扬的农民，一头乱发，一个没刮过胡子的下巴，留给人印象最深的是那几乎掉光了的牙齿。在他令人厌恶地将就要咽下的东西喷吐出来的时候，正为他所喝的饮料的苦涩味道而大吼大叫。

的梦寄给我。

　　不久前，我梦见自己在一牙科诊所内，医生正在钻撬我下边的一根坏牙。他弄了好久，结果把我的牙齿报废了。然后他拿起一把铗子，毫不费力就把它拔了出来——这使我吓了一跳。他叫我不必担心，因为他真正治疗的对象并不是牙齿。他把牙齿放在桌上，牙齿立刻分离成几层（我觉得这好像是上排的门牙）。我从牙科手术椅子上爬起来，好奇地靠近它，并问一个我好奇的医学问题。这时牙科医生一边在把我奇怪的牙齿各层分开，并用一种器具把它捣碎，一边回答说，这和青春期有关，因为只有在青春期以前，牙齿才这么容易掉下来，如果是女性的话，则要在生下孩子后才会这样。

　　然后我就感觉到（我相信那时我处在半睡半醒状态下）自己在遗精，但却不能很清楚地知道这与梦的哪一部分有关，不过好像在牙齿拔出来以前就发生了。

　　后来我又梦见一些再也记不起来的事，不过结尾是这样：我把帽子和大衣遗留在某个地方（也许是在牙医生的衣帽室内），希望有人会赶过来拿给我。而我那时只穿着外套，正在追赶一辆已经开动的火车。我在最后一刻跳上了最末尾的车厢时，已经有人站在那里。虽然我无法挤入车厢里，一直得忍受着在这种不舒服的状况下旅行，但最后终于成功逃脱了。在我们的火车要进入隧道时，迎面开来两列火车，看来它们就像是个隧道。从其中一个车厢的窗子望去，我觉得自己好像是在车子外面。"

而前一天的经历与思潮提供了解释此梦的材料。

（1）事实上我最近到牙科门诊治疗，就在做梦的那天，我下排的牙齿持续地疼痛——恰好是梦中牙科医生所钻撬的——而他对此牙齿的处理正好又比我想象的时间要长。在做梦的那天早晨，我再度因为牙疼到牙科医生那里；他跟我说也许还要拔掉下排的另一颗牙齿，因为痛也许是源于这儿，那是智齿。那时我针对此事问了一个关于他医德的问题。

（2）同一天下午，我因为牙疼引起的坏心情而向一位女士道歉；而她却告诉我害怕把她的一颗牙根拔出（其牙冠已经完全脱落了）。她想拔掉门牙是一件特别疼而且危险的事，虽然一位熟人告诉她要把上排的牙拔掉是很简单的（她的坏牙正好是在上排）。

郊区列车　吉诺·塞韦里尼　意大利　1915年　布面油画　伦敦泰特画廊

梦见火车暗示男性的生殖器，因为火车与男性生殖器有相似之处。这幅作品中，火车穿过村庄发出雷鸣般的噪声、吐着乌云般的浓烟。它们是一往无前、来来往往的庞大机器。画家不但给了我们一个只有在火车上摇摇晃晃经过房屋时才能看到的视角，还为我们展现了火车以外的景观。

这位熟人又告诉她说有一次在局部麻醉的情况下他被拔错了一颗牙。这又增加了她对这必须做的手术的害怕。然后她又问我门牙是臼齿还是犬齿，及我对它们的看法。我告诉她这些意见是迷信的，虽然同时也强调了某些被大家接受的事实。而后她向我提起一个很古老而又流传广远的传说——如果孕妇牙疼的话，那么她将会生一个男孩。

（3）我对此说法很感兴趣，因为这关系到弗洛伊德在《梦的解析》中所提到的"牙齿刺激的梦是自慰的替代"——这位女士说在民间传说中牙齿和男性性器官（或男孩）是相连的，我当天晚上就翻阅《梦的解析》的有关部分。我发现下面这些论点和前述两件事一样对我的梦具有影响。弗洛伊德对"牙齿"刺激的梦的论点是："在男人中，这些梦的动机都是由青春期自慰的欲望引起的。"以及"各种有牙齿刺激的典型的梦的变体（如牙齿被某人拔掉等）都可以做同样的解释。但我们感到困惑的是'牙齿刺激'为什么会具有这种意义呢？对于这一点，我想强调，对性的潜抑常常是利用身体上部转换为身体下部（在这个梦中，却由下巴转到上颌）。所以'歇斯底里症'患者各种应该表现在性器官的情感与意愿却在其他不被反对的身体部位表现出来"。以及："但我仍要引述另一个语义学上相平行的用途。在我们这个世界当中，自慰的行为含糊地被形容为'拔出'或者是'拉下'。"我在年轻的时候就知道，这种表达即代表着自慰，而有经验的释梦者将会很容易找到这梦中潜藏的幼儿期的材料。另外，梦中的牙齿如此容易被拔出（后来变为上排的门牙），使我记起儿童时的一件事——我自己把松动的上门牙拔掉，很简单而且不痛。这件事（我仍然能很清楚记得它的细节）恰好发生在第一次有意识地对自慰的尝试（这是一个银幕式的记忆）。

弗洛伊德所引用杨格的话："发生在妇女的牙齿刺激的梦具有'生产的梦'的意义"和一般人所信奉的孕妇牙疼的意义，造成了此梦中有关（青春期）男女病例不同的决定因素。这又使我想起了前一次从牙科诊所回来后所做的梦，那次我梦见刚嵌上的金牙冠掉下来；这使梦中的我大为愤怒，因为我花了大笔的钱，而这笔钱还没有弥补回来。获得了许多经验以后，我现在已经能了解这个梦的意义了——这是对自慰在物质上胜过对爱的体认：因为后者，从经济的观点来看，都是比不上前者（即金牙冠）；而我相信该女士关于怀孕妇女牙疼的意义再次唤醒我的这些思想。

我想该同事的解释极富启发性，也没有可以反对的。除了对第二部分的梦所可能隐含的意义外，我没有什么追加。

这部分好像表现出梦者从自慰到正常性交的转变——而很明显的是需要克服极大的困难（如火车进出的隧道）及后者的危险性（如怀孕以及外衣）。梦者在这里利用了下面的文字桥梁：牙齿（拔—火车；拉—旅行）。

另外，这个梦例使我感兴趣的理论有两点：第一，它提供了赞同弗洛伊德理论的证据——梦中发生的遗精是伴随着拔掉牙齿的举动的。不管这种遗精用何种形式表现，我们都应该把它看成是一种不需要借助手的机械刺激的自慰式满足。另外，该梦中伴随着遗精的满足并没有任何对象——而通常这是有对象的，即使是幻想——所以它完全是自我享乐或者最多也是轻微的同性恋（因为牙科医生）。

第二点需要强调的是，也许有人会这样来反驳——此梦例并不能证明弗洛伊德的理论，因为前一天发生的事就足以使这个梦让人了解。梦者见牙科医生，和某女士的谈话以及阅读《梦的解析》，都能清楚地解释他为什么会产生此梦，特别是他的睡眠遭受牙疼的困扰。如果需要，我们也可以这样解释，该梦是怎样处置那打扰他睡眠的牙齿——利用消除牙疼的想法，以及将梦者所害怕的疼痛感沉溺于原欲内。但即使是很不严格，我们也不能完全相信，单单念了弗洛伊德的解释，梦者就可以把拔牙和自慰连在一起，或者是能够把那个关联实现——除非此想法是长期存在的，而梦者自己也承认这一点（在这句话"Sich einen ausareissen"中）。这种关联不但借着与该女士的谈话而复苏，并且和他下面所报告的事件也有关，因

扮作花神的莎士基亚　伦勃朗　荷兰　1635年　布面油画
伦敦国家美术馆

妇女的牙齿刺激的梦具有"生产的梦"的意义。这是一幅令人愉悦的作品，画家用充满爱意的欢快心情，去描绘孕妇那充满生气与淳朴的妩媚。画面中的莎士基亚微笑着，在华丽罩衣的装点下，她摆出一副孩子般天真的姿态，或许她为自己将要做一个母亲而快乐着。

为在读《梦的解析》时，他很不愿意相信（其理由是可以了解的）这种牙齿刺激的梦的意义，并且想要知道该意义是否能应用到所有的这类梦上，该梦证实了这一点（至少对他来说），并说明了他为什么会去怀疑这种理论。从此观点来看，此梦也是一种愿望的达成——即想要让自己相信弗氏观点的正确度和可适用的范围。

第二类典型的梦，包括那些梦者飞或浮在空中、跌落、游泳等。这种梦又有何意义呢？要进行一般性的回答是不可能的，下面我们将看到，它们在每个梦例里都是有差异的，只有那些未经处理的感觉材料才是由同一来源导入和衍射出来的。

精神分析的材料使我断定这种梦也是重复孩童时期的印象，它们和"动作"的游戏

室内 巴尔蒂斯 波兰

　　弗洛伊德认为梦见拔牙暗示自慰，这二者间存在着某些关联。画中的少女在一个阴暗的房间里，她仰卧在沙发上，仿佛沉醉在梦中。令人出乎意料的是，室内一个小孩突然拉开了窗帘，少女受到了惊吓。

　　有关——即那些非常吸引儿童的游戏（具有动作的）。每一位叔叔都会把孩子放在伸展的双手上，而在屋里奔跑（显示如何飞），或者是让孩子骑在他的膝盖上再突然伸直双脚，或者把他高高举着然后假装让他落下。孩子们非常喜爱这种体会，不停地要求再来一遍，尤其是当这些动作带来一些害怕与头眩感。许多年后，他们的这些经历就会在梦中重现。但在梦中他们省略了支撑的手，所以他们感觉自己或是飘浮或是跌落，却没有丝毫的支撑。儿童喜爱这种游戏是众所周知的（如荡秋千和跷跷板）；而当他们看到马戏团里的杂技表演时，这种记忆又复活了。男孩子歇斯底里的发作有时是这种游戏的重演——具有繁杂的技巧。这种动作的游戏虽然本身是清白的，但却常常引起性的感觉。儿童的顽皮游戏——如果让我用一个字来形容这些行动——常常在飞行、跌落、眩晕等类的梦中重现；而那些愉快的感觉则被焦虑感代替。这就像每个妈妈知道的一样，这种顽皮的行动常常以拌嘴或哭泣结束。

所以我有足够的理由，反对那种认为飞行或跌落的梦是由于睡觉中的触觉感或者是肺脏伸缩感等而引起的理论，我认为这些感觉是由梦所牵连到的记忆的重复；也就是说，它们是梦的内容的一部分而并不是其来源。

因此，这些由同样的来源、相似的动作而导致的材料，可以用来表现各种可能有的梦思。所以自由浮沉的梦（通常是具有欢愉的调子）具有各种解释；这些解释对某些人来说是因人而异的，而对其他人来说，它们又可能是典型的。我的一位女病人常常梦见自己在街道的某个高度上飘浮着。她很矮，并且很害怕与别人接触受到污染。此梦满足了她两

梦的解析

图中裂开的像核桃一样的壳是女性生殖器的象征，弓箭便是男性性器官的象征，画家通过超现实的手法将弗洛伊德所讲的理论表现出来，他的精神分析就是关于性的研究。他有一个女病人，曾发现她飞行的梦表达了"像一只鸟"的欲望。画中的鸟没有翅膀，只有头部，更像是这位女病人的梦境。

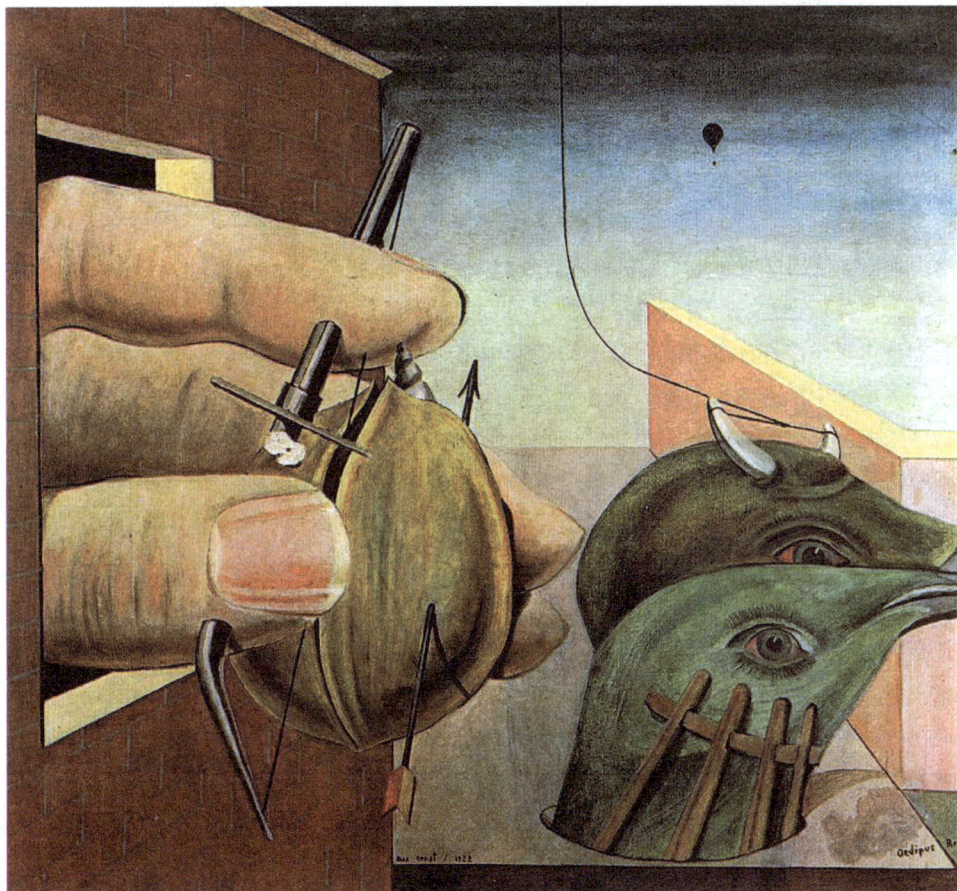

个愿望，即把她的脚由地上升高，并且把她的头举高到更高一层的空中。在另一个女病人中，则发现她飞行的梦表达了"像一只鸟"的欲望；而其他的梦者借以变为天使，因为白天的时候他们并没有被称为天使，由飞行与鸟的密切关联来看，男人飞行的梦具有肉欲的意义，所以，当我们听到有些梦对这种飞行力量感到骄傲时是不必感到惊奇的。

维也纳的费登（后来到纽约了）——曾经在维也纳精神分析的集会上阐述了这种非常吸引人的理论——即这种飞行的梦都是勃起的梦；因为这常常占据人类幻想的奇特的勃起，给人的印象是反重力作用的（请和古代的配有飞翼的阳具相比）。

值得一提的是，像沃尔德那位真正反对任何一种释梦的、道貌岸然的研究者也支持飞行或飘浮的梦是具有情欲的。他说这种情欲的因素是"飞行的梦最强有力的动机"，并且强调伴随的强烈震荡感及勃起和遗精的次数。

"跌落"的梦则常常具有焦虑的特征。对妇人来说这种解释是毫无困难的，因为她们大部分人一定是以"跌落"来作为向情欲诱惑低头的象征。我们并没有忽视"跌落"的幼儿期的来源，几乎每个孩子都有跌倒然后被抱起来爱抚的经历；如果晚上由床上摔下来，保姆会把他们抱到床上去。

那些常常梦见游泳，并且在水中游着前进时感到极其愉快的人通常都是尿床了，他们在梦中重温他们早就通过学习而放弃的乐趣。下面我们将从不止一个的例子中了解关于游泳的梦最容易代表的是什么。

有关火的梦的解析，证实了禁止孩子玩火的规定——所以他们不至于在晚上尿床，因为此梦例中有许多关于孩童时期尿床的回忆。在我那本《一个歇斯底里病患的部分分析》（杜拉第一个梦）中，我利用梦者的病症叙述一个这种梦的完全分析与合成，并且也表现出如何用这种幼儿期的材料来表现成人的行动。

如果我们把这名词看成是呈现于不同的梦者，却具有相同内容之梦的显意时，那么我们就可以举出许许多多"典型"的梦来。比如说，我们可以叙述经过狭窄道路或者是在许多房间中踱来踱去的梦，或者是一些有关盗窃的梦——神经质的人在睡前会事先对这些采取防范措施。还有人则梦见被野牛或者马匹等野兽追赶，被人用匕首、刀子或枪矛威胁——后面这两类梦是那些焦虑者的梦的显意所特有的，等等。对这些材料的特别研究是有价值的，但在此我却想提出两个从观察中得到的现象，虽然这并不完全只能用于典型的梦上。

我们越是寻求梦的解答就越会发现，大多数成人的梦都和性的材料以及表达情欲愿望有关。这只是适用于那些真正解析梦的人——就是说那些由梦的显意中发掘出其隐意者——并不是那些单单记下梦的显意就感到满足的（比如说，纳克记录的性的梦）。我现在要说的这个事实一点都不令人惊奇，而且完全符合我解释梦的原则。因为自孩童时期起，人的本能没有一个有像性本能及其各种成分遭受的潜抑那么大（请看拙著《性学三论》——由林克明先生译）；所以，其他的本能也就不会留下那么多、那么强烈的潜意识愿望，而在睡眠状态中产生出梦。在解释梦的时候，我们不应该忘掉性情愫的重要

一个孩子从阳台上落下的奇迹　西莫内·马丁尼　意大利　1324年　蛋彩颜料绘于嵌板上　锡耶纳地下工程博物馆

　　"跌落"的梦则常常具有焦虑的特征，几乎每个孩子都有跌倒然后被抱起来爱抚的经历；如果晚上由床上摔下来，保姆会把他们抱到床上去。画中的孩子因嵌板滑落而跌下，受上帝恩宠的阿戈斯蒂诺突然降临（他身体的下半部分还遗留在天国中），在小孩的头着地之前抓住了他。

　　性，当然也不可以太过夸大，以至于把它作为是唯一重要的。

　　如果仔细解释的话，我们可以确定许多梦又是双性的，以一种夸张的解释来表现梦者同性恋的冲动——即那些梦者正常行为的相反冲动。所以我不准备支持史特喀尔以及阿德勒所主张的"所有的梦都是两性的"的观点，因为我觉得这不是举例就能说明的。但值得注意的是，许多梦都能满足不是情欲（广义的）的需求；如饥渴的梦、方便的梦等，所以我也坚持那些"每个梦的后面都有死亡的阴影"（史特喀尔）或者"每个梦都显示出梦由女性倾向男性化的趋势"（阿德勒）都是不适用于梦的解释的。

对于"每一个梦都需要性的解释"之说（批评家对这点不停地或愤怒地加以抨击）从我这本《梦的解析》中找不到。不但在前面8个版本中没有，而且在将来的版本中也不会有。

我已经在别处（请看本书第五章）指出，一些看来是无邪的梦可能蕴藏着情欲的愿望。我可以找许多例子来证实这一点。而许多表面看来淡薄无奇、不被注意的梦，在分析后却与"性"有关，并且出人意料之外。比如说，下面这个梦在未分析前，谁曾想到具有性的意愿呢？梦者描述说：在两个华丽的宫殿后面不远有一个门户紧锁的小屋。太太通过一条小路带我到达后把门打开；于是我很轻易地快速溜进里面的庭院，那里有个斜斜的上坡。任何一位具有一点翻译梦的经验者立刻就会想到，穿入狭窄的空间以及打开紧锁的门户都是最常见的性的象征，因而知道此梦代表着肛门性交的愿望（在女性的两个堂而皇之的两臀之间）。那个狭窄而导向斜斜上倾的，当然指的是阴道。梦者在梦中受太太帮助的事实使我们这样推断，由于太太的顾虑，使他在现实中不能实现这种意愿。而在做梦的当天，有位女士到他家来串门，并且给予他这种感觉——即如果他要这样做时，她是不会有太大的反对的，两个皇宫之间的小屋是巴拉格炮台的回忆，而这又更进一步联系到这位女士，因为她是从那里来的。

当我频频向一位病人强调俄狄浦斯的梦常常会发生时（即梦者和其母亲性交），他常常这样回答："我没有做过这种梦。"不过，此后病人会记起其他一些不明显、平淡无奇却重复出现的梦。但分析后却显示这又是一个俄狄浦斯的梦，我可以很确定地说，和母亲性交的梦很少是直接呈现而大多数是经过伪装的。

在许多有关风景及某个地方的梦中，梦者都如此强调："我曾到过这地方。"（这种似曾相识在梦中具有特殊的意义）这些地方通常指梦者母亲的生殖器官；因为再也没有任何地方可以让人如此确定——认为他以前到过。

有一次我被一位强迫性心理症患者的梦给弄糊涂了。他梦见去拜访一间他见过两次的房屋。但这位病人曾在许久以前告诉过我，在他6岁时的一件事——有一次他和母亲同床而睡，不过却在母亲睡觉时他把手指插入了她的生殖器内。

许多带有焦虑的梦常常会有这样的内容，即梦者穿过狭窄的道路，或者在"水"中，都是基于一种存在于子宫，对子宫内的生活和生产过程的幻想。下面即是一个男人的梦，表现出他在幻想中如何在子宫内观察其父母的性交。

他在一个深坑中，不过却具有一个像塞默林隧道中的窗门。开始他从窗口看见空旷的风景，不过却发现一个图像填补了这空隙（它立即呈现，并堵住这间隙）。这图画呈现出一片经过深耕的土地，而新鲜的空气、蓝黑色的泥巴，以及这景象带给人一种"勤苦奋发"感觉，激发起美丽动人的印象。然后他又看见一本关于教育的书在他面前打开……而让他感到惊奇的是，里面大部分内容是（孩童的）对性的感觉；而这使他想

科丹小路 莫里斯·尤特里罗 法国 1911年 巴黎蓬皮杜国立现代美术馆

　　弗洛伊德认为梦都是关于性的，凡是对梦有一点翻译经验的人都会知道，穿入狭窄的空间以及打开紧锁的门户都是最常见的性的象征。这幅作品画进了蒙马特山丘，以及山丘顶上矗立的圣心堂后方其中一条细窄石阶的通道。

到我。

下面是一个女病人和水的梦——这在她的治疗中极富意义。

在那个她假期常去的……湖中，她在一处冷月相映的部位投进了郁黑的水中。

此乃出生的梦。其解释刚好和梦的显意相反：即是"由水中出来"而不是"投入水中"——就是出生，我们可以从法国俚语"lune"（即下部）联想到人出生的部位。"冷月"正好是孩童们对他们出生地方的想象。而病人希望在她夏天度假的场所出生，这些究竟有什么意义呢？我这样问她，她却毫不犹豫地说："现在的治疗不就使我觉得是再度出生吗？"所以此梦即是邀请我在她夏天度假的地方继续为其治疗——既是说，在这里治疗她。也许此梦中也有一个潜意识的想做母亲的暗示。

下面，我将从琼斯的著作中摘录另一个出生的梦。"她站在海滩上，看着一位很像是她自己的男孩在那儿涉水。他一直走进水里，直到她看见他的头在水中或浮或沉为止。而后这景象就转到一个人潮涌动的旅馆大厅。她丈夫离开了她，而她和一个陌生人深入交谈。"分析后发现第二部分的梦说明她想背叛丈夫而和第三者发生关系……第一部分则是个相当明显的出生幻想，不管是在梦中还是神话中，孩子从羊水中生产经常是以孩子投入水中的改装来表现的。这些例子中大家较为熟悉的是阿多尼、贺悉里、摩西

俄狄浦斯情结

俄狄浦斯情结，又称恋母情结，是指儿子亲母反父的复合情结。它是弗洛伊德主张的一种观点。这一名称来自希腊神话王子俄狄浦斯的故事。俄狄浦斯违反意愿，无意中杀了父亲娶了母亲。

情结阶段	年龄	表现
口欲期	1岁以前	儿童通过口腔吸食自己的手指头、脚趾头等来使性需要得到满足，甚至可以伴有性高潮。
肛欲期	1岁半~2岁	幼儿从大小便时得到性满足，所以，他们往往不愿意排便，或者排下后爱盯着自己的排泄物看。
性蕾期	2岁~4岁	孩子开始注意自己的性器官，男孩喜欢将自己的阴茎露出来，这个年龄阶段的女孩子则会羡慕、嫉妒男孩子。
恋母情结	4岁~5岁	男孩会幻想将来娶母亲为妻，而女孩会幻想长大后嫁给父亲。俄狄浦斯情结阶段对儿童一生的心理发展至关重要。
潜伏期	6岁~11岁	受社会、生理等因素的影响，儿童对异性产生了一种奇特的拒斥现象，对性也感到羞耻。
青春发育期	11岁~14岁	性再次发育到高潮，男孩子与女孩子的性器官发育趋于成熟，并开始指向正常的性欲。
青春期	15岁~18岁	这个时期，男女两性的性发育就经过了前成熟期，走向成熟期了。

摩西 1945年　私人收藏

　　婴孩都是生活在水里的，这里的水意指母亲的羊水，这件作品表现的是生与死的伟大循环，主题是摩西或者是英雄的诞生。他的两侧有代表男人的精子和代表女人的卵子，婴儿摩西在淌着羊水的子宫里，他即将诞生在这个世界，他的额头上有一只眼睛，这是智慧的象征，太阳是生命力的来源。

　　及巴克斯的出生。在水中浮沉的头使病人想起自己怀孕时所体验到的胎动。男孩进入水中，牵引出一个相反的想法，即把他从水中拉出来，抱入育婴室，把他洗好，穿好，然后带到家里去。

　　所以第二部分的梦即表现出属于梦的隐意（私奔）的前半部；而第一部分的梦又和梦的隐意的后半部（出生的幻想）相对应。除了这种秩序的颠倒外，在这两部分的梦中还有更多的颠倒。梦的前半部中的男孩涉入水中，而后是他的头在水中浮沉，其实在蕴含的梦思中却是胎动，然后是孩子破水（双重颠倒）。梦的后半部中的丈夫离开她，而在梦思中却是她离开丈夫。

　　亚伯拉罕讲述了另一个出生的梦——一位临近产期的年轻孕妇的梦。"一个地下通道直接从她的房间地板通到水源（产道——羊水）。她拉开地板的机关门，很快就冒出一只很像海豹的动物，全身长着褐色毛发，这个动物突然变成她的弟弟——对他来说，

247

利加港的圣母 萨尔瓦多·达利 西班牙

在20世纪的美术史上，达利可以说是其中最闪耀的一位画家。从西班牙学生时代开始，他便以偏执狂般的作风与洋溢的才华吸引世人的目光。20世纪30年代，达利成为超现实主义运动的代表人物，因他那素有"亲手绘制的梦境般的照片"之称的奇想绘画而享有盛名。

她总是具有母亲的象征。"

兰克从许多梦例中阐述出生的梦利用和具有小便刺激的梦一样的象征。在后者中，情欲刺激以小便刺激来表现。而这些梦各种层次的意义和自孩童以来逐渐改变的各种象征意义相对应。

说到这儿，我们应当再回到前章中断了的题目：那种打扰睡眠的肉体刺激对梦的形成的影响。受此影响的梦，不但公开表示愿望的达成和为了方便的目的，并且常常有一个明晰的象征；因为这种刺激常常在象征式的伪装下，在梦中同它斗争失败后将梦者弄醒了。这不但适用于遗精和激情的梦，并且适用于那些遗粪或遗尿的情况。"遗精的梦的特殊性质不但使我们直接观察到一些被认为是典型，但却一直受到激烈争论的性的象征；并且使我们认识到一些看起来是纯洁无邪的梦中情形，不过是性景象的前奏曲罢了。后者通常只有在很少见的遗精的梦中才会不经过伪装就直接呈现，其他时候则

变成焦虑的梦而使梦者惊醒。"

人们在很早以前就已知晓具有尿道刺激的梦的象征意义。希波克拉底曾认为梦见喷泉或泉水则表示膀胱有毛病（艾里斯录）。谢尔奈研究尿道刺激的多重象征后，确定"任何具有一定程度的小便的刺激，通常会转化成性区域的刺激，并且象征性地表示出……具有小便刺激的梦常常会呈现'性'的梦"。

兰克在他那篇关于惊醒的梦的多重性象征的讨论中如此论断，许多具有小便刺激的梦，实际上是由一些性的刺激所引起，不过却退化到想从幼童的尿道乐欲中取得满足。特别是那些由小便刺激引起的清醒和排尿。而梦却不顾一切地继续着，因此以不经过伪装的方式表露出情欲幻想的例子是更富有启发性的。

诺福克郡的霍尔克姆　约翰·派珀　1939年　私人收藏

　　前景的水映现出速写性的建筑和一道喷泉。希伯克拉底曾认为梦见喷泉或泉水则表示膀胱有毛病（艾里斯录）。歇尔奈尔研究尿道刺激的多重象征后，确定"任何具有一定程度的小便的刺激，通常会转化成性区域的刺激，并且象征性地表示出……具有小便刺激的梦常常会呈现'性'的梦。"

　　肠子刺激的梦的象征，同样也具有相类似的对比，并且证实了人类社会学经常提到的金子与粪便之间的联系，"譬如说，一位因为肠胃患病接受治疗的妇人，梦见一个人在一间看来像是乡村户外厕所的小木屋旁边埋藏宝藏。梦的第二部分则显示她正在为那个刚拉完大便的小女孩擦净其臀部"。——兰克拯救的梦也和出生的梦相关。在妇人的梦里，被拯救，特别是由水中救出，与生产具有同样的意义。对男人来说，这种梦的意义就不同了。

　　窃贼、强盗和鬼怪——这是人们上床睡觉前所害怕的，甚至会影响我们的睡眠——这同样源于孩童时的回忆。他们就是半夜三更吵醒孩子把尿，避免他们尿床，或者是掀开孩子的被子，检查他们的手放在什么地方的夜间访问者（双亲）。在分析一些焦虑的梦时，我曾经使梦者回想起这些夜间访问者：

　　强盗常常是梦者的父亲，而鬼怪则是穿着白袍的女性。

六、一些例子——算术以及演说的梦

在提到影响梦的形成的第四个因素之前，我要引述一些我收集的梦例。一个原因是要说明前述三种因素的相互合作，另外是为了提供一些证据来支持那些至今仍未提出充分理由加以证实的推断，或者是为了得出一些必要的结论。在说明梦的运作时，我发现很难用例子来支持我的观点，由于支持某种命题的情况，只有在梦的解释的整个内容下才有意义，若离开了整体，它就失去了意义。而从另一方面来看，即使是粗浅的分析也会牵引出无数的内容来，所以使我们困扰而记不起原来想说明的思想内容。这种技术上的困难将是我的托词，那么，如果读者由下面描述中发现各种各样的东西，除了和前面数节的内容有关外，没有任何的共通点。

我想先举几个很不寻常或者是很特殊的梦的象征方式。

一位女士梦见：一个女佣站在梯子上，好像是要擦洗窗子的样子，身边带着一只黑猩猩和一只猩猩猫——后来她纠正为长毛而有丝光的猫。这个佣人把这些动物向她身上抛来；黑猩猩拥抱着她，这是让人非常厌恶的。——这个梦用一种很简单的方法来达成目的；利用暗喻明确地表现出来，"猴子"和"野兽"，一般是用来谩骂别人的。但从梦中的情况来看，它们也正好表示投掷着谩骂。在下面的许多梦例中，我们还会遇见很多利用这种方法的梦的运作。

还有一个相似的梦：一位妇女生下一个畸形的孩子，头部形状歪曲很厉害，梦者听见有人说这孩子是根据他在子宫的位置生长的，所以变成了那个样子。医生说可以用压力使脑袋变得好看些，不过那样做会损伤孩子的脑子。她却认为这是个男孩，这么做是不会有什么害处的。此梦恰好隐含了经过改装的"对孩子的印象"，这个抽象概念正好是梦者在治疗过程中医生所给予的解释。

下面这个梦例中，梦的运作稍微有些不同。此梦是关于到临近格拉茨的兴泰（在城市郊外的一段水域）的旅行。外面的天气很糟糕，有一座破烂的旅馆，水正从墙上滴落下来，床单都湿透了。（梦的后面部分，并不像我所写的那样直接被讲述出来）这个梦的意思是"过剩"或淹过；不过后来又用很多相似的图像来表现：外面的狂风暴雨、墙壁内面的滴水，湿透床单的水——都是水，都一样淹没、掩盖着一切。

在梦的表现中，文字的正确拼法并不比其声调显得更重要。对这一点我们并不感觉惊奇，因为在诗的韵律中，这条规定也是正确的，兰克曾经很详尽地分析了一个女孩的梦，并进行了详细地描述。此梦是关于她如何走过田间，以及收割大麦和小麦丰润的麦穗。她童年时的一位朋友向她走来，而她却企图躲避他。通过分析显示，此梦是一个关于"接吻"的——一个荣誉的吻（Kuss in ehren——后者的读音同于ahren）。梦中那被切割而不是被拔除的"ahren"隐喻着谷类的穗子，而当它与"ehren"连在一起时，它就代表着另外无数潜隐的梦思。

从另一方面来说，文字的演变使梦的运作变得更加容易。因为文字中有许多是源

猴子 亨利·卢梭 法国
1906年 布面油画 美国
费城美术馆

丛林中的三只猴子不时地向外窥看，繁密的树枝上有一只奇异的鸟在栖息，这种无拘无束的想象力，正是卢梭典型的世界观。对形体清晰的描绘和浓郁的色彩，以及严谨的细节刻画，都是他纯真画风的典型特点。弗洛伊德指出：梦中出现"猴子"和"野兽"，一般是用来谩骂别人的。

于图像以及实体意义的，而现在却变为无色及抽象的。所以梦所要做的事只是恢复这些文字过去的意义，或者是追溯其演变过程的早期情况。比如说，某个男人梦见其弟被困于一个箱子中，在分析过程中，Kasten（箱子）被Schrank（衣橱——或抽象地指"障碍""限制"）所置换，所以梦思就是其弟弟应当自我约束而不是梦者本身。

另一个男人梦见自己爬上高高的山顶，那儿有非常宽阔的视野。其实是他以此与其兄弟仿同——那位兄弟正在编辑一篇有关远东的回忆。

在《绿衣亨利》（G.凯勒的小说）中，提到一个活泼的马儿在燕麦田中翻滚的梦，而每一颗麦穗都是"一个香甜的杏仁、一颗葡萄干以及一枚新的铜板……包在红色的丝巾里，用猪毛捆起来。"作者（或梦者）让我们能够直接解释此梦的图像：在麦穗的哺养之下，马儿觉得很舒适，并且大叫道："燕麦刺着我。"（意即财富纵坏了我）。

根据亨生的理论，古代斯堪的纳维亚人的梦常常会出现双关语与文学的捉弄；我们很少会发现在他们的梦里，没有哪一个梦不是具有双重意义或者是字眼的戏谑的。

要收集这些梦的表现方式，或者根据其原则来分类是一件大事。有些梦的表现方式可以看成是"玩笑"，使人感觉若不经过当事人的解释，是不容易猜到其意义的。

（一）一个男人梦见有人问他某人的名字时，他却记不起来。他自己的解释是"我不应该梦见它"。

（二）一位女病人说，她梦中出现的所有人都是特别大块头的。她说这一定和她的童年有关，因为那时候所有成人在她看来都是特别大的，她本身并没有出现在梦中。

关于童年的梦也可以由另一种方式来表达——即把时间转变为空间。人物与景象好像是在远处，在路的尽头一样；或者像是从看戏用的望远镜相反那端看出去那样。

（三）有个男人在现实生活中常常喜欢用抽象以及不确定的词句（虽然大致来说头脑仍是很清楚的），有一次梦见在火车到站时，他刚好到达火车站。不过奇怪的是，月台向他移动着而火车是静止的——一个和事实恰好相反的荒谬事件。这个事实不过暗示着另一个梦的内容必定也是相反的。分析的结果使病人记起某些图书，里面画着一些男人，他们是倒过来用头支撑身体、用手来走路的。

（四）同一梦者有一次告诉我一个短梦——就像是个画谜一样，他梦见他叔叔在汽车上给他一个吻，然后他立刻给我以下这个我永远不会猜到的解释——即是，这是指自我享乐。在现实生活中，这个梦很可能被看作是笑话。

（五）一个男人梦见他把一位女士由床的后头拉出来。这个梦的解释是，他对她有好感。

（六）一个男人梦见他是一位官员，正坐在皇帝的对面。这暗指他和父亲对立着。

（七）一个男人梦见他治疗一位断腿的病人。分析的结果表明折断

吻　克里姆特　1907～1908年　维也纳奥地利美术馆

拥抱在一起的情侣如果不仔细观察，感觉他们好像融合成了一体。这幅画具有很强的装饰效果，人物的服饰像是被黄金包裹起来似的。画家有意识地将男子的服装用长方形替代，象征男性的生殖器官；女性的服装则是以圆形、椭圆形和螺旋形来替代，象征女性的生殖器官。画家想用这些象征性的标志暗示他们之后发生的性行为。

玫瑰传奇 基洛姆·德·洛利思 法国 15世纪

    这幅画是15世纪版本中的佛兰芒风格的袖珍画，故事背景来自《玫瑰传奇》。画面展现了中世纪花园独特的风格：精心制作的格子结构、隆起的花坛、流动的水和各种各样的果树，就像是我们各种各样的梦一样。

的骨头代表着破裂的婚姻（ehebruch——正确来说，应当是通奸）。

    （八）梦中的时刻常常代表梦者童年某个特殊时期的年龄。因此，梦中的"早上五时一刻"则指梦者5岁零3个月时。这是有意义的，因为那是他弟弟出生的时间。

    （九）这又是一种梦中表达年龄的方法，一位妇人梦见她和两个小女孩一起散步，而她们的年龄正好相差15个月。她不能想起任何和这有关的熟人。最后她自己这么解释，这两个孩子都代表着她，而此梦提醒她童年时的两个创伤性事件相隔15个月。一件发生在她3岁半，而另一件则是4岁零9个月。

（十）在进行精神分析的期间，病人常会梦见被治疗，以及会在梦中表达出他对此治疗的思想与期望——这是不足以令人感到惊奇的。用来表现此种想象的最常见的方式是旅行，而且通常是汽车，因为它是现代化以及复杂的工具。这时，病人即会利用车子的速度来作为对讽刺性评论的通气口——而如果潜意识（梦者清醒时思想所具有的一个元素）要在梦中被表现的话，一些地下的区域很容易把它置换掉——在别的情况下（即和精神分析治疗无关），这些区域则代表着女性的身体或者是子宫。——在梦中"下面"常常指性器官，而相反地，"上面"则指脸部、口部或者是乳房。——梦的运作通常把一种梦者害怕的感情冲动用野兽来表现，不管这冲动是他本身或是他人所有的。然而，我们只要更进一层就可以用野兽来置换那些拥有此种冲动的人。这一点和那些将供食用的畜生，或者狗、野马用来表现令梦者害怕的父亲的梦例相去不远——一种与图腾相似的表现方式。我们可以这么说，野兽是用来代表原欲——即一种力量，既为自我所恐惧，又被用潜抑作用来对抗。常常梦者也会把他的心理症（即他的病态人格）由自身分离出来，并视之为另一独立无关的人。

（十一）以下是沙克斯记录的一个例子：由弗氏的梦的解释，我们知道"梦的运作"通过各种不同的方法形象地表达出字眼或句子的意义。如果它所要表达的意义是含糊不清的话，那么梦的运作就会利用这一含糊：其中一个意义暗含于梦思中，而另一个意义则表现在显意中。下面这个短梦就是一个这样的好例子（并且为了表现的理由，它很自然地利用了前一天的经验）。在做梦的那个白天，我患了感冒，并且决定晚上如有可能的话，我就会尽量卧床休息。在梦中，我似乎是在继续白天所做的事一样。那天我把剪报贴在簿子中，尽可能地把它们依性质不同而归类，而在梦中我尝试把剪下来的资料贴在册子中。但是我却怎么也不能让它粘在纸页上，而这使我感到很痛苦。我醒过来，发现梦中的痛苦在我身体里面仍持续着，因此我必须放弃上床以前的决定，此梦（在它指引我睡眠的能力以内）用这句含糊的句子"也指他不上厕所"来满足我这不想下床的愿望。

我们可以这么说，为了用视觉形象来表现出梦思，梦的运作不惜利用各种它所能把握的方法——不管这种方法在清醒的时候，他本人认为是合法还是不合法的。那些只是听过梦的解释但没有实际经历的人，可能会因此而视梦的运作为笑柄并对它表示怀疑。史特喀尔的书《梦的语言》具有许多这种好例子。但是因为其作者缺乏批判的眼光，以及滥用其技巧，以至于对任何不具偏见的脑袋来说，它们都是有疑的。所以我一直避免不去引用它们。

（十二）下面的例子来自道斯克所著《关于梦对颜色和衣物的利用》之论文。

（a）A君梦见他过去的女主人穿着一件有黑色光泽的衣服，臀部显得很窄——意思

受伤的野牛　法国　拉斯科岩洞壁画（局部）

画上的人像根棍子一样，躺在一头被激怒的野牛前面，野牛鬃毛倒竖、肚肠都露了出来，人的下方有一只鸟，也有可能是关于鸟形的图腾或旗帜。我们对此幅画的含义一无所知，但却具有一种凛然的魄力。野兽是用来代表原欲——即一种力量，既为自我所恐惧，又被用潜抑作用来对抗。常常梦者亦会把他的心理症（即他的病态人格）由自身分离出来，并视之为另一独立无关的人。

暗指其女主人非常淫乱。

（b）C君梦见一个女孩走在路上，穿着白色的宽罩衫，并且沐浴在白色光芒之下——梦者在这路上第一次和怀特小姐发生肉体关系。

（c）D太太梦见80岁的老演员布拉瑟尔穿着全副盔甲躺在沙发上。然后他从桌椅上面跳来跳去，接着拔出一把匕首，望着镜子里自己的影像在空中比画，好像是和一位假想的敌人作战。——解释：梦者长期患有膀胱疾病。她躺在沙发椅上接受剖析；当她望着镜子里的身影时，她自认为虽然年岁已大，但自己仍然是精神饱满而强壮的。

（十三）梦中的一个伟大成就——一位男人梦见他是一位躺在床上并怀孕的女人。他发现这种情况令他非常不满。他大叫："我宁愿是……"（在分析过程中，当他记起一位护士后，他以"敲碎石头"来完成此句子）。在床后挂着一张地图，地图下边用一条木头来撑直，他抓着此木条的两端把它撕开，木条不在中间断，反而沿着长轴裂成两条。这动作使他感到舒适，并且协助他生产。

不经任何协助，他把撕下木条解释成伟大的成就。他利用脱离女性态度使自己离开这不舒适的境遇（在治疗中）……而那木条不在中间折断，反而不可思议地沿着长轴纵分为二则是这么解释的：梦者想起这混合着一分为二以及破坏的情形暗喻着阉割，梦常常用两个阳具的象征来表现阉割，作为对某种相对意愿的大胆表示。恰好腹股沟是靠近生殖器的部分。梦者综合梦的解释后说，他接受女性的态度，因为这要比阉割好得多。

（十四）在用法文分析一个病例时，我要对一个自己以大象出现的梦进行解释，我自然会问梦者为何我会以那种形式出现，他的回答是，"你在欺骗我"（而trompe＝trunk躯干）。

梦的运作常常会以一些很淡薄的关系很成功地表现出不容易出现的材料，如某些特殊的名字。在我的一个梦中，老布鲁格叫我做一个解剖……我勾出一些看起来像是一张捏皱了的锡纸（在稍后我将再提到此梦），对此联想（我稍费些劲才得到的）是"Stanniol"然后我才发现自己想的名字是"Stannius"——那位我小时候就很钦佩的、著有关于鱼类神经系统解剖的作者，而我的老师让我做的第一件科学工作，事实上和某种鱼类的神经系统有关，但却不能在画面中利用这些鱼类的名字。

我这里禁不住要写下一个很奇怪而应该被注意的梦。因为这是个孩童的梦，而且容易通过分析来解释。一位女士说："我记得童年时常常梦见上帝头上戴着一顶纸做的有边的帽子，为了不让我看见别的孩子的餐盘内有很多食物，我常常在吃饭时被戴上那种帽子。"既然我知道上帝是万能的，那么这个梦的意思就是：我是无所不知的——即使我头上戴着那顶帽子。

当考虑梦中所呈现的数字和计算时，我们即可了解梦的运作的性质和它操纵梦思的方法。特别是梦中的数字常常被人迷信地认为和将来的事件有关。为此我下面摘录了我的一部分材料。

1

这是一位快要结束治疗的女士所做的梦：她正要去偿付什么。梦者的女儿从她的钱包取出了3佛罗林和65个克鲁斯。梦者和她说："你做什么？它只不过值21个克鲁斯而已。"从我对梦者的了解，我不需要她的解释就能了解这个梦的全部内容。该女士从国外搬来，她女儿正在维也纳念书，只要她女儿留在维也纳，她就会继续接受我的治疗。这个女孩的课程将在三周后结束，而这也意味着她的治疗即将结束。做梦的前一天，女校长问她是否考虑把女儿再留在这学校一年。由此暗示，她当然也想到自己可以再继续治疗。这就是此梦的意思。一年等于365天，而剩下的课程和治疗时间有3个礼拜，恰好是21天（虽然治疗的时数要比这个少）。这些在梦中的数字指的是钱——并不因为这象征具有更深层的意义，而是因为"时间即金钱"的关系，365克鲁斯只不过等于3佛罗林65克鲁斯；梦中那么小数目钱无疑是愿望达成的结果。梦者想要继续接受治疗的愿望，把治疗及学费的数目降低了。

2

另一个梦中所牵涉的数字则较为复杂。一位虽然年轻却已结婚多年的女士，此时恰好知道一位几乎和她同龄的熟人爱丽丝刚刚订婚的消息。因此她就做了下面的梦：她和丈夫一起在剧院中，旁边完全没有人。丈夫对她说，爱丽丝和其未婚夫也想要来；不过只能买到差点的座位——3张票值1佛罗林50克鲁斯——当然他们不会要的。她想如果他们买下那些票也没有什么坏处。

这1佛罗林50克鲁斯的来源怎样呢？其实它源于前一天的一件无关紧要的事。她丈夫赠送给她小姑150佛罗林，而她很快就用这些钱买了珠宝。要说明的是150佛罗林是1佛罗林50克鲁斯的100倍。那么3张戏票的"3"又来自何处呢？唯一的关联是她那位刚刚订婚的朋友正好比她小3个月。当我发现"空剧院"的意义后，整个梦的意思就明白了。这不经过改装地暗示了一件她丈夫挑逗她的小事。她计划去看一部原定于下周上演的戏，并且她在几天前就不怕麻烦地去订票。而上演的时候戏院几乎是空的，他们发现其实无须这么急。

因此梦思是这样的："这么早结婚很可笑。从爱丽丝的例子看来，我不必这么急，最后也会得到一位丈夫。如果那样我将会比现在强上百倍（宝藏）。如果我能够忍耐（和她小姑的急躁相对）我的钱（或嫁妆）能够买3个和他（丈夫）一样好的男人"。

我们发现这个梦的内容中的数字比前面那个梦经过更大地改造和变动。对于这一点的解释是，此梦思在能够得以表现之前首先需要克服更大的精神阻抗。另外梦里那件荒谬的事我们也不应忽视，即两个人要买3张票。关于此荒谬事件，此梦思——"这么早结婚是可笑的"是要特别强调的。而这个数字"3"恰好天衣无缝地满足了此需求——它正好是她们俩的年龄差，不重要的3个月之差。把150佛罗林减少为1佛罗林50克鲁斯则表示病人在其受潜抑的思想中低估其丈夫（或财产）的价值。

3

下面这个例子则显示出梦中的计算方法——这方法给梦带来不好的名声。一个男人梦见他坐在B家的椅子上——B是他以前的熟人——和他们说："你们不让我娶玛莉是个大错。"然后他问那个女孩，"你今年多大了？"她答道："我生于1882年。""那么，你是28岁啦。"

因为该梦发生于1898年，所以这计算很明显是错的。如果没有别的解释，那么这种错误和白痴没有两样，这位男病人是那种看到女人就想追的人，而这几个月来，恰好一位年轻女士排在他的后面接受治疗；他常常问起她，并且很迫切地想给她一个好印象。他估计她大约有28岁。这一解释体现了这一计算结果，而1882年是他结婚的那年。另外他也忍不住和我诊所的两位并不年轻的女佣聊天——她们常常为他开门——但是因为她们一点反应也没有，所以他自我解嘲地说，也许她们认为他是位年老而严肃的绅士。

4

这又是另一个与数字有关的梦。它很明显是被过早或者是过度决定的。这是达特纳医生所提供的梦与解析："我那栋公寓的主人是警员，他梦见自己在街上执行任务（这是个愿望达成）。一位督察走近他，督察的领上挂着22和62（或26）号码的臂章。反正上面有好多个2。"

梦者把22和62分开来报告就说明它们具有不同的意义。他记得做梦的前一天，他们曾在警察局提过某人服务的年资——那是关于一位督察在62岁的时候退休，并且领取全额养老金。而梦者只服务了22年，他必须再服务两年两个月后才能领取90%的养老金。梦的第一个部分满足了梦者一直想达到的督察的级别，这个挂着22和62臂章的高级官其实就是梦者本人。梦中他在执行任务——这又是他另一个一厢情愿的愿望——即他已经再服务两年两个月，因此可以和那位62岁的老督察一样领取全部养老金。

如果我们把这些例子，以及后面将提到的梦例放在一起加以观察，那么我们可以很

数字在梦境中代表的意义

在梦中出现的数字，有的是潜意识选取现实中所接触过的数字的随机排列组合，有时也会以密码的形态出现。所以，对梦中数字的解析，一定会有一个数字不断地出现，直到发现同样的数字时，或数字出现在特殊的地方如告示牌上时，才可以作为单独的解释。

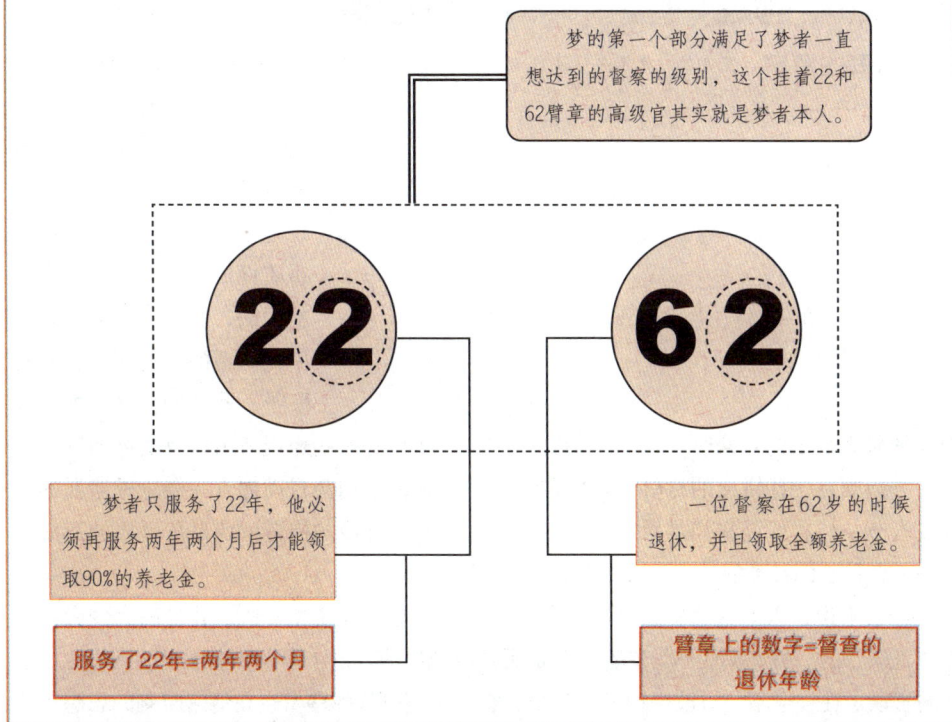

> 梦的第一个部分满足了梦者一直想达到的督察的级别，这个挂着22和62臂章的高级官其实就是梦者本人。

22　　**62**

> 梦者只服务了22年，他必须再服务两年两个月后才能领取90%的养老金。

> 一位督察在62岁的时候退休，并且领取全额养老金。

服务了22年=两年两个月　　**臂章上的数字=督查的退休年龄**

同时打开的窗户 罗贝尔·德劳内 法国 布面油画 1912年
伦敦泰特画廊

画面是由不同的色块组成，似乎一块彩色的玻璃四分五裂后留下的"惨状"一样，但实际上这幅画表现的是从大凯旋门顶上看到的埃菲尔铁塔，当我们知道这一背景之后，便可以清晰地从画中看出铁塔的形状。但画家随意涂抹的色彩，还是让我们对这个熟悉的建筑充满了陌生感。这就如同我们的梦一样，它会将一些物体四分五裂，而后又将其重新排列。

肯定地说，梦的运作只不过是用一种计算的方式来表现出梦思，而不带有任何的计算程序（不管其答案是否正确）；这因此可以暗示出某些用别的方法不能表达的材料来。由此来看，梦的运作是把数字当作一种表达目的的介质，这和那些以文字表达的名字和演说没有两样。

事实上梦本身是不能创造演说词的（见第五章），不管梦中出现了多少演说或言谈，也不管它们是否合理，经过分析后就会发现它们都是以一种任意的方式由梦思中那些听来或是自己说过的言语中摘录的。梦不但把它们四分五裂（加入一些新内容以排斥一些不需要的），而且把它们重新排列。因此一个看起来前后连贯的言谈，经过分析后却发现是由三个或四个不同部分拼凑而成的。为了构成这一新说法，梦往往要放弃梦思中这些话的原先意义，并且赋予一些新的含义。如果我

们仔细研究梦中的言谈时，我们就会发现它一方面具有一些相当清晰以及实体的部分，另一方面则是一些拼接的材料（就像在看书的时候，我们会自动加入一些意外遗漏的字母或音节一样，或许它们是后来加上的），因此梦中言谈的构造就像是角砾岩的形成一样——各种不同种类的岩石被胶质紧粘在一起。

严格来说，以上这些叙述只适用那些具有"感觉"性质的言谈，并且确为梦者描述为"言谈"的。另外那些不为梦者认为是听到或说出的言论（即在梦中不牵涉到听觉或运动的言谈）往往会不经过改变地进入梦中，它们不过是像那些发生在清醒时刻的思想。我

们念过的一些东西，也常常会在梦中无关紧要的言谈中大量出现，只不过不容易被追溯来源，但不管怎么说，那些梦中被认为是言谈的东西，确实是梦者听过的或说过的。

　　因为其他的缘故，我已经在梦的分析过程中提出许多有关梦中言谈的例子。因此，在第五章中那个无邪的"上市场"的梦中曾提到"那种东西再也买不到了"，正是象征着我，而另一句话"我不知道那是什么东西，我还是不要买为好"却使这个梦变得"无邪"。在前一天梦者曾和厨师发生争执并说出这气话："我不知道那是什么，你做事可

人世辉煌的终结　胡安·德·巴尔德斯·莱亚尔　西班牙　1670年　布面油画　塞维利亚圣卡里达医院

　　画面中的两具尸体已经完全腐烂，其中一个是被空想所折磨的主教，另一个则是一位骑士。在尸体的上方有一个天平，天平的左端用一些动物来象征（贪食的懒猪，好色的公羊），代表人类的罪过，这端写着"无须更多"，意指不必有更多的诅咒之词；天平的右端放着一堆象征后悔之物（圣洁的心脏，鞭子），以及虔诚生活的随身用具，这段写着"什么也不缺"，意指人在获得拯救的路上，不需要更多的东西。

要做得像样点！"这看来很无邪的前半部言谈被巧妙地加入到了梦中，它不仅暗示着后半部，并且天衣无缝地满足了梦者潜隐的幻想，但同时又出卖了这个秘密。

下面是许多具有同样的结论的例子之一。

梦者身处于一个大庭院内，那里正在烧着许多死尸。他说："我要离开这里，这种景象实在令我无法忍受。"（这确实不是一种言谈。）然后他遇见屠夫的两个孩子。他问他们："嘿，你们觉得它们的味道好吗？"其中一个说道："不，一点儿都不好。"——好像指的是人肉。

这个梦的无邪部分是这样的：晚餐后梦者和太太一起去拜访邻居——一个好人但却是令人没有胃口的人（译者按，意即不很受人欢迎的）。这位好客的老太太刚好吃完晚饭，并且强迫他去尝尝她的菜肴的味道。他说自己一点儿胃口都没有，并拒绝了。她回答道："你能吃得下的，来吧。"（或者是这类的话）因此他不得不试试看，并且赞美地说："味道的确很好。"不过当他和太太单独在一起的时候却又抱怨这位邻居太固执而且菜肴不好。而这句话"我不能忍受此种景象"（在梦中没有呈现为一种言谈）——则暗示着那位请他吃东西的老太太的外貌。这意思一定是指他不想再看见她。

下面我要再举一个例子——它很明确地以一个言谈作为整个梦的核心，不过要在后面提到梦中的感情时对其才能给予完整的解释。我很清晰地梦见：晚上我来到布鲁格实验室，听到一阵轻微的敲门声后，我把门打开了。门外是（已逝世的）弗莱施尔教授。一些陌生人和他一起进来，和我说了几句话后他就坐在原来的位置上。接着我又做了另一个梦，在7月我的朋友弗利斯很顺利地到了维也纳。我在街上遇见他，当时他正和我一位（死去的）朋友P君谈话。我们一块来到某个地方，他们两人面对面地坐在一张小桌子前面，而我则坐在桌子狭小的另一边，弗利斯提到他姊（妹），并说她会在45分钟之内就死掉，还说了一句"这就是最高限度"，因为P不了解，所以弗氏转过头来问我曾告诉过P君多少关于他的事。在此时，一些奇怪的感情克制着我，因此企图向弗利斯解释，P君（不能被了解，因为他）已经去世了。但那时我却说了"Non vixit"（我知道自己的错误）。然后我凝视着P君。在我的凝视之下，他脸色变白，外观变得模糊不清，而他的眼睛变成病态的蓝——最后，他溶化了。对此我感到很高兴，并且也知道弗莱施尔也是个鬼影，一个"revenant"（还魂者，字意是回来的人）。而我觉得，只要希望他存在，这种人就可能存在，而如果我们不希望他存在的时候，他又会消失。

这个美梦包括了许多梦的特征——我在梦中所做的评论；我错误地把Non vivit说成Non vixit，即把他已经死了说成他没在这个世上生活过；与梦中认为与死者的交往；我最后总结出荒谬的结论；以及给予我的满足——如果对以上每条予以详细说明，则将花费我一生的时间。在现实里我无法完成梦里所能做到的事——即为了我的愿望不惜牺牲自己的好友。由于任何隐匿都只会破坏这一点，我很清楚也很了解梦的意义。所以，在这里以及在稍后我只将讨论其中的几个问题。

此梦的中心是我那歼灭了P君的视线，他的眼睛变成一种奇怪与神秘的蓝色后，他就

被牛肉环绕着的头 弗瑞米斯·培根 爱尔兰 1954年 布面油画 伊利诺斯芝加哥艺术博物馆

这是一幅令人心生恐惧的绘画。教皇不再是高高在上，而被压在了两块悬挂着的肉的下方，画家还特意用箭头突出他，他认为这些牛尸就是腐烂的肉，就像教皇将要那样，悬吊它们，挂在椅子后。画家是一位被现实恐惧及脆弱所笼罩的画家，他声称自己看不见希望，即使他的生活是对绝望的否认。

溶掉了。这个景象无疑是从我确实经历过的一个事件中抄袭过来的。在我还是生理研究所的指导员时，我每天要在很早的时间上班。布鲁克听说我好几次迟到，有一天他特意在开门前到达，并且等待我的来临。他向我说了一些简短而有力的话，不过对我并没有太多的影响，使我很不自在的倒是他那蔚蓝色眼睛的恐怖瞪视。在他的眼神前我变得一无是处——就像梦中的P君一样。在梦中，这角色刚好颠倒过来。任何记得这位伟人漂亮眼睛生气时的神色的人，就不难了解这年轻犯过者的心情。

梦中"Non vixit"的起源是我许久以后才找出的。最后，我发现这两个字并不是听到或是被说出来，而是很清晰地被看到。于是我立刻知道其来源，在维也纳皇宫前的恺撒·约瑟夫纪念碑的碑脚下刻着这些字：

Saluti Patriae vixit

non diu sed totus[①]

我由这铸刻文字中抽取足够的字眼来表达梦思中的仇视思想串列，刚好足以暗示："此人对此事没有插嘴的余地，因为他没有真正地活着。"这提醒了我，因为此梦发生于弗莱施尔的纪念碑在大学走廊揭幕后的几天内。那时我恰好又一次看到布鲁克的纪念碑，因此在潜意识里，我一定替我那位聪慧的朋友P君感到难过。他尽其一生贡献于

---

① （对他国家的富强来说，他在位不长，但却是全心全力的。）

正确的碑文是：

Saluti publicae vixit

non diu sed totus.

科学，却因为早死而使他不能在这些地方树立其纪念碑，所以我只好在梦中替他树立碑石；而恰好他的名字又是约瑟。

根据梦的解析的规则，我现在仍不能用non vixit来取代non vivit（前者是恺撒·约瑟夫纪念碑的文字，而后者是我梦思的想法）。一定是梦思中有某些东西促成这个置换。于是我注意到在梦里我对P君同时具有仇恨与慈爱的感情——前者明显，而后者潜隐。不过它们同时都以此句"Non vixit"表现出P君因为在科学上的贡献而值得赞扬，所以我替他树立了一个纪念碑，但是因为他怀有一个恶毒的念头（在梦的末尾表达出来）所以我在梦中又想将他歼灭。我注意到后面的这个句子具有一种特别的韵律，因此我脑海中必定先有某种模型。怎样可以找到这种相对的一个句子呢？——对同一人怀有两种对立的反应，但却正确而没有矛盾。只有文学上的一段文字（在读者脑海中烙下深刻印象的）这样说道：莎氏名剧《恺撒大帝》中布鲁图的演说，"因为恺撒爱我，所以我为他哭泣；

恺撒 维也纳艺术史博物馆

恺撒是罗马帝国的奠基者，一些历史学家将其称为罗马帝国的"无冕之皇"，有恺撒大帝之称，恺撒于公元前100年7月13日出生在罗马，他在父系和母系两个方面都出身于纯粹的贵族家庭环境中，由此获得了很好的荫庇。与其以后在政治上的作为不无关系。这是恺撒位于维也纳艺术史博物馆的半身雕像。

因为他幸运，所以我为他高兴；因为他勇敢，所以我为他感到荣耀；但却因为他野心勃勃，所以我要杀了他。"这些句子的结构以及它们相对的意义正与我梦思中所发现的相同。因此在梦中我扮演着布鲁特斯的角色。可是我不能在梦思中找到一个附带的关联来证实这点。我想可能的关联是，"我的朋友弗利斯在7月来到维也纳。"据我所知弗利斯从来没有在7月到过维也纳。对于此点细节，真实生活中没有任何基础可加以说明。但既然7月是因恺撒而命名的，因此这可能暗示着我扮演布鲁特斯的角色。

说来奇怪，我的确扮演过布鲁特斯的角色——那次我在孩子面前介绍席勒的布鲁特斯与恺撒的诗句。那时我14岁，比我只大一岁的侄儿协助我，他由英国来探望我们；所以他也是个归来者，因为他是我最早期玩伴的回归。直到我3岁，我们一直不能分开。我们相互爱着对方，也时不时会打架；这童年的关系对我同代朋友的关系具有深刻的影响，这点我已在第五章暗示过。因此我侄子约翰从那时开始其性格各方面陆续发生的变化，无疑深烙在我的潜意识中。他一定有些时候对我很不好，而我一定很勇敢地加以反抗。因为家父（同时也是约翰的祖父）曾这样责问我："你为什么打约翰？"

"因为他打我，所以我打他。"——那时的我还不到两岁。一定是我这幼年的景象使我把"non vivit"改变成"non vixit"，因为在童年后期的语汇中wichsen（和英文的vixen发音相同）即是打的意思。梦的运作，毫不羞惭地利用此种关联。在现实情况下，我没有仇视P君的理由，他比我强很多，像是我童年玩伴的重现，所以这仇视一定和我早年与约翰之间的复杂关系有关。以后我将再提到这个梦。

七、荒谬的梦——梦中的理智活动

在解析梦的过程当中，荒谬的元素已经不止一次被我们碰到，因此我不想再拖延对其意义与缘由的探讨（如果它具有意义与来源的话）。因为那些否认梦具有价值者的主要论调是，梦是一种碎裂了的心灵活动的无意义产物。

我将以几个例子来开始，读者将发现它们的荒谬性原本是很显然的，只是经过更深地研讨后，这种特性便消失了。以下就是一些关于梦者梦见死去父亲的梦——乍看起来好像是种巧合而已。

1

这个梦是一位父亲已去世6年的病人所做的。他的父亲遭遇了一次严重的车祸：当时父亲乘坐的飞驶着的夜间快车突然脱轨了，座位挤压在一起，把他的头夹在中间。然后梦者看见父亲睡在床上，左边眉角上有一道垂直的伤痕，梦者很惊奇，父亲怎么会发生意外呢？（因为他已经死了，梦者在描述的时候加上这一句）。父亲的眼睛是如此明亮呀！

根据一般人对梦的了解，我们应该如此解释：也许在梦者想象此意外发生时，他忘记父亲已经去世好几年了；但当梦在继续进行的时候，这回忆再次出现，所以他在梦中对此感到惊诧，由解析的经验得知，这种解释是毫无意义的。梦者请一位雕塑家替父亲做一个半身像，两天前他恰好第一次去审查工作的进展。这就是他认为的灾祸（在德语里，bust又指发生意外，或不对劲）。因为雕塑家从来没见过他父亲，只好根据照片来刻画。做这个梦的前一天，他派一位仆人到工作室去观察大理石像，看他是否也同样认为石像的前额太窄。然后他就陆续记起那些框架构成此梦的材料。每当有家庭或商业上的困扰时，他父亲都会习惯地以两手压着两边的太阳穴，他仿佛觉得头太大了，必须把它压小些。——当梦者4岁的时候，一枝手枪不知为何意外走火，把父亲的眼睛弄黑了（那时他刚好在场），所以，"父亲的眼睛是如此明亮呀！"——梦中出现在他父亲左额上的那道伤痕，和生前所显现的皱纹（每当悲伤的时候）是一致的。而伤痕取代了皱纹的事实又导出造成此梦的另一个原因，梦者曾为他女儿拍了一张照片，但此照片（译者按：早年照相用来涂抹以显出映像的化学物质的介质也许是易碎的，而不是用纸制的）不小心从他手中掉下来，刚好跌出一条裂痕，垂直地延伸到她女儿的眉面上。他不自觉地认为这是凶兆，因为他母亲去世的前几天，他也把她照片的底片摔坏了。

2

下面的这个梦和前者的几乎相同（家父于1896年逝世）。

父亲死后在马札尔（按即匈牙利一族）人的政治领域中扮演着某种角色，他使他们联合成完整的政治团体；此时我看到一张小而不清晰的画像：好像是在德国国会上，许多人聚集在一起；有一个男人站在一张或两张凳子上；其他人就围在他四周。记得父亲去世的时候，他躺在床上的那个样子，简直就像是加里波第（按：即意大利义士）。我很高兴这个诺言终于实现了。

有什么会比这些更荒诞无稽？做梦的时期恰好是匈牙利政局混乱的时候——因为国会的瘫痪导致无政府的状态。结果由于塞尔的才智而得以解救。这么小的一张画像中所包含的细节和这梦的解析是有关系的。我们的梦思通常是以真实且具有同样大小的形式而展现。但此梦中我见到的画像却来源于一本有关奥地利历史书中的插图——显示着在那有名的"Moriamur prorege nostrò"事件中，玛丽亚出现于普雷斯堡的议会上的情况。与图片中的玛丽亚一样，在梦中家父四周围着群众，但他却站在一张或两张椅子上面，就像是一位总裁判一样，他使他们团结在一起（二者间的关联是一句常用德语，"我们不需要裁判"）——确实在家父逝世的时候，围在床边的人却说他像加里波第。他死后体温上升，两颊泛红而且愈来愈深……回忆到这里，我脑海中自然而然地呈现出：

在他背后却笼罩着一个禁锢全人类的阴影——共同的命运。此高层次的思想使我们对现实这"共同的命运"有个准备。死后体温的升高和梦中这句话"他死后"相对，他最深的痛苦是死前的数周他的肠子完全麻痹（梗阻）了。我的各种不恭敬的念头都与这一点关联着。我的一位同事在中学时就失去了父亲——那时我深为所动，于是成为其好友——他有一次向我提起他的一个女亲戚痛心的经历。她的父亲在街道上暴毙，被抬回家里；当他们将其衣服解开时，发现在"临死之际"或是"死后"发生过排便。她无法从她对父亲的记忆中解脱出来，并且深为不快。现在我们已经触及这个梦的愿望了，"就是死后仍然以伟大而不受污辱地形象呈现在孩子面前"——谁不是这样想呢？造成这个梦的荒谬性是什么呢？表面的荒谬是因为忠实呈现于梦中的一个暗喻，而我们却习惯于忽略其成分间所蕴含的荒谬性，这里的荒谬性是故意的以及刻意策划的，也是我们不能否认的。

由于死去的人常常会在梦里出现，与我们一起行动，与我们来往，就像活着一样，所以常常造成许多意外的惊奇，并且出现一些奇怪的解释——而这不过说明我们对梦的不了解而已。其实此梦的意义是很明显的。它常在我们这样想的时候发生："若父亲依然活着，他对此事会怎么说呢？"

除了将有关人物呈现在某种情况下之外，梦是无法表达出"如果"的。比如说，一位从祖父那里得到大笔遗产的年轻人，正当后悔花去很多钱的时候，又梦见祖父还活着，并且追问他，指责他不该这样奢侈。而当我们从更准确的记忆中发现这人死去已久时，这个梦中的批评只不过是一种慰藉（幸好这位故人没有亲眼看到）或者是一种惬意的感觉罢了（他不再能够干扰）。

另外还有一种荒谬性，这也发生在对死去亲属的梦中，但却不是表现荒诞或嘲笑。它暗示着一种极端的否认，表示一种梦者想都不敢想的潜抑思想。除非我们记住一个原则——梦无法区分什么是愿望，什么是真实，否则要说明此梦是不可能的。譬如，一个男人在他父亲最后一场大病中细心照顾他老人家，其父死后确实哀伤了许久，但事后却做了下面这个无意义的梦。他父亲又复活了，与往常一样同他谈话，但（下面这句话很重要）他的确已经死了，只是自己不知道而已。如果我们在"他真的已经死了"的后面加入"这是梦者的愿望"，以及他"不知道"梦者有这种想法，那么此梦就可以了解了。当他照顾父亲的时候，他不断希望父亲早些死去，也就是说这是个慈悲的想法，因为这将使他从痛苦中解脱。在哀悼的时候，此想法变为潜意识的自责，似乎是因为他的这个想法而缩短了父亲的寿命。借着梦者幼儿期反抗父亲冲动的复活，使这种自责在梦中得以显示；但因为梦的慈悲和清醒时思潮的极端对比，正好造成此梦的荒谬性。

梦者梦见所喜爱的人死去是释梦很头痛的一个问题，所以常常不能很满意地加以解释。原因是梦者与此人之间存在着非常强烈的矛盾情感。通常是这人开始是活着的，但后来却突然死了，而后在接着的梦境里又活了过来，这很容易使人混淆，不过我最终明白了这种又生又死的改变正表示梦者的冷漠。（"对我来说，他不管是活着或死去，都是一样的。"）而这冷漠只不过是种想法而已，当然不是真实的；其功能不过在使梦者否认他那种强烈而矛盾的情感，也就是说，这是矛盾情感在梦中的表现。

在另外一些同死人有关的梦里，以下的原则会有些帮助：如果在梦中，没有提醒梦者说那人已经死了，那么梦者把自己看成死者，就是梦见自己的死亡。但若梦者在做梦

自画像 保拉·摩德森-贝克
德国 1906年 木板油画 德国福克旺博物馆

人在临死前会看到什么？这是很多人都感兴趣的话题，但这种现象现在仍旧是一个谜。这幅自画像就是画家临死前的作品，其中所表现出来的脆弱和无助是这一类作品中十分罕见的。她想要将自己的一切都展现出来，颤动的双唇，大大的眼睛非常冷静地注视着未来。为了表现她的才智和想象力，她还在胸前放了一只山茶花。

的过程中，突然惊奇地对自己说，"奇怪，他已经死去很久了。"则说明他是在否认这件事，否认自己的死亡。但我不得不承认，我们对这种梦的秘密还未曾全部了解。

3

我将在下面的例子中，列出梦的运作故意制造出来的荒谬性，而这开始在梦的材料中是不存在的。这是我在度假前的几天遇见都恩伯爵后所做的梦（见第五章第二个梦）：我在一辆出租车内，让司机送我到火车站去。在他提出一些异议后（好像我把他弄得过分疲倦似的），我说："当然，我不能同你开车沿火车路线走。"看来我好像已经坐在他车里驶过一段通常以火车来完成的旅程，对这个令人混淆及无意义的故事，经过分析后得到这样的结论：前一天，我租了一辆车去唐巴（维也纳的郊外）一条偏僻的街道。但司机不知道此街道在哪里，所以他就一直漫无目的地开（像这类高贵的人所常常做的一样），直到最后被我发觉，告诉他正确的路线，并讽刺了他几句。我将在后面提到由这位司机而联想到的贵族，所以引出一连串的联想。这里我想指出的是，贵族给我们这些中产阶级平民最深刻的印象是，他们很喜欢坐在司机的座位上，都恩伯爵是在奥地利国家的马车司机。梦中的后一句话则指我的兄弟。我将他与出租车司机仿同了，那年我取消了同他到意大利的旅行（我不能和你开车沿火车路线走）。这是对他不满的一种处罚，因为他总是埋怨我在旅途中把他累坏了（在梦中这点没有变化），这是因为我总是坚持在不同的地点之间来回地穿梭，以便能在一天中看到许多美丽的景物。做梦

母亲的忧伤 路易斯·德·莫拉莱斯 西班牙 1570年
木板油画 圣彼得堡艾尔米塔什博物馆

梦者梦见所喜爱的人死去是释梦里头痛的一个问题，所以常常不能很满意地加以解释。原因是梦者与此人之间存在着非常强烈的矛盾情感。画中的圣母玛利亚面庞格外瘦长，可能是由于过度悲伤而变得面颊消瘦，眼眶深陷，充满忧郁。亲人的离去，对任何一个人来说都是极度痛苦的。她在这里表现的是一个即将被自己的悲伤焚烧的女人。

快速的汽车 巴拉　1912年

巴拉尝试在画作中阐释运动、速度和变化过程。这是未来主义的基本特征之一。

的那个傍晚，他陪同我到车站；但快到车站的时候，为了乘郊区车子到布格斯朵夫（距维也纳约8英里）去，他在郊区车站和总车站相连的地方下车，那时我告诉他，他可以乘主线到布格斯朵夫去，这样和我相处的时间就多一些。这导致了梦中的这句话：坐在他的车里驶过一段通常以火车来完成的旅程，这刚好和现实所发生的事相反———一种tu quoque（拉丁文"你也是"）式的争辩，那时我是这么说的："你可以和我一起由主线来完成你要用支线（郊区车）经过的距离。"在梦里，我用"出租车"来代替"郊区车"，而把整件事混淆了（但恰好能把我兄弟和出租车司机的意象连在一起）。这样我就成功地创造出一些看起来无法解释的"无意义"，而且同我前段梦中所说的"我不能和你开车沿火车线走"发生冲突。因为没有任何理由使我分不清哪是郊区车哪是出租车，所以我必定故意在梦中设计出此种迷幻的事件。

　　但这又是何目的呢？下面我们将探究荒谬的梦的意义及发生的动机。上述梦的谜底如下：我需要梦中用一些荒谬及不可解的关联加在"fahren^①"这个词上，因为梦思中有一个要被表现的意念。一天晚上我在一位聪慧好客的女士家里（她在同一梦的其他部分以管家的身份出现），我听到两则我无法解答的谜，我虽然努力尝试却无法找到答案，而其他人对谜底都很清楚，我成了有点可笑的人物。它们其实是架建在"nachkommen"和"vorfahren"两个双关语上，整个谜语大概是这样的：

Der Herr befiehlt's,

Der Kutscher tut's.

Ein jeder hat's,

Im Grabe ruht's.

（在主人的要求下，

司机完成了；

每个人都有的，

它就在坟墓中休憩。）

答案：vorfahren（意为"驾驶""祖先"；字面的意思是"走到前面"及"以前的"。）

令人困扰的是，另一则谜语的前半部分和上面那首完全相同

Der Herr befiehlt's,

Der Kutscher tut's.

Nicht jeder hat's,

In der Wiege ruht's.

（在主人的要求下，

司机完成了；

不是每个人都拥有的，

它休憩于摇篮中。）

答案："nachkommen"（"跟在后面""后裔"；字意是"跟着来"和"继承者"。）

当看到都恩伯爵统治着国家，我不禁坠入费加罗的境界，他称赞伟大的绅士们，说他们是与烦恼同生的（即是nachkom-men），所以这两则谜语就成为梦运作的中间思想。又因为贵族和司机很容易困扰在一起，同时有一时期我们又把司机称为"schwager"〔马车夫及姐或妹夫（brother in law）〕，所以借着凝缩作用就把我兄弟引进了同一画面内，而这个梦背后的梦思是这样的："为自己的祖先而感到骄傲是荒谬的；最好是自己成为祖先。"此决断（即某些事情是荒谬的）就造成了梦里的荒谬。这使梦的其他模糊部分也得以明朗化。就是说我为何会想到之前已经和司机驶过一段路途了〔vorhergefahren（以前驾驶

---

① 德文的fahren在梦以及分析中不断地被提到。不过翻译成英文时却要根据含义翻译成驾驶（汽车），或（坐在火车中）旅行。

过）——vorgefahren（驾驶过）—— vorfahren（祖先）〕。

如果梦思中包括某些东西是荒谬的这样一个判断，那么梦就会变得荒谬。也就是说，梦者潜意识的思想串列具有批评与荒诞的动机。所以荒谬即是梦运作表现相互矛盾的一种方法——别的方法是把梦思的内容加以颠倒，或是产生一种动作被抑制的感觉。但是梦中的荒谬性却不可简单翻译为"不"；它也是用来表达梦思的情绪的，因为它具有梦思所包括的矛盾与嘲笑的组合，只有在此目的下，梦的运作才会造成一些荒谬性来。所以它又将一部分的隐意直接转变成显意。

其实我们曾经提及一个具有下列意义的荒谬的梦：这个梦——我只是加以解释而没有分析——是关于瓦格纳的

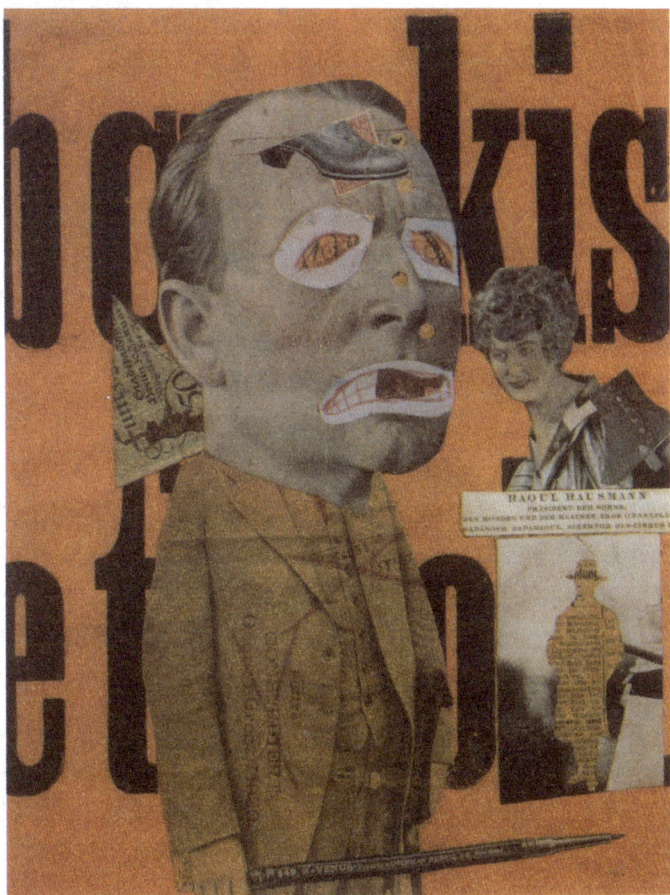

艺术批评家 拉奥尔·豪斯曼　奥地利　1919~1920年　照相集锦　英国伦敦塔特陈列馆

画中的人右手拿着一支长长的维也纳铅笔，他的眼睛和嘴部都被物体遮盖了起来，他的头部粘着一只高跟皮鞋，他的头颈后部露出一张票面为50元德国马克的钞票的尖利碎片。利用剪下的照片或报纸、杂志，去构成他玩世不恭的想象世界，他将普遍的东西组合起来放进了他的艺术世界里。正如我们所做的荒谬的梦一样。

歌剧，它一直演到早晨7:45才结束。歌剧中的指挥是站在高塔上的……很明显，它是指："这是个疯狂的社会，凌乱无序的世界；那些应该得到某些东西的人无法得到，而那些吊儿郎当、毫不关心的人却得到了。"——然后梦者又把她的命运和其表妹（姐）比较——在前面第一个荒谬的梦的例子中，它和死去的父亲相关联，这并不是巧合的。在这些例子中，造成梦的荒谬的情形都具有同样的特征，因为父亲的威权很早的时候就受到孩子的批评，因为父亲的严格要求，孩子们（为了自卫的缘故）密切关注父亲的每一个弱点；但是我们脑海里对父亲的孝心（特别在父亲死后）却被严厉地审查着，使得任何这种批评都不能到达意识表达的层面来。

4

这是另外一个关于死去父亲的荒谬的梦：

我接到故乡市议会寄来的一封信，是关于某人1851年由于在我家发生痉挛而不得不住院的费用。我觉得这件事很奇怪，因为在1851年我还没有出生，同时可能和这有关的家父已经逝世了。于是我到隔壁房间去见他，父亲正躺在床上。然后我告诉他这件事，使我惊奇的是，他记得在1851年那年，有一次他喝醉了被关了起来，那时他正替T公司做事。于是我这么问："那么，你是不是常常喝酒？后来你是否就结婚了呢？"算来我是在1856年出生的，好像刚好是紧随其后。

由前面的讨论知道此梦之所以一直呈现荒谬性，不过是因为暗示着其梦思具有的特殊性而令人痛苦的与感情冲动的争辩。当发现在这梦里的争辩被公开地表达出来，而家父又是受嘲弄的对象时，我们将更为惊异。表面看来，这种公开袒露的态度和梦的运作的"审查制度"相矛盾，但是当发现此例中，各种讽嘲都是指向一位隐藏着的人物而家父不过是一种展列的人物时，我们就会茅塞顿开。虽然通常梦表现出对某人的反抗（通常背后隐藏着梦者的父亲），但是在这里却刚好相反。表面上是父亲实际上却代表另一个人。因此这个梦能在不经伪装的状态下进行（而此人物通常被视为神圣的），是由于自己确定所指的人一定不是父亲本人。此梦发生的情形是：我听见一位年长的同事（其判断力被认为是不会错误的）对我的一位精神分析治疗的病人已经进入第五年的治疗而大感惊奇并且表示不赞许。在一种不被察觉的伪装下，第一个句子暗示着此位同事好久以来即取代了家父所不能完成（满足）的责任（关于费用，医院的住院费），而当我们之间的关系变得不友好时，我的感情冲突就好比家父与儿子发生误解时的情形。对这种指责（我为何不快一点），梦思加以强烈的抗议——这个指责原先指我对病人的治疗，后来却扩展到其他事物上。我想，难道他认为有谁会治得比我快吗？难道他不明白，除了我这种方法外，这种病情是完全无法治愈并得忍受一辈子吗？那么和一辈子比起来四到五年的时间又算得了什么，何况在治疗过程中病人的存在又变得如此舒适呢？

因为许多由不同梦思而来的句子不经中间的连接而直接地并列在一起，所以这个梦会给人荒谬感，因为"我到隔壁房见他"这句话和前句话所涉及的主题失去关联，这正好是我向父亲报告那未经他同意的婚约的准确重现。因为这句话表现出老头子这方面的宽大，和某人——还有另外一人的行为形成鲜明的对比。至于在梦境中我爸爸被允许受嘲弄，这是因为在梦思中他毫无异议地被列为模范对象。审查制度的特性是：我们不能谈论被抑梦的事物（事实），但是关于此事物的谎言却是可以攻破的。下一句话，提到他记起"有一次喝醉了，被关起来"则已经不再真正和家父有关。他所代表的人物不折不扣就是伟大的梅尔涅，我以无比虔敬的心情随其足迹，而他对我的态度，在开始一段的赞赏之后却转变为公然的仇视。这个梦提醒了一些事件，他曾告诉我，他年轻的时候曾经一度因为使用氯使自己中毒而被送到疗养院去。他又使我记起另外一件他死前不久所发生的事。在论及男性歇斯底里症时，我描述了一些他否认其存在的事物而和他痛苦笔战的经历。当我在这致他死命的疾病中拜访了他，并问候其病情的时候，他讲了一大堆关于他的病症的话，并且这样断定："你要知道，我就是男性歇斯底里症最典型的例子。"所以表明他同意了他那固执并反对了好久的事，这不但使我感到惊奇而且觉得满足。但在这个梦中我为何会把父亲比喻成梅尔涅呢？我看不出两者之间有任何类似的地方。这个梦境很简短，但仍能找到完全足以表示出梦思中这个条件的句子："如果我是教授或枢密顾问官的儿子，那么我当然能做（进行）得更快。"所以在梦里父亲被我变成顾问官和教授。

柏林街景 恩斯特·路德维希·基希纳　德国　1913年

画中炫目的颜色和画家自己歇斯底里般游移的视线焦灼地闪现在我们眼前。他的作品中总是为我们展现出一种强烈的暴力感，这种狂放和自发性的纯粹与他歇斯底里的性格有极大的关联。

梦中对1851年的看法无疑是最令人迷惑与最喧嚣的荒谬性了，对我来说1851年和1856年5年之差是没有任何意义的。这句话正是梦思所想要加以表达的。四五年又恰好是前述那位同事给我支持的时间；同时又是我让未婚妻等待的时间（然后才结婚）；另外这是梦思迫切寻求的一种巧合，因为这也是我使病人完全治愈所耗费的最长时间。"5年算得了什么？"梦思中这么说，"对我来说，这根本不算事；不值得去加以考虑，我还有足够的时间。就像你开始不相信，但最后我还是成功地完成了一样，对这件事，我也会成功。"除此以外，51（如果不去考虑前面那世纪的数字的话）本身却是由另一种方式决定而且具有相反的意义，这也是为什么在梦中它会数次出现的原因，对男人来说51岁似乎是个特别危险的年龄；我认识的许多同事突然在这个年纪死去，而在这些人之中，有一位是在拖延很久死亡之后或在死前数天才被升为教授。

5

下面又是一个玩弄数字的荒谬的梦。我的一位熟人，M先生曾被人在文章中猛烈地加以抨击，我们觉得这实在是太过分了，我想这个评论家大概是歌德。M先生自然被这攻击弄惨了，他在餐桌前向大家诉苦；不过此人经验并不影响他对歌德的尊敬。虽然是不太可能，但我想我可以找出其时间顺序，歌德死于1832年，既然他对M先生的攻击要比那个时间早，那么M先生当时一定还很年轻，我看那时他大概只有18岁，但我不清楚现在是什么年代，因此整个计算就变得很暧昧了。这攻击恰好是歌德刊载在《自然》杂志上的著名论文里面。

下面我们将找出这些荒谬的意义，M先生是我在餐桌上认识的。不久前他要我去给他那位出现全身瘫痪症状的弟弟做检查。这个怀疑是对的，在这次的诊疗中发生一件尴尬的事，和病人谈话的时候，在没有任何理由的情况下，病人却说出他哥哥年轻时的荒唐事。我询问病人的出生年月日，同时让他做几道小计算题以便试验其记忆力的损坏程度——而他能答得很好。由此可见，我在梦中的情况就像是瘫痪病患（我不清楚现在是何年代）。梦的其他部分则源于最近的另一件事。一本医学杂志的编辑是我的朋友，他对我的德国朋友弗利斯最近出版的一本书发表了一篇激烈的评论，这篇文章由一位年轻的评论家执笔，其实他是没资格来做批评的。我认为我有权利去交涉并要求改正。编者对此感到抱歉，认为不应该刊登此文章，不过却不愿刊载任何修正。所以我就与该杂志脱离关系，不过在绝交信中我这样写道：希望我们的个人感情不受

呐喊 蒙克 挪威

《呐喊》又名《呼号》，在这幅画中人对孤独与死亡的恐惧感被淋漓尽致地刻画出来。恐惧感始终魔影般不离画家左右，因此他在此画中把那种常常纠缠着他的恐惧赋予概括、更含糊乃至更恐怖的表现。凄惨的尖叫在画家的描绘下变成了可见的振动，像声波一样扩散。画中那婉转随意的线条，与画面内容相吻合，十分具有表现力。

该事件的影响。这个梦的第三个来源是一位女病人提供的——那时这记忆还很新鲜——她患精神病的弟弟如何坠入一种狂暴喊叫着"自然，自然"的声音中。负责治疗的医生认为呼喊的内容是因为他阅读了歌德对自然的卓越论文的结果，并显示他在研究自然哲学时太过劳累。而我却认为这和性有关——即使较低级的人对自然也是这样用的。后来这位不幸的人将自己的生殖器切除了，这再次证明我的判断是正确的，当时他只有18岁。

我要再提一下有关我朋友那本遭受批评的书（另一位书评家说"不晓得是自己抑或作者本身是疯狂的"）——它描述了个人一生前后发生的事情，并且显示出歌德的一生不过是数目（日数）的倍数，且具有生物学上的意义。所以很容易看出，我在梦中置身于该朋友的处境（我企图找出其时间顺序），但我的表现却像是个瘫痪的病患，因此梦就变成一团荒谬的聚合。于是梦思这么讥讽地说："自然，他（我的朋友弗氏）疯狂的傻瓜，而你们这些书评家是天才而且懂得较多，难道这不会恰好倒过来吗？"在该梦例中，这种相反的例子随处可见，比如说，歌德抨击这位年轻人是件荒谬的事，不过一位年轻人却很有可能去贬责伟大的歌德；另外我在计算歌德死亡的年代时，却用了瘫痪病患出生的年代，对这点已经有详细的讨论。

但我曾指出，梦都是源于一种自我的动机。所以对这梦中我来取代朋友的位置，并且把他的困难承担在自己身上的事实必须加以说明。我清醒时刻的批判力不足以使我这样做，但是这位18岁病人的故事，以及对他喊叫"自然"所做的不同解释却暗示了大部分医生同我的意见相左（我相信心理症是源于性的），所以我可能对自己这样说："那些评论你朋友的言论也可以用在你身上——其实已经受到某种程度的议论了。"所以梦中的"他"可以用"我们"来取代："是的，你们很对，我们是蠢材。"梦里又以歌德美妙的短篇来显示着"这是我的事"；因为我从中学毕业的时候对职业的选择感到犹豫不决，后来却由于在一场公共讲演中听到该文章的朗诵，使我决定从事自然科学的研究（此梦将在稍后更进一步的讨论）。

6

在此书的前面，我也曾提到另一个我的自我并没有呈现的梦，不过也一样是自我的，那是在第五章的一个梦中，M教授说："我的儿子患了近视……"，当时我说那不过是梦的开头而已，是另一个和我有关的梦的介绍，下面就是当时省略的主要的梦——具有荒谬不可解的文字形式，不经过解释是不能了解的。

罗马城发生了一些特殊事件，出于安全考虑，必须把孩子们带到安全地带，这一点我们办妥了。接着看到大门的前面，是一种古老的两扇式门的设计（在梦里），我记起来这是意大利锡耶那的罗马之门。我坐在喷泉的旁边，感到极其忧郁并且几乎要流出泪来。一位女士——修女或是服务生，牵着两个小男孩，交给他们的父亲（并不是我）。但是其中年龄大点的那位无疑是我的长子，另一位的面孔我却没有见过。带孩子出来的

持骷髅的年轻人 弗兰斯·哈尔斯 荷兰 1626年 布面油画 伦敦国家美术馆

　　画中的年轻人手里拿着一个骷髅，骷髅的一只空眼窝对着观众，虽然那只眼已经变成了深邃的空洞，但它好像以某种方式和我们讲话。这幅画给了我们两个既有力又相互矛盾的象征。年轻人，坚定自信、精力旺盛、生气勃勃；骷髅头，发出阵阵寒光。画家将生与死同时展现在我们面前，这是画家自我意识的体现，梦同样也源于这种自我的动机。

　　女人让孩子们和她吻别。她长着大红的鼻子，所以男孩子拒绝与她吻别，不过却伸出手向她挥别，并说"Auf Geseres"并且向我们俩说"Auf Ungeseres"（或者是我们两人之一）。我想这是表示好感之意。

　　此梦是我看过《新犹太街》的戏剧之后产生的想法所构建起来的。这是犹太人的问题，由于不能给孩子一个他们自己的国家而替他们的前途担心，所以很焦虑地想好好地教育他们，使他们能够享受公民的权利——这种种都能在梦思中体现出来。

"在巴比伦的水边我们坐下来饮泣。"锡耶那和罗马一样因美丽的泉水而享盛名。罗马如果要在我梦中出现的话，那么它必须以另一个已知的地点取代。靠近锡耶那的罗马之门，有一座灯火辉煌而巨大的建筑物，此乃疯人院。在此梦发生前不久，我听说一位与我有同样宗教的人，被迫辞去他在疯人院辛苦竞争得到的职位。

我们的兴趣在"Auf Geseres"（这梦中的情境使我们期待着该字眼"Auf Wiedersehen"）以及同它相反而无意义的"Auf Ungeseres"（Un的意思是"不"）。由希伯来学者得来的知识显示"Geseres"是真正的希伯来文，起源于动词"goiser"，其含义最好是翻译成"遭受苦难、命定的灾害"。但从谚语中的用法使我们认为它的意思是"哭泣与哀悼"。而"Ungeseres"则是我新发明的词语，同时也是第一个引起我注意的字眼，但开始我却不能从它中得到什么。而在梦的结尾所说的那句话："Ungeseres"表示要比"geseres"更有好感的意思，却打开了联想之门，同时说明了这个词的意思。鱼子酱具有同样的类比：无盐的鱼子酱要比咸的鱼子酱更贵重。"将军的鱼子酱"——贵族式的权利；在这背后隐藏着对家庭一位成员之玩笑式的暗喻，由于她比我年轻，所以我期待她将来能照顾我的孩子；这恰好和梦中出现的另一个人物（修女）——我们家里那位能干的保姆相巧合。但是在"无盐—咸"和"Geseres—Ungeseres"之间仍然没有中间的过渡部分。但这可以从gesauert—ungesauert（发酵—不发酵）中找到。以色列的子民在逃离埃及的时候，没有时间让他们的面团发酵。为了纪念此事，他们从复活节开始直到这一天，都是吃着不发酵的面团。在此我要加入一点突然呈现的联想，我记得上个复活节假期，我同柏林那位朋友在陌生的布雷斯劳的街道上散步，一位年轻姑娘向我问路，我告诉她我不知道；然后我跟朋友说："我希望这位姑娘长大的时候会更懂得如何去选择那些引导她的人。"不久，我看到一个门牌上面写着"海罗医生，诊疗时间……""我希望这位同行不是个小儿科医生。"同时，我这位朋友表明他对两侧对称的生物学意义的所有看法，同时说了一句："如果我们和独眼巨人一样，只有一只眼睛长在额头中间……"由此导出梦中教授说的那句："我的儿子是个近视……"现在我知道"Geseres"的主要来源了。很久以前，当今天已是独立的思考家的M教授的儿子仍然坐在学校的板凳上念书时，不幸得了眼病，并且在得到医生的解释后造成心理焦虑。他如是说，只要它仍然局限于一边就无所谓，但如果感染到另一只眼睛，那么后果就很严重了。他这边眼睛的感染完全好了，但不久症状显示的另一边也受到感染。孩子的母亲很担心，赶紧把医生请到他们家里（他们住在很远的乡下）。不过当医生诊断另一边后，大声向他妈妈说道："你怎么把它看得那么严重呢？如果这一边好了，另一边也一样会好的。"结果他是对的。

我们现在必须考虑，所有这些与我及我的家庭究竟有何关系呢？M教授的孩子所用的书桌，后来他母亲转赠给我的大儿子。在梦中我通过他的话来说出"告别的话"，我们很容易猜出此置换代表了其中的一个愿望。此桌子的设计是为了避免孩子发生近视以

独眼巨人 奥迪伦·雷东
法国 1898~1900年 板面
油画 荷兰奥特庐库拉-穆
拉博物馆

故事的背景取材于希腊
神话，独眼巨人波吕斐摩斯
向下窥视他苦恋的女神伽拉
忒亚。他那巨大的独眼，充
满了渴求的目光。画家以一
种魔幻的内在幻象和梦境的
片段来反映奇异的主题。弗
洛伊德则认为这是近视眼的
象征。

及只用一边的视力，所以梦中出现的近视眼（其实背后隐藏的是独眼巨人），以及对于
两侧性的文字，我对这一侧性的关心具有许多意义：这不但指身体的一侧性，同时也包
括了智力发展的一侧性，难道梦里这些荒谬不是表示对此焦虑的矛盾吗？这孩子转到一
边说再见后，再转到另一边来说相反的话，就好像是要恢复平衡一样，他的行动好像是
为了维持两侧的对称性。

所以梦越荒谬其意义就越深远。不管在什么年代、想说什么，但是知道说出来就
会对自己有害处的人，无不将那些话冠以一顶愚蠢的帽子。对于有这些禁忌的话的人来
说，如果他们能够一面嘲笑一面又自认为自己所反对的事物是荒谬无聊的，那么他们就
能够接受（忍受）它，戏中那位皇子不得不把自己装扮成疯子，他的行为就如梦在现实
中所扮演的角色一样；所以我们可以用哈姆雷特皇子形容自己的话来为梦加以注解——
即用智慧与不可解来掩饰真实的情况。他说："我不过是疯狂的西北风：当风向南吹的
时候，我从手锯认识那头苍鹰（《哈姆雷特》第二幕第二场）。"

所以我已经解决了荒谬的梦的问题，即梦思永远不会是荒诞无聊的——从来不会在
健康人的梦中出现——而梦的运作之所以会产生荒谬的梦，以及梦的内容会含有个别的

荒谬的梦

梦思永远不会是荒诞无聊的，因为荒谬的梦从来都不会出现在健康人的梦中，而梦的运作之所以会产生荒谬的梦，以及梦的内容会含有个别的荒谬元素，是因为它必须表现梦思所含的一些批评、荒谬与嘲笑。

所以梦中出现近视眼，其实背后隐藏的是独眼巨人。现实中看似荒谬，但在梦中它们却是具有平等的含义的。

荒谬元素，是因为它必须表现梦思所含的一些批评、荒谬与嘲笑。

下面我要做的事是要显示梦的运作只包含我前面所说的三个因素——（凝缩、置换以及表现力）——另外还有一个将在后面谈论到的第四因素；而梦的功能不过是根据这四个因素把梦思翻译出来；我认为心智活动全部或部分地参与梦的形成是一种错误的观念。但不管怎样，梦里常常会出现一些判断、评论及赞赏，并且有时会对梦中的其他因素表示惊奇，有时加以解释或者申辩。所以我下面将用一些经过挑选的梦例来澄清这些现象所引起的误解。

我的解说简单来说是这样的：任何一件在梦中看来明显是理智活动的事件，都不能被看成是梦的运作的心智成果，它只是属于梦思的材料，它们只不过是用一种现成的构造呈现在梦的显意中。我甚至可以更进一步地阐述，就是睡醒后对一个还记得的梦所下的断语，以及阐述该梦所产生的感觉或多或少表露了梦的隐意，而这是包括在解析范围内的。

1

我已经引用了一个非常明显的例子，一位妇人拒绝和我谈及她做的一个梦，因为"它是非常不清楚和混乱"。她梦见某人，但不知道那个人是她父亲还是丈夫。然后她就梦见一个垃圾箱，因此又产生下面的回忆，在她刚刚成为主妇时，有一次她同到她家拜访的一位年轻亲戚开玩笑说她下一步的工作将是得到一个新的垃圾箱，第二天她就收到一个，而里面却插满了山谷里的百合花。这个梦表现了一句德国俗语："不是长在我自己的肥料上。"在分析完成后，我们发现其潜在的梦思是梦者小时候听到一则故事而产生的后果：是关于一位女孩如何怀孕了却不知道孩子的爸爸是谁。在此梦例中，梦所要表现的又泛滥到清醒的思想里：即用清醒时刻对梦所下的断语来表现出梦思的一个元素。

2

一个相似的梦例，一位病人做了一个自认为很有趣的梦，因为醒来后他立刻对自己说："我一定要把这个梦告诉医生。"对此梦加以分析后，很清楚地显示出病人从开始就在欺骗，决定不想告诉我什么。

3

第三个梦例是我自身的经历。我和P一起去医院，中途经过一段有许多房屋与花园的区域。并且我觉得从前在梦中常常看到这个地方。我不太清楚怎么走，他给我指出一条转弯到达餐厅的路（在室内，而不是在花园里）。我在那儿打听多妮女士的消息，得知她和三位小孩就住在后面的一间小屋里。于是我向那里走去，但还没有到那儿就遇见一个模糊的人影，带着我的两个小女孩。同她们站一会儿后，我就把她们带在身边，我抱怨妻子把她们留在那里。我醒来时有一种非常满足的感觉，因为我将从此梦的分析中了解了"我常常梦见这个地方"到底是什么意思。其实精神分析并没有指出有关这类梦的意义，所以表示"满足"属于隐意而并非因为对梦的任何决断。我的满足是婚姻给我带来了孩子。P的大半生同我的生命相伴在一起，不过后来却在社会地位和物质上远远超过我，但其婚后却无子。对于此梦的意义可以从梦中的两件事来加以了解，无须再完全地分析。我前一天在报上看到多纳女士去世的消息（而我在梦中改为多妮），她是因为分娩而死。我太太说，负责接产的就是那位替我们接生两个小女儿的接产妇。多纳这人名使我想起，是源于不久前我在一本英文小说中看到过，另一件事则是该梦发生的日期。这是我大儿子生日前一天晚上所做的——他似乎具有诗人的气质。

4

梦见家父死后在马扎尔族人的政治领域中扮演某种角色后醒来，也有同样的满足感。而我的解释是，这满足是上一段梦的连续：记得他死的时候，躺在床上的样子，简直就像是加里波第，我很高兴这愿望终于实现了……（还连下去的，不过我已经忘了）。分析使我能够填满这空隙，这是关于我二儿子的事，我为他取了一个与历史伟人相同的名字——在孩童时，他强烈地吸引了我，尤其我到英国后。我在儿子出生的前一

年中，就已经决定，若生下来
是个男孩的话就要取这个名
字，并且我将以高度满足的心
情去祝贺这个新生儿。（很容
易可以看出，为人父那种被潜
抑的自大是如何地传给孩子，
而在现实生活中，这似乎是一
种将此类潜抑感情表现的办
法。）小孩子之所以会在梦中
出现是由于他和那快死的人有
同样的瑕疵——容易把屎拉
在床单上，请用此眼光来将
Stuhlrichter（总裁判，字面意
思是"椅子"或"屎"的裁
判）和梦中所表露的要在自己
孩子面前表现出伟大和不受辱
的姿态加以比较。

圣母子　迪里克·包茨　1460～1465年　私人收藏

圣母玛利亚温柔地抱着她的儿子——耶稣，她和普天下所有的母亲一样，十分爱护自己的儿子。画中圣母子的形象即朴素又不失华丽，所以这幅画既含有精神境界又富于人性。玛利亚将这种潜抑人性中的光辉传给了耶稣，这与他成为人类的救世主不无关系。

5

下面我们将注意梦中所表达的判断，而不再管那些继续呈现于睡醒时刻，或是转入清醒时刻的判断。假如引用为了其他目的而录用的梦例，那么寻找梦例的工作就简单了，歌德抨击M先生的例子里面就包含许多的决断："我想找出其时间顺序，即使是不太可能的。"不管从哪个角度看，它好像都是批评这件荒谬的事——即歌德会去抨击这位与我熟悉的年轻人。"我看那时他大概只有18岁。"这句话虽然是出自愚弱的脑袋，但看来又像是通过计算的结果。而最后那句"但我不清楚现在是何年代"，好像是梦中不确定或是疑惑的范例。

所以上面这些句子看来就像是原发于梦中的决断。但分析结果显示，这些文字可以有其他解释，并且是解析该梦所不可缺少的，同时这又可澄清各种荒谬。这句话"我企图找出其时间顺序"使我置身于我朋友弗利斯的处境——他正想找出生命的时间顺序，如此它就失去了评定在它前面具有荒谬性意义句子的力量，插入的那句"虽然是不太可能的"则属于下面的"看来他似乎是……"在同那位女士谈论其弟弟个案的例子中，我几乎完全利用了这些精确的字眼。如"依我来看，这好像是不太可能"的观点——即他呼喊"自然！自然！"会与歌德扯上什么关系；而我认为这是更有可能的（这些字具有

你熟悉的一些性意义）。确实，在这个例子中，曾经表达的某种决断，不过是发生在真实生活里（而非在梦中）而被梦思记起来并加以利用。

在梦中，虽然数字"18"同决断的相连毫无意义，但它却是此决断从原来地方撕开来所留下的痕迹。最后那句话"我不清楚现在是什么年代"则只是为了加强我和这位瘫痪病人的仿同。我在为他做检查的时候，这点确曾被提及。

研究这些看来好像是梦的评论的结果，不过使我们记起此书前面所提到解析梦的原则，即我们必须把梦各成分之间的联系看成是无关紧要的，同时必须从每一个元素本身去探索其缘由。梦是一个凝合的整体，但在研讨的时候必须把它重新恢复成碎片。从另一方面来说，在梦中一定有个心灵力量在运作，而造成这些表面的关联，就是说将梦的运作连成的材料再度加以校正。这使我们面对另一种力量，我们将在后面讨论其重要性，并把它当作是构成梦的第四种因素。

6

下面又是一个我曾经引用的梦例，可作为"决断"在梦中运作的例子。在市议会寄来通知书的那个荒谬的梦中，我这样问："那么你后来是否接着就结婚了呢？算来我是在1856年出生的，好像正好是接下来的一年。这一切都蒙上一件逻辑结论的外衣。家父紧随其后，在1851年结婚；我当然是家中的老大，在1856年出生，所以说这些都是对的。"我们都知道这虚假的结论是为了愿望达成而设的，而主要的梦思是这样进行的："四或五年根本不是什么事，不值得去加以考虑。"这种逻辑式结论的每个步骤，不管其内涵或程序如何像是真的，均可认为这是在梦思中就决定好的。而我这位同事认为，治疗太长时间的病人自己决定要在治疗完后去结婚。梦中我和父亲的谈论就像是一种审问或考试的方式。这使我又想起大学里的一位教授，他常常用许多令人厌烦的问题询问选修他课程的学生："出生年月日？"——1856年。"父亲名字？"于是学生就用拉丁文说出父亲的教名。我们学生都想，此先生是否能从学生父亲的教名推衍出什么结论。所以梦中推衍出结论不过是一件推衍结论（梦思中的一件材料）的重复而已。我们由此学到一些新的东西。假如梦的内容出现一个结论，那毫无疑问必定是源于梦思；但它呈现的形式可以是一段回忆的材料，或者是以逻辑方式联结的一大串梦思。不过不管怎样，梦中的一个结论一定代表着梦思中的结论。

现在让我们再继续梦的解析。这位教授的询问使我想起大学生的注册名单（那时候是用拉丁文写的），并且又使我回想起自己的学术研究。攻读医学的那五年，对我来说是太短了，于是我默默地再多学习几年，所以熟人都把我当成是一个闲人，怀疑我是否能及格。于是我突然很快地决定要参加考试，并且通过了，虽然迟缓了些。下面是对我的梦思的新的加强，借助此梦思我能大胆地面对批评我的人："虽然由于我慢慢做而使你认为不可置信，但我仍会成功；我将使我的医学训练得到一个结果，过去的事情曾经这样子发生过。"

❧❦ 梦是什么 ❦❧

　　梦是一个凝合的整体，但在研讨的时候必须把它重新恢复成碎片。从另一方面来说，在梦中一定有个心灵力量在运作，而造成这些表面的关联，就是说将梦的运作连成的材料再度加以校正。

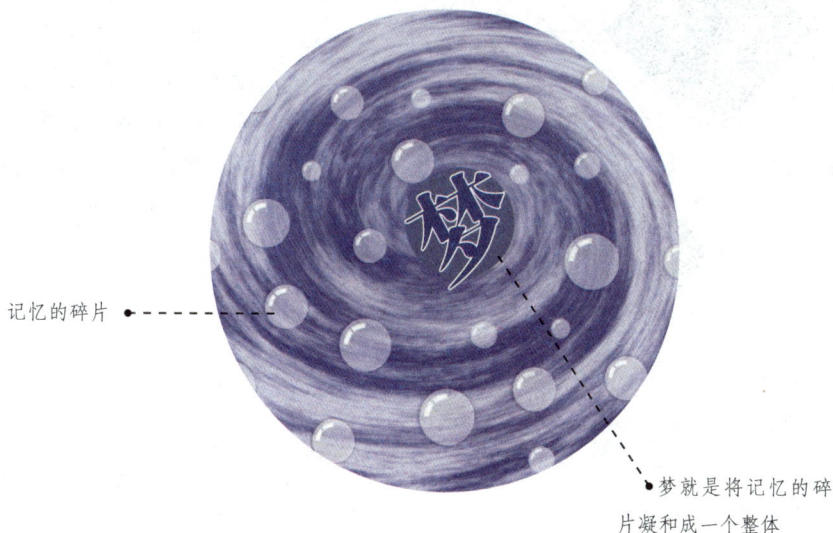

记忆的碎片

梦就是将记忆的碎
片凝和成一个整体

　　梦开头几句里面包含着一些具有争辩性的句子，这争辩不是荒谬的，甚至可能发生在清醒的时刻：我对市议会寄来的这封信感到很奇怪，因为在1851年我还没有出生，同时可能与此有关的家父已经去世了。这两个辩解不但本身正确，并且假如我真正接到这样一封信时，它们也会和我的辩解相吻合的。从前面的分析知道该梦是源于苦痛及嘲讽的梦思。如果审查制度的动机是非常强有力的，则梦的运作都是为了制造一些对存在于梦思的荒谬思想的完整与确实的反驳。而分析的结果却显示，梦的运作并不是那么自由的。它必须义务地运用从梦思得来的材料，这就像是一道代数方程式（除了数字外）其中包含着加号、减号、乘号、根号，而我们让一位不了解数学的人把它抄录下来，虽然各种符号和数字都抄下来了，但却把它们都混淆在一起了。梦的内容中的这两个辩解可追溯至如下的材料上。当我想到对心理症病人作心理学解释，所引用的前提有一次引起听众怀疑和嘲笑时，我感到很苦恼。比如说，我主张人生第二年的印象（有时甚至是第一年），会一直存在于那些后来发病者的感情生活中，而这些印象——虽然受到记忆的扭曲和夸张——却都造成歇斯底里症状第一个与最深刻的根基。而当我在此时向病人解释这一点的时候，他们用一种嘲弄的口气模仿着这新得到的知识，他们会准备去寻找一些他们还未活着时的记忆。而我的另一个发现——即父亲对其女儿最早期性冲动所扮演的角色（出人意料的）——也会被同样地看待。但是不管怎样，我觉得有足够的理由说明这些假设的正确性。为了证实这点，我想起几个例子——他们的父亲都在孩子很小的时候死去，而后来的事件证明，孩子潜意识中仍然保留着这位很早就去世的死者的影子（不这么想就很令人费解了）。这两个结论是建立在正确性将会受到考验的推论上，所以此乃愿望的达成——即在梦的运作中，利用那些我害怕会遇到考验的论点来导衍出不会被引起争论的结论。

7

在一个梦开始的时，梦者往往对突如其来的事物表示一种惊诧，对这种梦我至今还未认真地加以探索。老布鲁格叫我做一些非常奇怪的事，这和解剖我自己身体的下部（骨盆部和脚）有关。我好像以前在解剖室见过它们，却没有注意到我的身体缺少这些部分，并且没

算术构成 特奥·凡·杜斯堡 荷兰 1930年 布面油画 私人收藏

画中是连续出现的黑色正方形，与白色的背景形成了极为明显的透视效果。事实上，艺术家采用了一种简单的数学算法，每一正方形的边以及两正方形间的距离，都是前面正方形的一半尺寸。从这点看，艺术家似乎对建筑有浓厚的兴趣。

有丝毫可怕的感觉。N. 路易丝站在旁边帮我做。骨盆内的内脏器官已经取出，我们能够看到它的上部，现在又看到下部，二者是合起来的，还能看到一些肉色肥厚的突起（我在梦里想起痔疮）。一些盖在上面像是捏皱了的锡纸，我也小心地钩出来。而后我又再次拥有一双脚，在城镇里走动。但由于疲倦我坐上了出租车，使我惊奇的是，此车驶入一间屋子的门内，里面有一条通道，然后在快到尽头的时候转了一个弯，终于又回到屋外来了。最后，我与一位拿着我行李的高山向导走过变化无穷的风景。在路途中，因为顾虑到我疲倦双脚的缘故，他也曾背过我。地上满是泥泞，所以我们沿着边缘走。

人们像印第安人或吉卜赛人一样坐在地上——其中有位女孩。在此之前，从滑溜溜的地上一步步前进的时候，我一直有此惊奇的感觉，即经过解剖之后我怎么会走得如此好呢。终于，我们到达一间尽头开了一个窗的小木屋。于是向导把我放下来，并拿来两块预备好的宽木板架在窗台上，这样就可以跨越必须从窗子度过的陷坑。此时我真为我的脚担心。但我们并没有像预料中那样跨越过去，反而看到两位成年人躺在沿着木屋墙

壁而架起的板凳上，似乎有两个小孩睡在他们旁边，而小孩将使这跨越成为可能（而不是木板）。我起来的时候，感到非常害怕。

任何一位对梦的凝缩作用有一点概念的人都知道，要详细分析此梦是需要多少篇幅才够的呀。庆幸的是，我在这里只讨论其中一点，即作为"梦中的惊异"的例子，这体现在插入的句子"很奇怪"中。我们来研究这个梦吧。那位在梦中帮助我工作的N小姐曾经找过我，要我借给她一些书籍。我给她哈格德著的《她》，我对她解释说："这是一本奇怪的书，但潜藏许多意义"；"永恒的女性，我们感情的不朽……"她打断我的话，"我已经知道了。难道你没有自己的一些东西吗？""没有，我不朽的巨著还未写成。""那你何时出版你所谓最新的启示，并且我们都能看得懂的那本书？"她用一种讽刺的语气问道。那时我发现她是别人假借的发言人，所以就默而不语，我想即使只把自己对梦的工作发表出来也要付出极大的代价，因为我必须公开许多自己性格方面的隐私。

Das Beste was du wissen Kannst,

Darfst du den Buben doch nicht sagen.

（你所能知道最好的事，

你都不可坦白告诉小孩子们。）

梦里要我解剖自己身体的工作，是指我自己的梦例中所牵涉的自我分析，在这里布鲁格的出现很恰当，因为在我科学研究生涯的第一年里，我曾把自己的一个发现一直搁置到他坚持要我将其发表出来为止。但和N小姐的谈话所引起的思想串列进入太深而不能显现于意识，它们分散到提起哈格德的《她》所激起的材料里面去了。此评语"很奇怪"是用在这书上，还有该作者的另一本书《世界的心》。梦中的许多元素都源于这两本想象力丰富的小说。作者被背过泥泞地带，以及要用带来的宽木板度过的陷坑，来源于《她》这本书；而印第安人及木屋中的女孩则来自《世界的心》。这两本小说都和危险的旅行有关，并且向导都是女人。《她》描述一条很少人走过、神奇而冒险的道路，并被引入一个未被发现的地带。从我对该梦所做的记录来看，双腿的疲倦的确是白天所感觉到的。这疲倦也许带来一个倦怠的情绪和疑惑的问题："我的脚还能承载我

骨骼解剖学　公元1700年

这是一幅人类的骨骼图。他所保持的姿态依旧活灵活现，像一具活着的人体骨架。人们在梦中也会经常出现诸如解剖自己身体的下部（骨盆部和脚）的场景，这种场景似曾相识，但在梦中却没有丝毫可怕的感觉，也不会觉得自己缺少了这些部分。

屋子看起来像棺材 公元200~300年 工艺品

这座石棺在外形上看起来像一座小房子，这也是人死后尸体的存放处。这座石棺在外形上是矩形，盖子是以一片被扎牢的屋顶形式用交叠处理叶形的砖瓦。高约91.5厘米，长228.6厘米，宽99厘米。梦中的"屋子"即是暗示着棺材，即"坟墓"。

多久呢？"《她》冒险故事的结尾是：女主角（向导）不但没有替他人和自己找到永生，反而葬身于神秘的地下烈火中。这种恐惧无疑在梦思中活动着。那"木屋"无疑是暗示着棺材，即"坟墓"。但梦的运作却很成功地用愿望的达成来表现这最不希望达到的。由于我去过该坟墓一次，那是奥尔维耶托附近被挖空的伊特拉斯坎人的坟墓——一个狭窄的小墓室，靠墙壁有两个石凳，上面躺着两个男人的骨架。梦中的木屋里面，除了石室变成木制以外，看来和它没有两样。梦好像这样说："如果你一定要在坟墓中旅居的话，那么就让它是这伊特拉斯坎人的坟墓吧！"梦借着这置换把最悲惨的期待转变成非常希望的事。但不幸的是梦往往会把伴随着感情的概念颠倒过来，却又不能常常改变此感情，所以梦醒的时候我就感到"害怕"——虽然此观念很成功地呈现出来（即孩子也许会完成他们父亲所失败的事）。这暗喻着一本怪诞小说中所谓人的认同可以一代代流传下去，持续两千年之久。

8

另一个梦的内容也对梦中的经历产生类似的惊异。但这惊异却与一个深刻、牵强附会而又几乎是理智的解释相连，即使它不包含另外两个有趣的特征，我也要对它进行分析。我在7月18或19日晚上乘聚德班线火车，我在快睡着的时候听见："Hollthurn[1]到了停10分钟。"我立即想到棘皮动物——想到自然历史博物馆——这是勇敢的人类无望地对抗着统治他们国家的超越力量的地方——是的，奥地利的反抗改造运动——就像是斯地里亚或泰罗的某个地方。然后我隐隐约约地看到一个小博物馆，里面摆设着这些人的化石或遗物。我很想走下火车，但却犹豫不决。有携带着水果的妇人在看台上，她们用蹲在那里的姿势，邀请似的举起她们的篮子——我之所以犹豫不决是因为我不知道时间够不够，但火车仍然没有动——而后我又突然处身于另外一间房子内，里面的家具和座

---

[1] 这不是任何一个真实地方的名字。

位显得很狭窄，以至于背部直接抵触到马车厢的靠背，对此我感到很惊异，但我想自己可能在睡着的状态下换过车厢，里面有很多人，包括一对英国兄妹；墙上的书架上明明白白地排着一行书，我看到《国富论》及《物质与运动》。那个男人提起有关席勒的一本书，问她妹妹有没有忘记，这些书有时似乎像是我的，有时又像是他们的，为了证实或者支持前面的观点，我想加入他们的谈话……我醒来的时候全身是汗，因为所有的窗子都关上了，车正好停在马尔堡。

在记下此梦时，我又想起另一段梦来，这是记忆所想遗忘的，我与这对兄妹（英语）交谈，提到一件特殊的工作："这是从……"但接着自己纠正为："这是由……""是的，"那人和她妹妹说，"他说得对。"

该梦从车站的名称开始，我用Hollthurn置换了马尔堡（Marburg）。而在车长说"马尔堡到了"的时候，我就听到的事实可从梦中提到席勒而得以证实，虽然他的出生地马尔堡并不是斯地里亚的这个马尔堡。我此次旅行虽然坐头等车厢，但却很不舒服。火车挤得满满的，我那间小室里还有一对看来是贵族的男女，但却没有什么教养。或者我认为他们不值得伪装因为我闯入而引起的恼怒，我礼貌地打了个招呼，不过却没有得到回应，虽然两人是背向着火车头并肩坐着，但那妇人在我的注视下，快速用阳伞霸占住她对面那个靠窗的座位；门立即合上了，他们两个交头接耳议论是否要打开窗户。也许他们一下子就看出我想透一口新鲜空气的愿望。这个晚上很热，完全封闭的小室很快就使人有窒息的感觉。从旅行的经验来看，这种傲慢而无情的行为，只有那些享受半价或免费优待的人才做得出。当检票员走过来，我将花了很多钱买来的票交给他看时，从那女士的口中发出的声音傲慢、似乎是威胁："我丈夫有免费优待。"她有一种奸诈及不满足的外表，年纪距女性美丽的凋萎年龄已经不远；男人没有说一句话，只是坐在那里一动不动。我想睡一觉，在梦中我对令人不快的旅伴做了很可怕的报复；没有人会怀疑在梦的前半部支离破碎的表面下会隐藏着侮辱和轻蔑。当这个需求被满足后，下一个愿望就出现了——变换场景。各种景象在梦中迅速变化，并没引起丝毫反对，所以如果我从记忆中找出一些更可亲的人物来代替眼前这两位也是丝毫不会让人感到惊奇的。而在此案例中，某个东西反对将景色改变，并且认为要进行解释。为什么我会突然转到另一个车厢的小室呢？我不记得什么时候

埃贡·席勒

埃贡·席勒（1890.6.12～1918.10.31）是一位奥地利画家，师承古斯塔夫·克林姆，是20世纪初期一位重要的表现主义画家。他是一位铁路工人的儿子，但他从小就有优秀的艺术天才，具有艺术大师般的敏感性及丰富的情感。他的作品具有强烈的表现力，主题大多是描绘扭曲的人物和肢体，并且多是自画像。

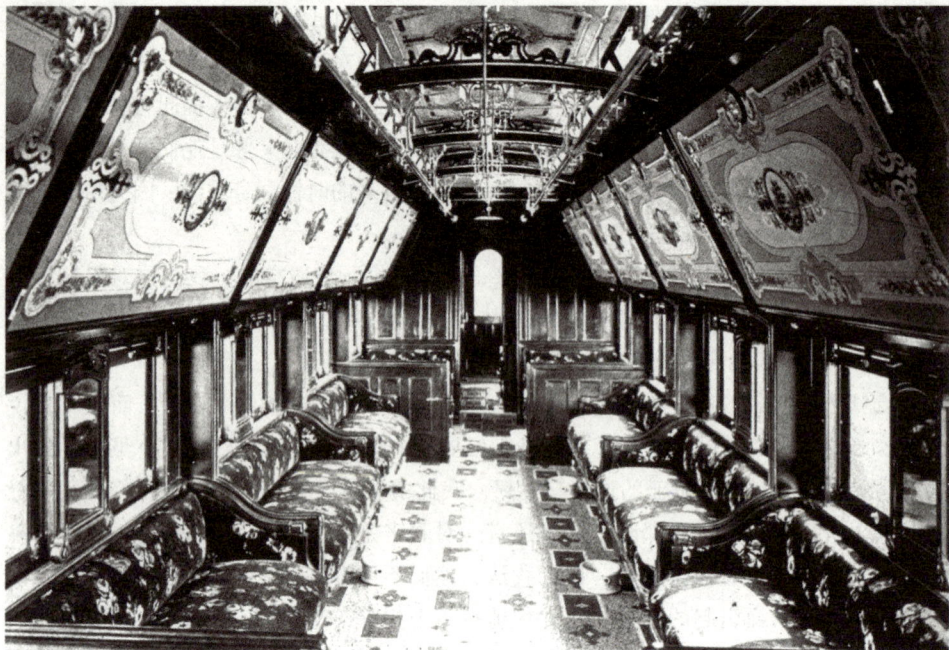

修饰一新的火车车厢 乔治·莫蒂默·普尔曼 美国

这是19世纪美国的火车车厢内部，当时，美国的铁路运输已经十分发达，但是由于大多数旅客的路途遥远，一般他们在车厢内要待上数天之久，所以，设计师为了不让旅行枯燥，便设计出这种带有地毯、华丽门窗以及舒适座椅的车厢。成为那个时代的"移动的豪宅"。

变换的。只有一种可能，即我一定在睡觉的状态下换过车厢——很少见的事，不过此类例子却在精神病患者中找得到。我们知道有些人会在一种蒙眬（半清醒半迷糊）的状态踏上火车旅途，没有任何迹象表现其不正常，不过直到旅途中的某个时候才突然清醒过来，并且对其中间那遗失的记忆感到惊诧，所以我在梦里宣布自己是"Automatisme ambulatoire"（无主漂游症——即一种歇斯底里症）的病人。

分析的结果使我发现另外一个答案，那个想要解释的想法不是我的意念——如果把它归为梦的运作所做的话，那么就太使我惊奇了——而是抄自一位心理症患者。在本书前面我提到一位受过高等教育，但在生活上是个心地善良的男人，在他父亲死后不久就一直不停地责备自己存在谋杀的意念，并为自己所采取的安全措施而感到苦恼。此乃强迫性思想症的严重病例，不过病人具有完全的病灶感。开始的时候，他一上街就注意（强迫性冲动）碰见的每一个人在哪儿不见，假如有哪一位突然脱离他的视线，他就觉得很苦恼，并且认为可能自己已经把他干掉了，这让他痛苦不堪。因此这里面藏着（除了别的以外）"凯恩幻想（Cain phantasy）"（凯恩，《圣经》上的人物，阿贝尔的兄弟，后来杀死了阿贝尔，也是谋杀者的意思），因为"所有的人都是兄弟"。因为他无法完成此工作（下手），所以只好把自己关在房间里，但报纸上却经常发布外面发生的谋杀事件，而他的良心就会不停地向他暗示，也许他就是那个被通缉的凶手。在前几个星期里，因为确定自己没有离开屋子使他得以免除这些指控。但有一天他想自己可能会在一种无意识状态下离开房间，所以谋杀了别人而不自知。从那时开始，他就把房子的前门紧锁，将钥匙交给管家，并再三地叮嘱，即使他向管家要，也千万不能让这钥匙落入他手。

这就是我想解释自己可能会在无意识状态下调换了车厢的缘故。这已经在梦思里做好了，直接套入梦的内容中的做准备即可，并且在梦中明显地要满足自己同该病人仿同的目的。我对他的回忆很容易就由一个联想连了起来，我前一天夜晚的旅行就是同此人一起过的。他已经痊愈了，然后与我一起去各省拜访他那些请我去的亲戚。我们两人占了一个包厢；整个晚上都开着窗子，我们谈得非常愉快，我知道对父亲的仇恨冲动就是他的病源——源自童年并且与性有关。借助与他的仿同，我承认自己有同样的冲动。而事实上，梦的第二部分以一种放纵的幻想结束。——因为这两人对我的不礼貌，而这又源于我的闯入使他们原先准备在夜里拥抱、亲吻的计划落空。此幻想还可追溯到孩童时期，那时也许为了性的好奇心，小孩子跑到父母房间去，而被父亲赶出来。

我想不用再描述更多的例子，它们只不过能证实我前面所说的罢了——即梦中的结论不过是梦思中原型的重现罢了。这种重现很不恰当，甚至插进一个很不相称的内容，不过有时就像我们最后这个例子所显示的一样，它运用得如此巧妙，猛一看，我们甚至会以为在梦中这是独立的心智活动，在此我们要注意虽然精神活动没有加入梦的建造，但却能够从不同起源而来的元素联合在一起，使其具有意义而不产生矛盾。在讨论此问题以前，我们首先要知道发生在梦里的感情，以及将它们与梦思的感情（由分析得知）进行比较。

八、梦中的感情

施特里克的细致观察使我们注意到，梦中的感情同梦的内容不同，在醒后它们不那么容易就被忘掉。"如果我在梦中害怕强盗，当然这强盗只是想象的，不过那种害怕却是真实的。"在梦中如果感到高兴也是一样。从感觉知道，梦中所经历的感情与清醒时具有相同强度的经历相比，是毫不逊色的；而梦确实更强烈要求将其感情包容到真实的精神经历中（而对其要求却没有那么大）。而在清醒时刻我们却不能将它如此包括在内，因为除非与某个观念联结在一起，否则我们是无法对感情进行精神上的评价。但如果感情同观念的性质和强度不能相配合，那么在清醒时刻的判断力就处于混乱的状态中。

我们的梦常常很奇怪，梦中的概念内容并不伴随着感情（而在清醒时刻，这念头一定会激起感情的）。史特林姆贝尔曾宣称梦中的意念不具有精神价值。但梦中还有一种

☙ 梦中的感情 ❧

梦中的感情同梦的内容不同，在醒后它们不那么容易就被忘掉。因为在梦中所经历的感情与清醒时的感情却是不相上下的。

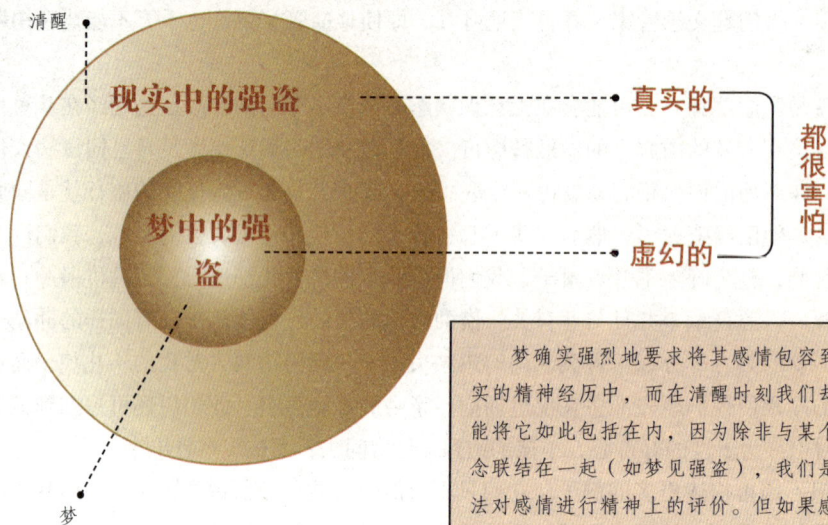

清醒

现实中的强盗 ┄┄┄┄┄┄→ **真实的**

梦中的强盗 ┄┄┄┄┄┄→ **虚幻的**

都很害怕

梦

梦确实强烈地要求将其感情包容到真实的精神经历中，而在清醒时刻我们却不能将它如此包括在内，因为除非与某个观念联结在一起（如梦见强盗），我们是无法对感情进行精神上的评价。但如果感情同观念的性质和强度不能相配合，那么在清醒时刻的判断力就处于混乱的状态中。

完全相反的情况，即一些看来很平淡的事件，却会引起强烈的感情波动。所以梦中的我也许处于一个可怕、厌恶及危险的情况但并不觉得感到恐惧；反而对一些无害的事却感到害怕，或者对一些幼稚的事感觉得意非凡。

不过这梦生活之谜在了解其隐意之后却很快地消逝了——比其他的更彻底。这么一来，它就不再存在了，因此我们不必再为这谜伤脑筋。分析的结果显示，意念的材料会被置换或取代，而感情却维持原状不变。所以我们对此现象不应再感到惊奇，因为经过改装之后的意念材料当然同那未曾改变的结果不再相符了；并且通过分析能把适当的材料放回原来的地位也就不足为奇了。

在一个受到审查制度影响和阻抗的精神情节内，感情是最不受到影响的。仅仅这一点，我们就可以获得如何填补那遗漏思潮的指向。对心理症病患来说，这要比梦来得更明确。虽然其强度会因为神经质注意力的置换而加以夸大，但它们的感情是适当的，至少就其性质而言。假如一位歇斯底里病人对一些琐细无聊的事情害怕而感到惊诧，或强迫性思想症的病患对一些不存在的事情感到困扰及自责而大感惊奇，说明他们都是迷失了方向，由于他们把这些意念——即那些琐事，或者不存在的事情当作是重要的；因为他们认为此意念是他们思想活动的起点（即病根所在），所以他们的挣扎也是不成功的。精神分析能使他们回归到正确的途径，让他们体会这些感情是应该的，并将那些属于它、已经受到潜抑，并为一些替代品所置换的意念找出来。所有这些的前提是，感情和意念内容之间并不具有那些我们视为当然的器质性连接，而这两个分离的整体不过是勉强凑合在一起，所以在分析后就能相互分离。由梦的解析的经验来看，事实的确是这样。

下面我要用一个梦作为开始，虽然梦的意念显示梦者应当有感情的激动，而事实却相反，但分析却能解析这一切。

1

她在沙漠中看到三只狮子，其中一只对着她大笑，虽然后来她一定要逃避它们，但她并不感到害怕。因为她正尝试着爬上树，却发现她的表姐（妹）已经在树上了……

分析引出以下事实，梦中的"不为所动"源于英语中的一句俗语："鬃毛是狮子的饰物而已。"她的父亲留着一道胡须，围在脸上就像狮鬃一样。她的英语老师的名字是莱昂斯（lions=狮子）小姐。一位朋友寄给她一份Loewe（德语，狮子之意）的民谣集。此乃梦中那三只狮子的来源，那么她为什么怕它们呢？——她阅读过一个故事，叙述的是一个黑人听信同伴的怂恿而起来叛乱，结果被猎狗追赶，不得不爬上树逃命。而后她在一种激动的情绪下说出自己一些断残的记忆，如《怎样捉狮子》："选取一片沙漠并筛选，那么狮子就会留下来了。"还有一则关于某官员非常有趣的逸事，但没有太多人知道：有人问他怎么不去钻营讨好上司，他回答道，"他已经在上面了"。于是，整个梦就可以理解了。我们了解到她在做梦的那一天到丈夫上司那儿去拜访。他对她很有礼貌，并且吻她的手而她一点也不怕他——虽然他在那个国家的首都是"社会头面人物"，并且是个大块头。所以，这只狮子就和《仲夏夜之梦》中那个暗藏着的让每个人都舒服的狮子一样了。所有那些梦见狮子而不害怕的梦都是这样的。

2

我的第二个例子是，一位年轻女孩看到她姐姐的孩子死了，躺在小棺材里，但她却丝毫不感到悲伤。通过分析我们可以知道，梦者只不过是想利用这个梦来伪装自己的欲望（想再见见她所爱的男人）而已；其感情必须与愿望相符合，而不是配合这一伪装，所以她不必悲伤。

在某些梦例中，感情和取代了感情所附着原先材料的意念仍然有相关之处。但在别的梦中，二者的分歧却变得很大。感情同它那归属的意念完全脱离了关系，却在梦的另一部分出现了，并与新组合的梦的元素相配合。但梦中的结论也许置换到另一个不同的材料上。这种置换常常是根据对偶的原则。

我将用下面这个例子来说明最后这种可能。这是我分析得最详尽的一个梦例。

3

原本一座靠近海洋的城堡，后来，它不再直接坐落在海上，而是位于一个连通到海的、狭窄的运河上。P先生是城堡的主人。我和他一起站在宽敞的招待室里——开着三叶窗，前面是一道墙的突起物，就好比城堡上的齿状突起。属于驻守军团的我，也许是一位志愿海军军官。因为处在战争状态下，所以敌人海军的来临令我们害怕。P先生想要避开风头，所以提示我，如果害怕的事情终于来临时应该如何处理。这危城内还有他那残疾的妻子和孩子们。他说如果轰炸开始时，大厅应当加以肃清。他呼吸转重，转过身来想走；但是我抓住他，问他如果需要时，如何才能和他联络。他说了一些话，不过却立刻跌在地上死去了。一定是我的问题加了他一些不必要的刺激。在他死后（对我一点影响都没有），我考虑到他的遗孀是否要留在城堡内；或者我是否要将他死亡的消息报告给更高的统辖当局；或者我是否要代他统治此城堡（因为我的地位仅次于他）。我站在窗前，望着那些航行着的船只通过。都是一些商船，急速地划过深色的水面，一些具有几道烟囱，有些则具有鼓胀着的甲板（仿佛在起始的梦中那个车站建筑一样——不过并没有在这里报告），然后我兄弟和我一起站在窗前，凝视着运河，只要看到某一艘船我

哈德森港之战

深蓝色的水面，船的快速航行，烟囱上的褐色烟——这一切组合成一种紧张而不祥的景象。画面中描绘的是联邦海军上将法拉格特率领战舰在密西西比河上炮轰邦联在路易斯安那州的哈德森港。

们便害怕而大叫道："战船来啦！"不过结果却是一艘我知道要回航的船。然后就是一条小船，以一种滑稽的方式穿插到中间来。它的甲板上可以看到一些奇怪的杯形和箱形的物件，我们一齐喊道："那是早餐船！"

深蓝色的水面，船的快速航行，烟囱上的褐色烟——这一切组合成一种紧张而不祥的景象。

梦中的地点是由我几次到亚得里亚海滨（以及米拉马雷、杜伊诺、威尼斯、阿奎莱亚）的印象结合而成的。复活节假期，我和兄弟去亚得里亚海滨游玩的印象仍旧很深刻（做梦的前几个星期）。此梦也暗示着美国和西班牙之间的海战，以及战役带给我的焦虑感（关于我美国亲戚的安危）。

梦中有两个地方应显露着感情。一处是应有感情激动却没有发生，反而将注意力集中在城堡主人之死"对我一点影响都没有"。在另一处，我认为自己见到战舰非常害怕同时感觉整个睡眠都被恐惧所笼罩。在这个结构完整的梦中，感情配置得非常好，以致没有产生明显的矛盾。我没有理由要因为城堡主人之死而感到畏惧，不过在变成城堡的统帅后，却要因为见到敌人的舰队而感到害怕。分析显示P先生不过是我自己的一个替代物而已（在梦中反而是我替代了他）。其实我应该是那个猝死的城堡主人，梦思中唯一烦扰我的是关于我早死后家庭的未来状况。所以害怕必定是和它分离而和见到战舰的情节相连在一起。另一方面，和战舰有关的那部分梦思却是由最令我高兴的回忆中得来。一年前一个神奇而美丽的白天，我们在威尼斯一起站在我们那位于斯拉沃尼亚河的房子窗前，望着蔚蓝色的水面，那天湖上的船只来往穿梭，我们期待着英国船只的到来，并且准备了隆重的欢迎仪式。突然我太太像孩子般快活地大喊："英国的战舰来啦！"梦中我因为这些相似的字眼而感到害怕。（这令我们再度发现，梦中的言语是由真实生活中衍生而来的；我将在后面说明我太太所喊的"英国"为什么也逃不过梦的运作。）因此，在把梦思转变为梦的显意的过程中，我把欢悦转变为惧怕，我只需要稍微暗示一下，各位就会明白变形本身就可表达出梦的内容的隐意。这例子也证实了梦的运作能够随意地把感情与梦思原来的联系切断，并在显意中经过某个选择的地点将它介绍出来。

下面来稍微详细地分析"早餐船"的意思，梦中它的出现使原先颇为合理的情况变成无意义的结论。当我对梦中这物像加以仔细地观察时发现这船是黑色的，同时因为中间最宽阔的部分被切短了，所以它的形状和那组存放在伊特拉斯坎城的博物馆里，吸引我们的物件极为相似。那是一些方形的黑色陶器，有两个把柄，立着看来像是装咖啡或茶的杯子，有点像今天我们所用的早餐器具。经过询问后，我们知道这是伊特拉斯坎女人所用的化妆用具，上面有些容器可以存放粉末和化妆用具。我们还开玩笑地说，把它带回家送给自己太太是个很好的主意。因此，梦中这个物像的意义即是黑色的丧服（black toilet，因为toilette＝衣服），意指死亡。另一方面这物像又使我想起那些装载着死尸的船〔德语Nachen，由希腊文Vεxus衍生而来（意即死尸）〕——早些时候人们把尸体装在船上，让它漂浮在海面上并葬身其中。这和梦中船只的回航相关联：

《夏洛特小姐》 1861年

这幅照片是罗宾逊情节摄影的代表作之一，是根据艾尔弗雷德·丁尼生勋爵同名诗篇里的故事情节拍摄的。在诗中，夏洛特小姐被关在塔里，过着离群索居的生活，只能从她的镜子里看人生。但当她看到英俊的兰瑟洛爵士骑马经过时，再也不能自持，开始转过身来面对现实，结果她立即死去。画面上表现的正是垂死的或死去的夏洛特小姐在优美的风景里随波逐流，是那样平静、优雅，仿佛在做着一个美梦。

"Still, auf gerettetem Boot, treibt in den Hafen der Greis."

（安全的在船上，老人静静地驶回港口。）

——《生和死寓言》的一部分，席勒作。

这是该船失事后的回航〔德语"Schiffbruck"的字面意思即"船破（hipbreak）"〕——而早餐船刚好在中间被切短了，但"早餐船"这名字又源自何处呢？它是源自"战舰"前漏掉的"英国"。英语早餐（breakfast）意即打破绝食（breaking fast）。这打破（breaking）和船的失事（ship wreck—ship break）又连接在一起，而绝食（fasting）和那黑色丧服或toilette也是相关联的。

但是早餐船这名字还是梦中新造的，这使我想起发生在最近一次旅程中最快乐的一件事。因为不放心阿奎莱亚提供的餐食，所以我们预先由格尔茨带来一些食物，并且从阿奎莱亚买到一瓶上好的伊斯特里亚酒，当这小游轮由德尔梅运河慢慢地经过空阔咸水湖而驶向格拉多的时候，我们这两位仅有的旅客，在甲板上兴高采烈地吃着早餐，我们从来没有吃过比这个更痛快的早餐了。所以，这就是"早餐船"。在这美好回忆的背后正潜藏着对神秘而不可预测的未来所具有的担忧。

　　梦形成中一件最明显的事实就是感情与其直接联系的解离，不过这并非是梦思转为梦的显意的过程中唯一或最重要的改变。如果将梦思的感情和梦中那些相比较，那么我们立刻就会发现一件很明显的事实。无论什么时候，梦中的感情都可以在梦思中找到。不过反过来却不成立，通常因为经过种种处理后，梦中的感情已经远离原先的精神材料。在重新把梦思构建的时候，我经常发现最强烈的精神冲动，一直挣扎着想出头，与一些和它截然不同的力量相抗衡。但是再回看它在梦中的表现，却发现它往往是无色的，没有任何强烈的情感。梦的运作不仅把内容并且把思想的感情成分降低到淡漠的程度。也就是说，梦的运作造成感情的压抑。譬如说，那个关于植物学专论的梦（见第五章）。真正的梦思是那想要依照自己的选择去自由行动以及按照自己（只是我自己而已）认为是对的想法来导引我生命的冲动的感情需求。但是由这个梦衍生而来的却不是这么说："我写了一本关于某种植物的专论；这本书就在我面前，它有彩色的图片，每一图片都附着一片脱水的植物标本。"这好比是由一个满目疮痍的战场所换来的和平，没有任何迹象显示曾经发生过的斗争。

　　而有时却不是这样，有时活鲜鲜的感情会进入梦中；但首先我们要考虑这样的事实，即许多看来是淡漠的梦，在追寻其梦思时却具有深厚的感情。

　　我不能对梦的运作将感情压抑的事进行完全的解释。因为在这样做以前，必定先要对感情的理论以及压抑的机转加以详细的探讨（见第七章），所以我只想提到两点。我被迫（因为别的理由）如此想，感情的发泄是一种指向身体内部的远离心的程序，与分泌及运动作用的神经分布相似。就如睡眠时，运动神经冲动的传导受到限制一样，潜意识唤起远离心的感情发泄在睡梦中或许也变得困难。在此情况下，梦思的感情冲动就变得软弱，因此在梦中显露的也不会是更强烈的。根据此观点来看，"感情的压抑"并不是梦运作的功能，而是由于睡眠的结果。这也许是真的，但却不是完全真实的。我们应该注意，任何十分繁杂的梦都是各种精神力量发生冲突后相互协调的结果。架构成意愿的思潮必须对付那阻抗的审查机构；而另一方面，我们都知道潜意识的每一个思想串列都带有某种感情，所以这样想就不会错到哪里去；即感情的压抑是各种相反力量相互制约及审查制度压抑的结果。所以感情的压抑是审查制度的第二结果，而梦的改造才是第一结果。

　　下面我将提到另一个梦，那种淡漠的感情可以用梦思中的反面对抗来加以解释。此梦很短，不过一定会让各位读者感到厌恶。

4

　　一个小丘上面，有一个看起来像是露天的抽水马桶；一个很长的座椅的尽头有个洞。它的后边满满地堆着许多大小不同和新鲜度不同的粪便。座位的后面是灌木丛。我对着座位小便；长长的尿流把所有的东西洗净；粪堆很容易被冲掉，跌入洞中。不过好像后来还有什么东西留下来。

为何在此梦中我一点也不觉得厌恶呢？

因为分析的结果显示出这个梦是由一些最令人满意、最惬意的思潮所造成。我立刻联想到赫拉克勒斯清扫的奥吉亚斯牛圈，而这个大力士就是我。小丘及灌木丛来自奥塞，我的孩子正在那里。我已经发现心理症来自孩童时期，所以能预防他们不患这种病。那个座位（除了那个洞以外）上的一位女病人因感激而送给我的一件家具，后来又使我想起很多病人曾夸奖我。的确，即使是那个和人类排泄物有关的古老设施也可以说成是一种快慰。不管在真实中我是何等讨厌，在梦中它则暗示着一些大家都熟知的事实，即意大利小城镇的马桶全是这个样子的。那道把什么都冲净的尿流，无疑是个伟大的象征。这是在《小人国游记》内，格列佛用来熄灭里里普特的大火——尽管这使小人的皇后对他产生厌恶感。还可联想到拉伯雷的超人卡冈都亚跨越巴黎圣母院，用尿来喷射城镇以报复拜火教徒的典故。在做梦的前一个晚上，我才翻阅了尼尔对拉伯雷著作所做的插图，奇怪的是，另一件事可作为我是超人的证据。巴黎著名的巴黎圣母院是我喜爱的场所；每个闲暇的下午我都在该教堂那布满着怪物与魔鬼的塔宇爬上爬下。而尿流使粪便很快消逝又使我记起这个座右铭来："他一吹，它们就散了。"日后这句话将被我作为一章关于歇斯底里症治疗方法的篇名。

现在让我们探讨有关此梦令人激动的原因。这是个闷热的夏天下午；黄昏时刻我会讨论有关歇斯底里症以及行为偏差的关系，我所说的一切都令我不满，并且似乎是毫无意义的。我很疲倦并且对这艰苦的工作感到毫无兴趣；心里一直希望赶快结束这关于人类污垢的唠叨，早些和孩子们一起去游览美丽的意大利。就在这种情绪下，我由课室走

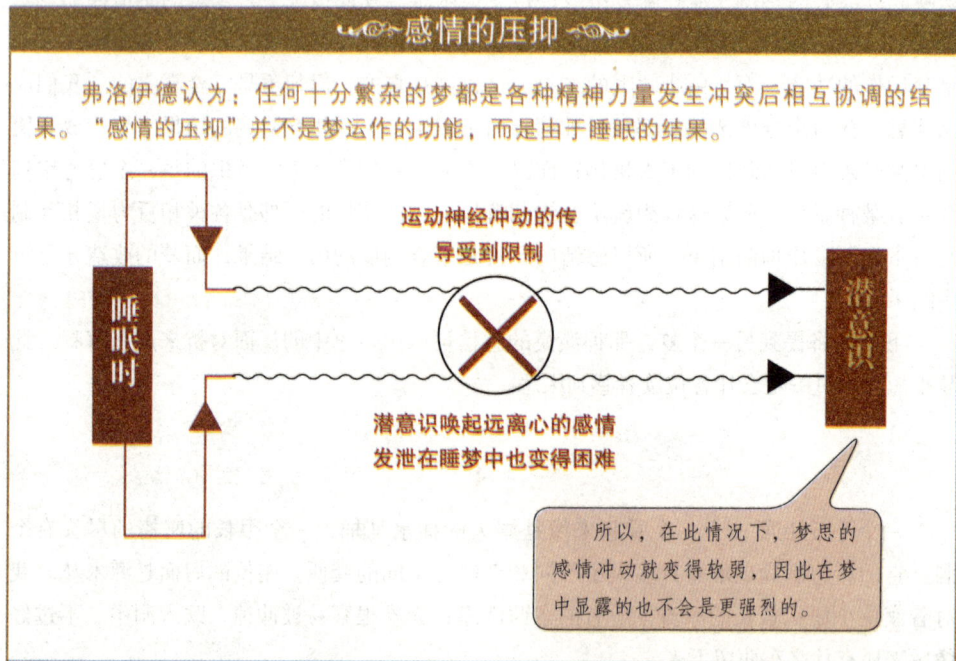

❧ 感情的压抑 ❧

弗洛伊德认为：任何十分繁杂的梦都是各种精神力量发生冲突后相互协调的结果。"感情的压抑"并不是梦运作的功能，而是由于睡眠的结果。

运动神经冲动的传
导受到限制

睡眠时

潜意识

潜意识唤起远离心的感情
发泄在睡梦中也变得困难

所以，在此情况下，梦思的感情冲动就变得软弱，因此在梦中显露的也不会是更强烈的。

到咖啡馆，由于我没胃口，就在露天吃一些小吃。但是一位听众跟来坐在我旁边，要求我喝咖啡吃卷面包，然后他就开始说一些谄媚的话；说他从我这里我学到了许多东西，说他如何以新的眼光来观看事物，以及我关于心理症的理论如何洗净了他那有奥吉亚斯牛圈似的错误与偏见。简而言之，他夸我是个伟人。我当时的情绪对这种赞扬丝毫没有兴趣，于是我一直和自己的厌恶感挣扎，想提早回家以便摆脱他；在入睡前我曾翻阅拉伯雷的画页和梅耶的短篇小说《一位男孩的哀愁》。

这即是此梦形成的材料。而梅耶的短篇小说更勾起我童年的一幕（见第五章　有关都恩伯爵的梦）。白天情绪的急变以及厌恶之情已经延续进入梦中，并且提供显意的整个材料。但在夜晚，一个相反而且强有力，几乎是夸张式的自我肯定的情绪置换了前者。于是梦中必须找到一种形式来同时表达出自惭形秽以及夜郎自大的妄想。这模糊不清的梦的内容便由二者的妥协而造成；但由于两个相反的冲动相互中和的结果，同时也形成一种淡漠的情绪。

根据愿望达成的理论，如果在这厌恶的情绪中没有自大的妄想发生的话，那么此梦注定是无法产生的（它虽然受压抑，但却具欢愉的调子）。除非它同时具有一种满足某个愿望的伪装，否则没有任何令我们困扰的梦思可以进入梦境。

除了把它们转变或减少到零以外，梦的运作还有另一种处置梦思中感情的方法——把它们变得刚好相反。我们已经相当熟悉解析梦的规则——在解析时，梦中每一个元素都很可能代表相反的意义，其机会是和显意相同的，我们事先并不知道它是这个意思或者刚好相反，只有通过梦的内涵才能确定。因为释梦的书常常采用"梦的意义与其显意相反"的规则，所以一般人会怀疑它的真实性。之所以能把事情转变为反面的事实，是因为在脑海里，某件事与其对偶总是很密切地相关联着。就像其他类型的置换一样，这种转变能够通过审查制度的检验，不过通常却是愿望达成的产物，因为愿望达成本来就是以其反面来置换一件不愉快的事情，就像概念能以反面呈现于梦中，梦思的感情亦然；而这种感情的倒换似乎常常由梦的审查制度来完成。我们可以用大家最为熟悉的社交生活作为梦的审查制度的类比，因为在此种场合中我们也会利用压抑以及相反的感情达到伪装的目的。如果我与一位需要毕恭毕敬的人物谈话（而我又想说些对他有敌意的话），那么我必须要掩饰这些感情，并且缓和我的语调。如果我说着一些很礼貌的话语，但表情或姿态却泄露出恨意与轻蔑，那么后果和在他面前公开表露敌意没什么区别。因此审查制度使我的感情被压抑着，即如果我是伪装的专家（所谓玉面狐），那么就能装出相反的感情——在愤怒的时候微笑，在充满毁灭欲望的时候装成深具感情的样子。

关于感情以相反形式显现的例子前面我们已经看过一则。就是那个梦见我叔叔长着黄色胡子的梦（见第四章）。梦中我对朋友R先生具有深厚的感情，而在梦思中却认为他是个大傻瓜。由这个梦中把感情倒换的例子可以导引出审查制度存在的可能。但我们不需要假设说梦的运作凭空造出这种感情的；因为它们早就存在于梦思中，而且通常是招手即来，基于一种由防卫动机而来的精神力量，梦的运作只不过是将它们加强，直至能在梦的形成中独当一面。在这个有关叔叔的梦中，那个相反的显意，即丰厚的感情也许来自孩童时期（在梦后面部分暗示着），因为据我孩童最早期以及特殊的经历来看，我所有的友谊与仇恨的来源便是叔叔与侄儿的关系。

弗伦茨记载过一个关于此种相反感情的好梦例：一位老绅士半夜被太太叫醒，因为他在睡眠中毫无拘束地大笑。然后这人就讲述了以下的这个梦：我躺在床上，一位我认识的绅士走入房间。我想把灯开亮，但办不到。经过一次又一次地尝试，仍不成功。然后我太太从床上下来帮助我，但她也办不到，由于穿着暴露在外人面前觉得不好意思，所以她很快放弃了尝试而回到床上。这一切是如此可笑以至于我禁不住大笑。我太太问："你笑些什么？你笑些什么？"但我还是一直大笑不停，直到醒来——第二天，这位绅士觉得很忧郁，同时又有些头痛；他认为是因为自己笑得太多而使他不安的缘故。

分析起来，这个梦似乎并不是那样好笑。那位进入房间的绅士由梦的隐意来看是死亡，那"伟大的未知"的意象——一个前一天在他脑海中浮现的意念。因为这位老绅士患有动脉硬化症，所以在那天想到死亡。而不可抑制的大笑则置换了那由于他必须死亡而带来的哭号与啜泣，他怎么也不能扭亮的是生命之光。这忧郁的思想和他入睡前尝试的性交有关，他尝试做，不过却失败了。尽管太太宽怀而谅解地协助他，但他知道自己已经走下坡路了。而梦的运作成功地把性无能和死亡的忧郁以一滑稽的景象表达出来，并且变哭泣为大笑。

有一类特别的梦，是愿望达成定理的重大考验，可称之为"伪君子"，这是在"维也纳精神分析协会"上希尔弗丁女士提供罗泽格尔的梦后，才吸引了我的注意力。

罗泽格尔在"你被解雇了"记下这一故事：

"尽管我睡得很熟，但很多晚上我都不能好好地休息——虽然我的生涯是学生以及文学家，但好多年我却拖拽着一个不能解脱的裁缝生活的影子——像一个无法解脱的鬼影一样。"在白天，我并不会或者强烈地想到过去。就像剥去野蛮人的外皮而想轰轰烈烈干一番事业一样，我这位充满干劲的年轻人也不会去想到关于自己晚上的梦。只有在我养成思索的习惯后，或者是我身体内野蛮人的本性开始稍微肯定它的存在时，我才发现只要做梦，我就是一个裁缝伙计，长期在师傅的店里工作而没有薪水。坐在他身边缝纫熨烫服装时，我很清楚自己不再属于这里。因为成为中产阶级后，我还有很多其他的事情要做，但梦中我老是在假期中，老是出外旅行，而且坐在师傅旁边帮忙，我老是觉得不舒服，后悔浪费太多宝贵的时间，而这些时间也许可以有更好的用途。如果布料测量或剪裁得不太准，就要挨师傅的骂。但从来没有提到薪酬的问题。弯腰站在黑暗的店里时，我常常想写个报告来告假。有一次我办到了，不过师傅毫不在意，然后我再次坐在他的旁边缝着衣服。

"在这些辛劳的工作之后，我醒来的时刻是如此地快乐！这持续不断的梦不是由我自己决定的，如果再发生的话，我要狠狠地把它甩开并说：'这不过是错觉而已，我正躺在床上，我要睡觉。'……但第二个晚上我又再度坐在裁缝店里。

"于是这个梦继续了好几年，而且很有规则地发生着。有一次我和师傅在阿尔佩霍夫的家（这是我第一次当学徒时所寄住的农夫家）工作，对我的工作师傅感到特别不满意。'我想知道你的脑筋开溜到哪里去了？'他严厉地叫道。我想最合理的反应是站起来告诉他，我工作只是为了让他高兴，然后离开他，但我没有那样做。当师傅叫另一个学徒过来，命令我挪开让他坐下来时，我并没有反对而是默默地移到角落去缝纫。同一天，另一个职工，一位狡猾的伪君子被聘请——他是一个浪荡鬼——19年前曾在我们这里工作，但有一次由酒馆回来却掉入湖里。当他要坐下来的时候已经没有空位了。我带着询疑的眼光紧盯着师傅，而他向我这么说：'你对裁缝没有天分；你可以走了，从今往后，我们一刀两断互不相识了。'我确实被吓住了，以致醒了过来。

"灰色的晨曦经由窗户照入我熟悉的房间来，各种艺术的著作围绕着我；我那漂亮的书架上立着永恒的荷马、伟大的但丁、辉煌的歌德、无可超越的莎士比亚——都是光耀灿烂的不朽人物。隔壁房间传来孩子醒来和母亲玩乐的声音。我觉得自己仿佛又重新体会到一种田园诗般的甜蜜、和平而有诗意的精神生活。这是我一直深深迷恋的快乐。不过令我感到不痛快的是，不是自己提出辞呈，而是被师傅炒了鱿鱼。

"我是多么地奇怪呀！自从梦见被辞后，我就再度享受着宁静，因为不再梦见过去那难挨的裁缝生涯了——这真实而朴素的生活确是令人愉快的，不过在我后来的生命中却投下了很长的阴影……"

在这梦的系列中（梦者是个作家，小时候是个裁缝伙计），我们很难发现愿望的达成。梦者的快乐全部来源于他白天的生活；晚上做梦时，他再度回到他无法挣脱的不愉快的生活中去了。我自己有一些相类似的梦，所以我对此问题有些微了解。当还是个年轻医生的时候，我有很长一段时间在化学研究所工作，不过始终没能学好这门科学所要求的技巧，所以在清醒的时刻，我一直不愿忆起这乏味以及丢脸的学习生活。但我却一直梦见自己在实验室工作、分析以及做其他种种事情。这些梦与考试的梦一样不好受而且也不明确。当分析其中的一个梦时，我终于注意到"分析"这个词——使我找到这些梦的钥匙。自从那些日子开始我就是个分析家，而我目前做的正是一些被赞许的分析工作，当然事实上是精神分析。于是我发现：如果我对早上的分析工作感到骄傲，并且吹嘘自己是如何成功，那么晚上做的梦就会提醒着另一件——即我那份没有理由感到骄傲的分析工作，这是个对奋斗成功者惩罚的梦，就像那位裁缝伙计变为名作家后所做的梦一样。但是为何梦会自我批评，为何会削弱自己奋斗成功的骄傲，呈现合理的警告而不是强蛮的愿望达成呢？就像我前面说过的一样，这问题的解答是困难的，我们也许可以这样分析，可能是一种夸张而野心勃勃的幻想造成这种梦的基础，不过后来这泼冷水的思潮却将其取而代之了，我们不可忘记心灵中的被虐的冲动，这也许造成了此种相反。我不反对将这些梦命名为"处罚的梦"，这样可以和愿望达成的梦分开，我想这与我前面所提的各种理论并无冲突，只不过是语言上的一些缺憾致使我们觉得两个相反的极端

弗洛伊德与玛莎的结婚照 1886年

弗洛伊德与玛莎结婚的时候，他正好处在医学生涯最为忧郁以及最不成功的时期，那个时候他没有任何职位，也不知道该如何赚钱谋生，但玛莎还是和他结婚了。对弗洛伊德来说，婚姻对他至关重要，玛莎是一位和他共同度过许多困苦生活的女人。

会合在一起比较奇怪。通过对这种梦的彻底研究，使我们又发现了另一个元素。在我关于实验室的许多梦当中，有一个背景含糊，并且我又恰好处在医学生涯最忧郁以及最不成功的年龄。我没有职位，并且不知道要如何赚钱谋生，不过却发现我有几个可以选择的结婚对象。于是我就再度年轻，而且她也年轻了——这位和我共度许多年困苦生活的女人。因此，一个一直向老年人内心唠叨的愿望变成了潜意识的梦的煽动者。这种心灵上的虚荣与自我批评之间的矛盾决定了梦的内容，不过只有那深埋的想变得年轻的愿望才能使这冲突成为梦。即使在清醒时刻我们有时也会这样对自己说："今天一切事情都很顺利，而以前那些日子则是苦不堪言。但这都一样，因为那些时光是美好的——那时我还年轻。"另一类我常常遇到并且认为是虚伪的梦，其内容往往是断绝与友谊者的和谐交往，这些梦例的分析都显示一些使我和他们断绝来往或成为敌人的事件。不过梦中却描绘成完全相反的关系。

就作者或诗人记忆下的梦来说，我们可以知道那些他们认为是无关紧要或者是分散注意力的梦的内容一定会被省略掉。因此这些梦的解析对我们来说乃是一大难题，但是只要他们把那些内容填补后问题就迎刃而解了。

兰克曾向我指出格林童话中《勇敢的小裁缝》同样属于奋斗成功者的梦。那位裁缝成为英雄后，被招为驸马，有一天晚上他梦见过去的手艺，那时他正躺在他太太（公主）的身旁。于是公主起了疑心，第二晚吩咐武装的守卫躲在能够听见梦者呓语的地方，准备将他逮捕，但小裁缝事先受到警告，因而得以改正他的梦。

需要经过复杂的程序，如删除、减轻及倒反才能使某种梦思感情转变成梦中所呈现的感情；而这种程序在经过完全分析后合成的梦例中能够被辨认出来，下面我将要再引用一些感情的梦的例子，以期证实这些说法。

5

如果我们再回溯到那个奇怪的梦，即关于老布鲁格让我解剖自己骨盆部的梦（见第六章）。我们不难发现，在此梦中我缺少这种情形下所应有的害怕的感觉。从很多方面来说这都是一种愿望的达成，解剖即指我在这本关于梦的书中所进行的自我分析——这工作在真实生活中对我有极大的困扰，以致我迟延了一年以上没将它出版。然后想到这个不是滋味的感觉也许可以被我克服，因此造成我在梦中不害怕的感觉。我也很高兴不再变为灰色。我头发已经长得够灰了，这是警告我不能再迟延下去。在梦的结尾，那种要求我小孩完成艰苦旅途的目标乃得以表现出来。

下面我们再来讨论两个清醒之后感到满足的梦例。第一个梦例感到满足的理由是期望，"乃是我所谓的'曾经梦见这个'的意义，而其满足的是我的第一个孩子的诞生（见第六章）。第二个梦例中感到满足的原因是我确认某些预期的事件终于变成事实了，而实际所指与前个梦例相似！这是我生下第二个孩子的满足（见第六章）。在这些梦例中，梦思中的感情持续到梦中；但是我们可以确定地说，梦中的事情是不会如此简单的。如果对此二例加以更深地分析，我们不难发现这个逃过审查制度的满足受到另一来源的加强。这另一个来源有理由害怕审查制度，而其伴随的感情，如果表面不用一些相似而合理的满足（来自一些被核准的源流）来掩盖，而将自己置身于其护盖之下，无疑是会遭受阻抗的。"

不幸的是在这些梦例中我不能说明这一点，不过来源于生活另一部分的例子可以使这意义变得清楚。有一位我很反感的熟人，每当他

弗洛伊德的儿女们 1899年

弗洛伊德曾经说过："我的儿女们，才是我的光荣和财产。"这张照片里的孩子都是弗洛伊德的子女，他一贯坚持对儿童性意志的培养，因为儿童也是具有性生活的人。这张照片是1899年在贝希特斯加登的留影。

发生什么不幸的事，我都会有一种很快乐的倾向。但我性格中的道德部分却不允许这种冲动得逞。我不希望他倒霉，而每当他遇到一些不应当得到的厄运时，我尽量压抑着自己的情感，强迫自己表露出歉意和同情。每个人一定会在某个时候遇到过我这种情况。不过后来却发生了一件事，这个我讨厌的人做了一件坏事而得到了应有的惩罚，这时我和其他公正无私的人具有同样的意见，并因此事而满足，不过因为受到别的来源支持（由我的憎恨），我发现自己的满足要比别人来得更强烈。虽然直到那个时刻前一直受到审查制度的阻止，但在这改变的情况下，它仍然可以随意奔驰。在社交生活中，被嫌恶或者是不受欢迎的少数人如果犯了过错，受到此种待遇的情况时有发生，他们所受到的处罚通常在应得之外会再加上那恶意，而这种感觉在以前并没有产生什么后果。那些处罚他们的人无疑是不公正的，但是因为那长久的压抑消除后所获的满足将它蒙蔽了，自己却浑然不觉。在这种情况下，感情在质上是没有问题的，但量却不对了；当自我批评对某一点不予置评后，它很容易疏忽对第二点的审查。就如一道门被推开后，人们就很容易都挤进来一样，而且比原先你所期望放进来的人数多很多。

神经质性格的一个主要特征——即某一原因产生的结果虽然在质上说是适当的，但量则太过了——就心理学所了解的来说，也可适用上述的句子。过多的部分则是那些留在潜意识里，以前受压抑的感情所引起的。这些感情凭着和一个真正原因的联系，而使它的产生和其他的缘由——一个合法而没有瑕疵的感情——连在一起。因此，我们注意到被压抑，以及压抑机转之间的关系，并不完全是相互抵消而已。有时二者也会合作无间，互相加强以达到一种病态的效果（这也是同样值得注意的）。

现在，让我们利用这些精神机转的提示来了解梦中感情的表达吧！一个在梦中展现的满足，即使能够在梦思中找到其缘由，也不一定可以完全用此关系来加以解释。通常我们还要在梦思中找寻另一来源——一个因审查制度而压抑的，因为这压力的关系，此缘由平时所产生的效果不是满足而是其相反。但是因为第一种感情缘由的存在，使得第二个缘由的满足不受压抑的影响，并且会使第一来源的满足得以强化。因此梦中的感情通常是来自几个来源的组合并且受到这些梦思的过度决定。即在梦的运作当中，那些能够产生同样感情的同类，会挤在一起合力制造。

通过对那种以"没有生活"作为主题的梦的分析，我们已能对这繁杂的问题有一点了解。在这个梦中，各种性质的感情在显梦中却归结成两部分。当我用两个字把我的敌手和朋友歼灭后，仇恨和困扰的感觉就产生了——梦中的文字是"被一些奇怪的感情所克制着"。另一部分则发生在梦快结束的时候，我非常高兴，并且认为有一种"还魂的人"可以草草用意愿就将之加以歼除（而我知道在清醒时候，这是荒谬的）。

这个梦的缘由我还没有提及——这是很重要的，并且能使我们更深入地了解此梦。我由朋友处得知柏林的一位朋友，弗利斯（梦中我称之为FL）将要被动手术。我想从他住在维也纳的亲戚处打听关于他更多的消息。开完刀后所得到的前几个报告并不是很可喜，因此我感到很焦虑，想亲自去他那里看看。不巧那时自己却生病了，全身疼痛而寸

圣母访晤 雅各布·达·
卡鲁奇·蓬托尔莫　意大利
1530~1532年　板面油画
卡米尼亚诺圣米迦勒教堂

神经质性格的一个主要
特征——即某一原因产生的
结果虽然在质上说是适当
的，但量则太过了。过多的
部分则会留在潜意识里，以
前受压抑的感情所引起。画
家刻意安排了两位孕妇会面
相拥，所有多余的细节都被
摒除。画中扭曲夸张的形象
与极具张力的鲜艳色调，是
画家特有的风格，不过，他
在日记中透露自己神经质与
个性畏缩的征兆，他似乎还
有些妄想症倾向。

步难移。所以，我担心这位好朋友的生命是梦思的来源。据我所知他唯一的姐（妹），在很年轻的时候生病不久后就去世了（我并不认识她）。〔在梦中弗氏（FL）提到他的姐（妹），并说她在45分钟内就死掉了。〕我一定是这么想，他的身体也强壮不了多少，所以很快我就要在听到关于他的更坏消息后抱病踏上旅途，但是一定会到得迟些，而这又将使我永远地责备自己。因此，此梦的中心就是"来得太迟而受到责骂"，而这恰好可用年轻时代的良师布鲁克在我迟到的时候以蔚蓝色眼珠的恐怖瞪视来责骂我的情景表现出来。不过梦不能如此完完全全地把它搬过来用，理由后面我会提到。所以它把蓝眼珠交给另外一个人，并且给我以歼灭的力量。从这里可明显看出来，这是愿望达成的结果。我对这位朋友的生命的关心，我对自己不去探问的自责，我对于此事的羞愧（他曾很客气地来维也纳看我），我觉得自己是假借此病不去看他——这种种即造成我那梦中展露的感情风暴，同时也在梦思这部分中狂吹。

　　不过产生此梦的原因当中却有一个是具有相反效果的。动完手术后的头几天，弗利斯的情况不太好。我曾被警告不要和任何人讨论此事，这种不必要对我所表达的谨慎的怀疑令我很伤心。当然我知道这话不是我朋友说的，而是传达信息者的笨拙及过度胆小而造成的。不过这掩饰着的指责却使我感到很不愉快，因为这并非毫无理由。大家知道，只有那种含有实质的指责才会有伤害的力量。许多年前，当我还很年轻的时候，我认识的两个人（他们是很要好的朋友），他们用友谊来表示对我的敬意。在一次谈话中我不经意间将其中一位朋友的批评他的话透露给了另一位。当然这件事和我的朋友弗氏毫无关系，不过我却永远忘不了这件事。这两个人之一是弗莱施尔教授，另一位的教名是约瑟夫——这刚好是梦中我那朋友与对手P的教名。

　　在梦中，诸要素指责我不能保守秘密。弗利斯问我曾告诉过P君多少关于他的事也是同样的指责。不过借着这个记忆（我早期不能守秘密以及造成的后果），却把我现在对自己将太迟到达的自责转换到在布鲁克实验室工作的时

1885年的弗洛伊德

　　弗洛伊德在1885年的春天被任命为维也纳大学医学院神经病理学讲师。同年8月份，他在布鲁克教授的推荐下获得一笔为数可观的留学奖学金，之后他便只身前往巴黎拜在夏尔科门下学习催眠，正式开始了他对精神分析的探究。

期。同时把梦中被歼灭的人唤为约瑟夫而表达出来，不但指责自己到得太迟，并且指责（我强烈压抑着的）自己不能保守秘密。凝缩作用和置换作用，以及此梦产生的动机由这个梦即可一览无余。

　　而我现在这个不足挂齿的愤怒（关于警告我不得泄露关于弗氏的疾病）却由心灵的深处得以加强，形成一股仇恨的洪流，指向在真实生活中我所喜爱的人身上。这个加强源于我的童年。我已经提过，我的友谊与敌意多源于童年时我与侄儿（大我一岁）的关系；他如何凌驾于我之上，我如何学习防卫自己；我们一起生活，不可分离，互亲互爱。但有一段时间（据我们长辈的回忆），我们两个人经常打架，并埋怨对方的不是。由某一方面来说，我后来的朋友都是这形体的重新肉体化，因此都是"还魂的"侄儿在我孩童时期再次出现，那时我们一起扮演着恺撒与布鲁图的角色。一直强调着自己应有一个亲密朋友以及一个仇敌是我感情生活的主题；而我总是能够使自己的这一愿望得以满足。同时我这孩童时的概念常常会使我的朋友与敌人发生在同一人身上；当然这

是不会同时发生的，也不是经常转换的（和我童年的情况不同）。

　　至于说一件新近发生的事件如何会引出孩童时所发生的事件，并且取而代之的因果关系问题，这属于潜意识思想心理学的范围，或者是心理症的一个心理学上的解释，我不愿在这里加以讨论。不过为了解析梦的缘故，我们可以这么假设，我对孩童的回忆（或者由幻想所产生）多少具有以下内容：我们这两个孩子因为某些事而打架——到底真正是什么可以不管，虽然记忆或是其错觉显示出它是很确定的一件事——每一位都辩解说他比另一位先到达，因此有权利先得到它。于是我们整夜都在打斗着；力量就是权力。由梦中的证据来看，我自己已经觉察出自己的过错（我知道自己的错误）；不过这次我是强者，掌握着战场的胜利；于是失败者跑到我父亲（他祖父）那里诬告我，而我用由父亲口中听来的话替自己辩护："因为他打我，所以我才打他。"在我分析的时候，这个记忆（更可能是幻想）浮现在脑海中——在没有更多的证据前，我不能说为何

在森林中　埃里希·黑克尔　德国　1910年　布面油画　菲达芬巴彻海姆博物馆

　　画中为我们呈现了一个自由的时代，男女终于可以挣脱世俗的束缚——可以赤裸相见。巨大的松树林是画中重要的组成部分，也是典型的德国式幻想。茂密的丛林中和神秘的湖泊旁都有他们嬉戏的身影。在这个世界里，画家是自由的，他在这里表现了他的感情和欲望，以及所有来自这个禁锢城市的压抑、颓废。

梦的解析

会如此——并且成为梦思的中间元素，并蓄积着它们的感情（就像水井收集流进来的水流一样）。由这点来看，梦思是这样的："活该，为什么你要企图把我推倒呢？你应该对我让步；我不需要你，不久我就可以找到别的玩伴。"诸如此类，然后这些就进入到梦中表现的途径。有一段时间，因为约瑟夫也有相似的态度，我指责过他："让开！"他在我之后继任布鲁克研究所的助手，该研究所的升迁不但慢而且烦琐。而布鲁克的两个得力帮手又没有离去的迹象，因此年轻人就沉不住气了。我这位朋友知道自己的日子已经不多了，同时又因为与上级间缺乏深厚的感情，所以有时就张扬地表示不满。又因为他的上司弗莱施尔病得很严重，而P想要把他赶走的意愿也许不只是为了自己的升迁，可能还有更为恶毒的意图。自然，在这几年以前，我也有同样的想法：因此，只要有提级或升迁的可能，那么就会有压抑妄想意愿的机会，莎士比亚的哈尔王子即使在他病危父王的床边，也压抑不住想把皇冠戴在头上试试的冲动。不过和我们的推理相同的是：梦中对我的朋友无情的想法加以处罚而我自己却逃脱了。

"因为他野心勃勃，所以我杀他。"因为他不能等待别人的离去，所以他本身就被摒除了。这是在我参加大学纪念堂的揭幕典礼后立刻产生的感想——不是对他，而是对另外一个人。因此，我梦中所感到的满足，应当如此解释："一个公正的处罚！你是罪有应得。"在P君的葬礼后，一位年轻人说了下面这些似乎不近情理的话："教士说的话让我们觉得这个世界失去此人后，好像是无法存在的。"他不过表达其忠诚的反抗，其感伤因这夸张而得到困扰，但他这些话则是下述梦思的起源："真的，没有人是不可替代的。我已经看到多少人死去了呀！还好我还活着，因此我拥有这个领域啦。"在我害怕无法赶上见弗利斯一面的时候，类似这样的想法就涌现出来。我只能够想到这样的解释；因为他死了（并非是我），因为我能比别人活得久些，因为我硕果仅存地拥有这个领域——而这都是我童年以来梦寐以求的。这些源于童年的满足（拥有这个领域）造成梦中情感的主要部分。就像下面这逸事所表达的天真的利己主义一样。我很高兴自己活着。我对妻子说："如果我们其中一人死去，那么我会搬到巴黎去。"因此，很显然，我认为自己不是将死去的那个。

解析与讲述自己的梦无疑是需要高度自律的。因为这将使讲述者成为与他共同生活的高贵生命中的坏蛋。因此，自然地，这些还魂者我要他活多久就活多久，并且可以以一个意愿就将它加以抹杀。我的朋友约瑟夫为何会在梦中受到处罚就是这个原因。不过还魂者是我童年时期朋友的化身，因此也是我感到满足的来源——我能一直为此角色找到替代者；因为没有人是不可置换的，所以对这快要失去的朋友我又将找到一个替代者。

但审查制度为何对这狠毒的自私不予以强烈地对抗呢？为何联结在这思想串列的满足没有被它变为极度的不愉快呢？答案可能是这样的，和此人相连的其他无法反对的思想串列可以同时得到满足，并且这受抑制的童年妄想所带来的感情恰好被其遮盖。在揭幕典礼的时候，我思想的另一层次是这样的："我失去多少朋友了呀！有些死去，有些是因为友谊的年代，我将要保持这友谊而不再失去它。""对以一个新的朋友来取代失

306

甩鞭子　温斯罗·荷莫　美国　1872年　布面油画　俄亥俄州巴特勒美国艺术博物馆

　　童年的友谊，总是纯洁与天真的。画中的孩子们赤着脚，身体向前，脚踏在草丛中，脸上洋溢着兴奋，全神贯注于他们的游戏。他们所玩的游戏最大的乐趣就在于：末尾的两个男孩在同伴们突然发力时只能无助地松手。最令人值得疑惑的事情是：为什么只有在末端那个最容易松手的位置上的男孩是穿着鞋子？最后光脚的孩子们胜利了。

去的友谊"我是能准许进入梦而不会受干扰的，不过源自童年感情的具有敌意的满足却同时偷溜进去了。毫无疑问，现时这合理的感情也被童年的感情加强了，不过童年的仇恨也成功地得以表现出来。

　　除了这些以外，另一种能导致满足的思想串列也在梦中明显地暗示着。不久前，在长久的期盼之下，我的朋友弗氏有了一个女儿。我熟知对他早年夭折的妹妹他是何等痛惜，因此写信告诉我说终于可以把他对妹妹的爱转移到这个女儿身上。

　　因此，这一思想又再和前面提到的隐意的中间思想发生关联（见第六章）（而由这思想却发射出许多相反的途径）——"没有人是不可替代的""只有还魂者：我们那些失去的都再度回来啦！"而梦思中各种相冲突成分间的关系再度因为下面的偶合事件而连接得更为密切。我朋友小女儿的名字恰好和我小时候的女伴的名字一样，她和我同年，并且是我那最早的朋友与敌人的妹妹。当我听到这个婴孩的名字为保利娜时心中倍感满足，对此巧合的暗示是，我在梦中以一个约瑟夫代替另一个约瑟夫，并且发现无法压抑的"FL"与弗莱施尔之间开头的相似处。现在我的思想又再回到自己孩子的名字上，我一直坚持他们的名字应该纪念那些我喜爱的人，而不应是追求时尚。这些名字使他们成为"还魂者"。我想，孩子难道不是使我们到达永恒之路了吗？

对梦中的爱情，我只有另外一些话要补充——由另一个观点看，我们所谓的"情感"，或者是某种感情的倾向，是由睡眠者脑海中的某一统辖的元素造成——而这对他的梦会有决定性的影响。这种情绪可能根源于他前一天的经历或思想，或者是依据记忆，不管怎样，它都会有适当的思想串列相伴随。不管是梦思的理念决定了感情，或者是感情决定梦思的理念，对梦的构建来说是没有区别的。二者都预示着梦的构建是受到愿望达成的影响，并且都是由愿望取得其心灵的动力。这实际存在的情绪和梦中产生的情感是得到同样的对待的（见第五章）。即有时会被忽视，有时会用来作为愿望达成的新解析。因为睡眠中的不安情绪会引起那活力勃勃的愿望，所以它可以是梦的原动力，这正是梦所想满足的。情绪所附着的材料于是被加以运作直至能够表达其愿望达成为止。而在梦思中如果这不安情绪愈是强烈和占优势，那么愈被强烈压抑的愿望冲动就会乘机潜入梦中：因为既然不愉快已经存在（否则它们需要制造出来），就表明困难的部分已经完成了——也就是使自己潜入梦中的工作。这是我们再次碰见的焦虑的梦的问题，以后我就会知道这将是梦活动的边缘例子。

九、再度校正

我们现在终于能够论及梦形成的第四个因素了，如果我们用和开始一样的方法来探讨梦的内容的意义——即把梦中显著的内容和梦思的来源相比较——那么就会遇到一些元素，它必须以崭新的假设来加以解释，我脑海中还记得一些例子，梦者在梦中感到惊奇、愤怒、被拒绝，而这仅仅是由于梦的内容的一部分所引起。我们不难发现，在前节的许多例子中，这些梦中的紧张感觉和内容并不一致，反而是梦思的一部分，这我会在适当的例子中显示出来，但是有许多这类的材料却不能如此解释：它和梦思之间的关系无法找到。比如说，"毕竟这只是个梦而已"这句常常在梦中出现的话具有何种意义呢？这是梦中一个真实的评论，就像我在清醒时所做的一样，而且这常常是睡醒前的序曲；往往一些不安的感觉会紧随着它，但在发觉是梦境后又会平静下来。当梦中产生"毕竟这只是个梦而已"时，它和奥芬巴赫的喜剧中海伦娜口里所说出的具有同样的意义：它不过是要削弱刚刚所经历的事件的重要性而已，以及使接下来即将产生的经历更易于被接受。它的目的在向"睡眠"催眠，因为这精神因素正要使它兴奋，同时也有使梦不再继续的可能——或者是该剧的继续发展——这样一来，就可以忍受梦中的一切，

囚犯之梦 莫里茨·冯·施温德

这幅画是弗洛伊德"梦的满足"和"欲望的实现"中的典型代表，他认为"梦即是欲望的达成"。画中的囚犯为自己逃离监狱做了一系列周密的设想：叠加在一起的妖神们站在窗口的位置，正是囚犯逃跑时应该站立的位置，从窗口射进来的光束，正照着他的脸庞，他似乎也明白，这只是他的一个愿望罢了。

并且更舒适地继续睡下去，因为"这毕竟只是一个梦而已"。我以为这个轻蔑的评论（毕竟只是一个梦而已）是在下述的情况里产生的：当那从未真正休眠的审查制度发现在不经意之下让某个梦产生，要抑制已经太晚时，审查制度只好用这些话来对付因此而产生的焦虑感。这不过是精神审查制度的精神松弛的一个例子。

至此，我们得以证实梦中的每一事物并非都是源于梦思，有时其内容能由一种和清醒大脑不相上下的精神功能所制造出来的。不过问题是，这种情况是例外，还是除了审查以外，这种精神活动也经常占据梦的内容的一部分呢？

我们毫不犹豫地认为后者正确，尽管审查机构只是删除以及限制梦的内容，但是它也能够增加或插入一些情节。我们很容易辨认出来这些插入的情节。通常梦者述及此点时免不了会犹豫，同时前面会冠以"就像"；它们本身并不太令人注目，只不过是用来连接梦的内容的两部分，或者将梦的两部分连接起来。和真正源于梦思的材料相比它是较不容易留存在脑海的；如果我们把梦给忘了的话，那么这部分的记忆是最先被忘掉的。那些常听到的怨语："我有好多梦，不过却忘了大部分，只记得一些琐碎。"我怀疑就是因为这种急速忘却的思潮引起的，有时我们在完全的分析过程中发现，它和梦思的材料毫无关联。不过在仔细研究后，我发现这并不常见。插入的部分通常能溯源到梦里，不过却无法用本身的力量或先决的方法来呈现于梦中，好像只有在很特殊的情况下，这种精神活动才会创造出新的事物，而大部分情况下，它却是利用梦思中的材料。

梦的运作的这个因素的特征也是它的目的，这也是泄露其身份的部分。这功能和诗人恶意形容哲学家的字眼一样："它以碎布缝补着梦架构的间隙。"因为它的努力使梦接合于理智的经历，并且失去了荒谬与不连贯的表征，但是它也不常是成功的。

表面看来，梦常常是合乎逻辑与合理的；往往从一个可能的情况开始，然后经过一连串的发展而得到一个合理的结论（虽然并不太常见）。此类的梦必定受过这种精神功能（和清醒时的脑袋没有两样）的大量修正；它们看起来似乎是有意义的，不过却和真正的意思大相径庭。如果我们将它们——加以分析就不难发现，梦的材料被再度校正非常自由地玩弄着，并且它们之间的关系被减到最少。可以说这些梦在还未呈现到清醒的脑袋以前就已经被解析一遍了。在别的梦例中，此种具有偏向的校正只能说取得部分成功而已。梦的一部分似乎很合理，不过接着又变为无意义而模糊的；也许接下来又再变为合理了。还有一些梦例，只是一堆无意义的碎片组合而已，因此可以说校正完全失败了。

这属于第四种梦产生的因素，我不愿意否认它的存在——不久我们会对它感到熟悉。事实上，它是四个因素中我们最熟悉的一个——我也不愿意否认这第四因素具有提供给梦的新贡献，不过据我们所知它和其他因素一样，也是利用梦思中现存的材料，按照其爱好来选择。有一个例子，它不需要辛苦地为梦构建一座冠冕堂皇的正面——因为它已存在于梦思中。我习惯于将其称为幻想；而这与清醒时的"白日梦"相似——这样说或许就可以避免读者的误解。精神科医生对它在精神生活中所扮演的角色还不太明

无题　罗伯托·玛塔·埃乔伦　1950年　布面油画　美国贝弗利希尔斯拉丁美洲大师馆

梦，毕竟只是一个梦而已，也许没有什么特定的含义。就像这幅画一样——《无题》。画中都是一些不定性的、神奇的形体，它们从画家的如电流般的幻想中，上下交错，它们似乎抗拒任何将它们融入构成体系或韵律中的引导。一种超现实的蓝色色带带着一种神秘的、另一个世界的意味溢满整个画面。

朗，虽然M.本尼迪克特在这方面有很好的开始。不过白日梦具有的意义并不能逃过诗人敏锐的眼光，比如说都德曾在有名的《总督大人》中描述一位小角色的白日梦。我们在对心理症病患的研究中很惊奇地发现歇斯底里症状的直接前身乃是幻想（或者白日梦），即使不是全部至少也是大部分。歇斯底里症状并不与真实的记忆相关联，而是建立在一些基于记忆的幻想上。因为这些意识到的白天幻想常常发生，使我们得以了解其构造。但除了这些意识到的幻想外，还有更多的潜意识幻想——而其内容同受潜抑的原因造成它们变为潜意识的理由，仔细研讨这些白天幻想的特征使我们觉得把它和晚间的思想产物——梦——相比是很恰当的。它们与晚间的梦具有很多共同的性质，所以此研究应该是了解梦的最短、最好的方法。

和梦一样，它们都是愿望达成；和梦一样，它们大多源于对童年时经历的印象；和梦一样，它们因审查制度的松弛而得到某种程度的好处。如果仔细观察其结构的话，我

无题 让－米歇尔·巴斯克耶特 美国 1984年 画家私有

梦境是许多记忆的凝合体，就如这幅图的风格一样：手写的文句、草率勾勒的人物以及科学的数字图式，画家用丰富、艳丽的色彩将其拼凑在一起，形成一个色彩和形式不和谐的视觉感受。画家整幅作品都在无意识间游走。

们不难发现"愿望的目的"正是把各种构建的材料重新组合来形成新的整体。它们与童年时期记忆的关系，就像某些巴洛克宫殿和古代废墟的关系——其阶级和柱子供给这些现代建筑的材料。

从"再度校正"中——这所谓梦产生的第四个因素——我们再次发现那个在创造白日梦时不受其他影响而得以呈现的同一种精神活动。简单地说，我们谈论的第四个因素把提供的材料塑造成一些像白日梦的东西。不过，假如梦思中已经有现成的白日梦存在，则梦的运作的第四个因素就会利用现有的这些材料而将它纳入梦的内容。所以有些梦只是在重复着白天的幻想——也许是潜意识的。例如我的孩子梦见与特洛伊战后的英雄驰骋疆场。还有那个"Autodidasker"的梦（见第六章），其第二部分完全是我白天幻想和N教授聊天的重现（此幻想本身是无邪的）。但这些有趣的幻想只形成了梦的一部分，或只有一部分进入梦中的事实，只能解释为梦的产生要满足许多复杂的条件。一般而言，幻想及其他的梦思部分都被同样看待，而在梦中，它通常被看作是一个整体。在我的梦中常常有许多独特的部分，虽然与其他部分不同，但它们好像更加通顺，关系更加密切，并且比梦的其他部分来得更快。我明白这些都是进入梦的潜意识的幻想，但却从未成功地记下这些幻想。除此之外，这些幻想及梦思的其他成分同样会受到凝缩、压抑，并互相重叠等。当然还有许多居中的例子，在两个极端——一头是那些一成不变造成梦的内容（至少也是其正面）者，另一头则极端相反，它们只将其中一种元素，或者很遥远的比喻呈现于梦的内容中，梦思中幻想的最后结果当然也与它能够符合审查制度及凝缩作用的程度有关。

上述所选择的梦例中，我尽量避免引用那些潜意识幻想占据非常重要地位的梦，因为介绍这些特别的精神因素，要先花很长的篇幅来讨论潜意识思考的心理学，但我仍然不能完全不考虑幻想，因为它们常常完全移入梦中；更常见的是，这是梦让我们意识到的，所以下面我要再引用一个梦例，其中含有两个互相抗衡的幻想——一个是明朗化的，而另一个则是对前者的解析。

这个我唯一没有完整记下注释

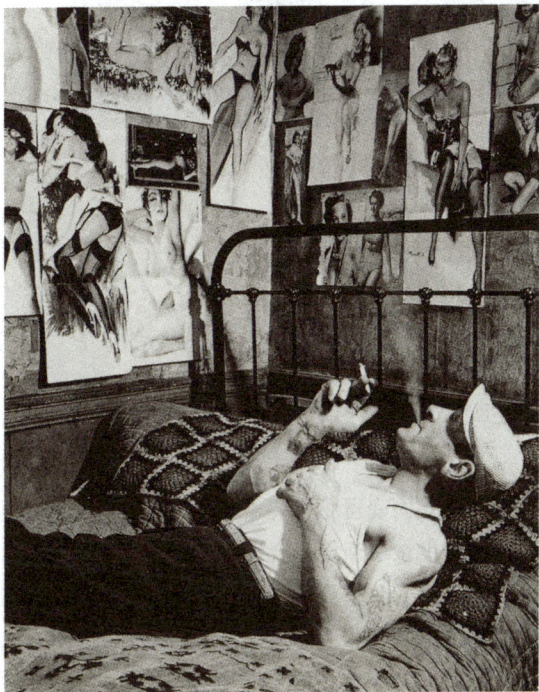

白日梦 R.杜瓦斯诺　法国　1952年　摄影

杜瓦斯诺的多数摄影作品都是社会各个阶层的微缩影。照片中的码头工人惬意地躺在自己的破床上，但这丝毫没有影响他观看墙上美女海报的情绪，他悠闲地吸着香烟，目光在墙上穿梭，也许他正想象着与其中的一位女郎约会呢。不过，他更清楚，这只是他幻想的一场白日梦而已。

长着胡须的蒙娜丽莎 萨尔瓦多·达利
西班牙

荒诞、怪异，这都是对达利画作的代名词，在经典名画上"做手脚"是他的"长项"，蒙娜丽莎的脸变成了他的脸，而且还长上了他标志性向上翘起的小胡子，梦中情境的变形跟他的这种风格有异曲同工之处。

的梦，内容大概是这样的：梦者，一位未婚的年轻男人，正坐在他常去的餐馆内（在梦中很真实地呈现）。接着出现几个人要把他带走，其中还有一位要逮捕他。他对同桌的伙伴说："我以后再付账，我还要回来的。"但他们用一种嘲笑、蔑视的口吻叫道："我们都知道了，大家都这么说的。"并且其中一位客人在他背后说："又是一个！"于是他被带到一个很小的房间里，里面有一个女人抱着一个小孩。押送他的一个人说："这是米勒先生。"一名警探，也许是某政府官员快速翻阅着一堆入场券或纸张，并且重复着"米勒，米勒，米勒"。他最后问了梦者一个问题，而梦者答道："我会这样做的。"这时他再看那个妇人，发现她长着满脸的大胡子。

在此梦例中，我们不把两部分分开，表面部分乃是被逮捕的幻想，而它看来好像是最近由梦的运作所制造的。但我们仍能看到其背后的材料，而这种受到梦的运作的外观稍加改变而已——即是结婚的幻想。这两个幻想相通点在梦中显得很清晰——就像高尔顿集锦照片一样。那位单身汉说要回到此餐厅来，其同伴怀疑（因积累的经验而变得聪明些），以及他们在他背后说的"又是一个（去结婚的）"——这些问题却能很恰当地适合两种幻想。那向政府官员宣称"我会这样做的"也是如此。翻阅一大堆纸同时重复着同样的名字较为次要，它却是婚礼典礼的一个特点——即阅读一堆祝贺的电报，它们的致电都具有同样的名字。结婚的幻想其实比表面的被逮捕的幻想来得更成功，因为在梦中确实出现了新娘。从得到的信息中我知道最后新娘为什么会长胡子——不过并不是经分析得来。在此梦的前一天，梦者与一位同他一样对婚姻感到畏惧、羞涩的朋友在街上散步，他提醒朋友注意一位向他们走来的黑发美女，朋友说："确实不错。如果这些女人几年后，不像她们父亲那样长胡子就好了。"当然即使在此梦中，梦的改造仍在运作。所以"我以后再付账"是指怕岳父对聘礼有意见。的确，各种疑虑都使梦者不能从结婚的幻想中得到快乐。原因之一是害怕结婚会使他以付出自由为代价，于是在梦中变形为逮捕的景象。

如果我们暂且回到此观点，即梦的运作喜欢利用梦思中现成的幻想，而不是利用梦思来另外制造一个，那么与梦有关的一个最有趣的谜就能解决。我曾提到莫里在做梦醒来之后，发现自己的后颈被小木板敲打——而梦中他却梦见法国大革命，自己被送上断头台被切掉脑袋，既然该梦仍是连贯的，且据他解释那是为了使他醒过来的刺激，而这又是他所不能够预测到的刺激，所以只有一种可能，就是恰好在木板敲击他头部与他醒来时形成此梦。我们在清醒的时候，从来就不敢设想思想活动是如此快捷，因此我认为梦的运作具有加速我们思想程序的功能。

对这急欲成为大家所熟知的论断，许多作者都加以强烈的反对。他们一方面是怀疑莫里的梦的正确性，一方面又想辩论清醒时的思潮并不比此梦来得慢——假设夸张的部分加以消除的话。此辩论引出许多基本问题，而我却不认为它们接近答案。但我得承认，比如说我不认为伊格对莫里断头台的梦的不赞同令人心悦诚服。我认为此梦或许应

皇家刽子手们对射击军成员实行的惩罚 版画

画面的中间间隔处，几十个男人或被绞死或被砍头，许多人的手脚已被砍掉。大多数人都已经遭受了几个星期的严刑拷打——上拉肢刑架、火烤和剥皮。这就像是一个梦的故事一样，这是一个人人都会恐惧的场面。

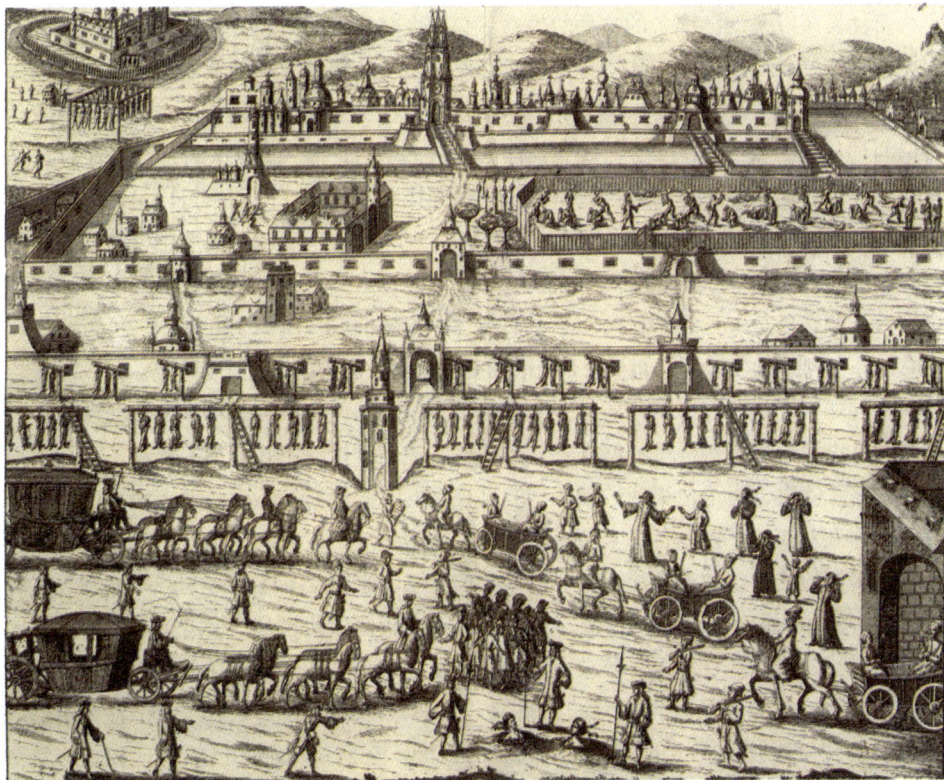

该这样解释，莫里的梦很可能来源于多年来一直储存在其脑海的幻想，却在他被外界刺激弄醒的那一刻被唤起，或者被暗示出来。如果是这样，就不难了解为何如此长而详细的梦能在这样短的时间内制造出来——因为这故事早就做好了，假如这块木头在其清醒时刻击中莫里的头，他也许会这样想："这就像被砍头一样。"但既然他在梦中被木板击打，梦的运作很快就利用此敲打的刺激而获得愿望的达成；打个比喻他应该是这么想的："这是实现我的意愿中幻想的好机会，而它是在我读书时所形成的。"这是不容置疑的，因为每个年轻人在强烈的印象下完全会形成像这样的梦的故事。谁不会被那恐怖时代的描述所吸引呢——尤其是一位研究人类文明史的法国学者，那时贵族男女，国家的精华，都显示出他们能坦然面对死亡，并且在死亡的刹那仍保持其高贵的风度和灵活的智慧。对一个年轻人来说此想象是多么诱人呀！——想象自己正向一位高贵女士道别——吻着她的手，大无畏地走向断头台。或许野心就是此幻想的主要动机，用自己取代那些可怕的人物又是多么的诱人呀！（这些人仅仅利用其智力和流利的口才便统治了城市中那些痉挛似抽动的人心，并且用千千万万的生命铺就整个欧洲大陆改组的道路，而同时他们的头也是很不安全，终有一天会落在断头台的刀下。）试想把自己看成吉伦特派成员（按：即1871年法国国会之和平共和党员，其领袖皆来自吉伦特省），或者伟大的英雄人物丹东，又是多么令人兴奋呀！此乃梦的一个特征，他被"带到执行死刑的地方，四周围绕着一大群暴民"，看来他的幻想乃是这种"野心"型的。

而且长久以来就已准备的这种幻想并不必要在梦中一一展现，只要进行触摸一下就行了。我的观点是，假如弹几道音符，而有人说是莫扎特的《费加罗的婚礼》（就像在《唐·乔万尼》中所发生的一样）许多印象就被勾引出来，但开始我一点都没有想到，关键的词句就像是个入口，同时把所有的关系都调动起来。潜意识的思想程序也是如此，弄醒他的刺激使精神的进口兴奋起来，最终让整个断头台的幻想得以呈现，而该幻想是在睡醒后回想时才出来，并非于梦中一一浮现。他醒来后记起在梦中以整体方式激起的幻想的所有细节，在此梦例中，我们无法证实自己确实记得一些梦见的事情，这种解释——即这只是事先准备好的幻想，而被一个弄醒的刺激所激发起来——可以应用在别的被外在刺激弄醒的梦，如拿破仑在战场上被炮弹吵醒的梦（见第五章）。

朱丝娜·托博沃尔斯卡为了她关于梦的长短所做的论文而收集的梦中，我认为最有价值的是由马卡里奥所提供的剧作家邦茹的梦。在一个傍晚，邦茹想去观看他的一个剧本的第一次演出，由于他很疲倦以致在戏幕拉起的时候就在打瞌睡。他在睡梦中"看"完了全部五幕演出，以及各幕上演时观众们的情绪表现，在戏演完后他听到激烈的鼓掌并且高叫他的名字。他突然醒了，但他不相信自己的眼睛或耳朵，因为戏不过刚上演第一幕的头几句话；他睡着的时间不会超过两分钟。我们如此想是不会太过草率的，梦者"看"完五幕戏，并且对每一幕观众的反应态度之事，可从已经存在的幻想重现出来，而并不需要在睡梦中由任何新鲜的材料制造出来。托博沃尔斯卡和其他作者一样，认为那些观念急速倾盆而出的梦都具有共同的特征：它们是特别连贯的（这和别的梦不同），而对其回忆只是摘要而不是细节，当然它是那些由梦的运作触发的现成幻想而具有的特征，但是原作者却没有提出该结论。我不能断言所有被弄醒的梦都适用这种解释，或者梦中快速呈现的观念都是通过这种方式处理的。

在此，我们无法不去讨论梦的内容的"再度校正"与其他梦的运作的因素间的关系。难道形成梦的程序像如下描述的一样吗？即梦的形成元素——如凝缩作用的促成，逃避审查制度的需要和精神意念的表现力——首先从梦的材料中提取临时的梦的内容，而后这临时内容再经过重新组合到完全满足这续发的"再度校正"。但这种可能性很小，我们还不如假设该因素从一开始就和凝缩作用、审查制度和表现力一样，梦思必须满足它的需求才能被诱导和选择出来而形成梦的内容的一部分，这些因素是同时进行的，不管在哪个梦例中，这个最后提到的梦的因素的需求对梦具有的束缚力最小。

下面的讨论将使我们认识到，这个被我们称为再度校正的精神功能与清醒时的大脑活动很可能是完全相同的：我们清醒（前意识）的思想对一切认知材料的态度，和该因素对待梦的内容的材料的态度完全相同，对清醒的思潮来说，我们很自然地对这些材料理出顺序，制造相互间的关系，同时使其满足理智的期望。其实我们这样做是太过分的，这些理智习惯很容易被魔术师利用来愚弄我们。我们竭力使各种感觉印象综合成合理的形式，但却会使我们陷入最奇特的错误，甚至把眼前材料的真实性否决掉。

对于这点证据是众所周知的，我不想在此浪费太多的笔墨。在阅读的时候，我们常常将错印（而把原意破坏）的部分误认为正确的。很多年前我在报纸上看过一则有关这种虚假联想的滑稽例子，有一次法国一本畅销杂志的编辑与人打赌，他叫排字工人在一段长文章的每个句子后面加上"前面"或"后面"的字眼，却没有一个读者会觉察出来，结果他赢了。一次无政府主义者在法国国会会议上扔了一个炸弹爆炸了，迪皮伊以此勇敢的话"继续开会"来缓和恐怖的气氛。看台上的来宾被问到他们对这场暴行的印象，其中有两位是从乡下来的，一个说他确实在某人发表言论后，听到爆炸声，但他以为国会在每个发言人发言后都要鸣炮一声；第二个人可能听过几次会议，也有同样的结论，除了他认为鸣炮是对一些特别成功的演说的一种致敬方式。

所以精神机构用同样的态度对待梦的内容，要求它们合理理解而给予第一眼的解释，不过却常常因此完全产生误解。出于解析的目的，我们的原则是，不管任何梦例都不考虑梦表面的连贯性，而对各部分具有的不同来源进行探析。因此不管梦本身是清晰还是含糊，我们都会遵循各元素原先的路途，然后追溯到梦思的材料中去。

我们现在可以知道前面所述有关梦的清晰或含糊与否都不是独立的，再度校正而产生效用的那部分是清晰的，而不能发生效用的则是含糊的，由于梦中含糊的部分往往又是不够鲜明的，所以我们能如此断言，这个续发的梦的运作也能够贡献各个梦元素的强度。

假设我要寻找一个物像来同这个梦的最后形式（经过正常思考的协助后）进行较量，那么没有任何比《飞页》中那些吸引读者的名言更恰当的了。书中的句子给读者的印象更像是拉丁名言——而其实是一些极其粗鄙的土话（为了对比的缘故）。为此目的，所以把土话句子中的文字字母排列顺序弄乱，然后重新进行排列。所以有时出现一些真正的拉丁文文字，有些地方又像缩写，而别的部分我们发现好像又掉了一些字母或被删除的文字，因此忽视了每个独立文字的无意义。为了不被愚弄，我们必须放弃寻找名言的企求，注意每个文字，不管它外表如何排列而将其重新组成自己的母语，这样才能了解。

再度校正是梦的运作四个元素中最能被大多数作者观察到并了解其意义的，艾里斯曾有趣地描述过其功能："其实我们可以想象睡眠中的意识这样对自己说：'我们的主人（清醒时的意识）来了，它具有强而有力的理智和逻辑等等。赶快把材料收集好，将它们排好——任何秩序都行——在它又掌握实权之前。'"

其运作的方法和清醒时刻的思想雷同，德拉克鲁瓦曾断言："这个解析的功能并非梦所特有，我们清醒时刻对感觉作用所做的逻辑协调也是一样。"

萨利和托博沃尔斯卡也有同样的意见："精神对这些不连贯的幻觉所做的努力，就

贝娅特丽丝在车上与但丁交谈 1824年 伦敦泰德画廊

这张插图描绘但丁(右)在旅途中初次遇见贝娅特丽丝的情景。但丁在旅途中所遇到的人物并非想象的，而是曾真实存在过的人物。贝娅特丽丝是《神曲》的主角之一，她是一位年轻美丽的女子，可惜红颜薄命。这幅画是画家心目中的一种意象，画面不管是技法上，还是幻觉体验上，其创新程度已经达到无人能企及的高度了。这幅画可以说是再度校正手法的很好的例证。

同白天它对感觉所做的协调一样，它把所有分离影像用想象的环节连起来，并填补了它们之间的巨大间隙。"

根据其他作者的观点，这种重组以及解释的程序在梦的开始发生，并且连续到清醒为止，因此包尔汉说："我常常这样想，梦也许会有某种程度的变形或重新塑造，在记忆中……而那要产生系统化的想象在睡梦中开始作用，但却要在睡醒时才会完成。所以思考的速度会在清醒时增加。"

李罗和托博沃尔斯卡说："反过来说，我们对梦的解析和协调不但要借助于梦中的资料，而且也需要用到清醒时刻的……"

所以这个大家所认知的因素不可避免地被过分高估，他们认为之所以创造出梦，完全是因为他的成就。戈布洛认为这种创造性的工作是在睡醒的刹那间产生的，而福柯更进一步地认

公园街的查尔斯书房　约翰·佐法尼　法国　1783年　布面油画　英国伯恩利汤奈利厅艺廊

高雅的书房里包含了18世纪一个有品位、有素养的绅士所必备的全部内容，桌上的克莉蒂胸像是主人的最爱，画面的布局没有一丝的杂乱：大理石运动员雕像、仙女、男女众神、他的客人，还有他旁边的狗，似乎都在同他交谈一样，但这更像是梦境中的场景一样，完美得没有一点瑕疵。

为，清醒时刻的思想将睡眠时浮现的思潮制造成梦。李罗和托博沃尔斯卡对此有如下评论："有人认为可以在清醒时刻发现梦的进行，因此这些作者主张，梦是由清醒时刻的思想将睡眠时所产生的影像制造而形成的。"

根据对"再度校正"的讨论，我可以更进一步地研究梦的运作的另一个因素，而这是最近由锡尔伯的细心观察研究所发现的。我前面曾经提过，锡尔伯在极度疲倦和困顿的状态下强迫自己从事理智活动，却发现自己将思想转变为图像。那一刻他所坚持的思想不见了，却用一些图像来替代这些抽象的思想。而此时产生的影像（可以和梦的元素相比较）有时并不是所从事的理智活动——即与疲倦、工作的困难及不愉快有关。也就

是说与从事此工作的人的主观情况及功能有关，而和他所从事的活动物像无关。锡尔伯把这种经常发生的事件叫作官能性现象，而不是他所期待的"物质现象"。

比如说："一天下午，我很困倦地躺卧在沙发上，但却强迫自己思考一个哲学上的问题。我想将康德和叔本华对时间的看法进行比较。不过由于过于疲乏，我无法立刻将他们的争论同时浮现在脑海里，但这却是将他们进行比较的必要条件。经过几次徒劳的尝试后，我再度以全部的意志将康德的推论浮现在脑海中，以便能与叔本华的进行比较。而当我将注意力转移到后者，然后又返回康德的时候却发现他的论证被避开了，我无法再将它挖掘出来。对于想把藏匿在脑袋中的康德理论找出来的徒劳尝试，突然使其在我眼前以一种实在的、造型的影像呈现，就像是梦的影像一样：我向一位脾气暴躁的秘书询问某事，那时他正弯腰伏在办公桌上做事，对我急促问题的干扰非常恼怒，就见他半伸直身体，给了我一个拒绝而愤怒的脸色。"（出自锡尔伯）

下面则是其他关于往返清醒与睡眠之间的例子（出自锡尔伯）。

发生时的情况：早晨，在清醒的时候，当我处于半睡半醒的状态下，并且回想刚才所做的梦，想要重复并继续下去时，却发现自己越来越接近清醒，而心里却想留在这蒙眬时刻。

梦见的情境：我将一只脚跨到溪流的另一边，却又立刻把脚收回来，因为我想要停留在这一边。

例六：发生的情况与例四相同（他想在床上多躺一会儿而不睡过时间），"我想要多睡一会儿。"

梦见的情境："我与某人道别，不久之后再安排与他（她）见面的时间。"

锡尔伯观察到代表一种精神状态而非物体的官能性现象，主要发生在入睡与清醒两种情况下，梦的解析与后者有明显的关系。锡尔伯的例子强有力地指出，在许多梦里，显梦的最后部分（接下来就是醒过来）常常只是表现清醒过程，或者是清醒的欲望，此表现也许是跨过门槛（门槛象征），从某一房间走到另一房间、与朋友见面、回家、离开、潜入水中，等等，但从自己的梦或别人的梦的分析中，我却无法找到很多与门槛象征有关的梦元素，而锡尔伯的著作却使我们期待能找到更多的象征。

不过这种门槛象征或许可以解释梦的中间部分——比如说，往返于深睡及睡醒的时候。但是有关这方面的证据确实还未找到。而较常见的是过度决定的例子，在此例当中与梦思相联系的梦的内容只是用来表现某种精神活动的状态。

锡尔伯的理论是为了表现有趣的官能性现象（虽然错不在此作者），然后却是到处滥用：因为它被作为支持那些古老的以象征和抽象来解析梦的证据。许多喜爱这种"官能性类型"的人，甚至在梦思中具有一些理智活动或情绪程序，就说它是官能性现象，虽然这些前一天遗留下来的残物，并不比其他的材料有更多或更少的权利入梦。

我们以为"锡尔伯现象"乃是清醒时刻的思想对梦形成的第二个贡献。（第一个贡献我们已经以再度较正的名义进行过讨论。）我们已经探明白天运作的注意力继续在睡

我与月亮　阿瑟·德夫　美国　1937年　美国华盛顿菲利普斯陈列馆

在许多梦里，显梦的最后部分（接下来就是醒过来）常常只是表现清醒过程，或者是清醒的欲望。如梦般的画面，极大地唤起了我们对美好大自然的情感。画家追求的是一种形而上学的东西，他对自然事物的偏好总是会转变成抽象的表现。画中的月亮也用一圈亮亮的色彩所替代，这是画面的主体，那一连串的线条和色调围绕着它，更像是一个地层的想象。

眠状态下指导着梦，批评它，局限着它，并且有中断它们的权利。见此留存的精神机构唤醒了审查官，而这对梦的形式具有强劲的限制性，锡尔伯的观察所能追加的是，自我观察在某种状况下也扮演着某种角色，并形成梦的内容的一部分。此自我观察机构（也许在哲学家的心灵中特别发达）与其他如观察的错觉、良心、精神内省、梦的审查官等的关系，或许在他处讨论较为适当。

　　下面我将对此长篇有关梦的运作的讨论进行摘录，我们曾被责问，精神是否以它全部的力量或者仅以剩余的受限制的部分来创造梦，研究结果发现此问题是不合适的。假如一定要我们回答的话，我们则要说二者都是对的，虽然看起来这两个答案是矛盾的。但在制造梦的时候，我们能够分辨出两种精神活动：梦思的产生以及把它们转变成梦的内容，梦思是理性的，它是我们所能具有的所有精神力量所制造出来的，它们属于那些不在意识层面的思想程序——经过某些变异，该程序也会产生我们意识的思想。梦思有许多值得探讨、有许多神秘之处是无疑的，但却和梦没有特殊关系，因此不忘在梦的前提下进行讨论。但形成梦的第二种精神活动（把潜意识思想转变为梦的内容）却是梦所独有的特征。这特殊的梦的运作与清醒时思想形式的分歧比我们想象的要大得多，即使是梦形成的精神功能的最低级者也是如此。梦的运作不仅仅是更无理性、更不小心、更健忘或者更不安全；就本质来说，它与清醒时的思想完全不同，因此是无法加以比较的，它并不思考、计算或者判断；它将自己局限于事物新的变形中，前面我们已经不厌其烦地描述了它在产生结果前所必须满足的种种情况。其结果最主要的是要能够通过审查制度，为满足此目的，梦的运作就置换各种精神强度，甚至将所有的精神价值都改变了。思想必须完全或主要以从听觉或视觉的记忆痕迹来表现，因此又使梦的运作在进行置换时做表现力的考虑。也许可以从晚上梦思所能给予的表现力而制造出更大的强度，所以就有凝缩作用。我们无须注意思想之间的逻辑关系；它们只是特殊的梦的外在的一个伪装，而梦思的感情不会受到太大的改变，当这些感情存在于受压抑的梦中时，它们跟原来附着的思想是分离的，而且会将同样性质的感情连在一块。只有梦的运作的一部分——所谓的校正（因梦例而有量多少的不同）则受到部分清醒意识的影响——才跟其他作者苦心赞誉的思想（他们想用来包括形成的全部）相同。

梦的两种精神活动

在制造梦的时候，我们应该要分辨出梦的两种精神活动：

一
梦思的产生以及把它们转变成梦的内容，梦思是理性的，它是我们所能具有的所有精神力量所制造出来的，它们属于那些不在意识层面的思想程序——经过某些变异，该程序也产生我们意识的思想。

二
形成梦的第二种精神活动（把潜意识思想转变为梦的内容）却是梦所独有的特征。特殊的梦运作与清醒时思想形式的分歧比我们想象的大得多，即使是梦形成的精神功能的最低级者也是如此。

其结果最主要的是要能够通过审查制度，为满足此目的，梦的运作就置换各种精神强度，甚至将所有的精神价值都改变了。

结果

第七章

梦程序的心理

弗洛伊德的《精神分析引论》是以潜意识和性欲的理论为基础的。他认为，潜意识、反抗和压抑及性是构成为精神分析的三大基石，而做梦、失误、神经症症状则为潜意识支配的行为的三种主要形式。他透过梦的表面现象，充分挖掘人的深层动机的思想，揭示了梦在心理学及精神分析上的意义。

前言

在我听到的许多梦当中，有一位女病人所讲述的例子特别值得我们注意。她曾在一次"梦的讲演"中听到以下我将提到的内容（我至今仍然不知其真正来源）。不过此梦的内容所产生的深刻印象却使该女士再度梦见（即再度梦见该梦的某些元素），换句话说，就是她通过这种方法来表达她对某部分梦的赞同。

此范例的前奏（她所听到的梦）是这样的：一位爸爸日夜守在孩子的病榻旁。孩子死后，他到隔壁房间躺下，不过却让两房间相连的大门都敞开着，所以他能看见放置孩子尸体的房间以及尸体周围点燃的蜡烛。他请一位老头看护尸体，并且在那里低声祷告。这位父亲睡了数小时后，梦见他的孩子站在床边，拉着他的手臂，低声地责怪他："爸爸，难道你不知道我被烧着了吗？"他惊醒后发现隔壁房间正燃着耀目的火焰。他赶过去一看发现那个老头睡着了，而一支点燃的蜡烛掉下来了，把四周的布料和孩子的一只手臂给烧着了。

这位病人对我说，这感人的梦很容易解释，而那位讲述者也提供了正确的解释。肯定是火焰通过大门照射在他的眼睛使其得到以下结论（如果清醒时，他也会有同样的印象）：蜡烛掉下来在尸体附近烧着了某些东西。也许他在进入梦乡时还在怀疑那位老人是否能够尽职。

我对此解释没有异议，不过要追加的是，梦的内容必定是多个因素决定的，梦中孩子说的话一定在生前说过，并且同他爸爸心灵中的一些重要事件有关联。比如说"我发着高烧"，也许孩子在最后这场病中，发高烧的时候曾说过。而那句"爸爸，难道你不

323

死与火 保罗·克利
瑞士 1940年

弗洛伊德指出梦中被火烧的情景可能是发高烧的征兆。这幅画是克利最后的作品之一，画面的主体就是这个闪着光的头颅骨，他的脸上没有任何特点，他的躯体也没有骨肉，俨然一副"死亡"的写照，但画面中的太阳还没有落下，它停留在地平线上，好似一团燃烧的火，上方的天空也被这熊熊的火光照亮，它所暗含的意义便是对死亡的不屈服。

知道？"也许与某些被遗忘的敏感事件有关。

但是，虽然我们知道该梦是一种具有意义的程序，并且关系着梦者的精神体验，不过我们却很奇怪这个梦怎么在这种急需醒过来的情况下发生，而此梦也是一种愿望的达成。在梦中，男孩的行为如活着一般：他走到父亲的床前，握着他的手臂，警告他——也许与他生前说出"我发着高烧"的情况一模一样。为了满足这个愿望，所以父亲多睡了一会儿。他很喜欢梦中的情形，因为这样一来，他的孩子又可以活过来。如果父亲先醒过来，然后才达到以上结论而赶到隔壁，那么孩子的生命就缩短了这段时间。

对此吸引人的短梦的特征，我们无可置疑。到目前为止，我们主要的论点都在梦的意义、发现此意义的方法以及梦的运作怎样隐匿其意义上。换而言之，梦的解析一直是我们的主题所在。但现在我们却遇到一个梦，其意义很明显，且解析也毫无困难，不过仍保有某些特征与清醒时有所分歧，而此分歧必须要加以解释。只有将所有关于梦的解析的工作放在一边，才能体验出我们对梦的心理了解是多么贫乏。

但是在踏上"梦的心理"这条路以前，我们必须停下来向四周看看，看看在后面那段路上是否遗漏了一些重要的事物。因为我们必须了解，以前经过的路就是该旅程中最顺利的（如果我没有太大错误的话），所以直到现在，我们所走过的路都是通向光明的——即指向更深入的了解。不过一旦我们要更深入了解有关梦的精神程序，那我们面临的将是一片黑暗。我们不能用精神程序来解释，因为所谓解释就是将某事件追溯到一些已知的知识上，而眼前并没有一些现成的心理知识使我们能够用来作为梦心理探讨的基础。我们反而必须设立许多假定和心灵结构有关的假说，以及其运作的力量。但我们必须注意，不能用超过一级的逻辑连接来建立假说，否则这些假说的价值便不确定了。但是，即使我们的推论没有错误，并且考虑过各种逻辑的可能性，仅仅这些假设上的残缺就足以使我们整个推演变得徒劳无功。就算费尽心思，单独对个别的梦或者是其他心灵活动进行充分研究，我们仍然无法证实或者裁决心灵架构及其运作的方法——为了达到目的。我们必须对一系列的心理功能进行比较研究，然后将所得到的各种确定知识综合起来。所以我们暂且要把梦的精神分析推衍而得的假设放在一边，直到它和我们从另一角度去探讨同一问题的结论发生关系为止。

梦心理过程的简单探讨

如果我们想要对"梦的心理"进行探究的话，就必须对一系列的心理功能进行比较研究，然后将所得到的各种确定知识综合起来，这样才能达到目的。

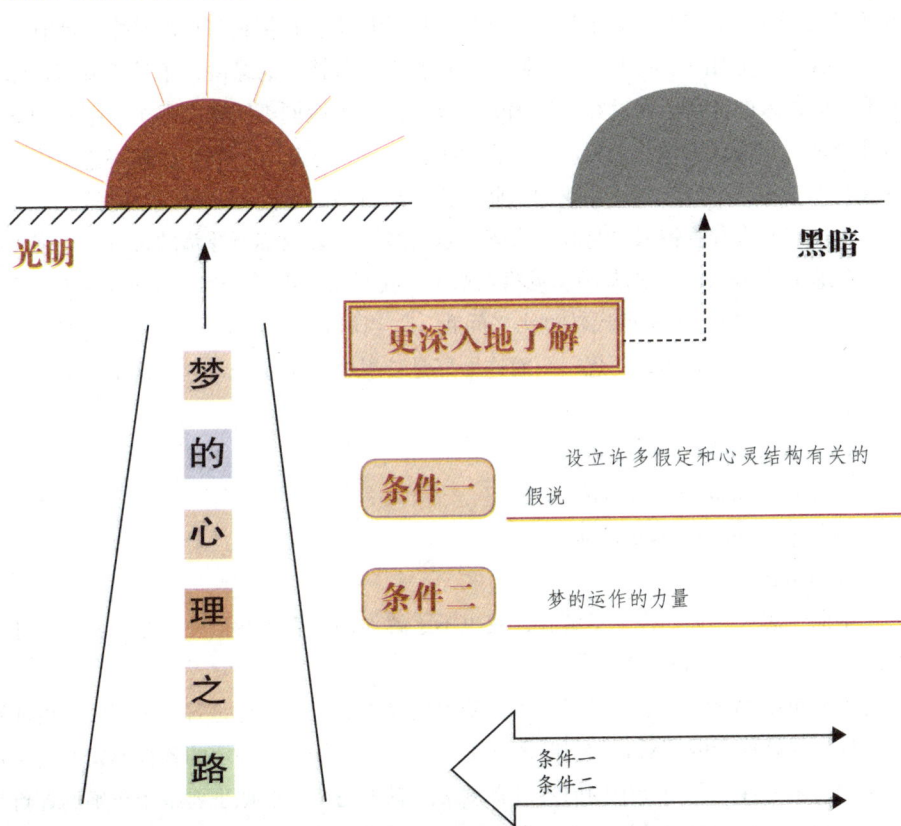

光明

黑暗

梦的心理之路

更深入地了解

条件一　设立许多假定和心灵结构有关的假说

条件二　梦的运作的力量

条件一
条件二

一、梦的遗忘

目前，我想把论题转移到我们一直忽略，并且可能动摇解释根基的一个题目上，好多人都认为我们事实上并不清楚我们加以解释的那些梦——或者应该更明白地说：我们没有把握它是否真正像所描述的那般发生。

第一、我们所记忆的和加以解释的梦本身被不可信赖的记忆所截割——它对梦的印象的保留是特别的无力，并且往往将最重要那部分忘却。当我们将注意力集中在某个梦的时候，常会发现虽然曾经梦得特别多，但却只能记得一小部分，而这部分又是很不确定的。

第二、有很多理由怀疑我们对梦的记忆不但残缺不全，而且是不正确和谬误的。一方面，我们要怀疑梦是否真的像记忆一样不相连；另一方面，我们也要怀疑梦是否像叙述的那样连贯——是否在回忆的时候，任意把一些新的、经过挑选的材料填补到被遗漏或根本就不存在的空档；或者我们用一些装饰品将它修饰得完善些，以致无法判断哪部分是原来的内容。确有一位作者施皮塔曾这样说，梦的前后秩序及相关内容都是在回忆的时候加进去的。

到目前为止，我们一直都忽略了上述的警告。恰恰相反，我们对一些琐碎、不明显及不确定的部分和那些明显确定的部分进行相同的评价。在伊玛打针的梦中，就有这个句子："我立刻把M医生叫来。"我们假设它源于一些特殊的缘由，于是我就能追溯到一个不幸的病人的故事。我就在其床榻旁"立刻"把上级同事叫来。那个"把51和56看成不可分别"的情景则显然是荒谬的梦，51那个数字多次出现，我们没有将它当作一件自然或者无意义的事件。相反，我们由此推论，51背后必定隐藏着另一个隐意；遵循此路线，我发现原来我害怕51会是我的大限，这与梦的主要内容所夸耀的长寿产生强烈的对比。在那个"non vixit"的梦中（见第六章），我开始忽略了一个中途插入的不明显事实："因为P不了解，于是弗氏转过头来问我。"当解释过困难的时候，我回到这句话上，结果追溯到孩童时期的幻想——而这恰好是梦思中的重要分歧点。这是由下面这几句话推来的：

Selten habt ihr mich verstaneden,

Selten auch verstandt ich Euch,

Nut wenn wir im kot uns fanden,

So verstanden wir uns gleich.

（字面意思："你们很少了解我，我也不了解你们。直到我们在泥巴中相见，才会很快彼此了解。"——海涅）

每个分析中都有许多例子可以证明，梦中最琐碎的元素往往是解释过程中不可或缺的，并且往往解释会因为对它的忽略而延误了。我们对梦中所展示的各种形式的文字都赋予相同的重要性。即使梦中的内容没有意义或者不完全——似乎要给予正确的评价是不会成功的——我们也对此缺陷进行考虑。换句话说，其他作者认为是随意糅合，并且

梦的遗忘

　　实验证明，梦是可以被记住的，但99%甚至更高的概率都是在醒来的瞬间就想不起来了，能够在醒来后记得的梦又会随着时间的流逝被淡忘，梦之所以被遗忘，是因为我们对梦的记忆本身就是残缺不全的。

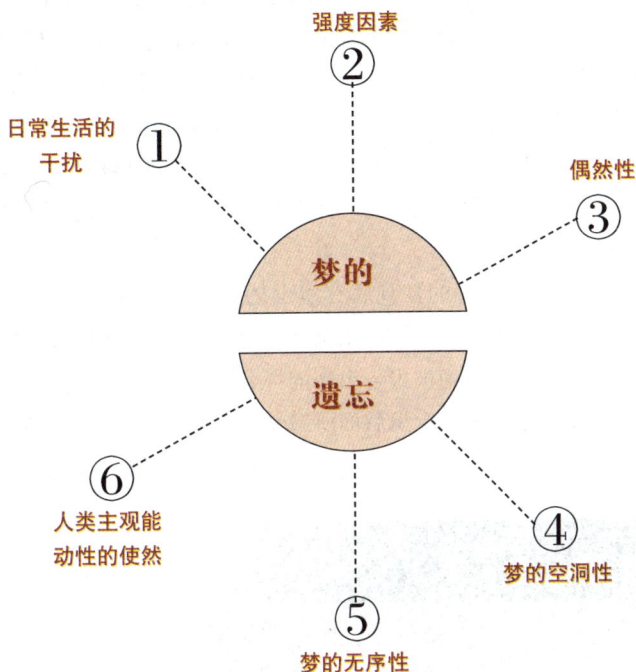

强度因素
②

日常生活的
干扰
①

偶然性
③

梦的

遗忘

⑥
人类主观能
动性的使然

④
梦的空洞性

⑤
梦的无序性

草率带过来避免混淆的部分，我们都将它拜为圣典一般。对这个不同的意见，我认为有加以解释的必要。

　　虽然别的作者并非绝对错，但这些"解释"有利于我们。在我们新近获得对梦的来源的知识探照下，以上的矛盾突然释解了。在重新叙述梦的时候，我们会把它歪扭。这没什么不对，因为这歪扭正是我们前面提到的再度校正——这个普通的施展作用于正常思考上的机构——又一次运作。但这歪扭也属于梦思经常受到梦审查制度修正的一部分。这运作明显的"梦的歪扭"作用会引起其他作家的注意或怀疑；不过我们对此却没有太多的兴趣，因为另一个更为深远的扭曲作用（虽然较不明显）早已经从隐藏的梦思中选出梦来。以前作家所犯的唯一过错就是认为梦用语言表达出来所造成的变异是任意的，不能企求有更进一步的分解，因而给予我们一个错误的梦的图像。精神事件被决断的程度被他们太过低估——它们从来不会是任意的。下面这个现象我们很容易发现：如果某元素不被甲系的思想串列所决断，那么乙思想串列很快地就取代了它的位置。譬如说，我要任意地想一个数字。当然这是不可能的：所提示的数字必然经过了我的思考，而且一定是毫不含糊的，虽然对现时的注意力来说，它可能是遥远的。同样，在清醒时刻，梦所受到的校正更改，也并非是随意的。它们和被取代的事件间必定有着关联，并且替我们指出通往该内容的途径，而那内容也许又是另一个的替代品。

我常常运用下述手段来解析梦，而从来没有失败过。如果病人向我提出的梦很难理解，我要他再重复一遍。当再重复一遍的时候，他很少会运用同样的文字。而梦伪装的脆弱点正好是他运用不同文字来形容的梦的部分：对我来说，它们的意义就像西格弗里德斗篷上的绣标对哈根所代表的意义一样。这恰好是梦解释的起始点。要病人重复一遍就是在警告他说我要花费更多的心机来分析这个梦，并且能促使他在阻抗被解释的压力下，急促地企图遮掩梦伪装的弱点——以一些较不明显的字眼来取代那些会泄露真实意义的表达。不过他这样恰好引起我的注意力。因此梦者企图阻止梦被解释的努力反而让我推断出它斗篷上绣标的所在。

前述作者过分怀疑我们所记得的梦到底有多少是不对的，因为没有什么理智上的根据。一般来说，虽然我们无法保证记忆的正确性，但却往往将它赋予超过客观性的信任。对于梦或者它某一部分是否正确被报告出来的怀疑，实际上只不过是指出梦审查制度的一个变体而已（意即梦思要进入意识后面所遭受的阻抗）。已经产生的置换以及取代并不能使这种阻抗消失；它仍然以一种存疑的姿态附着于那被允许出现的材料上。这

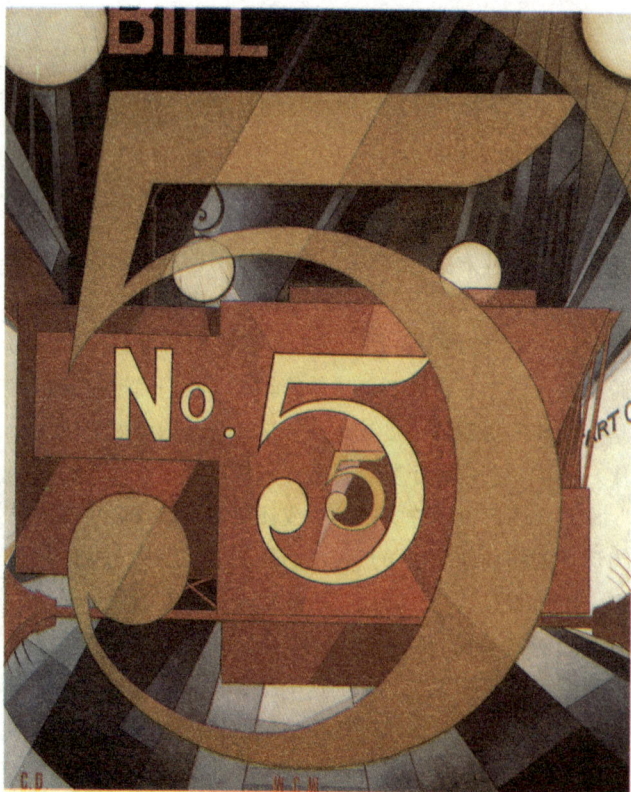

我看到了金色的数字5

查尔斯·代姆斯　美国　木板

油画　纽约都市美术馆

查尔斯这幅画作的创作灵感来自威廉姆斯的诗句"在雨和光中，我看到了金色的数字5，在一辆红色的卡车上，神秘而紧张地向前移动，随着汽笛的鸣响，车轮发出了隆隆声，它已驶入黑暗之城"。如果想要将梦的真实性解释出来，那么就不能缺少像画家的这种洞察力，因为在梦中最琐碎的元素往往是解释过程中不可或缺的。

点尤其容易被我们误解，因为它不是那些强烈的，而是作用不明显的元素。我们已经知道，梦所呈现的已和梦思不同，是经过精神价值的完全置换，歪扭必须要在消除精神价值后才能产生；它能常以此种方法表达，而且偶尔也安于这种现状。但如果某一含糊的梦的内容被怀疑的话，那么我们可以十分肯定地说，这是一个违禁梦思地直接推衍。这就好比古代的伟大革命，或者是文艺复兴后的情况：曾经一度控制整个局势的高贵以及掌握实权的家庭，现在被放逐，所有的高级官员被新面孔所取代。只有那些最穷困、最无能力的败落人家，或者是些优胜者的喽啰才会被允许住在城内；但即便如此，他们还是不能享有完全的公民权利，并且不被信任。这里的不信任和上面所提的怀疑是相对应的类比。我之所以强调分析梦的时候，所有用来判决确定度的方法都要废弃；而梦中虽然只有些蛛丝马迹，也要当作是绝对的真实。正是因为如此，在追究梦中的某一元素时，我们必须遵守此态度，否则分析必将搁浅。如果对某个元素的精神价值有疑问，那么该元素背后所潜藏的观点也不会自动进入梦者的脑袋。因此，结果是不会太明朗的——梦者可以相当合理地这么说："这是否发生在梦中我不太清楚，不过我却具有下面这想法。"但是从来没有人如此说过。事实上，这疑问正是造成分析中止的原因，并且也是精神阻抗的一种工具及衍化物，精神分析的假设是正确的——它的一个条件是：

梦的遗忘与时间长短的关系

弗洛伊德认为："梦的遗忘乃是偏见的，并且是种阻抗的表现。"

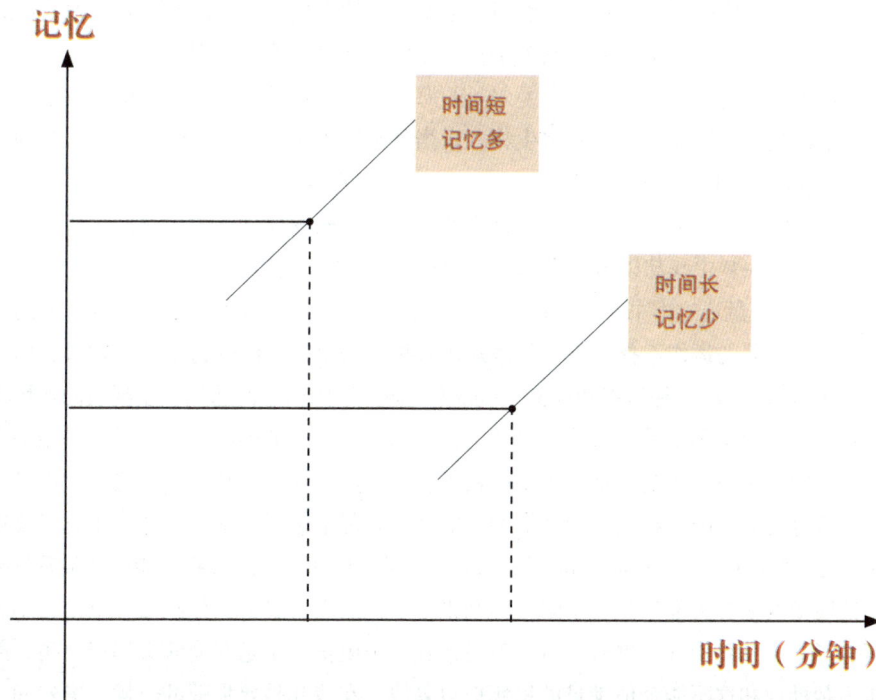

记忆

时间短
记忆多

时间长
记忆少

时间（分钟）

凡是阻碍分析工作进行的因素都是一种阻抗。

除非考虑精神审查制度，否则梦的遗忘也是无法解释的。在许多例子中，梦者常常觉得梦见许多事情，但却记得很少，这可能具有其他的意义。譬如，尽管梦的运作一整晚都在工作，但是却只留下了一个短梦。时间愈久，梦的内容被我们忘掉的也就越多。我认为此种遗忘不但常常被高估，而且梦之间的沟隙限制了我们对它了解的观点也是太过强调的。借着分析的方法我们常常能够填补忘掉的梦的内容；在很多例子中，由一个剩余的部分我们能架构出所有的梦思（当然，不是梦的本身，而这事实上并不重要）。为了达到这个目的，梦者在进行分析的过程中必须付出更多的注意力与自律——就此而已，但是这表明梦的遗忘不无仇视（即阻抗）的因素在内。

凭借观察此种初步遗忘的现象，我们可以得到"梦的遗忘乃是偏见的，并且是种阻抗的表现"的确凿证据。在分析的过程中，被遗忘的梦的某部分常常会再次出现。病人常常这么形容道："我才刚刚想起。"借此方法而得以呈现的梦的部分必定是最重要的；它通常位于通往梦的解答的最近路途上，因此也就受到更多的阻抗。在本书的许多梦例中，有一个梦即有一部分是借着此种"后来想起"的方式呈现出来的。那是一个旅行的梦，是关于我向两个令人不快的旅行者的报复，因为此梦表面的不清楚我那时没有深入解析。被省略的那部分是这样的：我提及席勒的一篇著作（用英文），"这是从（from）……"但察觉出错误后，自己改正为："这是由（by）……""是的，"那人和他妹妹说，"他说得对。"

这种出现在梦中的自我更正，虽然引起某些作者的兴趣，但在此却不必花费我们太多的心血。我却要借着一个梦例说明关于梦中发生文字错误的典型例子。这发生在我19岁第一次到英国的时候。我第一次在爱尔兰的海里度过一整天，自然很兴奋。我很高兴地在沙滩上捡起浪潮所遗留下来的水生物。正当我观察着一只海星的时候——〔梦的开始即是hollthurn hollothurian（海参类）〕——一个漂亮的小女孩走上前来问道："它是海星吗？是活的？"我答道："是的，它是活的。"我立刻发现自己的错误，很尴尬地赶紧加以改正。而在梦中我却以另一个德国人常犯的语法错误来取而代之。"Das Buch ist von Schiller"应该翻成这本书是由"by"，而不是从"from"。在听过这么多关于梦的运作的目的，以及梦的运作不择手段，任意运用各种方法以达目的的讨论后，如果我们听到这个英文单词"from"是借着和德文"from（虔诚）"的同音而达到极度凝缩的作用将不会感到惊奇。但是那个关于海滩的真实记忆为何会呈现于梦中呢？它表示——用一个最纯真无邪的例子——我把性别的关系搞错了。这当然是解释此梦的钥匙之一。而且，任何一个听过马克思的《物质与运动》书名的来源者都不难填补这个空隙：（莫里哀在《无病呻吟》中的La Matière est-elle Laudable——肠部运动）。况且我还能以亲眼看见的事实来证明梦的遗忘大部分是由于阻抗的结果。一位病人对我说，他刚做一个梦，不过却全部忘了。于是我们继续进行分析，然后遇到一个阻抗。于是我向病人解释一番，鼓励与压力帮助他和这不能令他满足的思潮取得妥协。在我几乎要失败的时候，突然间他

海滨 布莱克·沃兹沃思 英国 1937年 英国伦敦塔特陈列馆

　　画家为我们呈现了一副怪异且富有想象力的海滨沙滩，有贝壳、海星，还有其他叫不上名来的怪异几何体，这不仅是一幅静物绘画，它为我们传达了一种不一样的心智乐趣。生活中如果我们去海边玩，也许真的会梦到像画中一样的情景。

大声叫道："我现在想起自己梦见什么了。"因此，使他遗忘了此梦的同时也是妨碍我们分析工作的阻抗，而借着克服此阻抗后，这个梦又回到他的脑海中。

　　同样，一位病人在分析过程达到某种阶段后，也许会想起他好多天前所做过的、完全被遗忘的梦。

　　精神分析的经验已经提供另一个证据，说明对该事实的阻抗是造成梦的遗忘的主要原因，而并非由于睡觉和清醒是两个互无关联的境界——尽管别的作家强调此点。我常常有这样的经历（也许别的分析家与正在接受治疗的病人也有同样的经历），在睡眠被梦吵醒后，我立刻以拥有的所有理智力量去进行解释工作。如果不能完全了解，我往往坚持不去睡觉。然而我有过这样的经历：在第二天清晨醒过来时，解释以及梦的内容完全被忘得一干二净，虽然我依旧记得我曾做过梦并且解释过它。不但理智无法将梦保留在记忆内，反而梦和解析的发现常常一起烟消云散。但这并不是有些权威人士所认为的那样：是因为分析活动和清醒时刻的思潮间有一道精神的阻隔才促使梦的遗忘。

　　我的"梦的遗忘"被普林斯先生大力反对，他认为遗忘只是解离精神状态所产生记忆丧失的一种特殊情况，而对此种特殊记忆丧失的解释我无法伸展到别种形式上，因此我的解释是毫无价值的。我要提醒读者，普林斯先生根本没有尝试寻找一种动力性的解释来描述这些解离状态。如果这样做的话，他必然会发现造成精神内涵的遗忘与解离的主要原因是潜抑（或者更精确地说是由它而来的阻抗）。

在准备这篇文章的时候，我发现梦的遗忘和其他的精神活动之遗忘没有两样，而且它们的记忆也和其他的精神功能相似。我曾经记录下许多自己的梦，有些当时是无法完全解释，有些则根本未加解释。而现在（经过一两年），我为了得到更多的实证而对某些梦加以解析，这些分析都很成功。的确，可能是因为我在这段时间内已把一些内在的阻抗克服了，所以这些梦在经过长时间隔离后反而变得比近期的梦来得更容易解释。在进行这些分析时，我常常把以前的梦思和现在的加以比较，发现现在的总是较多，而且新的里面总是包括旧的。我开始很惊异，不过很快就不以为怪，因为发现自己很早就有要求病人诉说他们往日的旧梦，而把它当作昨日梦加以解析的习惯——用同样的步骤，并且可得到同样的成功。当我讨论到焦虑的梦时，我将要提出两个像这样迟延解析的例子，我在得到这第一次经历的时候，曾经准确地如此预测：梦和心理症的症状各方面都很相像，当我用精神分析来治疗心理症——譬如说，歇斯底里症——我不但要解释那些使他来找我治疗的现存症状，而且也必须解释那些早已消逝的早期症状；而我发现，他们早期的问题比现在的更好解决。甚至在1895年，在《歇斯底里症的研究》中，我曾经替一位女病人解释她15岁时歇斯底里症第一次发作的状况，而这位女病人年龄超过40岁。

接下来，我将提及许多关于解析梦更进一步但却不互相关联的论点。如果读者想分析自己的梦来证实我的说法的准确性，这也许能为

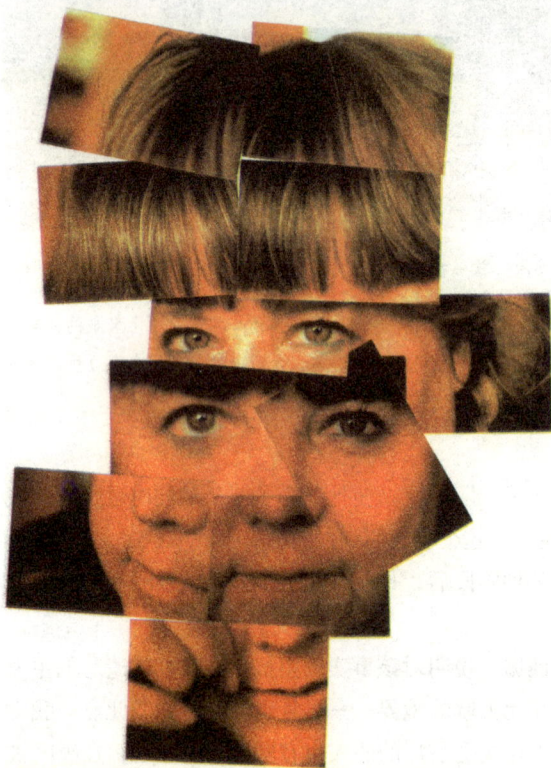

精神病的症候

弗洛伊德在《精神分析引论》一书中指出：对事实的阻抗是造成梦遗忘的主要原因，他很早就用精神分析的方法来治疗心理病症，所以只有对精神病有了充分地了解之后，才能对梦做详细的解释。画面中的人是由不同的人物的侧面进行拼贴而成的，看起来有立体主义派别的影子。

他提供引导。

虽然阻抗此种感觉的精神动机并不存在，但要察觉这种内在现象以及其他平时不太注意的感觉都需要经过不断尝试。因此解析自己的梦并不是简单而且容易的事。要把握那些"非自主的观念更是难上加难"，任何一位想这样做的人必须对本书所提的各项事实感到熟悉，并且在遵循这些规定进行分析的时候，必须不带有任何先入为主的观念、批评，或者是情感或理智上的成见。法国生理学家贝尔纳对实验工作者的规劝也必须要牢牢记住："像动物一样工作"——即是说必须具有野兽般忍耐地工作，并且不计较后果。如果你确实能遵循此劝告，那么此事就不再是困难的。

梦的解析在第一回合常常不会就完全解决的。在依循着一系列的相关后，我们常常会发现自己已经筋疲力尽；而且当天不可能再由那个梦中得到什么。最聪明的办法就是暂时放弃，我们以后再继续工作；那样也许另一个梦的内容会吸引住我们的注意，并且导出另一层的梦思。我们可以称这个办法为"分级"梦解。

神话故事 汉斯·霍夫曼　德国　1944年　板面油画　私人收藏

画面充满了张力和炫耀，画家运用令人心悸的复杂色彩，为我们描绘了一个抽象而精彩的精神世界。画家采用"泼墨式"的方法，创造出了强烈的、爆发性的图形，他挣开了一切对传统艺术的束缚，为读者展现了他心目中的"神话"。

即使把握了梦的全部解析——一个顾及梦的内容的每一部分而且合理合题的解析——梦的解析工作仍未结束，要使初学者明白这一点乃是最困难的一件事。因为即使同一个梦还有别种的逃离他注意的不同解析，如"过度的解析"。的确，我们不容易有

这样的概念：即无数的潜意识思潮挣扎着寻求被表达的机会，而且梦的运作常常把握着一些能涵盖数种意义的表达——就像神仙故事中的小裁缝能"一拳打死七个"。这也不容易被体会到。读者埋怨我在解析过程中常常加入一些不必要的技巧，不过实际的经历将使他们知道得更多。

但另一方面，我也不能证实锡尔伯首先提出的观点：每个梦（或者是许多梦，或某种的梦）都有两种解析，而且两者之间具有固定的关系，其中一个意义是"精神分析的"通常赋予梦某种意义；这通常具有孩童式的"性"的意义。另外一种也是他认为较重要的是"神秘的"，这里面埋藏着梦的运作视为更重要与更深刻的思潮。关于此两点锡尔伯曾引述许多梦例来说明，但他的证据并不充分。而我必须说锡尔伯的论断并不成立。我认为多数的梦并不需要过度解析，尤其是所谓的神秘解析，和近年来所流行的理

如父的莱茵河 马克斯·恩斯特 1953年 巴塞尔美术馆

恩斯特被誉为"超现实主义的达·芬奇"。画中所描绘的是画家的故乡——莱茵地区，他是德裔法国画家，从画中我们可以看出他对故乡难舍的感情。作品有着丰富的色彩和质感，恩斯特的绘画手法也更加抽象且抒情。画中弯曲的河川围绕着抽象的头部，真实的、红褐色的两岸各在一旁。他用细线描绘出岸上的生物，上面还泛着淡淡的阳光。

论一样，锡尔伯的理论也是企图遮盖梦形成的基本情况，而把我们的注意力由其本能性的根源转移开来。但是在某些情况下，我能够证实锡尔伯的说法。我们发现在某些情况下，借着分析的方法，梦的运作必须面对将一些高度抽象的观念——也是无法直接加以表现的观念，转变成梦的难题，为了解决这一问题，它不得不把握着另一组的理智材料；而这材料和那抽象观念之间稍为有些关联（可以说是譬喻式的），并且要表现也没有那么多的困难。对于此种方法形成的梦，梦者会毫无困难地说出其抽象意义；但是需要借助那些我们已经熟悉了的技巧才能对那些中间插入材料进行正确的解释。

我们能否解析每一个梦呢？答案是否定的。我们必须记住，在分析梦的时候，那些造成梦歪曲的精神力量我们是无法逃避的。因此我们的理智兴趣、自律能力、心理知识，以及解析梦的经验是否足以应付内在的阻抗是问题的关键所在。通常，我们都能够深入一些：足以使我们自己相信此梦具有意义，足以让我们惊鸿一瞥地窥见其意义。我们对梦的假设常能被那些紧接着的梦证实。仔细观察两个连续的梦，我们常会发现在乙梦中甲梦的中心并没有举足轻重的地位，反之亦然，所以它们的解析常常是互补的。同一晚上所做的许多梦通常应该视为整体来解析，这一点以前已经有过许多例子来说明。

即使分析最彻底的梦也常常有一部分必须弃之不顾，因为这部分在解析的过程中是一些不能解开的互相缠绕着的梦思，而且对梦的内容的了解也没什么帮助。这部分即是梦的关键，由此伸展至无知。由解析而得来的梦思并没有一些确定的根源，它们在我们那错综复杂的思想世界中向各个方向延伸。和蘑菇由菌丝体长出来的情形相似，梦的愿望则由某些特别接近的缠绕部分长出来。

现在我们必须回到有关梦被遗忘的一些事实上。到目前为止，我们仍然无法从那里推衍出任何重要的结论。我们已经知道清醒时刻的生命无疑地倾向于要把晚间所形成的梦给遗忘掉——不管是在睡醒后整个儿就忘掉，还是在白天当中一点点地忘却；我们也知道精神的阻抗是遗忘的主要原因，而它在晚间也早就尽其力量反对过了。但问题是，如果所说属实，为何在这阻抗的压力下梦仍会产生呢？让我以最极端的例子来解释（意即清醒时刻把梦中的一切都忘掉，就好像从来没有梦见一样）。在此情况下，我们这样推论，即晚间的阻抗如果和白天一样强，那么梦就不可能会产生。因此，晚间的阻抗力量虽然并没有全部失去（因为它仍然是梦形成的歪曲因素），但比较小。若使梦的形成得以进行，我必定要假设阻抗力量在晚间减弱。现在我们很容易了解阻抗在恢复全力的时候为何能把它虚弱时所允许的事推翻。描述心理学告诉我们，心理必须处在睡眠状态下才是梦形成的唯一规则；现在我们已经能够解释此事实：睡眠使梦得以进行是因为精神内涵的审查制度减弱的结果。

毫无疑问，这一点是梦遗忘的诸多事实所能推衍出的唯一结论，并且我们想以此为起点更进一步地研究睡眠和清醒时刻中这阻抗的能力有多大的差别。不过在此我想先暂停一下。当我们进一步研究梦的心理时，我们将发现可以从别的角度来看待梦的形成。譬如说：对抗梦思表达的阻抗力量也许那时会回避不见，但力量丝毫不减少。似乎二者都能促进梦的形成，并且都能发生在睡眠状态下。现在我们要暂时在这里停顿一下，以后再继续讨论。

关于另外一些反对我们解析梦的程序的意见我们现在有必要考虑。我们的方法是，把所有那些平时指引我们的有意义的观念放置一边，然后把注意力集中在梦的某一元素上，把不由自主的浮现和它关联着的任何观念记下来。然后再更换一部分，又照葫芦画瓢地重复一次。不管思潮往哪边走，我们都让它发挥，并且由一个题目转移到另一个上面（虽然自己并没有直接地参与），但对最后得到梦所源起的梦思我们很有信心。

反对者的理由如下：我们能被梦中某一元素带到某处（即带来某些结论）丝毫不值得惊奇；因为每个观念都可以和某些东西相关联。值得惊奇的是，梦思为什么能被这些漫无目的而又任意的思想串列导出来呢？很可能是自我欺骗而已。我们一直追随着某一元素的联想，然后为了某些理由而中断。接着再遵循第二个元素的联想。在此种情形下，原来无拘无束的联想会愈来愈窄。因为原先的思想仍在我们的脑海里浮现着，所以在分析第二个梦思时，我们很容易受和第一道思潮相关的联想的影响。然后认为已经找到一个连接梦中两种元素的思想，实际上这是对自己的欺骗。因为我们任意地把思想连在一块（除了正常那种由一思想移形到另一个的情形之外），最后必然会找出许多我们称之为梦思的"中间思想"——这是没有保证（即真实性无从知道）的，因为梦思究竟是什么我们仍不清楚——而且认为是相当于梦的精神替代。但这整套不过是一种富有技巧的机会组合而已，都是任意捏造的。在这种情况下，任何人只要肯付出这些徒劳无功的代价，都能由梦编造出任何的解析。

如果只是针对这些反对意见，我们只要如此辩驳就成了——即描述解析所造成的深刻印象；追随某一元素过程间会有和梦的其他元素的相关突然浮现；以及除非事先有精神上的联系，否则单一机会是不可能由梦中推衍出这么多内容的。另外我们也能指出，这种梦的解析和解除歇斯底里症状的方法是如出一辙的；而症状的一起浮现与消除可以证实这种方法的可靠性。或者说，本书的论断是由"插入的说明"而证实的。可是为何追随某个无目的以及任意的思想串列就会达到一个事先存在的目标，这些都不能说明。不过我们并不需要回答这个问题，因为这个问题根本无法成立。

在解析梦的时候，虽然我们弃除一切意见，并让任意的思想浮现，但是我们并非追随着一些无目的的思想潮流。我们知道，正是那些我们知道的有意义的思潮才能够被摒除；然后摒除工作一旦成功完成后，那些不知道有目的的想法——或者更明确地说，潜意识——就出面把持大局，从而决定了那些非自主的意志浮现。没有任何的影响力可以使我们的精神力量去做一些无意义的思考——甚至任何精神混乱的状态也不可能。而精神科医生们太过轻易放弃他们对精神程序完整的信心。在歇斯底里症和妄想症中，无目的的思潮和梦的形成一样，是不可能产生的。也许在任何内源的精神异常上，这种无目的的想法是根本不可能呈现的。如果勒雷的猜想没错，那么谵妄或者意志迷乱的状态也是有意义的。只不过因为中间有个无法超越的沟隙，所以我们才对其不甚了解，在观察这些病症的时候我也有同样的意见。谵妄之所以产生乃是审查制度不再掩瞒它的操作，即它们不再同心协力制造一些不被反对的新想法，反而草率地把不合格的全盘删除，因此剩下来的就支离破碎，不知所云了。这审查制度的行为就像苏联边界的报刊审查委员会一样，国外杂志要被他们涂黑了好多段落后才允许发放到他们所保护的民众手中。

也许在器质性的脑部障碍中，借着一些偶然的关联思想确实能够自由推演；然而在心理症中，却可以用那受到审查制度影响而被推到前台的思想串列（其意义被隐藏着）来说明所谓的自由推演。自由联想（即不受意识的力量所主宰）的永真讯号即是下面这些所谓表面关联——即借着谐音、含糊不清的字义、暂且和字义无关的巧合，或者是开玩笑玩弄字眼间所运用的联系。这些特殊的联系正存在于那些由梦元素通往中间思想的串列之中；同样，在由中间思想通往梦思本身的途中它们也是存在的。能在许多梦的分析上看到这种例子很是令我们惊奇。架构于两思潮之间的联系，没有任何一种是太过松弛以至于不配合，也没有任何一种玩笑是太过粗鲁而不能用。但是我们很快发现了这种表面看来吊儿郎当的真正理由。无论何时，当两个元素之间有着很表浅或者是牵强的联系，它们之间必定还有一个更深刻

实体构成　斯图尔特·戴维斯　美国　1957年　布面油画　匹兹堡卡耐基艺术博物馆

画面由红、白、蓝三种颜色构成，这也是画家爱国情怀的凸显。画面虽然复杂，但不失其条理性，他就像爵士乐手驾驭声音那样舞弄着色彩和图形，画家将一个个看似平淡的几何图形，构成了一个统一的整体。这幅画和梦有共通之处，因为梦就是记忆的碎片凝和成的整体。

西里伯岛之象 马克斯·恩斯特 1921年 伦敦泰德画廊

　　自由联想，是精神分析学家使用的一种诊断技术和治疗方式，同时还可以测定人的能力和情绪等。这幅奇妙的画便是自由联想的产物，这种奇异的组合深受弗洛伊德自由联想与无意识的理念影响。画家为我们创造了一种充满暴力与无情的噩梦般的氛围，长着金属齿牙与角、半象半战车巨大的丑陋怪物，受无头的塑胶模特儿引导前进。

　　以及正统的联系，只不过受到审查制度的阻抗而已。

　　并不是因为舍弃了有意义的思想，表面联系才得以盛行，而是由于审查制度所施的

338

压力。当审查制度封锁了正常的通道后，当然表浅的联系就将其取而代之了。我们也许可以想象出这样的类比：一个山区虽然主要交通遭到阻碍（譬如说洪水泛滥），但是仍然可以利用那些陡峻不便的小径（平时猎人所走的）与山区进行通讯联络。

　　这里有两种情况需要我们分辨，虽然它们基本上是雷同的。第一个情况是，两个思想之间的联系被审查制度破坏了。它们从而不再受到它的阻抗，然后这两个思潮相继进入意识层面，二者间的真正连接虽被隐没了，却有层表面的联系仍然存在（这种联系我们本来不会想到的）。这种联系通常是附录在那些并未受到压抑，而且也并非是主要的联系上面。第二种情况是，因为两个思想的内涵都各自受到审查制度的阻抗，所以必须以一种替代的形式呈现，但是在选择两个替代的时候，它们之间的表浅联系仍重复着该两个思想之间的主要关联。在以上两种情况下，审查制度都会把正常而且严肃的联系转移成一个表面的且似乎是荒谬的关系。因为有这种转移关系的存在，所以我们在解析梦的时候，会毫不犹豫地依赖着此种关系。

精神分析最常用的两个定理

精神分析是由弗洛伊德所创立的一门学科，其中心理论是无意识，即我们认为的潜意识。他认为不符合社会规范的欲望和冲突被压抑在无意识中影响着人的意识。精神分析应遵循以下两个定理。

定 理 一

　　第一个情况是，两个思想之间的联系被审查制度破坏了。它们从而不再受到它的阻抗。然后这两个思潮相继进入意识层面，二者间的真正连接虽被隐没了，却有层表面的联系仍然存在（这种联系我们本来不会想到的）。这种联系通常是附录在那些并未受到压抑，而且也并非是主要的联系上面。

定 理 二

　　第二种情况是，因为两个思想的内涵都各自受到审查制度的阻抗，所以必须以一种替代的形式呈现，但是在选择两个替代的时候，它们之间的表浅联系仍重复着两个思想之间的主要关联。

　　在以上两种情况下，审查制度都会把正常而且严肃的联系转移成一个表面的且似乎是荒谬的关系。因为有这种转移关系的存在，所以我们在解析梦的时候，会毫不犹豫地依赖着此种关系。

这是精神分析最常用的两个定理——即当意识层面的观念被舍弃后，整个现时的思想则被潜意识中有意义的概念所控制；而表面的联系不过是一些更深层以及被压抑的关联的替代物而已。的确，此理论已成为精神分析的基石。当我命令病人舍弃任何成见，把他脑海中浮现的所有事物告诉我时，我深信那些有意义的概念不能被他摒除掉，而且他提起的那些虽然看来像是无邪或者是任意的事物，实际上却和他的疾病有着关联。病人所不怀疑的另外一个有意义的概念则是我的人格。至于这两个定理的证明以及其重要性的验证，已经属于描述精神分析治疗方法的领域了。在这里，梦的解析必须又被暂时置于一旁。

由以上许多反对的意见当中，可得出一个真正的结论，即所有解析工作的联想我们不必都视为夜间之梦的运作。其实在清醒时刻进行分析工作时，我们是以相反的方向跟随着一条由梦思通向梦元素的途径的，而梦的运作所遵循的那条路线也应该和我们反向。这些途径也并非全部是双线大道，却可以两面相通。我们白天的分析就好比是沿着新鲜的水道驾驭着木筏，有时会遇见中间的思想，有时会遇见梦思，在这一处或者在另一处。在这种情况下，我们知道白天的材料也会加入解析的行列中。也许夜间以后所阻抗的增加使得我们必须做更多的改道。我们遵循支径的数目多少并不重要，关键是它能把我们带到所要找寻的梦思就行了。

二、退化（后退）现象

在辩驳了各种反对意见后，或者至少在呈现了我们防御的武器之后，那准备了很久的心理探讨不应该再被我们耽搁了。现在让我们把近来的主要发现摘录一下：梦是一种精神活动，和其他的事物同样重要，其动机常常是寻求一个愿望的满足。它们之所以不被认为是愿望，以及具有许多特征与荒谬性，完全是由于在梦的形成过程中精神审查制度加以影响的结果。除了回避审查制度外，在梦的形成过程中下述因素也扮演着某种角色：①精神材料需要被凝缩起来；②要能以影像来表现；③需要一个合理可解的梦的构造的外表（虽然不一定真）。以上每一个条件都将导致一些心理假说和预测。因此我们必须探讨梦的意愿动机与梦形成的四个条件之间的相互关系，以及这些条件之间的相互关系，而且梦在精神生活中的位置我们也必须找出来。

在本章的开头，有个梦因为能够提醒许多我们仍未解决的问题，所以被我引用。这个梦（关于被燃烧的童尸）并不难解析，但是由分析的观点来看，它并没有被彻底解释清楚。当时我曾问过，为何这位父亲只梦见而不是醒过来，同时我们发现他做梦的一个动机就是要孩子仍然活着的愿望。在更进一步地讨论后，我们将发现还有另一个愿望在此梦中运作。但目前我们可以这么说，睡眠时思想程序对愿望的达成促使此梦的形成。

如果不考虑此梦的愿望达成，那么梦思与梦这两个精神事件之间的差别就只有一个特

梦形成的其他因素

　　梦是一种精神活动，其动机常常是寻求一个愿望的满足。梦的意愿动机与梦形成的四个条件有着密切的关系。

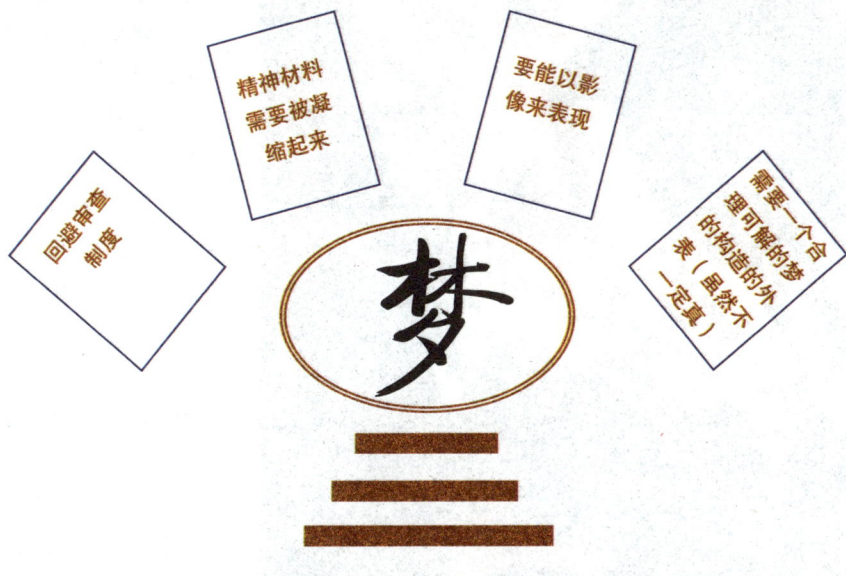

精神材料需要被凝缩起来

要能以影像来表现

回避审查制度

需要一个合理可解的梦的构造的外表（虽然不一定真）

梦

征作为区别了。梦也许是这样的："我看见一些光芒从孩子尸体躺卧的房间传来，也许一支蜡烛掉在孩子的身上，也许烧着我的孩子了。"这些意念被梦毫不改变地反映出来，不过却以一种实际的情况来表现（好像在清醒时刻般的以感觉器官来感觉），这就是梦程序最显明的特征：某种思想，或者某些意欲的思想，在梦中都物像化了，且以某种好像亲身体验过的情境来表现。

　　那么梦的运作的特征我们要如何解释呢？或者把范围缩小点，我们应该把它放在精神程序的哪一个位置呢？

　　如果更仔细地观察此梦，我们将发现梦的显意具有两个互相独立的特征：①在这里以一种眼前的情景来表现某个思想，"也许"这个字眼被省略了；②思想被移形为景象以及言语。

　　在这个梦中，把期待的思想变成现在式的思想所做的改变并不特别明显，这也许因为愿望的达成在此梦中只扮演着次要的角色。让我们看另外一个梦例，譬如伊玛打针——这里，梦的意愿和那被带入梦境的清醒时刻的思想并没有完全脱离。它的梦思是这样的一个条件子句："如果奥图医生应该为伊玛的疾病负责，那该多好！"不过此条件式却被梦压抑着，而以一个单纯的现在式表现："当然，奥图医生应该为伊玛的疾病负责。"这个就是梦（即使是最不改装的）带给梦思的第一个改变。在这一点上我们不必再浪费时间。在意识的幻想（白日梦）中，理想观念也受到同样的对待。当都德笔下的M.茹瓦约斯先生在巴黎街头流浪的时候（其女儿相信他已找到一份差事，并且正在办

女孩与猫 巴尔塔斯 法国 1937年 板面油画 私人收藏

意识的幻想，称为白日梦。这个女孩坐在阴郁且毫无生气的室内，旁边还有一只安分的猫咪。女孩迷离的眼神似乎表明她好像被什么事困扰着，或者还有其他暗示，也许在做白日梦。

公室里坐着），他梦见某些发展带给他一些具有影响力的帮助，使他能顺利找到工作——而他正是以现在式梦见的。因此梦和白日梦同样利用现在式。用来表达愿望达成的时式就是现在式。

梦所具有的第二个特色乃是将思想内容转变成视觉形象（由这点可以和白日梦区分），对此形象我们不但赋予信心，并且像体验过似的。我现在必须补充的是，并非每个梦都把概念转变成能感觉的形象。有些梦只是许多思想的组合，只不过因为具有梦的特质而不能把它们排除在"梦"这类属之外。我那个"Autodidasker"的梦（见第五章）就是一个例子。

它所包含的感觉元素并非比我白天所想的要多很多。只要是稍长一点的梦里面，必定有些元素没有转变成感觉的形式，它们就像清醒时刻那样被想起。另外我们要明白，这种将观念转变为感觉形象的事并非只在梦中发生，在幻觉与幻象上也可能发生（不管是发生在心理症病患或是健康人身上）。简言之，我们现在所观察到的关系并不全是排外的。不过梦的这个特征（如果它呈现的话）仍然是最显明的，所以我们想象梦境的等候中它不是会缺少的。但为了弄清它，我们必须再进行非常详细的讨论。

作为探究的开始，我有必要从许多梦的理论中拿出一个特别值得一提的来进行分析。在一篇简单的梦的讨论中，伟大的G. T. H.费希纳指出梦的性质："梦中动作的景象和清醒时刻的概念世界是不同的。"这是使我们了解梦的特殊性的唯一假说。

这些文字把"精神位置"的概念带给我们。认为我们所知道的精神装置具有已知的解剖学形式这一点我不认可，而且我将尽量小心地避免将精神位置和解剖学结构配合的诱惑。我们将局限在心理学的基础上，这个把我们的精神功能推动的装置，我建议将其想象成复式显微镜、照相器材，或者这一类性质的东西。在此基础上，精神位置就相当于此类器材中景象得以初步呈现的那部分。我们知道在显微镜或者望远镜中也存在此种理想点，虽然并没有任何可触摸的零件存在于此点上。此种类比只不过是帮助我们了解那错综复杂的精神功能——借着把功能分解，并将不同的成分归属于此器材的不同部分，所以我们不必因为这比喻不够完美而感到歉疚。据我所知，到目前为止，没有人利用这种解剖的方法去探讨精神的工具，而我觉得这样做没有什么不合理的地方。我深信只要我们能保持冷静的头脑，就可以让假设自由奔驰，只要不把建筑的骨架搞错就好。因为第一次接触任何无知的题目以前，我们都需要一些辅助观念的协助，所以我有必要先提出一个最粗略以及最有把握的假设。

根据上述理由，我们把精神装置想象成一个复式的构造，我们将其各个部分称为"机构"，或者为了更清楚的理由，把它称为"系统"。然后我们可以预测，就像望远镜内各个系统镜片所处的位置一样，这些系统间也存在着一些空间的关系。严格来说，并不必要假定精神系统具有空间的秩序。实际上只要有个确定的先后次序就够了——即在某一个特定的精神事件上，系统的激发会遵循着一个特定的暂时秩序。而在别的程序中，先后次序可能有所不同。这是可能的，为了简短起见，我们姑且把这个装置的组成部分称为"φ系统"。

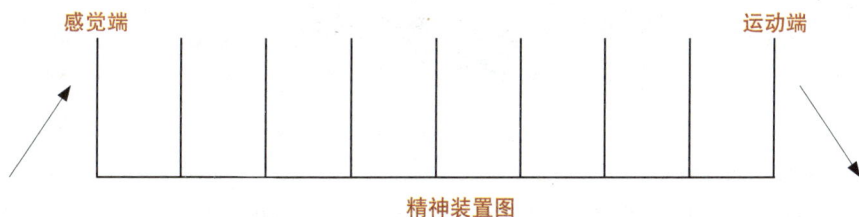

精神装置图

首先这个由φ系统组成的装置是具有方向性的。我们所有的精神活动都是始于刺激（不管是内在或在外在的），而终于神经传导。据此，我们将给予此装置一个感觉以及运动的开头与结尾。精神步骤通常由感觉端进行到运动端，所以可以用上图表来表示精神装置。

不过这也只是满足了我们很久以来就熟悉的需求——精神装置必须具有像反射弧一般的构造，反射动作仍然是每种精神活动。

然后在感觉端我们加上第一次的分化。感觉刺激后，精神装置会留下一些痕迹——我们可以称之为记忆痕迹，与此有关的功能则称之为记忆。如果我们坚守让精神程序附在系统上的假说，那么记忆痕迹必将使系统发生永久性的变化。但就像在别处提到的一样，同一个系统不可能做到既要留住不动，又要继续保持新鲜度以接受新的刺激。因此，依据假设的原则，我们必须把这两个功能归诸两个不同的系统。我们假定位于此装置最前端的是第一个系统，接受感觉刺激，但不留下丝毫痕迹，因此没有记忆。在它背后的第二个系统，可以将第一个系统的短暂激动转变成永久的痕迹。于是我们这个精神

精神装置与反射弧

我们所有的精神活动都是始于刺激（不管是内在或在外在的），而终于神经传导。不过这也只是满足了我们很久以来就熟悉的需求。

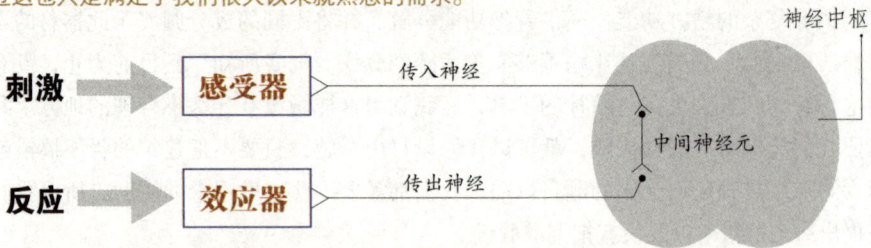

神经中枢

刺激 → 感受器 — 传入神经
中间神经元
反应 → 效应器 — 传出神经

反射是指在中枢神经系统的参与下，人和动物体对体内和外界环境的各种刺激所发生的规律性的反应。反射活动的结构基础是反射弧。

感觉端　记忆元素1　记忆元素2　记忆元素3　　　运动端

精神装置必须具有像反射弧一般的构造，反射动作仍然是每种精神活动。

装置的图解就如图所示。

我们知道记忆所保留的东西要比刺激感觉系统的感觉内涵多。在我们的记忆中，感觉是互相联系的，尤其当两者同时发生，我们称其为关联。很明显，如果感觉系统没有记忆的话，关联的痕迹是不可能存在的。如果先前的一个连接会影响新的感觉，那么感觉元素在执行功能的时候就难免受到阻碍了，因此我们也必须假定记忆系统内必定存在有关联的基础。所谓关联即是在阻抗减少以及使交往便利的途径形成后，此记忆元素较易把激动传给相关的另一记忆元素。

仔细分析后，我们发现这种记忆元素的存在应该有好多个，而不单单只有一个。这样一来，由感觉元素传导的同一激动就会留下许多不同的永久性痕迹。第一种记忆系统自然会记下同一时间发生的关联，而在后来的记忆系统中同一感觉材料则根据其他的巧合而安排，譬如说"相似"的关系等等。当然，要把这种系统的精神意义用文字来表达不过是浪费时间而已。其特征要视它与不同的记忆原料的关系而定——即是（如果我们想要提示一个更偏激的定理）在此等元素带来的激动被传导时它所给予的不同程度的阻抗。

这里有一个一般性的评语我想插入，也许会有重要的启示：那些没有记忆力的感

344

觉系统带给我们意识层各种繁杂的感觉性质。另一方面，我们的记忆力——包括那些深印在脑海中的——都是属于潜意识的，无疑它们能在潜意识状态下施展其活动，所以能被提升到意识层面。被形容为我们的"性格"的东西乃是基于我们印象的记忆痕迹。另外，那些发生于我们童年时代对我们影响极大的印象，则几乎不会变为意识的。如果能再度把记忆提升到意识层面来，它们的感觉性质和感觉相比，不是等于零，就是微乎其微。如果能够证实下面的理论，那么了解造成心理症激动的原因就很有希望了，此理论即是：在φ系统中，记忆与意识的特质是互相排斥的。

关于精神装置感觉端的构造，我们迄今仍未利用梦或其他精神活动所能获得了解。但是这个装置的另一部分的梦却能够让我们了解。在前面我们已经提到，为了弄清梦的形成，我们必须假设两个心理机构，其中一个将另一个的精神活动加以审核（这包括将它由意识层面删除掉）。我们所得的结论是，这个批判的机构要比那受批判的更接近意识层面，它就像一道站在意识与后者之间的筛子一般。后来，我们认为有理由将此批判机构和那指导我们清醒时刻的生活、决定我们自主及意识行为的机构同体化。如果我们用系统来取代这些机构的话，那么这些批判（审查）的系统必定位于此精神装置的运动端。现在我们要把这两个系统加入我们所设立的图解中，并表示它们和意识层面的关系。

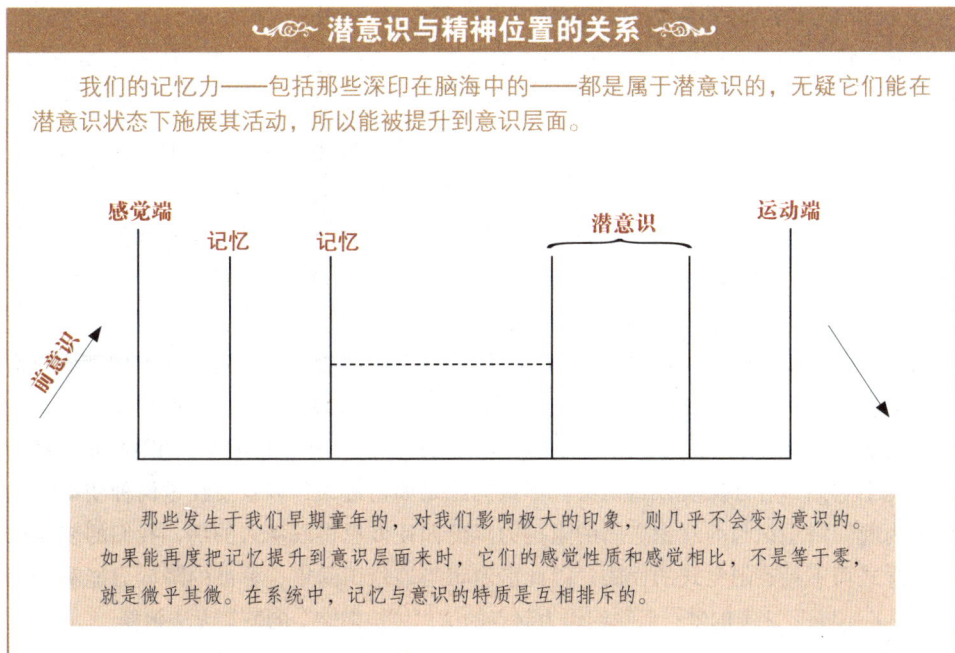

潜意识与精神位置的关系

我们的记忆力——包括那些深印在脑海中的——都是属于潜意识的，无疑它们能在潜意识状态下施展其活动，所以能被提升到意识层面。

那些发生于我们早期童年的，对我们影响极大的印象，则几乎不会变为意识的。如果能再度把记忆提升到意识层面来时，它们的感觉性质和感觉相比，不是等于零，就是微乎其微。在系统中，记忆与意识的特质是互相排斥的。

运动端的最后一个系统属于前意识，这表示此系统的激动程序能够不再受到阻碍而直接到达意识层（如果其他的条件能够满足的话，譬如说达到某种强度，或者那个被称为"注意力"的功能有特殊的分布，等等）。自主运动之钥同时也被这个前意识所掌

什么是潜意识

潜意识也称无意识，是指那些在正常情况下根本不能变为意识的东西。就像是人内心深处被压抑而无从意识到的欲望一样。弗洛伊德将意识化为三个层次：意识、前意识和潜意识。

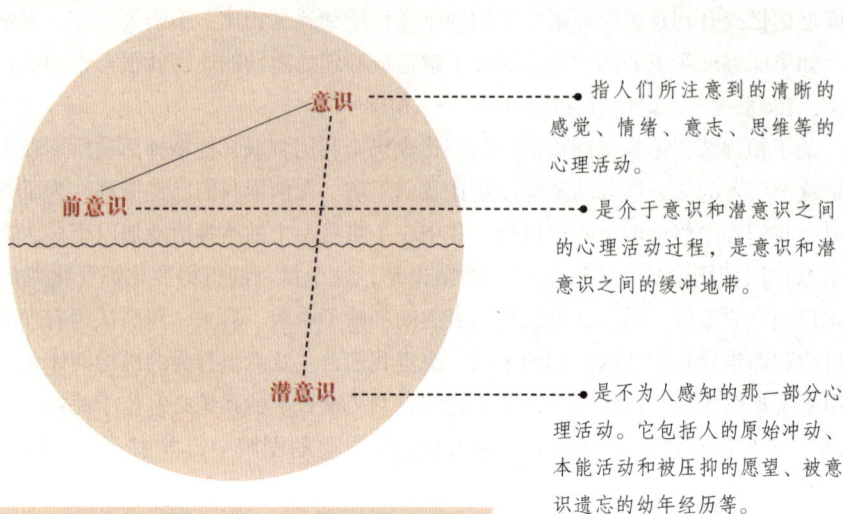

意识 ━━━━━━━━━ 指人们所注意到的清晰的感觉、情绪、意志、思维等的心理活动。

前意识 ━━━━━━━━━ 是介于意识和潜意识之间的心理活动过程，是意识和潜意识之间的缓冲地带。

潜意识 ━━━━━━━━━ 是不为人感知的那一部分心理活动。它包括人的原始冲动、本能活动和被压抑的愿望、被意识遗忘的幼年经历等。

潜意识，是潜藏在我们一般意识底下的一股神秘力量，是相对于"意识"的一种思想。

握。因为除非经过前意识的协助，否则位于它背后的那个系统无法到达意识层，而且在通过这关卡时，其激动的程序必须受到改变，我们称之为"潜意识"。

那么，究竟要把梦形成的动力放在这些系统的什么地方呢？为了简便起见，我们把它放在"潜意识"中。但在以下的讨论中，我们会发现梦形成的程序和属于前意识的梦思必须相关联，所以这并不全对。但如果只考虑梦的愿望，那么我们将发现产生梦的动力确实是由潜意识所供给的。因此我们把潜意识系统作为梦形成的起点，就像其他的思想结构一样，这个梦形成的促成者努力地想到达前意识，然后借以进入意识层。

由实验知道，在白天时经由前意识通往意识的途径会因为审查制度的阻抗而封锁，要到晚上它们才有办法度入意识层。不过问题是如何进入，以及要经过何种变动。如果因为晚间潜意识与前意识之间的阻抗力降低而使梦思得以潜入的话，我们的梦应该是概念式而不具有幻觉式的性质。因此潜意识与前意识间审查标准的降低只能解释像"Autodidasker"之类的梦，而我们作为起点的"尸体被燃烧"的梦却无法解释。

那么幻觉式的梦究竟是如何产生的呢？我们只能说它激动的传播方向是倒向的——它是向着感觉端，最终传到知觉的系统，而并非指向运动端。如果我们形容清醒时刻潜意识的精神程序为前进的，那么梦中的我们就要称之为后退的。

这个后退（退化）无疑是梦的程序的一个心理学上的特征，但这不单只发生在梦中而已。精神装置的这种后退作用在回忆和正常思考的程序中也是同样需要的——由一些繁杂的概念回到促成它们形成的记忆痕迹的原料上。但是在清醒时刻，这种后退作用不会超过记忆影像而使知觉影像产生幻觉式的重现。为什么梦中就可能呢？在提到梦的凝缩作用时，我们必须假定某个概念所附着的强度可以借着梦的运作而转移到另一个概念上。也许就是这个正常精神程序的改变使得感觉系统的传导得以反向，由思想概念开始，一直到完全鲜明的感觉上。

希望在讨论"后退"这个名词的重要性时，我们没有欺骗自己。因为我们不过是在给一个错综复杂的现象命名而已。在梦中，当借着后退而把概念变成原来的感觉影像时，我们称之为"后退"。除非这个名称带来一些新知，否则它的命名又有什么好处呢？我相信"后退"这个名词对我们是有用的，因为一个我们借着图解（在这个图解中，精神装置是具有方向的）早就知道的事实至少被它连接了。现在，只要再对图解仔

将死 1949~1950年 布面油画 私人收藏

人在即将死去的时候会产生不同程度的幻觉，那么幻觉式的梦究竟如何产生呢？我们只能说它激动的传播方向是倒向的——它是向着感觉端，最终传到知觉的系统，而并非指向运动端。画面采用并列的色彩、沉着柔和的方格、矩形和菱形以及随意成对成组的构成物，交织而成网状图案。再加上透视方法的使用，使得中央棋盘图形缓缓后退至远处，以至于我们似乎产生了幻觉一般。

细观察一下（不必再进一步推论），我们就能够发现梦的另一个特征，所以说它要首次给我们带来好处啦。如果把梦看作是假精神装置的"后退"现象，那么为什么所有梦思的逻辑关系在梦的活动中会消失殆尽，或者难以表达出来我们就可以解释了。因为根据我们的图解，这些关系并不存在于第一个记忆系统，而是存在于后来的系统上。因此，在后退为感觉形象的时候，它们必然失去表达力。在后退现象中，梦思的架构溶解为原先的材料。

这白天不可能产生的后退现象究竟因什么改变而得以产生呢？对此我们不得不满足于一些假定。这时每个系统在能量上必定有所改变，以致激动的产生更容易或更不容易，而在这种装置上同样激动通道的改变可以由很多方法引发。首先，自然是睡眠状态对感觉端所产生的能力变化。白天，此系统的感觉端有一道持续不断的激动流向运动端；晚上，这道激流停止了，因此激动的反向传导再也不能被阻挡。根据某些作家的意见，梦的心理特征可以用与外界的隔绝来解释。在解释梦的后退现象时，其他病态状况下的后退（退化）现象我们也必须考虑。刚才的解释对这些状况根本用不上。虽然感觉流一直不间断，后退现象却仍然产生。对于歇斯底里症和妄想症，以及正常情况的幻影，我仍然用"后退现象"来解释——即思想移形为影像——但之所以能够产生此种移形的思想，是因为与那些被潜抑或者是处在潜意识中的记忆密切相连。

譬如说，我有一位最年轻的歇斯底里病患者（一个12岁的男孩），他因为受到一个红眼青面的恐吓而不能入睡。这个现象源自另一个男孩的潜抑记忆（虽然这有时会到意识层）。那个男孩曾送他一份关于孩童因坏习惯而产生恶果的警世画，包括手淫在内。我的病人现在正因为此习惯而自责。他妈妈当时也曾把他这个行为不检的孩子形容为红眼青面（红眼圈）。这就是他幻影的来由，而这又恰好提醒了他妈妈的另一个预言——这类孩子长大后会变成呆子，在学校里学不到东西，而且很早就会夭折。这预言的前一部分被我这小病人实现了，因为他在学校成绩毫无起色，而由他的自由联想来看，他正害怕另一半预言的实现（我要多说一点）。在经过治疗后他的神经质消失了，也能够入睡了，而在学年结束时，他的成绩非常优异。

在这里，我要对另一位歇斯底里病人（40岁的女人）在她生病以前的一个幻影进行解释。一天早上，当她睁开眼睛时，发现她兄弟在房间里（虽然知道他正在一个疯人院里）。她的小儿子在她旁边睡着，她用床单盖住他的脸，以期避免这孩子因为看见舅舅而发生痉挛。这时那个幻影消失了。这个幻影其实是她孩童时期记忆的一个翻版。此记忆虽然是意识的，但是和她脑海中的潜意识材料有着密切的关系。她的保姆曾经提起她的母亲（在我的病人才不过18个月大时，她母亲就去世了），保姆说她（母亲）患有癫痫或是歇斯底里性痉挛，而这要归咎于她弟弟（即病人的舅舅）用一床单罩头扮鬼恐吓的结果。因此这幻影和她的记忆具有相同的元素：弟弟的出现、床单、恐吓及其后果。唯一不同的是，这些元素重组成另一种内容，而且转移到别人身上。很明显，这个梦的动机（或者是它所取代的思想）是她害怕这位极像舅舅的儿子会步其后尘。

女预言家　多索·多西　意大利　1516年　布面油画　圣彼得堡艾尔米塔什博物馆

　　梦里所发生的情景是不是带有预言的性质，是值得我们去研究一番的。画家笔下的女预言家是一个外表靓丽的女人，她用所有世俗妇女所有的妩媚装饰自己，戴着怪异的珍珠耳环，用黑色和金色绝妙搭配的蝴蝶结。在我们眼里，她不仅有着深厚的精神感召力，更是一个高贵美丽的女子。不知道她是否能预言自己的未来？

　　我所引用的这两个例子并未完全和睡眠脱离关系，所以对于我想用它们来证明的事来说，这例子并非很适当。因此我要向读者提起一位患有幻觉性妄想的女病人的分析和我仍未发表的对心理症病患的心理研究（按：弗氏从未发表过这类题目的论文）。在这种思想后退移形的情况下，我们发现记忆的力量不可小觑，尤其那些被潜抑或者留在潜意识里的、源自童年时期的记忆。正是这记忆把那和它关联而被审查制度禁锢的思想拖入后退现象中，也使它像记忆那样呈现出来。另外，在《歇斯底里症的研究》中，我们发现几个事实，一是当我们把幼童时期的景象（不管是记忆或幻想）提升到意识层面时，它们如同幻觉般地被看到，而这特质只有在用文字报告的过程中才消失。另外，在那些记忆很少是"视觉"的人，孩童时候的早期回忆一直在他们脑海里保留着鲜明的视觉状态。

如果幼时的经历以及源于它们的幻想占据了梦思的大部分——这一点我们不忘掉，同时又注意到这些经历的碎片在梦中常常出现，而且许多梦的愿望皆源于它们，那么我们就不可否认在梦中，思想之所以转变为视觉形象，也许就是因为这些视觉记忆渴求复活，那些被摒除于意识之外的思想被加压，并挣扎着寻求一种幼童时期景物的替代品，因而移形到最近的材料而被加以改变。幼童时期的景物不能靠自己复活，所以只好满足于成为一个梦。

可以这么说，幼童时期的景物（或者是它们幻想的产物）能够成为梦的模型，那么谢尔奈以及他信徒的所谓内源刺激的假说就变得多余。谢尔奈（1861年）假定梦者一定处在一种"视觉刺激"的状态下，即是视觉器官受到内源的刺激时，梦中才会呈现特别明显或者特别多的视觉元素。这假说我们不必摒弃，但是只要假定这刺激指的是视觉器官的精神感觉系统就行了。不过我们也许可以更进一步指出，是由某个记忆而引起这种激动状态，同时它也是某个曾经的视觉刺激的复活。产生此种结果的幼童记忆我不能由自己的经历中举出。我认为自己梦中的感觉成分比别人的少。但是在我这几年所做的最鲜明与最美丽的梦里，由梦里的幻觉式清晰溯源到最近或者是近期印象中的感觉部分并不难。我在前面提及的一个梦，里面有蔚蓝色的海水，船上烟囱冒出来的褐色煤烟，还有深褐色和红色的建筑物——这带给我极深刻的印象。如果论来源的话，此梦必定可以追溯到某个视觉刺激。但是，我的视觉器官产生此种刺激状态究竟是什么东西使然呢？这是一个与

疾病发作

这是一位歇斯底里病人发作时的情景，此症状的发生和她脑海中的潜意识材料是有着密切的关系的。精神病学是否可以治疗此种病症，也是人们一直感兴趣的话题。如果说有一天，依靠医疗手段可以治愈这种病症，我们依然要尊重人的生命和其独有的意识的。

以前许多系列的印象相联合的近期印象所造成的。前天，孩子们用玩具砖头堆成而向我炫耀的精美建筑物的颜色，就是我所梦见的颜色。那些大砖头是同样的深红色，而小一点的也是同样的蓝色和褐色。这也与我上次游览意大利时的色彩印象有关：浅湖以及伊松佐河的美丽蓝色和卡索的褐色。梦中的漂亮颜色不过是记忆的重复罢了。

让我们摘录由此梦的特征（即将概念内容投射为影像的力量）所学到的东西。我们或许没有利用已知的心理学定律来解释该梦运作的特征，但我们已把它选出来并形容为"退化现象"。当发生退化现象时，我们觉得这不但是抗拒思想以正常途径进入意识层的阻抗作用，而且也具有鲜明的视觉记忆产生吸引的结果。感觉器官在白天源源不断产生的进行性刺激，当其在晚间停止产生的时候，可能会促进"退化现象"的发生。在其他后退状况下，由于没有这种辅助力量，因此引起退化的动机强度就变得更大了。但我们不能忘记，在梦中或是病态情况下的退化，其能力的转移必定同正常的精神生活有所不同。因为前者可以使感觉系统产生完全的幻觉，而我前面对梦的运作"表现力"的讨论，也许可以认为是梦思所引起视觉景色的选择性吸引。

退化现象在形成心理症症状的理论中有很重要的地位

退化现象是指没有利用已知的心理学定律来解释该梦运作的特征。当发生退化现象时，我们觉得这不但是抗拒思想以正常途径进入意识层的阻抗作用，而且也具有鲜明的视觉记忆产生吸引的结果。

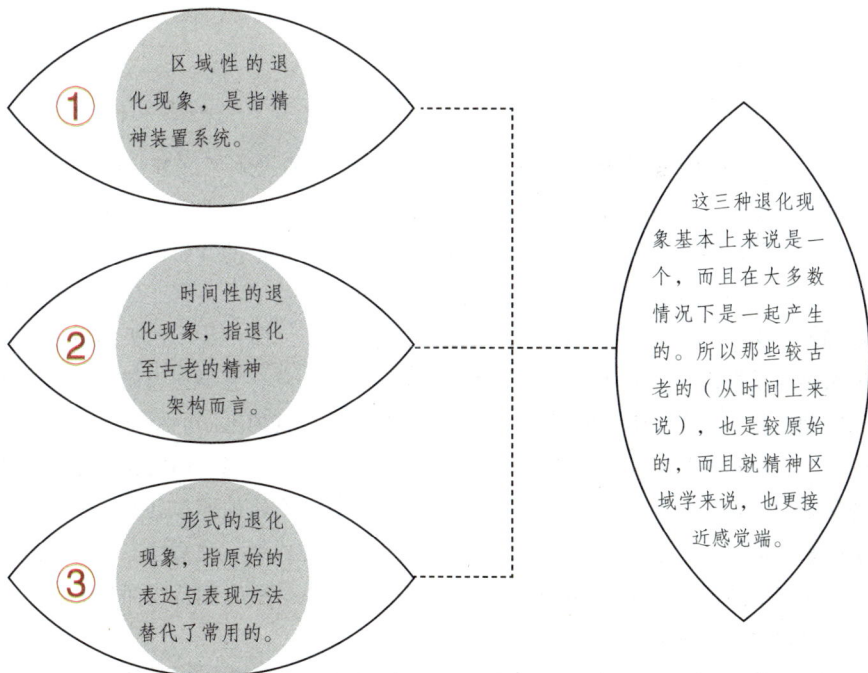

我们可以分辨的三种退化现象

① 区域性的退化现象，是指精神装置系统。

② 时间性的退化现象，指退化至古老的精神架构而言。

③ 形式的退化现象，指原始的表达与表现方法替代了常用的。

这三种退化现象基本上来说是一个，而且在大多数情况下是一起产生的。所以那些较古老的（从时间上来说），也是较原始的，而且就精神区域学来说，也更接近感觉端。

另外，退化现象在形成心理症症状的理论中的重要地位，并不亚于那存在于梦中的景象。所以我们可以分辨三种退化现象：①区域性的退化现象，是指我们在φ系统中所讨论的；②时间性的退化现象，指退化至古老的精神架构而言；③形式的退化现象，指原始的表达与表现方法替代了常用的。这三种退化现象基本上来说是一个，而且在大多数情况下是一起产生。所以那些较古老的（从时间上来说），也是较原始的，而且就精神区域学来说，也更接近感觉端。

在结束对梦中退化现象的讨论时，我们必须提到一个不断向我们冲击的观念（在我们更深入地研究心理症时，此观念会再次以不同的强度出现）：从整体上来说，梦是退化到梦者最早期情况的例子，是梦者童年存在的冲动以及表达方式的复活。在这童年的背后，我们可以看见种族进化的童年——一个人类进化的图像，而个体的发展不过是生命中偶然情况的一个简短重复而已。我不禁觉得尼采的话是对的，他说梦中"存在着一种原始人性，而我们不再能直达那里"。我们或许能期望从梦的解析中去了解人类的古老传统，对于他的天赋的了解。也许梦及心理症保留着比我们期待的更多的精神古物，所以对那些关心并想重建人类起源的最早及最黑暗时期的种种科学来说，精神分析是最有价值的。

可能我们对第一部分梦的心理研究感到不满意，不过我们可以这样安慰自己：毕竟我们是在向黑暗进军呀！只要我们的起步正确，从其他方法也必定能到达同一结论，那么也许有一天我们会对自己的发现感到满意。

三、愿望的达成

本章开头所引述的燃烧童尸的梦，使我们有个好机会来考虑梦是愿望的达成的理论所面对的困难。当然，假如有人说梦仅仅只是愿望的达成，那我们每个人都会感到惊奇——这不仅仅因为与焦虑的梦相反。当前面的分析显示梦的背后还隐匿着意义和精神价值时，我们根本没有想到此意义是如此统一（单元化的）。根据亚里士多德那个简短而正确的定义："梦是一种持续到睡眠状态中的理想。"既然我们白天的思想程序能产生那么多的精神活动，譬如判断、推论、否定、期待、意念等等，为何在晚间就把自己仅仅限制在愿望的产生呢？相反，不是有很多梦显示出其他不同的精神活动吗？譬如说"忧虑"。在本章开头那个燃烧童尸的梦不就是这种梦吗？当火焰的光芒照射到这位睡着的父亲的眼睑上，他立即推演出这样的结论：也许一支蜡烛掉在其儿子身上，并将尸体烧起来。他将此结论转变成梦，并且将它装扮成现在式的一种情境。这个梦的哪个部分属于愿望的达成呢？在此例中难道我们看不出来，从清醒时刻持续而来的思想或者是新的感觉刺激具有垄断式的影响力吗？

这些考虑都很正确。我们不得不更进一步地去研究愿望的达成在梦中所扮演的角色，以及清醒时刻的思想持续入梦究竟具有何种意义。

我们早就根据愿望的达成而将梦分成两类。第一类很明显地表露出愿望的达成，而另一类梦的愿望的达成不但不易觉察出来，而且常常用各种可能的方法去掩饰。我们知道后者的情况是审查制度影响的结果。那些具有不被改装的愿望的梦大多发生在童年，但是简短而且明明白白是愿望的达成的梦也似乎（我要强调这个字眼）同样会发生在成人身上。

那么梦中的愿望究竟源于何处？在提出这个问题时，我们脑海中究竟还会浮现出其他的什么种类，或者完全相反的影像呢？我想这个显著的对比是白天的意识生活及潜意识的精神活动（只有晚间才会引起我们的注意）。对于这种意愿，我想到起源可能有三种：①它也许在白天就受到刺激，不过却由于外在的理由无法满足，所以把一个被承认但却未满足的意愿留给晚上；②它也许源于白天，但却遭受排斥，

亚里士多德肖像　约斯·范·让特　1475年　木板油画　巴黎卢浮宫

亚里士多德对梦下过这样的定义："梦是一种持续到睡眠状态中的理想。"他是希腊哲学家的代表人物。画家笔下的亚里士多德表现出关注与自信地倾听和思考的神情，就好像即将要提出他的观点。他的左手放在一本厚厚的书上，另一只手在颤抖中充满智慧的渴望，他的明亮的双眸充满对观望者的机警，他的右手轻微上举，以鼓励争论而不是制止争论。

所以留给夜间的是一个不满足而且被潜抑的愿望；③也许和白天完全无关，它是一些受到潜抑，并且只有在夜间才活动的愿望。如果再转到前面那个精神装置的图解上，我们就能把这些愿望的起源勾画出来：第一种愿望起于潜意识；第二种愿望从意识中被赶到潜意识去；第三种愿望冲动无法突破潜意识的系统。而问题是，这些不同起源的愿望对梦来说是否具有相同的重要性，并且有同样的力量促使梦的产生呢？

如果对所有已知的梦进行思考，那么我们立即要加上第四个愿望的起源，即晚间随时产生的愿望冲动（比如说，口渴或者性需求）。我们认为梦愿望的起源并不影响其

月光下的女人与鸟 米罗 西班牙 1949年 布面油画 英国
伦敦塔特陈列馆

人们在晚上做梦多半是受了白天某些事物的刺激和影响。画中的女人和鸟都是画家潜意识之下的产物，他将女人和鸟共有的一些特征很好地融合成一体，米罗是抽象性超现实主义的代表人物之一，画面虽然荒诞，但我们还是可以看出这是一位穿着裙子的女人。

促成梦的能力。我又想到那个小女孩因为推迟了白天游湖的计划而做的梦，以及我记录的其他孩童的梦，我将它们解释为前一天未满足但也未被潜抑的愿望。至于那些白天受潜抑的愿望，在晚上化作梦的例子不胜枚举。对此我只想提一个很简单的例子，梦者是个很爱捉弄别人的女士。有一次，一位比她年轻的朋友刚刚订婚，许多朋友问她："你认识他吗？你对他的印象如何？"她的回答都是一些应酬的赞语，但实际上她隐藏了自己真正的批评，虽然她很想如实说出来——即他只是一个普普通通的人。当天晚上她梦见别人问她同样的问题，而她用这种公式回答："如果再要订购的话，只需写上编号就行了。"通过无数例子的分析后，我们发现如果梦曾经被改装，则其愿望是源于潜意识，并且在白天是无法被觉察到的。所以我们的第一个印象是，所有的愿望都具有相同的价值与力量。

但事实是相反的。虽然我在此无法提供任何证据，但我却要强调此假设，即梦的愿望的选择是更加严格的。毫无疑问，我们可以从孩童的梦来证实，白天达不到的意愿能够促使梦的产生。但我们不应该忘记，这只是孩童的愿望，是其特有的愿望冲动的力量。我对成人白天没有满足的愿望是否足以产生梦很怀疑。我宁愿这样想，当我们学会用理智来控制本能生活后，就越来越难以形成或保有这种对孩童来说是很自然的强烈愿望。对此当然会有个人间的差异，有些人能将这种幼稚的精神程序保留得更长久——这就如本来很鲜明的视觉想象力逐渐衰微一样。不过我认为，一个白天被满足的愿望是无法使成人产生梦的。我随时准备如此表示，源于意识层的愿望会促成梦的产生，不过仅此而已。如果潜意识的愿望无法得到其他的援助，梦是无法产生的。

梦的来源实际上是潜意识。我认为意识的愿望只有在得到潜意识中相似意愿的强化后才能成功地产生梦。从心理症患者的精神分析看来，我相信这些潜意识的愿望永远是动态的，只要有机会，它们就会与意识的愿望结成联盟，并把自己较强的力量转移到较弱的后者上。所以表面来看意识的愿望独自产生了梦，不过从梦形成的某些不明显的特征可以看到潜意识的痕迹。这些永远活动、永不磨灭的潜意识愿望使我想起了有关泰坦族人的神话故事：已经记不清楚到底经过多少年代，这些被胜利神祇用巨大山岳埋在地底的族人，依然不时用他们那强劲四肢的痉挛来造成大地的震颤。但根据心理症的心理研究，我们知道这些遭受潜抑的梦皆源于幼童时期。所以我想把刚才下的结论（即梦的愿望的起源是没有关系的）取消，取而代之的是：梦中呈现的愿望一定是幼童时期的。它

持水壶的女孩 奥古斯特·雷诺阿　1876年

画家并没有把小女孩放在花丛中或是草地上，而是躬身站在女孩面前，所以我们可以从她的高度看世界。画家以此暗示我们：这是孩子眼中的世界，不是成年人今天能够真正看到的，而是他们童年记忆里留下的充满怀旧之情的花园。

在成人时起源于潜意识，而孩童由于前意识与潜意识之间仍未有分界（仍未有审查制度的产生），或只是在慢慢地分化并不清楚，所以其愿望是清醒时刻的未满足且未加以潜抑的意愿，我知道此结论不是绝对正确，不过却常常属实（即使在那些我们确定的例子中），所以作为一般性的推论倒也未尝不可。

因此，我觉得在梦形成时清醒时刻的愿望冲动被放在次要的地位。除了是供给梦的内容一些真实感觉材料的赞助者之外，我不知道它们还有何作用。现在我将用同样的思路去思考那些白天留下来的精神刺激（但并非愿望）。在我们睡觉时，我们也许能将清醒时刻思潮的潜能暂时停止。能够这样做的人都能睡得很香，拿破仑便是一个很好的例子。而我们并非能够屡屡成功或完全成功。一些仍未解决的问题、令人头痛的烦忧，太过强烈的印象——此类的事情甚至使思想的活动持续到睡眠，并且左右了我们称为潜意

识系统的精神活动。我们可以将这持续入梦的思想冲动分为以下几类：

1.由于一些偶然原因，无法在白天达到结论者。

2.那些因为我们智慧的不足而无法完全处理者。

3.那些在白天被排挤和潜抑者。

4.因为前意识在白天的作用，往往使这处在潜意识中的愿望受到强有力的刺激。

5.那些无关紧要的白天印象，因为无关紧要所以未被处理者。

我们无须低估那些从白天残留下来而入梦的精神强度的重要性，特别是那类白天未解决的问题。我们确知这种刺激在晚间仍然为表现而继续挣扎，而我们也可用同样的自信来假定，在睡眠状态下，前意识的刺激不按正常途径进入意识层。如果我们晚间的思想能由正常途径到达意识层，说明我们没有睡着。我不知道睡眠状态到底能给前意识带来什么变化，但可以肯定，此系统在睡眠时的能量变化一定是造成睡眠的心理特征（而此系统也控制了行动的能力），但在睡眠时却瘫痪了。另一方面，除了潜意识继发性的变化外，我在梦的心理中实在找不到任何睡眠所引起的变化。所以在睡眠中除了由潜意识而来的愿望刺激外，没有任何起源可以造成前意识的激动；而前意识的激动必须得到潜意识的强化，同时必须与潜意识一起携手通过迂回的通路。但在前一天前意识的遗留物究竟对梦有什么影响呢？毫无疑问，它们必定大量地寻求入梦的途径，就是在夜间也

红色城市 保罗·德尔沃 比利时 1941年 布面油画 私人收藏

《红色城市》这一标题是否来自画面中暗红色的土壤？是一个值得思考的问题。德尔沃的作品中总是有一种庄严的轻浮感吸引着我们，他擅长将古怪的人物安放在不现实的场景之中。他在画中探索由愿望引起的潜意识，就是因为这种荒唐，才使得此画更具魅力。

想利用梦的内容来进入意识层。它们有时的确控制了整个梦的内容，并且迫使它进行白天未完成的活动。这些白天的遗留物除了愿望外，自然还有别的性质。在此我们要观察它们到底要满足什么条件才能进入梦中。这是很重要的，也许同"梦是愿望的达成"的这个理论有着决定性的关系。

让我们用前面提过的一个梦为例吧。我梦见我的朋友奥图像生病似的，好像患了甲状腺功能亢进症状。在做梦的前一天，我看见奥图的脸色有些忧虑，这忧虑就像其他跟他有关的事情一样让我感到非常关切。我想此关切一定与我一起入睡，我也许很焦虑地想知道他到底什么地方不对劲。此忧虑终于在做梦的那个晚上得以表露——其内容不但无意义而且也非愿望的达成。于是，我开始调查此忧虑不恰当表现（梦）的来源。经过分析后，我发现自己把奥图和L男爵仿同，而我则与R教授仿同。对此特殊替代的选择，我只有一个理由解释：我一定整天都在潜意识里向R教授仿同，因为借助仿同作用，我孩

约拿与鲸　阿尔伯特·赫伯特　1988年

画家用《圣经》中的人物有力而动人地表达了人类心灵的真实状态。画中的主人公约拿在鲸鱼的保护之下愉快地旅行，而现实生活（以牧鹅女和她的鹅为代表）使他感到了威胁和忧虑。所以由此看来这是一个愿望的达成的梦。

童时期自大狂的愿望才得以满足。而对我朋友的仇视（在白天，一定受到排挤）则浑水摸鱼趁机窜入梦中，而我日间的忧虑也借助一些替代品从梦的内容中表露出来。这白天的思想（并非愿望，反而是忧虑）与在潜意识受到潜抑的幼童时的思想相关联的结果，使它得以（经过适当地伪装后）进入意识层。此忧虑越是擅权，则连接的力量就越大；而此忧虑与愿望之间，并不需要有任何的关联。其实，在我们这个例子中的确如此。

也许，对此问题再继续加以考虑是有必要的——即如果梦思的材料和愿望达成刚好相反时——如一些适当的忧虑、痛苦的反省、困扰的现实，梦会变为怎样？可能的结果可略分为两种：①梦的运作成功地把所有的痛苦概念用相反的观念来取代，因此归属它们的痛苦感情被压制了，结果造就了一个简单而令人满意的梦——一个看来是愿望达成的梦，对于此点，我不必多说了；②能进入显梦的痛苦的经历虽然经过修饰，但是却能或多或少地被认出来。正是这类的梦使我们对梦是愿望的达成的理论的真实度有所怀疑，因此，有必要再继续探讨。对这种带有令人烦恼的内容的梦，我们的反应可能是漠不关心，也许具有整个烦恼情况所涵盖的痛苦感情，甚至发展成焦虑或惊醒。

然而，由分析的结果来看，和别的梦一样，这些令人不快的梦同样是愿望的达成。在白天痛苦经历的不断激发下，一个属于潜意识的而受压抑的意愿（它的满足对自我来说是痛苦的），把握时机，支援它们，因而使它们得以入梦。在第一种情形下，潜意识和意识的愿望相符合。在第二种情形下，意识与潜意识之间不协调而被泄露。而这就像神仙故事中，神仙给那对夫妇的三个愿望的情况一样。这种潜抑愿望得以呈现后所带来的极大满足也许使白天遗留物所附带的不快被中和。在此情况下，虽然梦同时满足了愿望和恐惧，但梦者的感觉是漠不关心。或者睡觉时的自我在梦的形成中占据了一个更强的地位，因此对那潜抑愿望的满足产生强烈的悔恨，甚至会以焦虑感来中止梦的进行。因此我们不难发现，和那些明明白白是愿望的达成的梦没有两样，不愉快的梦和焦虑的梦同样是愿望的达成，这和我们的理论是一致的。

不愉快的梦也许是一种处罚的梦。我们必须承认，对这种梦的认识使我们梦的理论增加了许多新知。在这些梦中同样是潜意识的意愿得以满足，也就是说，这个愿望要处罚梦者，因为他拥有一个被禁忌的冲动。到目前为止，下面的条件还能通过这些梦满足：即必须由属于潜意识的某个愿望提供梦形成的动力。但是经过仔细的心理解析后，我们发现它们和其他愿望的达成的梦有所不同。在第二类情况下，梦形成的愿望是属于潜意识并且受到压抑的，但在处罚的梦中，虽然同样属于潜意识，但并非潜抑，而是属于"自我"的。因此，处罚的梦显示自我在梦的形成上也许占有更重的分量。如果我们以"自我"和"潜抑"来取代"意识"和"潜意识"的对比，那么梦形成的机制也许会更明了。但在这样说以前，"处罚的梦不一定源自白天发生痛苦事件的情况下"这一点我们必须知道。相反地，在梦者感到自在时——白天的遗留物是一些令人满意的思想，这类梦才最容易发生。不过它们所表达的满足却是被禁忌的。除了其反面以外，这些思想是不能在显梦中发现的，而这就和前述第一类的梦相同。因此处罚的梦的特征是：其

朱迪思在荷罗孚尼的帐篷里 约翰尼·里斯 德国
1622年 布面油画 伦敦国家美术馆

首先映入我们眼帘的就是那血淋淋的脖子，这是一幅极为令人不愉快的场景。从这可怕的景象向上，是一个满脸得意、喜悦的年轻女人，她提着（刚被砍下的）头正要离开，带着一种模棱两可的表情向后一瞥，不知道她内心此刻是一种什么样的感受？弗洛伊德认为不愉快的梦和焦虑的梦都是愿望的达成。

梦形成的愿望是因它引起的处罚意愿，而并不源于潜抑的材料（虽然是在潜意识）——属于自我但同时也是潜意识的（即是前意识）。

为了说明前面所说的话，尤其是关于前一天的余痛如何被梦的运作处理，这里我想讲述一个自己的梦。

"开始时很不明显。我告诉太太，我有些非常特别的消息要说给她听。她有些害怕，并且说她不想听。我向她保证这些消息一定会使她高兴，于是开始向她叙述我们儿子所属的军团寄来一笔钱（5000克朗）……一些关于优异的表现……分配……这时我和太太走进一间小房间（有点像仓库）去找些东西。突然，我看见儿子出现了。他穿着紧身的运动服（像只海豹），戴着顶小帽，而没有穿制服。他爬上碗柜旁边的篮子，似乎想把什么东西放在柜子上。他的脸或前额好像都被绷带缚着，他用手在嘴里搅动半天，把什么东西推进去。他的头发也闪着灰色光芒。我叫他，他没有回答。我想：'难道他已有了假牙？他已经损耗得那么厉害吗？'还没有来得及再叫他一次，我就醒过来了，虽不感到焦虑但却心跳得厉害。这时手表指着：凌晨两点半。"

对这个梦要全部加以分析是不可能的，在此我只能强调几个重点。这个梦的产生是因为前一天的痛苦期待——又是一个星期我们没接到在前线打仗的孩子的消息了！由梦的内容我们很容易看出，他不是受伤便是被杀害。在梦开始的时候，我们很容易发现，那些令人烦扰的思潮被梦的运作很辛勤地以一些相反的事物来取代，如我要说一些非常愉快的消息——关于寄来的钱……优异……分配（这笔钱源于我行医时一件令人满意的事迹，因此想要把此梦脱离原来的主题），但是这努力没有成功。我的太太怀疑一些可怕的事而拒绝听我说。因为这个梦的伪装太过浅薄，所以它意欲压抑的事到处都把它揭穿。通常是给那些光荣战死的军人颁发优异奖。如果我的孩子战死了，那么他的战友会将他的东西寄回来，而我将把这些东西分给他的弟妹或者别人。因此梦虽然努力挣扎，但却也表露了他原先想否认的事实，而同时愿望的达成的倾向也借着歪曲的形式来呈现（梦中这种场地的改变，无疑可视为锡尔伯所谓的门槛象征）。确实，造成此梦的动机是什么力量我无法说出（因此表露了我这困扰的思潮）。在梦中，我的孩子不是掉下

滑冰的罗伯特·沃克牧师 亨利·雷伯恩爵士 18世纪90年代中期

牧师穿着轮廓分明的黑色正装，专心保持身体的平衡滑过冰面。这是一幅非凡的肖像画，画中的背景模糊不清，有种浓雾笼罩的感觉，但画面中的人物却是如此地真实，他坚定地凝望前方，照直滑去。我们能觉察到他滑过冰面时肌肉的运动。不知道他要滑向的目的地是哪？

来（按：在战场掉下来即代表死去），而是爬上去——事实上，他以前非常擅长爬山。他穿运动装而没有穿制服，这表示我目前害怕他发生意外的地方正是他以前发生过的，因为在一次滑雪运动中他曾跌下来摔断了大腿。另外，他穿着的样子使我立刻想起某个年轻人——我们那个可爱的外孙，而他那灰头发使我想起他的父亲——他在战争中度过特别难挨的日子。这又有什么意义呢？……我说得已经够多了。——场地是一个仓库，还有一个他想从那儿拿某些东西的碗柜（在梦中变成"他想放入某些东西"）——这无疑暗示着我自己经历的一件意外。那时我才两三岁，我爬上仓库小房的凳子上，想拿碗柜或桌子上某些好吃的东西。小凳子翻了，它的边缘打中我下巴的后部，那时我所有的牙齿几乎都被敲掉。此回忆伴随着这样一个告诫：敲得好，而这好像是指对此勇敢士兵的敌意冲动。借着更深层的分析，我发现在我孩子的可怕意外事

件中那隐匿着的冲动竟得到满足——这就是老头子对年轻人的嫉妒（而在真实生活中，他却认为自己完全把它压制着）。毫无疑问，好比这种灾难确实发生后所带来的悲痛的感情，为了取得一些慰藉必定会找寻此种潜抑的愿望的达成。

关于潜意识对梦所扮演的角色我现在能非常清楚地给予解释。我不得不承认有一大类的梦，白天生活的残遗物是其产生的部分或全部缘由。让我们再回到奥图的梦。如果我对朋友健康的忧虑没有持续入眠，那么期待自己将升为教授的愿望也许就会使我安静地睡过整个晚上。但仅仅忧虑本身是不能造成梦的。必须由愿望来提供梦形成所需的动力，而要怎样才能抓住一个愿望来作为梦的动力来源，这就是忧虑的事了。

我们可以用一个类比来说明这种情况。白天的思潮在梦中扮演着一种企业家的角色；众所周知，企业家虽有头脑，如果没有资本他也是无能为力的。必须有一位资本家来支持各项费用，这个负责精神消费的资本家毫无疑问是源于潜意识的愿望——不管清醒时刻的思潮是何种性质。

有时候资本家本身就是企业家。在梦中，这种现象比较普遍。一个潜意识的愿望因为白天活动的煽动而形成梦。另外，我这个类比中所有各种可能的经济情况，在梦中都找到对应的地位。企业家本身也许会有些小投资，也许几个企业家共同寻求一个资本家的资助，或者几个资本家联合给予某企业家以资金支持。同样地，有些梦具有许多愿望。还有其他相类似的情况，可以一一道来，但是对此我们却没有更进一步的兴趣。以后我们将再详细论及梦的愿望。上述类比的第三种比较元素，即企业家所能动用的那笔适当的资金（在类比中是资金，在梦中则是精神能量），在形成梦构造的细部仍然具有更大的影响力。在前面讲到的转移作用及表现方法中我曾指出，有一个感觉强度特别鲜明的中心点总能在梦中找到。而这个中心点常常就是愿望的达成的直接呈现，因为如果把梦运作的转移作用剔除后，我们会发现梦思各元素的精神强度都被梦的内容的各元素的感觉强度所置换。而邻近愿望的达成的元素同它的意义毫无关系，它们不过是与愿望相反而令人困扰的思想的衍生物而已。它们借助与中心元素的人造的联系而得到足够的强度，所以得以在梦中呈现。因此愿望达成得以表现的力量并非集中一点，而如球形般地分布于其四周。它所包围的一切元素——包括那些本身没有意义的——均有足够的力量得以表现。在那些具有数个愿望的梦里，我们很容易可以将个别愿望达成的范围界定出来，而梦中的沟壑则是这些范围之间的边界地带。

虽然前述的讨论减少了白天遗留物在梦中所占有的重要性，但还是需要给它们更多的关注。它们一定是梦形成的重要成分，因为我们从经历中发现这令人惊奇的事实，即每个梦的内容都同最近白天最不明显的印象有关系。直到目前为止，我们还不能解释为什么这是需要的。当我们把潜意识愿望所扮演的角色保留在记忆里，同时在心理症患者那里去找寻材料，则这种需要就很明显了。从心理症患者那里我们知道潜意识的概念本身是不能进入前意识，所以只能借助和已经属于前意识的无邪概念发生关系，并将自己的强度转移过去，来掩盖自己而对前意识加以影响，此乃转移作用。它可以解释心理症

希望 乔治·佛里德里克·华兹 英国 1886年 布面油画 伦敦泰特画廊

这是一个被世界放逐的人，他光着脚，穿着破烂不堪的衣服，一个人无助地坐在那里。画家为我们描绘了一个盲目的"希望"的形象，不知道此人在自己所构建的"希望"的意识世界里，对自己的未来抱有怎样的希望？

患者精神生活的许多现象。这无
端获取的强度大的前意识概念虽
然被转移，或许并没有受到改
变，或许会因为受到转移内容的
压力而被修饰。我希望大家能原
谅我从日常生活中取得类比。我
以为这种受潜抑的观念与在奥地
利的美国牙医相似，他无法在此
开业，除非他请一位合法的医生
替他签字，并且在法律上保护
他。就如成功开业的医生很少同
此种牙医结成联盟，那些在前意
识中就已经引起注意的前意识或
意识的概念也不会被选上跟潜抑
的概念联合。所以潜意识比较喜
欢与前意识那些不被注意、漠视
或刚被打入冷宫（排挤）的概念

梦中的现象

做梦有多种情况，它可以是前一天清醒时刻的遗留物，也
可以是清醒时刻的刺激将潜意识中的一个愿望给激励起来，也
可以是这两者的混合体。图中的女子半睡半醒躺在床上，从她
的窗口中跑出去一匹野马，梦境中的幻想，大多是人们潜意识
里的一种愿望。也许她想像匹马一样，挣脱世俗的束缚，找寻
属于自己的自由。

攀上关系。在关联的条规中，有一条大家很熟悉的（由经历进行证实）：如果概念在某
方面得到密切的联系时，它会排挤其他的各种新联系。我曾经据此建立歇斯底里麻痹的
理论。

假如从心理分析过程中发现的对潜抑概念的转移也在梦中运作时，我们就可以一
下子解决两个梦之谜：即每个梦的分析中，我们都可以发现一些新近发生的印象进入梦
的结构中，而且这新近的元素通常是琐碎的。这些新近发生并无足轻重的元素，所以会
以替代古老梦思的姿态进入梦的理由是其最不怕阻抗的审查。虽然这些琐碎元素容易入
梦的事实可用不受审查制度的阻抗来解释，但近来发生的事情之所以经常呈现的事实也
显示转移作用存在的必要。这两件事均满足了潜抑的要求（一些仍然不发生关联的材
料）——选用那些无足轻重的元素是因为它们没有太多的关联，而选用那些近来的元素
则是由于它们还未有时间去形成关联。

所以我们知道这些被分类为无足轻重的白天遗留物，不但在梦形成中（如果它有份
的话）从潜意识中借来某些东西——即那些潜抑愿望所具有的本能力量——而且用一些
不可分的东西提供给潜意识——即转移现象所需要的附着点。如果想以此更深入地探讨
心灵的过程，则我们就应该更深入地了解前意识和潜意识之间的相互作用——这可从心
理症的研究上达到，但梦对此却毫无帮助。对白天的遗留物，我还有一件事要说，它们
无疑是真正的睡眠的打扰者，而梦不但不是，反而保护着睡眠。我后面将再度回到此论
题上。直到目前为止，我一直都在讨论梦的愿望：我们追溯至潜意识的来源，并且分析

由蜜蜂引起的梦 萨尔瓦多·达利 西班牙

　　每个梦的分析中，我们都可以发现一些新近发生的印象进入梦的结构中，而且这新近的元素通常是琐碎的。画面中有石榴、鱼、老虎、人、大象、蜜蜂，这些都是构成梦的新元素。但达利却将这些毫不相干的元素糅合成了一个整体。梦里的女人没有丝毫掩饰自己的欲望，这是人类本能的一种反应。

过它与白天遗留物的关系——而该遗留物或许是一种愿望、一种精神冲动或者干脆是最近产生的印象。在此情形下，各种各样清醒时刻的思潮在梦的形成中所扮演角色的重要性我们都可以解释，甚至以此思想串列为基础，我们也可以解释这种极端的例子——即梦追求着白天的活动，并且使现实生活中未解决的问题达到称心如意的结论。我们欠缺的只是一个这样的例子——分析其幼童时期或是潜抑的愿望，借助此愿望的力量使前意识的活动达到成功。但是这一切却不能使我们对该问题——即为何潜意识在睡眠中除了是愿望达成的动力外，没有提别的什么东西——有更进一步的了解。此问题的解答将使我们更了解愿望的精神实质。我想用前述精神装置的图解来解答。

我们相信此精神装置在达到今天的完整性之前，必定经过长时间的演化过程，让我们先回想其早期演化过程中的功能。从一些必须以另外角度予以证实的假说来看，此精神装置的力量开始是使自己尽量避免遭受刺激。所以其最早期的构造是根据反射装置的蓝图而制造的，受到的感觉刺激可以经过快速运动途径而产生反应。不过它所面对的生命危机却干扰着这简单的机能。另一方面，此精神装置所以会进一步地发展也是基于这种原因。它首先面对的生命危机是肉体需求。内在需求所产生的刺激要从行动中寻找发泄，可形容它为"内部变化"或者"感情的表露"。如一位饥饿无助的婴儿会大哭大闹。但情形毫无改变，因为源于内部需求而产生的刺激，并非只能产生暂时性冲击的力量而已，它是连续不断的，只有经过某种处理后才能发生改变（如婴儿的例子，就是通过外来的协助）——即达到"满足的经历"后才能使内源的刺激终止。此"满足的经历"的主要成分是一种特别的感觉（在此中就是营养），而它在脑海中所留下的记忆影像从此以后与需求所产生的刺激记忆痕迹相关联。此联系建立后，一旦再产生这种需求，就会立即引起一种精神冲动，重新强化这种感觉的记忆影像，并再度唤起此感觉。换句话说，即重新建立第一次满足的情形，这种冲动我们称之为愿望。而感觉的重现就是愿望的满足。由需求产生的刺激直接造成感觉的充盈才是满足愿望的最短途径，我们也许可以假定一个在原始精神装置所确实遵循的途径，即愿望终于幻觉。所以第一种精神活动的目标在于对感觉的仿同，即重复着同满足需求有关的感觉。

生命的痛苦经历一定使这种原始的思想活动变成一种续发而更适合的行动。这

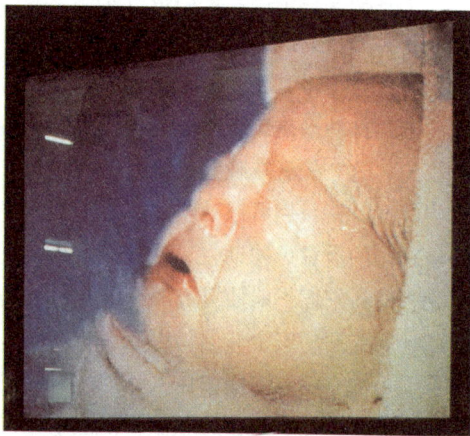

需求　比尔·维奥拉　美国　1992年　影像装置　私人收藏

内在需求所产生的刺激要从行动中寻找发泄，可形容它为"内部变化"或者"感情的表露"。影像中的婴儿不停地啼哭，因为这是他的语言，他在表述自己的需求。

种经过装置内后退作用的捷径所建立的知觉仿同，对心灵其他部分的影响及外来的知觉刺激并不一样，因为满足并不连在其后。并且需求依然存在，这种内源的精神满足只有不停地产生才能同外在的刺激具有相同的价值——事实上此情况可发生在产生幻觉的精神病患者以及饥饿幻想的情况上——借助对其愿望对象的附着而消耗整个精神活动。为了更有效地应用这种精神力量，它必须在后退现象还未完成前将它断绝，使它不超越记忆影像之外，并且能够寻求其他的途径来达成我们所希望的经过外在世界而得到知觉仿同。这种抑制后退现象，以及跟着把刺激分开来的现象就成为控制随意运动的第二类系统的工作——第一次将行动导向预期的目的上。而所有这些复杂的精神活动——从记忆影像到外在世界所建立的知觉仿同，只不过是形成愿望的达成（此为经历认为需要的）的弯路而已。毕竟思想也没有什么，它不过是幻觉式愿望的一种替代品而已，但很明显梦必定是愿望的达成，因为只有愿望才能使我们的精神装置运作。由此来看，梦——通过后退现象的短路来满足愿望，不过是我们所保存的精神装置的原始运作方式，此方式早就因为缺乏效果而被舍弃了。这个曾经一度操纵着清醒生活的方法——那时心灵仍然年轻，而且能力不强——现在好像被放逐到晚间去。这就像我们在托儿所中所见到的弓和箭之类被大人舍弃的原始工具。梦是已经被废除的幼童精神生活的一部分，这种精神装置的运作方式在正常的情况下是被压抑的，但在精神病患中却又重新建立，而和外在世界的关系上，暴露出它们不满足我们需求的事实。

很显然，潜意识的愿望冲动也企图在白天发生作用，而转移作用的事实（精神病症亦然）很明显地指出，它们很努力地想从前意识通往意识层的道路上挤压出它们的路，并获得控制行动的力量，所以潜意识和前意识之间的审查制度——此乃梦迫使我们去假定的——应当得到我们的承认和尊敬，因为它是我们心理卫生的守护者。因为这种潜意识中的潜抑冲动得以表露，并且使得幻觉式的后退现象再度发生，那么我们是否应该如此去想，这守护者在晚间的松懈是一种粗心大意的行为？我想不是，因为此重要的守护者去休息时，我们可以证实睡眠并不很深——它也同时关闭了行动力量的大门。不论那些被抑制的潜意识冲动在正常状况下在台上怎样傲视阔步，我们都无须担心，因为它们是无害的，它们不能使可以改变外在世界的运动装置产生运动。睡眠保证了那条必须加以防守的要塞的安全。但如果此力量的病态减弱，或者潜意识刺激力量的病态加强，而前意识仍然充满着潜能，通往行动力量的病态加强，通往行动力量的门仍然敞开时，情况就不那么单纯了。在此守护者招架不住，潜意识的刺激压倒前意识，所以控制了语言和行动，或者强有力地造成幻觉式的退化，进而借助知觉吸引所造成的精神能量分布而指导着那并不是为它们设计的精神装置。我们将这种情况称为精神病。

我们现在在最适合再继续搭建心理的骨架。虽然我们停顿在介绍潜意识和前意识的观点上，但我们有理由再继续谈论"愿望乃是造成梦的唯一精神动力"的观念，因为我们已经接受了梦永远是愿望的达成的观念。其理由是它们都是潜意识系统的产物，而其活动除了愿望的达成外，没有别的目标，而且除了愿望的冲动外，不再拥有其他力量。

如果现在我们再坚持一会儿——对这种基于梦的解析的事实而设立具有深远意义的心理推测，那么就有责任证明这种推测将梦置入亦能包括其他精神活动的联系上。若潜意识该系统存在的话（或者与它类似而适合我们讨论的东西），则梦不可能只是它的唯一表现。每一个梦都可能是愿望的达成，但除了梦之外必定还有其他形式的愿望达成。事实上所有关于心理症症状的理论也说明了一点：它们也可以当作是潜意识愿望的满足。我们的解释不过是使梦成为那种对精神科医生具有重大意义的第一个成员而已，并且对梦的了解不过显示了精神病学所遭遇问题的纯粹心理学方面的解释。

此类愿望达成的其他成分，如歇斯底里症，具有一个基本的特征，而该特征不能在梦中发现。在此书常常提到的研究中我们发现，为了形成歇斯底里的症状，脑海中的两道主流必须会合。此症状不仅仅是一个可实现潜意识愿望的表露，前意识中还必定有一个满足该症状的愿望。所以这些症状至少有两个决定性的因子，各自起源于两个与此冲突有关的系统。就如同在梦中一样，它们对更进一步地过度决定并无限制。据我所知，不是来自潜意识的这些决定性因子，均毫无例外地阻碍了潜意识愿望的思想串列，比如说一种自罚。所以我可以说：歇斯底里症只有在由不同精神系统起源的两个相反的愿望，能在单一的表露中相会合而得到满足时才能

少女的幻想　鲍里斯·瓦莱约　秘鲁

弗洛伊德认为梦中的大多内容都是与性有关的。作品中的少女，在她青春期的时候，总会有对性的幻想，对于性交，她并不陌生，但她在梦里会幻想自己不同的性爱生活，她会疯狂到想同魔鬼做爱。

产生（请和我最近述及的有关歇斯底里症起源的论文——《歇斯底里幻想以及它和双性的关系》相比较）。例子在此对我们的帮助不会很大，因为除了非常详细地说明这种复杂的情况外，没有任何东西可以得出此结论，所以我不再证实该论点。在此我只引述一个例子——这是为了使该点更为明了，而不是用来证实。我有一位女病人，她患有歇斯底里性呕吐，一方面是满足了她在青春期开始就有的一个潜意识幻想——即她会连续不断地怀孕，生出无数个孩子的愿望。后来还加上一个她与许多男人结合来达到上述结果的愿望。所以产生了一个强有力的护卫性冲动来对抗此不道德的愿望。但既然呕吐的结果会使她失去美好的身材，而失去对他人的吸引力，所以此症状也能满足她处罚自己的思想串列。由于它能满足这两方面，所以就可能成为真实。这跟古安息国皇后对待罗马三执政之一的克拉苏的方法一样。因为相信其出征是因为爱好黄金的缘故，于是她下令把熔化的黄金倒入他尸体的口中，而后说："现在你已得到你想要得到的了。"但到目前为止，我们所知道关于梦的事就是它们表露了潜意识愿望的满足，而表面看来，操纵大局的前意识好像在强迫愿望产生某种歪曲之后才允许这种满足。而我们往往不能在梦中找到一个与梦的愿望相反的思想系列。只有偶尔在梦的解析中才可能看到一些反应物的迹象，比如在我梦见叔叔（蓄着黄胡子）的梦中，我对朋友R的感情。而这些遗漏的部分可以在前意识的其他部分找到。梦借助各种扭曲来表达出由潜意识而来的愿望，而那个操纵大局的系统退入睡眠的愿望里，觉察那愿望而改变分属于它极力控制范围内精神装置的能量，并且在整个睡眠过程中持续地把握着该愿望。

这个属于前意识对睡眠的决定性愿望常常能促进梦的产生。让我们回想本章开头那个父亲的梦，他借助隔壁房间传来的灯光，推想自己孩子的身体可能被火烧着了。这位父亲在梦中推翻了这个结论（而不是被火光弄醒的时候）。我们曾提出产生这种结果的其中一个精神力量是，瞬间延长他在梦中见到孩子生还的愿望。而其他源于潜抑部分的愿望可能就脱离了我们的注意力，因为我们无法分析此梦。但我们可以假定另一个产生该梦的动力是这位父亲需要睡眠；他的睡眠（和这孩子的生命一样）因为梦的缘故而延长片刻。其动机是"让梦继续吧，不然我就得醒过来"。在别的梦中（就与此梦一样），欲睡眠的愿望实际上支持了潜意识的愿望。我曾经在第三章中描述了一些表面看来是"方便的梦"，但此类梦都可以运用上述的形容词（即睡眠的意愿）。这种继续睡眠的愿望最容易操纵在那种"惊醒的梦"之中发现——它们把外来的刺激进行某种方式地修饰，使这些刺激与继续睡眠不发生冲突；它将刺激编入梦中，所以使它们失去了代表外在世界刺激的能力。同样的愿望也一定发生于其他的梦中。虽然此愿望本身就可能使当事人从睡眠中醒来。在某些例子中，当梦见不祥之事时，前意识会这样同意识说："不要紧！继续睡吧！这毕竟只是梦而已！"以上只不过是泛论，主要的精神活动对梦所持的态度，虽然事实不一定如此。我必须做如此的结论：我们在整个睡眠状态中，知道自己在做梦，就如知道自己在睡觉一样地确定。我们必须不能太过注意以下这个相反的论调，即我们的意识从未想到后者，而后者也只是在特殊的情况下才进入意识中（即

天使的探戈　梵唐金　1930年　布面油画　尼斯博阿艺术博物馆

　　这幅场景估计在很多少女的幻想中出现过，似梦似幻的画面，天使与美女的探戈。少女在青春期的时候，会幻想自己心目中情人的模样，天使代表着纯洁和浪漫，这也是少女潜意识中最真实的幻想。

当审查制度解除警卫的时候）。

　　另一方面，有些人在夜晚能很清楚地知道自己到底是在睡觉和还是在做梦，他们似乎具备用意志指导梦的能力。比如说这种梦者对梦感到不满意时，他能够不醒过来而将梦中断，然后再从另一个新方向开始。这就如一位通俗的戏剧家迫于众人压力，会把他的戏剧配上一个较为愉快的结尾。或者在另一种情况下，即当梦使其进入一种性兴奋的状态时，他自己可能这么想："我不能再梦下去，以免遗精而消耗我的精力；我要忍住，而把它留给真正的性爱。"

瓦西所记录的德埃尔韦侯爵宣称自己可以随心所欲的、加速其做梦的过程，并能如愿地将其转到任意的方向。好像在那种情况下，睡眠的愿望被另一个前意识的愿望所取代——即观察自己的梦并去享受它。这种愿望与那种在某种情况被满足后，不想醒来的愿望（如前面提到的保姆的梦）同样跟睡眠不发生冲突。另外，大家都知道，假如某人开始对梦有兴趣的话，那么他醒后能记得的梦也就更多了。

弗伦茨在讨论有关导致梦产生的其他观察中，曾经这么说："梦从不同角度苦心地修饰着这瞬间占据心灵的思想：假如某一梦的影像威胁到愿望的达成，那么它就会删除该影像，同时又将继续寻找新的解答，直到后来终于产生一个能满足这两个心灵机构的愿望的达成。"

四、由梦中惊醒——梦的功能——焦虑的梦

现在我们知道整个晚上，前意识都集中精力在睡眠的愿望上，所以我们要进一步了解梦的程序。而我首先要摘录一下我们所了解的部分。

做梦的情况是这样的：或者它是前一天清醒时刻的遗留物，并且没有失去其所含的能量；或者是整个清醒时刻的刺激将潜意识中的一个愿望给激励起来；或者是这两种情况的偶合（我们已经讨论过各种可能的情况）。潜意识的愿望与白天的遗留物联系起来，并且产生转移作用——这或许在白天的过程中已经产生了，或者于睡眠状态中才成立。产生一个转移到近期的材料的愿望，或者是一个近期的愿望在受到压抑后借助潜意识的协助而得以重生。然后此愿望从思想程序必经的正常途径，通过前意识（而其一部分是属于前意识的）努力地冲向意识。但它仍然会遇到那发生作用的审查制度，并且受到它的阻碍。这时它已经被歪曲，此乃借助转移到近期材料所造成的。至此它正在向成为一些如强迫性思想、妄想或类似东西（即受到转移作用强化的思想）的路上进行，并且由于审查制度的存在而在表达上产生歪曲。但是它进一步地前行却受到前意识的睡眠状态的影响（可能这个系统借着减少刺激来保护自己免受侵害）。于是梦的程序进入后退的途径。由于睡眠状态的特殊性质使得途径得以畅通无阻，而且被各类记忆吸引着并指导着上路。某些记忆只是以一些视觉的能量存在，并没有变成续发系统中的字眼。在它后退的路途上，梦的程序取得了表现力。这时候梦

天使向牧羊人传报 塔代奥·加迪 意大利 1328年 壁画 佛罗伦萨圣十字教堂的巴龙切利礼拜堂

画面中的牧羊人，还有水瓶、木棍、碗、狗和羊都像一件件摆好的物件一样，陈列在我们眼前。天空中出现的天使，无疑是一个惊喜：一个牧羊人惊醒了，另一个正在揉眼睛，他们目睹了这场奇迹。画家描绘的一切看似梦幻，但却并没有脱离现实，在此画的夜景中，所有的光线都来自天国的幻象，这种对夜景的非凡描述有着塔代奥所特有的神秘主义的特征。

已经完成了它迂回旅途的第二部分。旅途的第一部分是继续的，由潜意识的景象或者幻想指向前意识。第二部分则从审查制度的前线折回到知觉上来。但是当梦程序的内容变为知觉以后，由审查制度与睡眠状态在前意识中所建立的障碍就被它冲破了。它很成功地将注意力转向自己，并且让意识开始关注它。

用来了解精神性质的感觉器官的意识在清醒时刻可以由两方面接受刺激。首先它由整个装置的周边（知觉器官）获得激动的讯息。另外，愉快与不愉快的激动它也能接受——这种激动是精神装置内部与能量转移有关的唯一的精神性质。φ系统中的其他程序（这包括前意识），都不具备任何精神性质，除非它们能将愉快或不愉快带到知觉上去，否则不可能是意识的对象。我们可以如此确定：这种愉快和不愉快的产生，就是整个能量添加过程的自动调整。但是为了使调节工作得以更精细地进行，于是各程序必须

镜前的少女 保罗·德尔沃 比利时

深邃的山洞里，有一面镜子，镜前站着一名少女，她似乎想要透过这面镜子透视山洞的另一端还有她的过去。在梦里，当人的感官意识转变成思想程序的感官意识时，就会产生两种感觉，一种是对知觉而言，另一种则是对前意识的思想程序而言。

使自己尽量不受不愉快的影响。因此，前意识系统必须具备一些能够吸引意识的性质，而这些性质或许就是前意识程序与语言符号记忆系统（一个并非不具性质的系统）的联系而得来的。因此，本来只是感觉器官的意识就变成思想程序感觉器官的一部分了。于是，两种感觉面就产生了，一种是对知觉而言，另一种则是对前意识的思想程序而言。

我必须假定和知觉系统相比，使指向前意识的意识感觉面因睡眠状态而更不易受到激动，这种夜间对思想程序的兴趣减弱具有另外一种意义：思想需要停止，因为前意识需要睡眠。但是一旦梦成为知觉后，借着新获得的性质它就能刺激意识。前意识内一部分可利用的能量在这种感觉刺激的推动下去关注发生激动的原因，这是其主要功能。因此，我们得承认每个梦都具有唤醒的作用——就是它能使前意识中静止的一部分能量活跃起来。在此能量的影响下，于是我们所谓的"再度修正"对梦进行修饰——关于其连贯与可解度。这就是说，此能量使梦受到和其他的知觉内容相同的待遇；只要梦的材料允许，它也会得到同样的预期性概念。如果这梦程序的第三部分具有方向性，它也是向前的。

为了避免误解，关于梦的程序时间上的关系我有必要提一提——这也不会是太离题的。毫无疑问，由莫里具有暗示性的关于断头台的梦里，一个很吸引人的推论由高博提出。他认为梦不过是占据着睡眠与清醒之间的过渡时期。因为醒来的过程需要花费一些时间，在这时间内，梦产生了。我们认为也许是这样的，清醒之前梦的影像是如此强有力以至于把我们弄醒了。事实上，在这刹那间我们已经准备起来了，所以它才具有这种力量。梦是苏醒的开始。

杜卡斯曾经指出，高博为了广泛推论其定理，因而许多事实被其忽视了。梦发生在我们仍未清醒的时候——如在一些我们梦见自己做梦的例子。根据我们的知识来看，它只是包括要醒过来的那段时间，我们不能同意。相反地，在前意识的控制下进行的第一部分的梦的运作在白天可能就开始了。其第二部分——审查制度所做的修饰、潜意识情景的吸引，以及挣扎着为成为知觉而努力着——这是在整个晚上都进行的。由此观点来看，当我们感觉整晚都在做梦，但不清楚梦些什么的时候，也许我们并没有错。

但我觉得认为梦在变为意识之前一直都维持着我所叙述的时间顺序是不必要的：即首先出现的是转移的梦的愿望，然后紧接着审查制度的歪曲，最后就是变为后退的方向等等。我只是以这种方法来描述，而实际上无疑是许多情况同时发生；冲动会时而这样，时而那样；直到最后在某个最有希望的方向它会自动集合，而那特殊的某一组就继续留存下来。据我个人的某些经历来看，我觉得梦的运作需要超出一天一夜的时间才能获得结果。如果此观点确实无误，那么"造梦"所显示的优异才能，我们就不会大惊小怪了。我的观点是，甚至在梦吸引意识的注意以前那将梦当作知觉事件来了解的要求早就发生作用了，但是由此点开始，梦形成的步伐就开始加速。因为由此刻开始梦就接受了被感觉替代的事实了。这就如同放烟火，虽然准备了很长时间，却在一刹那就放完了。

烟花洒在水面上

画面中绽放的烟火场面，是在模仿一个海军作战的情景。"梦的形成"在梦吸引意识的注意以前便将梦当作知觉事件来了解的要求时就已经发生作用了，由此开始，梦形成便加快了它的步伐，它已接受了被感觉替代的事实了。这就如同放烟火，虽然准备了很长时间，却在一刹那就放完了。

到此时，梦的程序已经通过梦的运作获得足够的强度以吸引意识和唤醒前意识（不管醒了多久，也不管睡得深或是浅），或许其强度仍不足以达到该点，因此必须继续留存在一种戒备的状态，直到刚刚要醒来的前一刻，注意力变得较活跃而与之会合为止，大部分的梦者是具有较低的精神强度，因为它们都在等待那醒过来的过程。以下的事实可以因此而解释：当我们突然由深睡中醒过来时，一些我们梦见的东西我们通常能够清晰地察觉。在此情况下（和我们自动醒过来的情形相同），梦的运作所创造的知觉内容被我们第一眼注意到，接下来才察觉到外在世界所提供的知觉内容。

但是具有高度理论兴趣的梦都是能在睡眠的中途将我们弄醒的。将别种情况下梦所具有的意义放在脑海中，我们也许会疑惑，为何梦（即潜意识的愿望）具有力量来打扰睡眠（即干扰了前意识的愿望）？毫无疑问，其答案存在于那些我们仍不知晓的能量关系上。如果具有此种知识的话，那么也许会发现，如果和有如白天般地紧握着潜意识的情况比较，让梦自由地发挥和给予梦或多或少的注意力是一种能量的节约。从此经验看来，即使在晚上使睡眠数次中断，梦和睡眠也不是互相排斥的。好比我们起来一回，然后立刻又再睡着了。这就像在睡眠中把一只苍蝇赶走一样：本身就是一种醒过来的现象。如果我们再度入睡，这中断就去除了。如同前面提到过的保姆之梦中所显示的一样，想睡觉的愿望之满足和维持某种程度的注意力是不会相互违背的。

在这里，有一个基于对潜意识更多地了解而产生的反对意见我们必须要注意。我们曾经断定潜意识是永远活动的。但是还说到在白天它们没有足够的力量使自己被察觉。然而如果睡眠的状态仍然持续着，潜意识的愿望也显示出它有足够的能力创造出梦，同时前意识也被其唤醒了，那么为什么梦在被觉察的时候这力量又消失了呢？而且就像讨厌的苍蝇被赶走后又会不断地飞回来，梦会不会继续重现呢？我们又有何权利断定

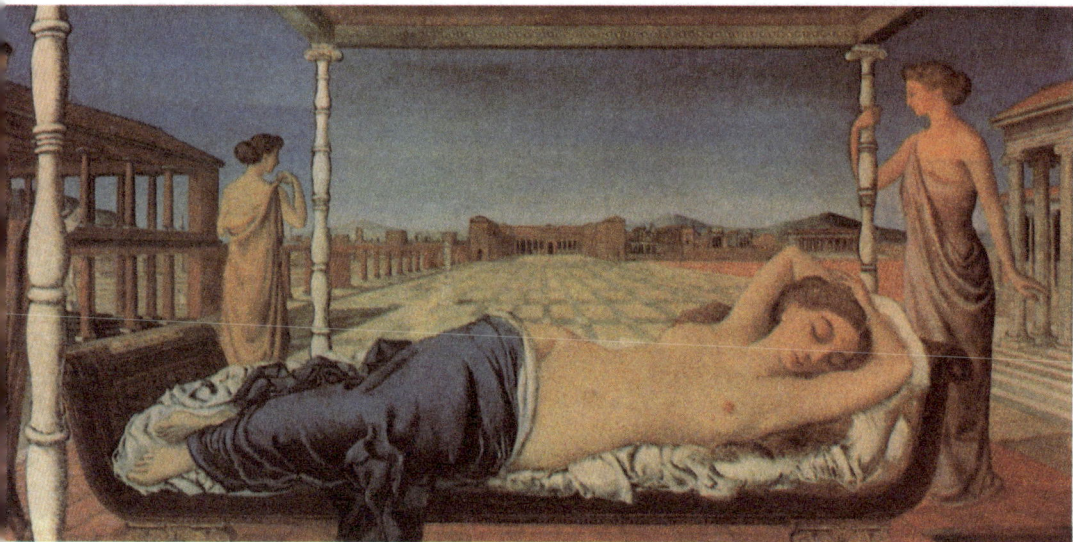

睡熟的维纳斯　保罗·德尔沃　比利时　布面油画

德尔沃是比较晚才加入超现实主义运动中的一个画家，他的作品多受马格利特的影响。画中古希腊的建筑空旷、恢宏，画中少女鲜嫩的肉体与此形成了刺目的反差，可见，梦的运作强度是可以唤醒人的前意识的。

"睡眠的打扰者"被梦赶走了呢？

潜意识愿望是永远活动的，这是毋庸置疑的，它们代表那些常被利用的路途，只要稍微有些激动就行。诚然，这种不可磨灭的性质是潜意识程序中的一个鲜明特征。在潜意识内没有任何东西具有终点，过时的或是被遗忘的东西也是没有的。在研究心理症患者（尤其是歇斯底里症）的时候，这一点更明显。只要有足够的激动堆积起来，那导致歇斯底里症产生的潜意识思想途径就可能重现一个30年前所受到的侮辱，只要它能够进入潜意识，那么这30年来的感受就和新近发生的感受没有什么不同。任何时候只要这记忆一被触动，它就复活起来，受到激动而充电，通过运动发作而得以释放。心理治疗所要干涉的地方正是这里——使潜意识程序能被处理就是它的工作，最后把它忘掉。的确，那些逐步被遗忘的记忆以及那些不再新鲜的印象所具有的微弱感情，我们向来都视之为理所当然，认为这是记忆因时间而产生的原本反应，而实际上这是辛苦努力所带来的续发变动。这工作是前意识做的，而精神治疗所能做的仍是将潜意识带到前意识的辖权下。

因此，任何一种特殊的潜意识激动程序都可能产生两种后果。或者它不被理会，在此情况下在某个地方它最终会产生突破，并因此得以将其激动释放而产生行动的机会，或者它受到前意识的影响，其激动非但不会解除，反而受到前意识的抑制。梦程序中所发生的正是这第二种情况。由前意识而来的潜能在半途上与变为知觉的梦相会合

印第安的夏天 怀斯 1970年 水粉画 私人收藏

在潜意识内没有任何东西具有终点，过时的或是被遗忘的东西也是没有的。就像怀斯的这幅裸体，虽然只是人物的背部，但是给我们的感觉却不亚于看见正面的时候，也才是真正的大师。怀斯笔下的人物形象就像是弗洛伊德在黑暗的精神梦境中，即便是在黑暗之中，但仍旧可以强烈地突出人性的光辉。

（借着意识中被挑起的刺激而产生），梦的潜意识激动被其约束住，梦就无法再进行干扰活动。假如梦者真的清醒一会儿的话，他就能够赶走干扰他睡眠的苍蝇。而我们发现这是比较方便而经济的方法——让潜意识的愿望自由发挥，借助打开倒退现象之路来产生梦，然后利用前意识作用的一点力量而将该梦束缚，而不必于整个睡眠之中继续不断地将潜意识愿望紧紧地缚住。梦虽然本不是一个具有意义的程序，但是在精神力量的相互作用上也取得了一些特定的功能。现在，我们来看看此功能是什么。梦使潜意识自由不拘的刺激受到前意识的控制。在此过程中，它将潜意识的刺激给释放了，所以是一种安全的阀门，利用些许清醒时刻的活动来保持着意识的睡眠。正如许多精神构造（它是这些系统的一员）一样，它服侍两个系统，同时造成一种妥协，从而使它们相互和谐适应。如果我们再回看之前罗伯特提及的有关梦的"排除理论"，我们甚至在一瞬间就决定接受他所谓的梦的功能，即使他的前提及有关梦程序的观点与我们不同。

梦　卢梭

　　画中的女人和一切动植物等生灵融为一体的。画家本人的生活经历是相当复杂的，他有严重的"强迫精神病"，他曾离过几次婚，写过戏剧，还差点被送进监狱，他的潜意识里是想要和一个安分的女人结婚的，所以他的这幅画就表达了此梦想。

上面所谓"至少使两个系统的愿望相谐调"暗示着梦的功能有时也会失手的。梦开始时是对潜意识愿望的满足，但如果此愿望达成的企图过于强烈地扰乱前意识以至于不能继续入睡，则梦就破坏了该妥协的关系，并不能再进行第二部分的工作。在此情形下，梦被完全中断了，且变成完全清醒的状态。即使在此情况下，虽然梦看来像是睡眠的干扰者而不是正常情况下睡眠的守护者，但这并不是梦的过错。其实这大可不必让我们产生这种偏见而对梦的意义产生怀疑。这并不是唯一的例子，对个体来说，那些在正常情况下有用的计策于情况发生一些改变后，就成为无用而碍手碍脚的事实是常见的，

不安的城市 保罗·德尔沃 比利时

画面中除了穿着黑色正装、带着圆形眼镜的男子面无表情以外，其他的人都个个面露惊恐，整个城市处在一种不安和焦虑的气氛之下，一定是那名男子为他们带来了什么不祥之物，还有地上那个骷髅也是令人心生畏惧的。

而此困扰至少具有一种使个体调节机构注意并且重新调整来应付变化的新功能。但是现在我脑海里所想的是"焦虑的梦"。为了不让别人误解，我一直在逃避这与愿望的达成定律的主张有所区别的梦，我将在下面展示一些关于"焦虑的梦"的解释。

对我们来说，产生焦虑的精神程序也能满足某个愿望，这并不是相互矛盾的。我们可以用事实来解释，即愿望属于一个系统（潜意识），而它却受到前意识的拒绝和压抑。即使在完全健康的心理中，前意识对潜意识的排挤也并不完全，而此压抑可用来衡量我们精神的正常度。心理症的症状显示出患者的这两个系统发生了冲突，这些症状是产生妥协并使二者之间的冲突得以终止的产物。它们一方面让潜意识的刺激有发泄的场所，即给它一个发泄口，另一方面它也能让前意识对潜意识有某种程度的控制。在此考虑歇斯底里症或广场恐惧症的意义是有益的。我们来假想一位神经质的病人无法单独过马路——这个我们很准确地称为"症状"者，假如我们强迫他去做认为自己无法做的事情（借以消除他的症状），则会导致焦虑的发作。而广场恐惧症的导火线往往是发生在马路上的焦虑。所以我们发现症状之所以产生就是借以避免焦虑的发生；恐惧症就像是为对抗焦虑的碉堡而存在。

如果不去探究感情所扮演的角色，我们的讨论就不能继续进行下去，但在目前情况下，我们不能完全做到这点。让我们先这样假设，感情对潜意识的压抑是最重要的，如果让潜意识自生自灭，它会产生一种具有快乐性质的感情，但在受到抑制后变为痛苦。而压抑的结果和目的便是阻止这种痛苦的产生。此压抑扩展到潜意识的概念内容，由于痛苦的产生可能从此内容开始。我们在此将用一个有关感情来源而且很确定的假设来作为我们

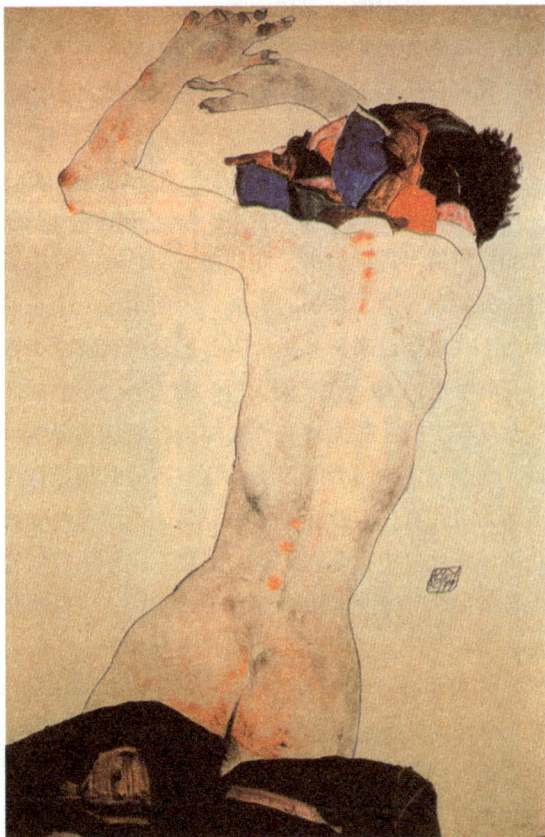

裸背　埃贡·希勒　奥地利

画中的女子裸露着背部且背对着观众，从她扭曲的身体可以猜测，她潜意识中有难以言表的感情未能表达出来，她不想让人看见她的焦虑和不安，只好以背部示人。感情对潜意识的压抑是最重要的，因为如果让潜意识自生自灭，它会产生一个具有快乐性质的感情，但却在受到压抑后成为痛苦。

讨论的基础。它被认为相当于运动或分泌功能，而它的神经分布之钥却需去潜意识中寻找。在前意识的控制下，它被束缚和抑制，以致不能产生感情的冲动。如果来自前意识的能量停止发出，则潜意识的冲动就会释放出一种不愉快和焦虑的感情。如果此时梦的程序能继续下去，那么这种焦虑就会物质化，而使它得以实现的情况是：潜抑必须早已发生，而压抑的愿望冲动也要相当壮大。所以这些决定性因子就不在梦形成的心理架构之内。如果不是因为我们的论题有一个地方（即夜间潜意识的释放）与焦虑的产生有关，那我将会删除有关"焦虑的梦"的讨论，并因此省略许多暧昧不清的部分。

我已经再三说过，形成"焦虑的梦"的理论也是心理症患者心理的一部分（我可以这么说，梦中的焦虑是个焦虑的问题，而不是梦的问题。——译者按：本句在1911年增加，却于1925年删除）。我们在指出它与梦程序相连的部分后，就不再有什么可做的了。我现在还剩下一件事，既然我曾经断定心理症的焦虑起源于"性"，那我就要解析一些"焦虑的梦"来显示梦思中所存在的性材料。

在此我有理由将心理症病患的许多例子放在一边而引用一些年轻人的梦。

我几十年来都没有真正做过焦虑的梦。但我仍然记得一个七八岁时所做的梦，却在30多年后再进行解析。此梦很鲜明，我于梦中看见我深爱着的母亲。从她的外表来看有一种特别安静、睡眠的表情，由两个或三个长着鸟一样嘴巴的人把她抬进屋里，放在床上。我醒了过来，又哭又叫，把父母从睡眠中吵醒。那些穿着很奇怪并且特高大而且长有鸟嘴巴的人，我是从菲利普松《圣经》的插图中找来的。我幻想他们一定是从古代埃及坟墓上的浮雕而来的鹰头神祇。而经过分析后，引出一位脾气很坏、叫菲利普的男孩，他是一位看门者的孩子。我们小的时候常常一起在屋前的草地上玩耍。我好像是从他那儿听到有关"性交"的粗鲁名词，而那些受教育的人却是用拉丁文"交媾"来形容此事，在此梦中我则选用鹰头。我一定是从那年轻的指导员（他对生命的事已经很熟悉了）的脸色来猜测该字具有性的意思。我梦中母亲的样子，则是来自祖父死前数天昏迷、喘着气的样子。对这个梦的"再度校正"的解析是我母亲快要死了，坟墓的浮雕正好与此相吻合。我醒来的时候满怀焦虑，直至将双亲吵醒以后还不停地吵闹。我记得看到母亲的脸色后，心里就立刻平静了下来，好像我需要她并没有死去的保证。而该梦的"续发的"解析在焦虑的影响下已完成了。我并没有由于梦见母亲正在死去而感到焦虑，我产生焦虑的原因是在前意识的校正中我已受到焦虑的影响。当我们对潜抑进行考虑的时候，此焦虑之情可以推溯到那含糊却明显的由梦中视觉内容所表露的性的意味。

一位27岁的男人在大病一年后告诉我，他在11～13岁经常反复地做下面这个梦，并且感到非常焦虑：一位男人拿着斧头在追赶他，他想要逃离，但自己的脚好像麻痹不能移动半步。这是一个常见的焦虑的梦的好例子，而且从来不会被认为与性有关。在分析的时候，梦者首先想到其叔父告诉他的故事（在那个梦第一次发生之后），那是有关他叔父一天晚上在街头被一位鬼头鬼脑的男人攻击的事。梦者自己从此联想得出以下的结论：他在做梦之前听到一些与此相似的事。至于斧头，他记得一次在劈柴时手指被

阳台　保罗·德尔沃　比利时

　　人在幼童时期都有想要偷窥父母的欲望，画中的少女正在窥视母亲的裸体，对儿童来说这是新奇的，孩子在小的时候喜欢和父母在一起睡觉，但是等到他们被一些奇怪的声音吵醒的时候，他们就会感到奇怪并导致焦虑的情绪。之所以产生焦虑乃是因为这种性激动不被小孩所了解，并且由于父母牵涉在内而遭受排挤，所以转变为焦虑。

砍伤。然后他立即提到与他弟弟的关系。他对弟弟不好，常常将他打倒。他记忆最深的一次是他用长靴砸破弟弟的头，流了很多血，母亲对他说："我害怕有一天你会杀了他。"当他还在思考有关暴力的时候，他突然想到自己九岁时候的一件事。一天晚上，他父母亲回来很晚，双双上了床，而他正好在装睡。不久他就听到喘气声和一些奇怪的声音，他甚至能够猜到双亲在床上的姿势。进一步地分析显示，他将自己与弟弟的关系同父母的这种关系相类比。他把父母亲之间发生的事包含在暴力与挣扎的概念下。并且他找到此观点的证据：常在母亲的床上找到血迹。

可以说，成人之间算是很平常的性交，却会使看见的小孩认为奇怪并导致焦虑的情绪。之所以产生焦虑乃是因为这种性激动不被小孩所了解，并且由于父母牵涉在内而遭受排挤，所以转变为焦虑。我们知道在另外一个更早的生命过程中，孩子对异性父母的性冲动还未受到潜抑，所以会自由地进行表达。

对于小孩晚上发作的那些恐怕及幻想，我毫不怀疑地给予同样的解释。此例也是一种性冲动的问题，因为不被了解而受到排挤才引起的。若将其记录下来也许会显示出发作的周期性，因为性原欲可以因为意外的刺激或者自动的周期性发展而得到加强。但我没有足够的观察材料来证实我对此的解释。

另一方面，小儿科医生不管对小孩的身体还是精神方面，都缺少对整个现象的了解。下面我讲一个有趣的例子，假如你不小心被医学神话所蒙蔽，就会很容易将其看错。我将借用德巴克的有关"夜惊"的论文。

弗洛伊德与其子的合影 1916年

这是弗洛伊德父子在军中放假时的合影，靠左边坐着的是恩斯特，站在弗洛伊德身后的是马丁。1914年，弗洛伊德在大战刚开始时，写信给他们："正常人所做的梦与没有执行的人，就像神经症患者的症状一样，都是精神分析学家提供的好材料。我们由此可以获得这样的结论：邪恶和野蛮从未在人类的冲动中消失，虽说受到了抑制而潜入潜意识，但却从未消失。"

一位13岁的男孩，身体不好，感到焦虑多梦，他的睡眠开始受到困扰，几乎每个星期都会有从睡眠中惊醒，非常焦虑并伴随着幻觉，他对此一直记忆犹新。他说恶魔向他大喊："啊，我们捉到你了！啊，我们捉到你了！"接着有一种沥青及硫黄的味道，他的皮肤就被火焰烧伤了。他从梦中醒来感到非常恐惧，开始都喊不出来，当喊出来时，他很清楚地记得自己这样说："不，不，不是我。我什么都没有做过！"有时说："请不要这样！我不会再做了！"或者"阿伯特从来没有这样做过！"后来他拒绝脱衣服，"因为火焰只在他不穿衣服的时候才来烧他"。当他仍然做这种威胁其健康的噩梦时，他被送到我们国家来。经过一年半的治疗后，他康复了。在他15岁的时候，他有一次承认："我不敢承认，但我一直有针刺的感觉，而且那种过度的激动使我感到焦虑，好几次我真想从宿舍的窗口跳下去！"

我们很容易推论出：①这男孩小的时候曾有过手淫，他或许想否认，或者为此坏习惯而深深地内疚和自责（他的招供是："我不会再做了""阿伯特从来没有这样做过"）；②在青春期到来后，这种手淫的诱惑又再次通过生殖器官的刺痒感觉而复活了；③现在他对压抑产生了挣扎，但他对原欲压抑却转移为焦虑，而此焦虑则与他自责要处罚自己的方法结合起来。

现在让我们看看原作者的推论：

1. 从此观察可以很清楚地看出，青春期可以使一位体弱的男孩变得非常软弱，并且可能产生某种程度的大脑贫血。

2. 此种大脑贫血会产生人格的变化，产生恶魔式的幻觉和非常剧烈的夜间焦虑状态（也许还有白天的）。

3. 该男孩的魔鬼妄想及自我谴责要追溯到宗教教育在他小时候所产生的影响。

4. 所有这些症状在相当长的一段乡村之旅之后消失了，这是因为身体的运动和青春期结束后身体精力的重获所致。

5. 或许这个男孩大脑发展的先决影响是因为先天的遗传因素，或是其父亲的梅毒感染。

以下是他的结论："我们将此病例归属于由于营养不良而引起的无热性谵妄，因为此症状是因为大脑缺氧的缘故。"

戒除手淫的食品　美国　招贴画

手淫在西方曾一度被认为是十分有害的行为。玉米的味道平淡，它可以使身体的热量降低，可以很好地控制男性手淫。现如今，玉米片成了一个利润丰厚的大产业，这个为玉米片做广告的美女，和"谁会成为那个幸运的男人？"一起出现，充分肯定，发明玉米片的初衷已经被完全改变了。

五、原本的和续发的步骤——潜抑

为了更深入地了解梦的心理，我自己找了一个极其麻烦的事情——对此来说，我的解说力量是很苍白的。我一方面只能将这些复杂而又同时发生的元素，一个个地进行描述（不能同时进行），一方面在描述每一点的时候，又要避免预测它们所依据的理由。诸如此类的困难，都是我所力不能及的。在叙述梦的心理时，我已经忘了提出此观点的历史性发展，我必须对此进行补偿。虽然我对梦的探讨方向，是根据以前对心理症患者的研究而定的，但我并不想把后者当作我对梦的探讨的引证基础。虽然我一直想这么做，但我却想从反方向进行，即把梦来作为对心理症患者心理研究的探讨方向，我知道读者会遇到许多困难，不过我却找不到可以避免此困难的方法。

因为我对这些问题的不满意，我准备在此稍做停顿，以便能考虑其他观点。就像在之前描述过的一样，我发现自己正面对一个各派作家都有截然不同的意见的论题。我们在对梦的问题的处理上，都能对主要的矛盾进行合理的解答。我们只反对其中的两个观点——即梦是一种"无意义的过程"和它是属于肉体，除此以外，我都能在自己的复杂论题中逐个证实其相互矛盾的意见，并指出它们印证了部分的真实。

对梦是清醒时刻的兴趣与冲动的持续可由发现到的隐匿的梦思予以证实。而这又和那些对我们具有重大意义和兴趣的事情发生关联。梦永远不会因为小事而忧心。但我们又接受相反的意见，即梦收集白天各种无关痛痒的遗留物，而它们不能控制白天任何重大的兴趣，除非将其与清醒时刻的活动分开。我们发现对梦的内容来说，这也是正确的——它借助改装而将梦思的表达进行改变。因为联想的原因，我们知道梦的程序比较

黎明 保罗·德尔沃 比利时

幽长的道路、昏暗的灯光、繁茂的树林，还有横躺在路中间的白色裸体，这些都是德尔沃对于性的描写和暗示。对于做梦的人来说，他并不一定能够了解梦的象征。但是对我们来说，我们就可以认定这就是梦者潜意识的心理活动。

黎明　麦克斯菲尔德·派黎思　美国　1922年

　　初升的太阳毫不吝啬自己的力量，将远处的山谷和树木都洒上了一片金黄，孩子们安逸地享受着早上的美好时光，其中的一个孩子躺在地上，另一个孩子则低身询问着。他们也许在互相倾诉昨夜做了一个什么样的梦？也许在商量着去哪玩？

　　容易控制住近期或者毫无关系的概念性材料（而这还未被清醒时刻的思潮所封禁）；而它也因为审查制度的原因，将因为重要但又遭受反对的精神强度对象转移到一些无足轻重的事情上。

　　至于梦具有"过强的记忆"以及与幼童时期材料有关的事实，早就成为我们梦的定理的基石——在我们梦的理论中，源于幼童时期的愿望是梦的形成所不可缺少的动力。

　　我们自然无须怀疑睡眠时外来刺激所具有的意义，这曾用实验加以证实；但我们曾经指出这些材料与梦的愿望的关系，就如白天活动中持续入眠的思想遗留物一样。我们也没有理由反对此观点——梦对客观感觉刺激的解释同错觉一样——不过我们已找到产生这种解说的动机。这些理由都被其他的作者忽略了。对此感觉刺激的解说应该是——不去打扰睡眠并用以满足愿望的达成。至于感觉器官在睡眠时感受到的主观性刺激状态，莱德先生曾进行了确认。我们并没有把它们当作梦的一个特殊来源，但我们却可以利用在梦背后活动的记忆的退化性复苏来解释此种激动。

　　至于那些内脏器官的感觉——曾一度是解释梦的主要论点——虽然不太重要，也在我们的概念中占据一席之地。这种感觉——如落下来、飘浮或者被抑禁的感觉，是一种随时"待命出发"的材料，只要合乎需要，不管什么时候，梦的运作都会利用它来作为梦思的表达。

我们确信梦的程序是快速而且同时发生的。此观点如果用"意识对已造好的梦的内容的察觉"来看是正确无疑的，而在此之前的梦的程序，可能是缓慢而具有波动性的。至于梦之谜——在一个很短的时间压了大量的材料的疑问——我们认为是它们把心灵里那些已经做好的构造拿来应用。

我们知道梦都是受记忆的截割并改装的，但这并不造成阻碍，因为它不过是开始梦形成的那刻就已存在的改装活动的公开，而且是最后的一部分。

对于那令人失望以及表面看来无法达成妥协的争论——心灵在晚间是否也睡觉，或者它仍然如白天一样统领着各种精神机构——我们发现二者都对，但并非全部都对。我们能证明梦思中，那非常复杂的理智机能的存在，它几乎与精神装置的所有其他来源一起运作。但是我们无法否认这些梦思都源于白天，而且也要假设心灵会有睡眠的状态。因此即使是"部分睡眠"的理论也有其价值，虽然我们发现睡眠状态的特征并不是心灵联结的解体，而是白天统辖的精神系统将其精力集中在睡眠的愿望上。从我们的观点来看，这由外在世界退缩的因素也自有其意义，虽然它不是唯一的决定性因子，却也是促使梦表现的后退现象得以进行的原因。所谓"放弃对思想流向的主动引导"的概念也不可进行非难，而精神生活并不因此而变得漫无目的，因为我们知道，当具有意义、自主（主动）的思想被舍弃后，非自主的思想就取得统辖权。另外，我们不但发现梦中含有各种宽松的关联，而且还能找到我们想象不到的其他联结。此关联不过是另外那些确定、具有意义的联结的替代物。我们的确会把梦视为荒谬的，而梦例却又给我们这样的教训——即不管梦的表面是何等荒谬，它还是非常合理的。

对那些梦的功能（各个作家认为梦所应该赋有的）来说，我们毫无异议。若梦是心灵的安全阀门，甚至罗伯特说的"所有有害的事物，经过梦的表现后，都变得无害了"——此观点不但与我们所说的梦的双重愿望相吻合，而且我们对这句话要比罗伯特了解得更深。至于"心灵在梦中能够自由扮演"的观点，在我们的理论看来，则相当于前意识的活动让梦自由发展而不受干扰。如"在梦中，心灵回复到胚胎时期的观点"这类的文字，或者是艾里斯形容梦的话——"一个古老的世界，具有庞大的感情和不完全的思想"——让我们很高兴，因为这与我们的论点不谋而合（我们认为这些白天被压抑的原始活动和梦的建造是有关系的）。我们也能真诚地接受萨利的观点："我们的梦带回我们原始的以及依次发展的人格。我们于睡眠之中恢复了从前对事物的看法及感觉，以及那些曾经统辖我们的冲动和反应。"另外，我们也和德拉格一样，认为那些受"压抑的"成为梦的主要动力。

我们重视谢尔奈叙述的那部分，关于"梦的想象"的重要性和他本人的解释，但我们不得不从另一个角度来看问题。其实重点不在梦创造了想象，而是在梦思的建造上，潜意识的想象活动占据重要部分。不过我们还亏欠谢尔奈很多，因为他提出了梦思的来源，主要是关于梦的运作在白天的潜意识活动，而它促使梦发生的能力是不亚于促使心

忧郁　多米尼戈·菲奇　意大利　1620年　布面油画　巴黎卢浮宫

　　情感如果在白天压抑的太久，就会反映在梦中。画中的女子低头沉思，紧皱着眉头，心里似乎有太多的事情被掩饰起来。她的脚下放着一本卷起边的书，还有一只人们不曾注意的圆球。在她旁边的狗是画中唯一陪伴她的活物，狗的面部有明显得紧张和不安，与女子的忧郁形成对比。

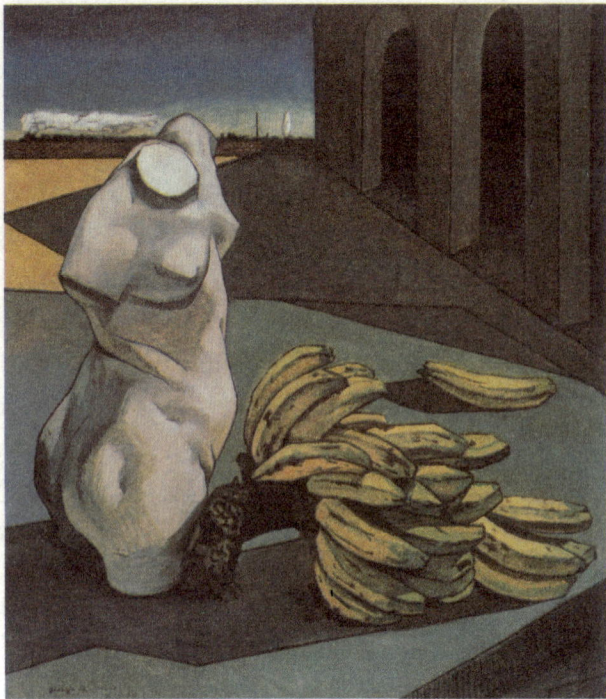

诗人的提问 乔治·德·基里柯 意大利 1913年 布面油画
英国伦敦塔特陈列馆

远处的地平线被一道墙分辨开来，画面的主体是一堆香蕉及一个古典石膏模型的女性躯体，在这后面，有列火车隐约可见。看起来这些事物的摆放随意且没有意义，但这需要我们的想象力，就像梦一样：石膏模型象征人的存在；香蕉代表异国风情；火车寓意着一段旅行。画家这种似谜如梦的绘画风格，深深地影响了他同时代的超现实主义画家。

理症状的产生。这与我们所说的梦的运作是不同的，并且梦的运作包含的范围也较窄。

最后，我们没有理由舍弃梦同精神疾病之间的关系，反而应在一个新的立场上建立一个更严密的联结。

我们之所以能够于自己建架的结构内，融入早期作者所提出的各种相互矛盾的发现，我们的梦的理论的特色是功臣，它将这些理论结合成一个更高级的单元。对许多发现，我们赋予新的意义，但只有一小部分被否决。但我们的建架仍不完全。除了那些由于我们进入与梦心理的暗处所遭遇的复杂问题之外，我们好像遇到了一个新的矛盾。一方面我们认为梦思源于完全正常的心灵活动，而另一方面我们又在梦思中发现许多不正常的梦程序，这些程序后来进入梦的内容，并且于解析时再重复一遍，所有被形容为"梦的运用"的却跟我们所知道的理智的思想程序不同。过去作者的严格判断认为梦的精神功能是低能量，好像是正确的。

也许需要更进一步地研究才能得到解答，并且使我们步入正途。现在让我们对另一个梦形成的联结进行更仔细地观察。

我们已经发现，许多源于日常生活的思潮被梦取代了，并且形成一个完整的逻辑秩序。所以我们不必怀疑这些思想是否源于正常的精神生活。我们认为极其复杂的行为和价值很高的思想，都能在梦思中找到。但我们无须假设这些思想行为会在睡眠的时候完成，这种假设会大大地破坏我们迄今所引用的关于睡眠精神状态的概念。而相反这些思想或许源于前些日子，它们也许从开始就逃过意识的注意，在睡眠开始进行的时候也许就已经完成了。我们依此前提最多只能下这样的结论：最复杂的思想成就可能不需要意识的协助就能完成。这种事实我们从每一位接受精神分析治疗的歇斯底里症患者或强迫思想症患者中都会找到。当然不是这些梦思本身无法进入意识层；若白天我们不能意识到其存在，则一定有许多别的理由。要被"意识"到与那特殊的精神功能——注意力——有关，这个功能好像只有一定的能量，所以可以从某个有问题的思想串列转移到另外的目标上。还有另外一种方法可以使这些思想串列不能进入意识面："意识的反映"显示，我们在施展注意力的时候是沿着一条特殊的路径，如果沿此路径进行时，我们遇到一个不能接受批评的概念，则我们就瓦解了——即我们遗弃了注意力的潜能。好像这样起头及被遗弃的思想串列则会继续地进行下去，而绝对不会再引起注意，除非它于某一点达到特别大的强度，才能迫使注意力再去注意它。所以假如某思想串列在开始的时候就遭受排斥（也许是意识的）——在直接的理智作用下，判断它是错的，或毫无用处——则可能造成这样的结果：此思想串列继续进行，意识毫无察觉，直至睡眠的开始。

我们把这一类的思想串列总称为"前意识"，我们以为它是完全理智的，并相信它或者被排挤，或者被忽视而受压抑。让我们再用简单的字眼以叙述我们对思想产生的看法。我们相信在发生一个有目的概念时，某些数量的刺激，即称为"潜能"的东西，就会按照这个概念选择的连接路径转移过去，那些被忽视的思想即是那些没有得到这种"潜能"的一类。而受到压抑或排挤的思想串列的潜能则被收回。在这两种情况下，它们都得靠自己的刺激。有时这些思想串列——具有有目的潜能——可以吸引意识的注意力，然后通过意识的机构而得到过度的潜能。我们接下来要阐明意识的功能和性质。

岩石上的男孩 亨利·卢梭 法国 19~20世纪

从画中的表现内容可以看出，画家所处的时代，是怪诞艺术盛行的年代，也是弗洛伊德《梦的解析》的理论被世人所熟知的年代。艺术家们在这个时期不仅开始反省自己的内心，也更关心自己潜意识中的不同。男孩以似坐非坐的姿态置于群山之中，给人一种梦幻的感觉。

389

这种进行的思潮在前意识中最终有两种结果，一是自动消失，一是持续下去。对于前者，我们认为：它将能量从各个相连的小径发散出去，此能量使整个思想网处于一个活跃的状态。这种活跃状态持续一阵子就消退了。这是因为寻求解放的动能转变为静寂的潜能。假如这是第一种结果的话，它于梦形成来说已不具任何意识。而前意识中仍然潜伏着其他有目的的概念，它们源于潜意识，并一直保持活动。也许它们会控制这些前意识中不被理会的思想激动，或者建立它和潜意识的关联，并把潜意识愿望的能量转移过去。所以虽然加强力量仍不能使其到达意识层，但是这种受到压抑和忽视的思想串列仍能自我维持，我们于是可以这样说，这前意识的思想已被带入潜意识中。

另外可能引起的梦形成的局势如下：前意识的思想串列可能一开始就与潜意识的愿望相连，所以受到具有目的的、主要的潜能拒绝；或者一个潜意识的愿望，由于某种原因（如从肉体而来的）而变为活动性，并且寻找机会把能量转移到前意识所不支持（不供给能量）的那个精神遗留物。这三种情况都有同样的结果：前潜识中有一组思想串列，受到前意识潜能的遗弃，不过却由潜意识愿望中获得潜能。

从这点开始，这思想串列就发生一系列的变形，我们不能再认为它们是正常的精神程序，最后导致一个令我们惊讶的结果（一个精神病理学上的构造）。下面我将列举这些程序：

①每一个单独的思想强度都能全部释放，从一个思想传给另一个，所以某些概念形成时，就被赋予极大的强度。又由于此过程可以多次重复，所以整个思想串列的强度最终会集中于一个思想元素上。此即我们熟悉的梦运作的"压缩"。我们对梦产生这种迷乱印象的主要原因就是凝缩作用，因为在我们已知的正常和能够到达意识层的精神生活中找不到相类似的东西。在正常的精神生活中，我们也能找到一些概念——属于整个思想串列的结果或症结——它们也具有高度的精神意义，但是其价值却并不以任何对内在知觉来说是明显的感觉状态表达出来。另外，在凝缩作用的过程中，每个精神的相互联系都变为概念内容的强化。这就好比我写书的时候，把那些我认为是了解内文的重要部分用方体或正体表达出来一样。在演说的时候，我要提高音量，以强调的语气把这个字念出。第一个类比让我立即想起梦的运作所提供的实例："伊玛打针的梦"中那个字。艺术史家提醒我们注意这样的一个事实，即最早且富有历史性意义的雕刻都属膺于相同的原则：雕像的地位以形象的大小来代表。国王要大于他的侍从或被击败的敌人两或三倍，罗马时代的雕刻则利用更微妙的方法来表现这种效果。如皇帝被放置在中央，直立着，被特别小心地加以雕塑，而他的敌人则屈服于他足下，不过他不再是矮人堆中的巨人。而今天，下级对上级行鞠躬礼即是这种古老表现原则的影响。

凝缩在梦中的进行方向除了受到梦思和理性的前意识关系的影响外，还受潜意识中视觉记忆的决断。产生那借以穿透而进入知觉系统所需的强度就是凝缩作用的结果。

②借着强度的转移，中间思想（和妥协相似）会经由凝缩作用的影响而得以形成（请参阅我提过的许多例子），这在我们的正常思想中是不可能发生的。在正常思想中

强奸 雷尼·马格利特 比利时 布面油画 休士顿基金会

　　也许只有超现实主义画家才有这样的想象力，马格利特将人物的身体与五官凝缩在了一起，将双乳变成了眼睛，肚脐变成了鼻子，阴部变成了嘴巴，而整个人脸则变成了肉体，他将其定义为"强奸"。

选择以及保留"适当的"概念元素是最主要的。另一方面，在我们尝试以语言表达出前意识的思想时，常会出现集锦构造与妥协，我们认为这是"说漏了嘴"。

③互相转移强度的概念间具有最松弛的相互关系。它们之间的关联是我们正常思考所不屑一顾的——最多用于笑话上——尤其是那些同音异义以及一语双关的情况，被我们认为是和其他的连接相等。

④互相矛盾的思想，非但不会互相排斥，反而继续相互依存，凝缩的产物常常由此组合而成，就好像矛盾并不存在一样，或者它们达成一种妥协——我们的意识对此妥协同样是无法忍受的，但是却常在行动中出现。

上述是在梦的运作的过程中的一些梦思（其前身是架构于理智的基础）最显著的异常步骤。我们以后将看到这些程序的全部重点是使潜能变为可动的，同时加以释放。至于这些潜能所附着的精神元素，其内容的真正意义却不受重视。我们也可以如此假定：凝缩作用以及妥协的产生是对退化作用的促成，即使思想转变为影像。至于某些梦的分析，还有梦的合成，如"Autodidaskes"的梦，虽然没有后退现象所产生的影像，却和其他的梦一样，具有同样的转移和凝缩作用。

因此，我们可以得出这样的结论，梦的形成和两种完全不同的精神程序有关。其中一个和正常的思想具有同样的真理性，产生完全合理的梦思，而另外一种则以最迷乱、最不合理的方式来处理这些思潮。在第六章的讨论中，我们已经把第二种精神程序称为梦的运作本身。对此精神程序的来源，我们有什么可说的呢？

如果我们原先对心理症的心理没有深入的了解——特别是那些歇斯底里症的——那么此问题我们就不可能回答。根据这些研究，我们发现歇斯底里症状的产生有一个同样不合理的精神程序占据着重要的地位。在歇斯底里症中，开始时我们也只是看到一些和意识的思想一样正确的完全合理的思想，而无法找到第二种形式的存在，只能在后来的追踪研究中发现它。通过对病人症状的分析，我们将发现这些正常的思想受到不正常的处理：在置矛盾于不顾的情况下，借着凝缩作用及妥协的产生，借着表面的联系，它们经由后退现象的小路转变成为外表所表现的症状。由于梦的运作的特征和那些产生心理症症状的精神活动是完全一致的，所以歇斯底里症的结论可以借用在梦上。

我们借用歇斯底里理论提出以下主张：只有在下述情况，一个正常的思想串列才会受到前述异常的精神处理，即当一个源于幼童时期而且遭受潜抑的潜意识愿望转移到思想上时，这种思想才会遭到此种精神的处理。我们曾经假设产生动力的梦的愿望均源于潜意识（这和上面的观点是一致的），但是我们曾经说过此假设虽然无法驳斥，但也并非完全是正确的。

但为了要解释"潜抑"这个我们已经多次使用的字眼，我们必须更进一步去探讨我们的心理建架。

关于原始精神装置的假设我们已经提及，其活动是避免激动的堆积，以及使自己尽可能地维持在平静的状态。因为这个理由，所以它是据反射装置来建造蓝图。而行动

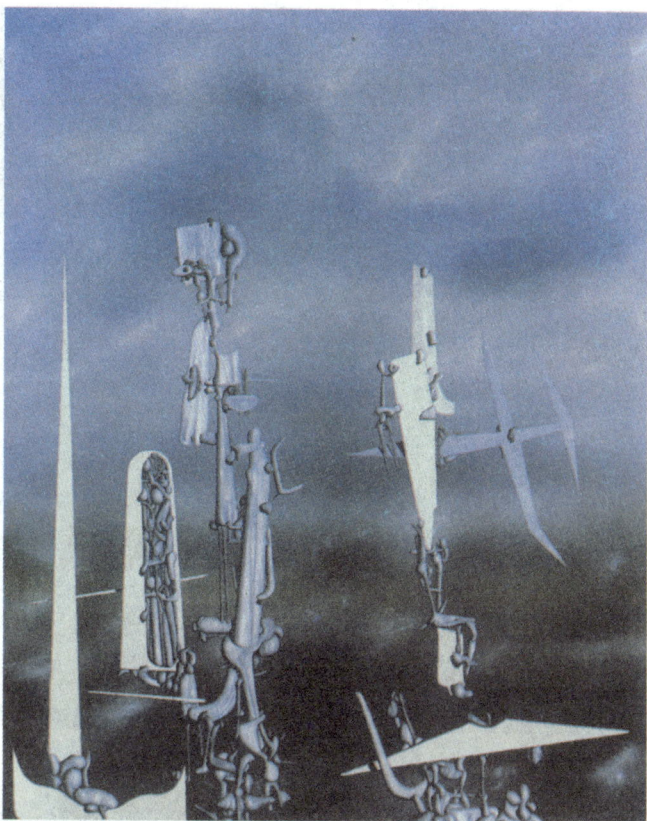

无形之物 伊夫·唐居伊

*法国 1951年 布面油画 英国
伦敦塔特陈列馆*

此画的主旨与标题，引用了超现实主义画家勃雷东"以伪装手段逃离人类感知框架而隐形存在的动物"之意。其幻梦般的画作特质，是超现实主义意象的清晰阐释。在阴霾密布的天空中飘浮着细长的剑形物体，这是画家艺术创作中最常见的主题。他总是任其潜意识引导创作欲念在虚无之中游走，并由潜意识去创造出这些不确定其存在又不能证明其归属的虚无的生物。

的力量——本身即一种引起身体内部变化的方法——则受到它的操控。接下来我们继续讨论"满足的经历"所引起的精神后果。而在这点上，我们又加入第二个假说：激动累积（至于如何达到累积效果，我们暂时可以不考虑）的感受是痛苦的，同时它使装置发生作用，想着通过重温满足的经历——即减少激动，并且产生愉快的感觉。精神装置内由不愉快流向愉快的这道主流，我们称之为愿望。我们可以断定只有愿望才能使这个装置产生行动，而愉快与痛苦的感觉则自动地调节激动的路程。第一个愿望的发生也许是"满足记忆"幻觉式的强化印象。但是除非这种幻觉能够得到完全的消耗，否则无法使需求停止，因此也就无法借助完成而得到愉快的感觉。

因此第二种活动，或称为第二个系统活动就应运而生。记忆的潜能因它的存在而不至于超过知觉范围，它的精神力量被束缚着，并且使由需求而来的激动被迫改道，开辟一条团团转的路，直到最后通过一种自主的行动来操控外在世界，使那引起满足的真正"对象"能够真正地被个体感觉到。在精神装置的图解中，我们就只提到这里。这两个系统即是我们在完全发展的装置内所谓潜意识和前意识的根源。

我们必须在记忆系统中堆积一大堆的经历，以及许多由不同的"有目的的概念"和这堆记忆材料所产生的永久性关联，这样才能够用行动将外在世界适当地予以改变。于

离弃 保罗·德尔沃 比利时 1964年 布面油画

性是少女潜意识中对于人生理解的第一显微镜，窗前的男子望着窗外的群山暮色，他好像是在责备自己——他并没有抛弃睡在地上的少女，而是少女抛弃了自己。他们一旁的钢琴紧闭，但整个大厅似乎还充斥着美妙音乐的回响，这是记忆系统为我们堆积经历的结果。

是我们就可以将假设向前推进一步。在永远的摸索中前进着，第二个系统的活动交互地送出或收回潜能。一方面它需要不受拘束地管理各种记忆材料，但由另一方面来看，如果它沿着各个思想小径送出大量的潜能，那么将使它们随意漂流而毫无目的地浪费掉，并且将那用以改变外在世界的力量削弱了。所以为了效率的缘故，我如此假定，这第二个系统只在转移现象上利用了一小部分能量，而将大部分能量置于一种静止的状态。这些程序的运转目前我还不太了解；但是任何一位想真正了解此概念的人必须在脑中存在一个实体的类比，即想象神经细胞激动时所伴随的行动。在此我要强调的概念是，第一个 φ 系统的活动是使激动的能量能够自由地流出，而第二个系统则是借此而产生潜能，把激动的流出口堵住，并使其转变为静止的潜能，同时提高其能量。因此我假定第二个系统控制激动所遵循的途径与第一个系统必然大相径庭。当第二个系统在其试验性思想活动中得出结论后，它就解除抑禁，并且把堆积起来的激动加以释放以产生行动。

　　如果我们把抑制第二个系统内"潜能的解除"和"痛苦原则"调节功能的关系加以比较，那么就可以得到一些有趣的结果。现在让我们先指出满足的死对头——即客观的恐怖经历。让我们假设，此原始装置得到某知觉刺激，此知觉刺激又是痛苦的来源。因此不协调的运动行为就会产生，直到最后某一个动作使此装置与知觉分开，同时也远离了痛苦为止。如果知觉再次出现，这个动作即刻也会再度出现（也许是种逃难的动作），直至知觉再次消失为止。在此情况下，没有任何倾向会以幻觉或其他的方式去增添以痛苦为来源的知觉的潜能。相反地，如果发生什么情况而使得此令人困扰的记忆图像重新显现，那么原始装置会马上把它再度删除，因为这激动的流入将使知觉产生（更精确地说开始产生）痛苦。这种记忆上的回避——不过是此知觉逃避的重复——也被下列事实所协助，即回忆不像知觉，它没有足够的力量来唤起意识，因此不能吸取新鲜的潜能。这种借着精神程序不费力气，而且经常回避那曾经产生困扰的记忆给我们提供了一种原型，以及精神潜抑的第一个例子。这是一个常见的事实，即对那些令人困扰的刺

抹粉的少妇　乔治·修拉
法国　1889年　伦敦考陶尔德
美术馆

　　这幅画的女主人公是否是画家的情人玛德莱娜·克劳伯劳兹，目前还无从考证。尽管如此，大多数人还是认为画家的这幅画更像是在揭示一种隐藏在其背后的秘密。这幅画本来还有画家本人的肖像，但他怕给人留下不严肃的印象，就将肖像换成了花瓶。另外，隐藏在玛德莱娜裙子里的似乎只有一条腿。

激予以回避——驼鸟政策——在具有政党精神生活的成人中经常可以见到。

因为痛苦原则的结果，任何不愉快的事都不能被第一个φ系统带入其思想内容中。除了愿望以外，它什么都不能做。如果一直停留在这里，那么第二个系统的思想活动必定遭受阻碍，因为它需要非常自由的和各种经历的记忆沟通。因此会有两种可能产生。也许第二系统根本不受痛苦原则的约束，因而能够继续进行而不会受到不愉快回忆的影响，另一种可能是它有办法使不愉快的记忆无法将其不愉快的情绪释放。第一种可能我们要排除，因为第二系统的激动过程（和第一系统中的一样）毫无疑问地被痛苦控制着。所以只剩下一种可能，即第二系统转移潜能的同时也抑制了记忆激动的产生，当然不愉快感的产生也包括其中（可以和运动神经传导相比）。因此由两个不同的起点，根据痛苦的原则以及前面所提的消耗最少潜能的原则，我们都能够得出同样的结论，即第二系统的潜能能够同时抑禁激动传导的产生。让我们牢记这一点（因为它是了解潜抑定律的关键）：第二系统必须在有能力抑制某一概念所发生的不愉快感觉时才能将潜能转移给它。任何一个能够逃离抑制的不愉快感觉都无法为第二系统和第一系统所接近。因为痛苦原则的关系，很快它就被删除了。对不愉快的这种抑制并不一定完全彻底，但是它必须产生一个开始，因为这样才能让第二系统知道此记忆的性质，以及它是否适合思想程序所寻找的目的。

我们称在第一系统内进行的精神程序（步骤）为"原本步骤"，而将第二系统的抑制所产生的程序称为"续发步骤"。关于为何原本步骤要被续发步骤改正，我还能提出另外一个理由。原本步骤极力地想产生激动的传导，由于其借助这种堆积起来的激动，能建立"知觉仿同"。而续发步骤舍弃了此意图用另一个来取代其位置——即建立"思想仿同"。所有的思想都是从某个满足的记忆（被当作是有目的概念）迁回到达同一记忆的相同潜能——希望借助运动经历的媒介而再度获得。思考所关心的是概念之间的相互联系和妥协的产物，都是达到仿同目标的障碍。由于它们用某一概念替代另一概念之后，就扭曲了原来通向第一个概念的通道。因此诸如此类的步骤都是继发性思维所极力避免的。虽然"痛苦原则"在另一方面提供许多思想步骤最重要的指标是显而易见的，但是在建立"思想仿同"时却是一大障碍。所以思想步骤的倾向一定是从"痛苦原则"的规定中解脱出来，并将感情的发展降低到最小，让其仅足以产生信号即可。借助意识

伊莎贝拉——冠罗勒 威廉姆·霍曼·亨特 英国 1866年 布面油画 英国纽卡斯尔布莱宁艺术画廊

这是一个险恶的、令人不愉快的故事，画中的少女陷入了一场不恰当的爱情，她谋杀了她爱恋的兄弟，并且秘密地埋葬了他。她挖出了他的头颅，把它埋藏在她种植冠罗勒的花盆里。这是一个充满了肉欲的女人，她那神经质的肤色令人烦躁，她的生活完全集中在了死亡上，但我们不得不佩服画家表述弗洛伊德特定情节的技巧和力量。

的帮助得到过度的潜能后，思考方能达到此精练功能的目标。即使在正常的精神生活中，这个目的也很难达到，这我们很了解，由于痛苦原则的影响而使我们的思考经常产生错误。

然而这让思想（续发思考活动的产物）成为原本精神步骤的对象并不是我们精神装置的功能性缺陷，此方式可用来解释梦和歇斯底里症的产生。这个缺陷源于我们发展历史中的两个会合的因素。其中一个完全属于精神装置，所以对这两个系统的关系有着决定性的影响，另外一个因素的作用则是波动性的（时大时小），把机械性的本能力量带到精神生活中来。这两个因素均来自童年，而且是从幼年开始的精神及身体器官所产生变异的沉淀物。

在我将精神装置里的一个精神程序称为"原本步骤"时，我不仅仅是对其重要性和效率考虑，我还想将其发生时间的前后以其命名来显示。据我们所知，没有一个精神装置只具有原本步骤，因此这样的一个装置只是理论上的虚构物。然而以下的观点却是事实：原本步骤在精神装置里是最先出现的，而续发步骤却是在生命过程中慢慢形成的，而要完全地控制它或许到壮年时期。由于此续发步骤产生慢，因此我们的核心（由潜意识的愿望冲动所组成）仍是前意识所无法了解和到达的，或者是抑制的，而后者却受"一经决定就无法进行变更"的限制，成为传导潜意识愿望冲动的最适当途径。这些潜意识的愿望对前意识的精神趋向能够施加强迫的压力，是后者所必须服从的，但后者或许可以尽力将这些潜意识力量分散，并将其引导至更高层的目标。续发步骤出现较晚的另一个结果是前意识的潜能无法进入大量的记忆材料里。

在这些源于幼年时期不能被抑禁或毁灭的愿望冲动中，某些愿望的满足与继发性思考的"有目的的概念"是相冲突的，所以此愿望的满足不再产生愉快的感情，反而是痛苦。这种转变的感情正是我们所说的"潜抑"的基本。潜抑的问题是它为什么发生这种转变和基于何种动机的力量。但对于这个问题，我们只在此要接触一下就行了。我们只要知道次转变在发展过程中产生——我们只要回忆孩童时期如何产生厌恶感（这本来是不存在的），而且跟续发系统的活动有关。那些借以释放情感记忆的潜意识愿望，既然不被前意识所接近，所以附着在这种记忆的情感的释放也不会受其抑制。因此即使将附于其上的愿望能量转移至前意识思想，它也因此种情感的起源而无法与它接近。"痛苦原则"却反过来支配大局，使前意识远离此发生转移的思想。于是它们就被遗弃了，因此许多幼童时的记忆一开始就被前意识疏远了，此乃潜抑的必须情况。

最理想的情况是不愉快的感情在前意识里。由于思想转移失去潜能后就停止产生了，此结果表示痛苦原则的参与是有用的。而当潜抑的潜意识愿望接受机械性的强化，而后再转移给被转移的思想后，情形就改变了。即使失去了前意识的所有潜能，在此情况下，该转移能量所造成的激动也使此思想欲冲出重围，所以产生防卫性的挣扎。由于前意识强化对潜抑思想的抗拒（即产生"反潜能"），而后被潜意识思想工具（即转移的思想），通过症状产生的妥协状态达到突破的目的。而当这潜抑思想得到潜意识思想

水的赐予　弗丽达·卡洛　墨西哥　1938年

　　这是一幅关于性和死亡的绘画。从"痛苦原则"中解脱出来的，才能达到思想的精练，画面中的男女，漂浮的衣服，半露的双脚……乍一看就像是孩子们放在浴缸中的玩具一样，卡洛的脚趾正在不断地流出鲜血，可想而知她是在怎样的一种痛苦中。

桥上四女孩 爱德华·蒙克 挪威 1899~1900年

　　蒙克一生都在和疾病与死亡纠缠，但他却创造了令人震撼的艺术。桥上的四位女孩年轻秀美，她们被某种力量驱使着正在走向或是远离水边。画中的水面一定具有某种象征的意味，时间？或者是她们即将拥有的性的力量？在这些幼年时期的愿望冲动中，某些愿望的满足不再产生愉快的感情，反而是痛苦。

的强力支援，同时又被前意识潜能遗弃后，其就受原本精神思想的控制，其目标则是运动行为的产生，或许有可能就会使知觉仿同产生幻觉式的后果。上述这些不合理的步骤只能发生在潜抑的思想，我们对此大概了解。我们现在又能看得更深一层，那些发生在精神装置中的不合理步骤是根本的。只要概念被前意识所舍弃，任其自生自灭，并被潜意识不受压抑的能量所转移（而此潜意识努力地找出口），它们即可发生。其他一些观察也能支持我们的观点——这些被称为不合理的，并不是指正常步骤的错误（即理智错误），而是从抑制解放出来的精神装置的活动方式。所以我们发现统领从前意识激动转变为行动之间的仍是同样的步骤，而前意识思想与文字间的联结也很容易出现同样的混淆及转移，我们常将其归咎于不注意。最终要抑制这些原始形式的功能，需要更多工作（能量）的证据存在于下列的事实中：假如我们将此力量突破到意识层，就会产生一种诙谐（一些要借助笑声而释放的过多能量）的效果。

　　有关心理症的理论提出以下不变和肯定的事实，即只有幼童时期性冲动的愿望，于孩童发展过程中受到潜抑后，在后来的发展中重新复活过来（或者是源于起始是双性的

双性人　奥德·奈卓姆　1992～1996年　布面油画

　　孩童时期性冲动的愿望在发展过程中受到潜抑后，在后来的发展中重新复活过来（或者是源于起始是双性的性体质的关系，或许是性生活过程中的不良影响）。画中的少女拥有双性性器官，她既想像男人一样刚强，也想像女人一样柔美。这是孩童时期对于性的模糊认识。

性体质的关系，或许是性生活过程中的不良影响），于是给产生各种心理症症状提供动力。只有推论到这些性力量，我们方能堵塞潜抑理论中仍存在的漏洞。对这种性和幼童时的因素是否同样适用于梦理论的问题，我将不进行回答。我尚未完成后者的理论，于是在假设梦的愿望永远是从潜意识而来的时候，就已经超过我能解说的范围。我也不想在此再深究形成梦及歇斯底里症间的精神力量有何异同，我们对任何一个都缺乏足够的了解。

另外，我认为重要的还有一个地方，但我要承认，只有这样我才能引出与两个精神系统有关的讨论——其运作方式与潜抑的事实。现在的问题不是我能否将此与大家有关的心理因素归纳出一个正确、适当的概念，或者（相当不可能）我的观点是否扭曲和不完整的。虽然在判断精神审查制度与梦的内容的合理或异常的修正中，我们会产生很多变异，但如下这些一定还是事实。此类步骤在梦的形成过程中一定在运作，而其基本是同歇斯底里症的形成相同。但梦并不是病态的，它并没有显示任何精神平衡的困扰，并且其也不会发生效率被破坏的结果。或许有人认为我的这个梦或是我病人的梦中得到所有有关正常人的梦的结论，但我确信此反对是不足一提的。因为我们可从所见现象推论其动机力量，结果发现心理症病人所应用的精神机转并不是创新，而是早已存在于正常装置之中。这两个精神系统之间通道的控制者是审查制度，其中一个活动对另一个的掩盖和抑制，以及二者与意识层的关系或其他与此观察到的事实更正确的解释，均形成我们精神工具的正常结构，而梦则指引一条使我们能了解此精神构造之路。即使很保守地局限于已知的知识范围，我们对梦可以这样说：其证实了那些被压抑的东西依然会继续存在于正常或不正常的人的心灵中，并具有精神功能。梦本身就是这种受压抑材料的一种表现。每一梦例从理论上来说都是如此。从实际的经历来看，在大部分的情况中都能找到，特别是那些最明显地表现出梦的生活特征的。因为矛盾态度的相互中和，在清醒时刻心灵中被压抑的材料无法表达出来，并无法被内部的知觉感受到，而晚间由于冲力对妥协结构震撼的结果，被压抑的材料找到进入意识的方法和路途。

Flectere si nequeo superos, Acheronta movebo.

（如果我不能影响神祇，那么我也要搅动冥界。）

梦的解析的目的是了解潜意识活动的路径。我们能够借助梦的解析了解这最奇异最神秘的构造。毫无疑问，这虽是一个小步但却是个开始，并且此开始让我们能够更进一步分析（也许基于其他我们称为病态的构造）。而疾病——至少那些正确的被称为官能性的——并不是表示此装置的解体，或在内部产生新的分裂。它们需要有动力的解释，

出现 牟侯 1874~1876年 板上油彩 巴黎卢浮宫美术馆

美丽的莎乐美正在为希律王跳舞，只要她跳舞，希律王就会满足她所有的欲望，没想到她会要自己深爱的人——先知约翰的头颅。这也证实了那些被压抑的情感依然会继续存在于正常或不正常人的心灵中，并具有精神功能。

即在所有力量的相互作用下，有些成分被强化，有些减弱，所以许多活动于正常机能下不被察觉。我想在其他地方能够显示这两种机构合成的装置，这样就会比只有其中一个来得更为优越。

六、潜意识和意识——现实

如果更深入地思考，则会发现前面的心理讨论使我们假设有两种刺激的程序或解除的方式，却不是两个靠近装置运动端的系统。但这对我们并没有太大的影响，我们如果发现一些更恰当或更靠近我们还不知道的事实时，我们必须随时对过去架构的概念进行改变。因此让我们来改正一些错误的观念（我们如果把这两个系统简单地作为精神装置的两个位置）——如"突破"和"潜抑"中所蕴藏的这些错误观念的痕迹。所以当我们说某个潜意识思想伺机进入前意识，而后突破进入意识界时，我们脑海中所想的并非于新的地方形成新的思想（如副本从原本复印而来，两本共存的情形），而那个突破进入意识的概念也并非指位置的改变。我们同样也可说前意识的思想被潜抑或被潜意识所驱逐而进行取代。这些意向（借用争夺一片工地的观念）很容易使我们认为某个地点的精神集合已经消逝，而用另一个新的集合来取代。在此让我们以一些与现实更接近的东西来取代这种类比：某些特殊的集合具有潜能，可以再增加或减少，所以此结构就能受到某特殊机构的控制或脱离。我们在此用一种动力学的观念来代替上面的区域性理论，即我们感觉可更改的不是精神构造本身，而是它的"神经分布"。

但是我们可以利用这两种系统的两种类比影像——这是合理而且正当的。如果将以下观念置于脑海中，则可避免任何滥用此种表现方法的可能：思想、概念和精神构造一般来说不应该是属于神经系统的任何机质元素上，而是（可以这么说）"在它们之间"，但所有阻抗和便利的道路形成了相对应的联系。能够成为内在知觉的任何对象都是"虚像"——假的，同望远镜借助光的折射所形成的影像一样。但我们将该系统——本身并不是精神的，并且永远无法被我们的精神知觉所捕获——看成像望远镜投影的镜头之类的东西是合理的。如果继续比较，我们可将两系统间的审查制度比喻成光线从一种介质进入另一种新介质所发生的折射作用。

到目前为止，我们只能通过自己的摸索来发展我们的心理学。接下来我们应该考虑那些在现代心理学上盛行的定律，并检查其与我们假说间的关系。利普斯曾在他有影响力的文章中表示，从心理学来说，潜意识问题似乎不属于心理学的范畴。如果心理学家漠视此问题，把"精神"当作"意识"，且认为潜意识的精神程序明显"无意义"，那么医生对不正常精神状态的观察就无法用心理学去评价。只有在互相承认所谓"潜意识的精神程序是一个确定的事实"后，医生和哲学家才有可能合在一块。如果有人对医生说，"意识是精神不可缺少的特征"，那么他只好耸耸肩，但是如果他对哲学家的话仍

远处的树　萨尔瓦多·达利　西班牙

近处的巨大的人头的头发像是由烟囱里冒出的烟构成的，与他前边不远处的树木相近似，不知道他们彼此是哪一个的"虚像"？能够成为内在知觉的任何对象都是"虚像"——假的，同望远镜借助光的折射所形成的影像一样。

然具有足够的信心时，他也许这么假定，科学上所追究的问题和我们的问题并非相同。因为如果对心理症病人的精神生活有些许了解或者是对梦做一个分析，必然能使人产生很深刻的印象，即那些最繁杂以及最合理的理想程序——并且无疑是对精神程序——能够在不引起意识的注意时而产生。当然，这是真的：医生只有在能够交流和被观察的意识界中形成某种影响之后，才能够学到潜意识的程序。但这意识呈现的结果也许具有和潜意识不一样的精神特征，以至于内在知觉无法辨别乙即甲的取代物。医生们必须在潜意识程序对意识的影响中，以"推论"的方式继续深入了解。借此方法，他可以发现意识效果只是潜意识的一个遥远（即次要的）的精神产物，而后者不仅仅是以此种方式呈现在意识界，并且它的出现与运作常常为意识所不知。

我们必须放弃这种高估的想法，即意识乃是真正了解精神事件不可或缺的根本条件。就像利普斯曾说过的，潜意识是精神生活的一般性基础，它是包括"意识"这个小圆圈的大圆圈；每一个意识都具有一个潜意识的原始阶段；而潜意识也许停留在此阶段上，但是却具有完全的精神功能。潜意识是真正的"精神实质"。对于它的内在性质，和我们对真实的外在世界不了解是一样的。而它经由意识和我们交往，就好比我们的感觉器官对外在世界的观察同样的不完备。

当我们无视意识生活与梦生活之间的对立，并将潜意识放在它应占据的地位时，许多早期作者有关梦的重要问题都失去了意义。因此很多在梦中成功呈现的令我们惊奇

一些圆圈 瓦西里·康定斯基 俄罗斯 1926年 布面油画 纽约古根海姆博物馆

黑色地图上彩色的不连贯的圆圈，充分展示了画家在抽象世界领域的探索过程。对他来说，这些圆圈有着深邃的含义，圆形象征着完美，既完整又宁静和谐。弗洛伊德认为潜意识是精神生活的一般性基础，就像画中所描绘的那样，它是包括"意识"这个小圆圈的大圆圈。

的活动会被认为是属于潜意识的思想——它在白天的活动并不比晚间的少，而不再被认为是梦的产物。如果像谢尔奈所说的那样，梦不过是玩弄着一些身体的象征性表现，那么我们可以说，这些表现是某些特定潜意识幻想的产物（这可能源于性的冲动）。它们不但表现于梦中，并且见于其他歇斯底里性恐怖和别的症状上。如果梦中继续进行着白天的活动，并且带来具有价值的新观念，那么我们的任务便是撕除梦的伪装。此伪装是心灵深处无名力量和梦的运作协助下的产物（如塔尔蒂尼奏鸣曲之梦中的魔鬼），其理智上的成就和白天产生相同结果的精神力量是没有两样的。即便在理智以及艺术的产物上，我们可能也倾向于对意识的部分给予过分的强调。由歌德和荷尔姆赫兹等一些创作力特别旺盛的作家的报告来看，他们创造中的那些全新的以及关键的部分并不是经过一番思考而来，而是整体地呈现在脑海中。当然在某些情况下（需要每个理智成分的专注时），意识活动也有部分的贡献。这并不值得大惊小怪。但不管在何处，意识只要参加一份，其他的活动就将被它遮盖起来，这是它滥用了的特权呀！

如果以一个独立的题目来讨论梦的历史性意义也许是不值得的。譬如说，某个领袖可能因一个梦的促使去做一些大胆的尝试，结果或许改变了历史。那么只有在认为梦是一种神秘的力量，并且有别于常见的精神力量时，此问题才会产生。如果把梦视为在白天遭受阻抑的冲动的"一种表达方式"（在晚间被心灵深处的激动来源所加强），那么此问题也就销声匿迹了①。古人基于一种正确的心理认识——这是对人类心灵中那些无法控制以及无法摧毁的力量（即产生梦的愿望的"魔鬼"以及在我们的潜意识中运作的力量）的崇拜，由此产生对梦的尊崇。

我提及"我们的"潜意识时并非没有任何目的。我所描述的潜意识和其他哲学家所谓的潜意识并不相同，甚至和利普斯的也不一样。在他们看来，这个名词仅仅是意识的反义词；他们以同样的热诚、精力去赞成与反对的论题乃是——除了意识以外，必定还有潜意识的精神力量。利普斯更进一步断言，任何属于精神的必定都存在于潜意识中，而其中的一部分也同时存在于意识中。但是我们收集这些有关梦和歇斯底里症的现象并非为了此理论的证实，因为对清醒时刻生活的正常体验就足以证明它的正确性。由精神病理学构造以及此类的第一成员（梦）的分析所得的新发现乃是潜意识——属于精神的——是两个不同系统的功能组合。正常人如此，病态的人也不例外。因此就有两种潜意识至今仍未被心理学家们分辨开来。从心理学的角度来说，它们都是潜意识的，但由我们的观点来看，其中一个就是无法进入意识层的潜意识，而另一个，因为其激动——在满足某些规定，或者经过审查制度的考核之后——才能到达意识界，所以我们称之为前意识。由于此激动到达前必须经过一连串固定机构（我们可以通过审查制度所产生的改变看出它们的存在）的事实，所以我能够以一种空间的类比来描述它们。在前面，这两个系统之间的关系我们已经描述过，即前意识立于潜意识与意识之间，像一道过

① 见第二章亚历山大大帝包围特洛伊城而久攻不下时所做的梦。

布道后的幻象 保罗·高更 法国 1888年

　　高更将现实和内在的幻象体验融合在一起，又用带有象征意味的色彩加以强调，他以《旧约》中关于雅各和天使搏斗的故事为论题进行创作。他想象雅各正在黎明时分和他那位超人的对手搏斗，迫使对方说出自己的名字。高更感觉到他也正与那个超人相对峙。这是高更在艺术作品中经常表现的主题。

　　滤的筛子。前意识不仅阻断了潜意识和意识的交流，而且控制着随意运动的力量，负责那可变动的潜能的分布——其中一部分即所谓的"注意力"是我们所熟悉的。

　　另外，超意识和下意识之间的区别——这于强调精神和意识之间的区别相同，我们必须要加以分辨。

　　那么曾经是那么全能，隐瞒着一切的意识所剩下来的角色又是什么呢？只能是那些用来察觉精神性质的感觉器官了。依据之前的图解的基本概念，我们只能把意识感觉看成一种特殊系统的功能，因此缩写"意识（cs）"是比较合适的。从其物理性质来考虑，我们认为它和知觉系统很相像，因为它能接受各种性质的刺激，但却无法保留变动的痕迹——即没有记忆。根据知觉系统的感觉器官指向外在世界的精神装置，对意识的感觉器官来说，本身就是一种外在世界，而意识存在的目的即靠着这个关系。这里我们

持阳伞的女人 克劳德·莫奈 法国 1875年

　　莫奈是个纯粹的印象派画家，他所创造的艺术世界美得惊人。这幅画里他着重表现不是模特的个性，而是光和微风给我们带来的长久的快乐与享受。这位拿着阳伞的年轻女人还有她的孩子在无人的山丘上向下张望，她意识到她等待的人一会就会到来。任何属于精神的必定都存在于潜意识中，而其中的一部分也同时存在于意识中。

再次接触到各种机构——似乎是统治着精神装置结构的——组成统治集团的原则，激动的材料从两个方向流向意识的感觉器官：①由感觉系统——其激动取决于刺激的性质——而来。也许先经过新的润饰然后才变为意识感觉；②由精神装置的内部而来。当经过某些变动之后，它们便进入意识，而其变动步骤的多少是通过快乐和痛苦的质量被感觉出来的。

当哲学家们发现理智以及其无比繁杂的思想结构不必经由意识也可能产生时，他们感到彷徨而弄不明白意识究竟具有何种功能。在他们看来，意识不过是整个精神步骤中多余的镜影。但是我们却借意识系统和知觉系统的类比而避开了这一尴尬局面。我们知道感觉器官的知觉将注意力的潜能集中在那将感觉刺激传入的途径中，知觉系统不同性质的刺激是精神装置运动量的调节剂。而意识系统的感觉器官也具有同样的功能。根据对愉快与痛苦的察觉，精神装置内潜能的路线被它影响，否则此路线将借着潜意识的转移而运作。痛苦原则很可能是第一个自动调节潜能转移的因素。但是对这些性质的"意识"，很可能导致第二种而且更微妙的调节，甚至可以反对第一种。它们不惜冒着与原来计划相反，引导并且克服那些会产生痛苦的关联，以期使装置的功能臻于完善。通过对心理症的心理分析，我们发现这些由感觉器官因为不同性质刺激所引起的调节程序，占据了此种精神装置功能的重大部分。原始的"痛苦原则"的自动统辖以及效率上的限制，可能受到感觉调节的中断（其本身也是自动的）。我们发现潜抑（虽然开始有效，但后来终于失去抑制力以及心灵的控制）比知觉更容易影响记忆，因为它不能由精神的感觉器官得到更多的潜能。我们知道，一个要被删除的思想因为受到潜抑而不能变为意识。另外，此种思想之所以有时候会受到潜抑是因为其他的理由而被迫退出意识层。下面一些治疗程序即可帮助解开潜意识的症结。

对于数量可以改变的潜能，可以由下面的事实呈现出来，即产生一些新的性质，因此带来一些新的调节，这些乃是造成人类优于动物的原因。除了伴随着愉快或痛苦的激动，思想程序本身是不具有任何性质的。之所以必须加以某些限制，是因为它们可以打扰思想。对人类来说，思想程序必须和文字记忆相关联才能使它们具有性质——其剩余的性质足以引起意识的注意，因而意识会赋予思想程序一种新的，可变更的潜能。

为了了解意识问题的多面性，我们必须对歇斯底里症的思想程序加以分析。由这里我们可以得到这样的一个印象，即由前意识潜能移形到意识时也会有个类似于潜意识与前意识之间的审查制度存在①。同样地，此审查制度也通过某个数量的限制后才发生作用，因此具有低能量的思想构造就会逃离它的控制，在心理症状中我们可以找到许多不同的例子。这些例子可以显示出为何某个思想不能进入意识，或者为何它能在某种限制下挣扎着进入意识。审查制度和意识之间的密切甚至彼此相反的关系都能通过这些例子反映出来。下面我将用两个例子来结束我对这个问题的讨论。

---

① 有关前意识与意识之间的审查制度，在弗洛伊德后期的著作中很少再见到。然而，在他那篇《潜意识》中，他却详尽地给予了讨论。

月亮女人切割圆　杰克逊·波洛克　美国　1943年

超意识和下意识之间的区别——这于强调精神和意识之间的区别相同。作品以北美印第安人的神话为基础，将月亮和女性联系到一起，表现了女性心灵巨大的创造性力量。我们没有办法用言语说清我们到底看到了什么，是超意识中的一幅场景，同时也彰显了画家寻求个人视野时强烈的激情。

　　几年前，我有一位病人，她是个聪慧的女孩子，但是脸上却显露着一种单纯而冷漠的表情。她的衣着很古怪，一般情况下女人对衣着都很细心，但她却一边袜子下垂着，罩衫上的两颗纽扣也没有扣上。她说脚痛，在我没有要求说要看时，她却露出了小腿。她说她主要的困扰是（根据她的说法）：她体内有一种感觉，像有些东西在里面

黑海 菲利普·盖斯顿 加拿大 1977年 布面油画 伦敦泰特画廊

　　到底是什么一下子就抓住了我们的视线？盖斯顿是一位成功的抽象派画家，但他开始意识到与现实脱离以至于他觉得自己活在主观意念中。这幅画为我们呈现的是平静无比的海洋与多云的天空，整个画面被拱形的靴跟所统治。靴跟与所有的鞋钉都清晰可见，虽看似不雅但十分真诚，因为画家的敏感力我们才会欣赏到这种既生动又可怕的景象。

　　"刺"，"前前后后的动作"一直不停地"摇摆"着她，有时使她全身"硬绷绷的"。当时我的一位同事也在场，他注视着我，很显然他了解她主诉的意义。但令我感到惊诧的是，虽然病人的妈妈一定常常处于孩子所说的情况下，但她对这一切全然不在乎。这个女孩浑然不知她自己话里面所隐藏的意义，否则她不会说出来。在这个例子中，审查制度很成功地被钩住，因而让一个本来会被困在前意识内的幻想借着伪装的无邪的话而出现了。

　　再说另外一个例子。一个14岁男孩来找我做精神分析，他患有挛缩性抽搐、歇斯底里性呕吐、头痛等病症。我对他的治疗是这样开始的：我让他把眼睛闭上，然后只要见到什么影像或者产生什么思想则立刻告诉我。他通过对影像的描述来回答——他来见我以前最后的那个印象在记忆中清晰浮现。那时他正和叔叔下象棋，望着面前的棋盘，

摇摆的女人 马克斯·恩斯特 油画 1923年 杜塞多夫国立美术博物馆

　　画面中的女子聪慧且美丽，但是她的脸上却显露着一种惊慌失措的表情，她的身体悬了起来，为了不让自己摔倒，她张开了双臂。梦境中所出现的各种元素都是指向人的潜在思想，但是做梦的人却是知而不觉。但这些元素彼此之间并不一定有关联，凑成一起也不见得合乎逻辑，正因如此，弗洛伊德有时把梦视为某种"精神病"。

他考虑到几种情况，有利或者不利的以及一些不安全的下法。然后他看见棋盘上有一把匕首——一个属于他爸爸的物件，但是他却幻想着置其于棋盘上。接着是一把镰刀，然后是大镰刀，最后是一位老农夫在他家的远处用大镰刀修剪草地。好几天过后，我才发现这一系列图像的意义。这个小孩的爸爸是个粗鲁且脾气暴躁的人，和他妈妈的婚姻并不融洽，而且他所受的教育中多半是"威胁"。因为家庭的不愉快而使这个小孩感到困扰，他爸爸和妈妈离了婚——她是一位温柔而感情丰富的女人，后来再婚。有一天，他爸爸带回一位年轻女人，就是这个病人的后妈。几天后，这个孩子的病就开始发作。他之所以产生上述一系列图像，是因为他那被压抑的、对父亲的恨，其暗喻是显而易见的。它们的材料来源于神话的回忆。镰刀是宇宙之神宙斯用来阉割他父亲的工具；而大镰刀和老农夫则代表残暴的老人克洛诺斯，他吃掉了自己的孩子，宙斯对他的行为给予如此不孝的报复。病人父亲的再婚给孩子一个机会去报复他父亲很久以前所给予他的责备和威胁——因为他玩弄自己的性器（请注意：下棋、不安全的下法、被禁止的行为、可伤害人的匕首）。在这个例子中，长期被潜抑的记忆及由此记忆所衍生出来的东西一直潜藏于潜意识中，现在却借着一种绕圈子的办法，以一种表面无意义的图像溜入意识内。

如果有人问及梦的研究在生理上有何价值，我的观点是：它对心理学知识的贡献功不可没，而且为心理症问题的研究带来希望的曙光。就好比对精神装置的构造和功能彻底了解究竟具有什么样的重大意义没人能预言一样。因为即便在今天这种不完全了解的情况下，我们仍可用在能治疗的心理症上，并且获得很好的疗效。但是把此研究当作是探析心灵以及每个人隐匿着的性格之工具——我听过这样的问题——究竟有何种实际意义呢？通过梦所泄露出的潜意识冲动是否显示出生活中真正力量的重要性呢？压抑愿望中的道德意义是否不应该予以重视，现在它们创造了梦，以后会不会创造别的东西？对回答这些问题我无能为力。因为我并没有深入地研究有关这方面的梦的问题。但是，我认为罗马皇帝将他的一名梦见谋杀皇帝的百姓处死是错的。他应该先找出此梦的意义，而这意义和其表面极可能不同。也许存在另一种内容的梦，实际上却含着此种弑君的意义。难道我们不赞成以下的说法吗？——柏拉图曾断言善良的人因"梦见"坏人所干的事而满足，所以我认为梦应该被赦免。至于这些潜意识的愿望是否应该变为真实呢？我就不敢妄加评论了。但是那些中间的以及移形的思想则必定不应是真实的。假如潜意识以其最真实的形象出现眼前，我们仍然可以毫不犹豫地断言，精神的真实不应该和物质上的真实混为一谈，它也是一种特殊的存在。因此，人们似乎没有必要拒绝接受其梦境的不道德。在了解我们精神装置的功能以及认清意识与潜意识之间的关系后，我们梦中生活的不道德部分和幻想的生活就会大部分销声匿迹。沙克斯曾说："如果回到意识中去寻找梦告诉我们的那些关于现实情况的东西时，我们应当不会感到惊奇。通过分析的放大镜使我们发现所谓的庞然怪物不过是微弱的小虫而已。"

至于判断人类性格的实际用途方面，一个人的行为和实际表达出来的意见已经足

静物的语言 *萨尔瓦多·达利 西班牙*

　　我们日常生活中用的瓶子、杯子、餐刀、餐盘，吃的苹果、梨，还有其他生活中常见的树叶、小鸟，甚至大海等，这都成了梦中的元素，在达利的笔下，它们不再是僵硬的无生气的静物，它们悬在空中在述说自己的语言。这是因为幼童时期的记忆所衍生出来的东西一直潜藏于潜意识中，现在却借着一种绕圈子的办法，以一种表面无意义的图像溜入意识内。

　　以提供参考了，首先被考虑而且是最重要的尤其应该是人的行为。因为许多进入意识层的冲动在未付诸行动前就被精神生活的真正力量中和掉了。事实上，因为潜意识确定这些冲动在某个阶段中必定会被删除，所以它们在进行的时候常常不会遇到什么阻碍。不管怎样，我们在这些美德骄傲生长着的（经过极其仔细耕耘的）土地上学习，是有益的。被动力推向各个方向的复杂的人类性格很少像古老道德哲学上简单二分法所描述的那样。

　　那么，梦是否能预示未来呢？这个问题当然并不成立，倒不如说梦提供我们过去的经历。因为不管从哪个角度看梦都是源于过去，而古老的信念认为梦可以预示未来，也并非毫无道理。梦是愿望的达成当然表明梦可以预示我们期望的未来，但是这个未来（梦者梦见的是现在）却被他那坚不可摧的愿望塑造成和过去的完全相同。

Tropicus cancri

barbariais:

Oceanus yndicus meridianus.

Circulus capricorni

Linha equinocialis